国家“十二五”规划重点图书

中国地质调查局

青藏高原1：25万区域地质调查成果系列

中华人民共和国

区域地质调查报告

比例尺 1∶250 000

改则县幅

（I45C004001）

项目名称：1∶25万改则县幅区域地质调查

项目编号：200313000017

项目负责：曾庆高

图幅负责：曾庆高

报告编写：曾庆高 毛国政 王保弟 尼玛次仁

格桑索朗 尹显科 徐涛 普尺

编写单位：西藏自治区地质调查院

单位负责：苑举斌（院长）

杜光伟（总工程师）

中国地质大学出版社

ZHONGGUO DIZHI DAXUE CHUBANSHE

内 容 提 要

本书属青藏高原空白区1:25万区域地质调查优秀成果。测区位于西藏自治区北部,属藏北高原湖盆区。按基础地质调查与科研相结合开展工作,调查了测区地质构造格架及主要构造形迹的基本特征,合理划分了测区构造单元,对测区内不同构造层次的构造变形样式作了较系统研究。查明了班公错-怒江结合带和拉果错-阿索带的空间展布和几何结构。地层研究方面取得了新进展,在羌塘地区新发现了重要的早古生代地层,重新拟定了羌南侏罗系地层,解体了原日干配错群,将其划分为日干配错组和色哇组;结合带内恢复巫嘎组地层单位等。蛇绿岩方面,识别出洞错蛇绿岩和拉果错蛇绿岩,新发现了堆晶岩、斜长花岗岩、辉长辉绿岩墙群等蛇绿岩单元。测区从北向南分别划分了三个岩浆带,新获得岩体同位素年龄数据十多个,较系统地研究了侵入岩的岩石类型、矿物学、岩石化学和地球化学特征。分析了浅层地壳结构的变形特征,对测区羌塘造山带事件谱系结构与构造系统以及班公错结合带的时空结构的构造属性进行了系统探讨。

全书资料翔实,成果突出,可供从事地质科学研究、矿产资源勘查及教学的科研人员、高等院校师生和相关工程技术人员参考。

图书在版编目(CIP)数据

中华人民共和国区域地质调查报告·改则县幅(I45C004001):比例尺 1:250 000/曾庆高等著. —武汉:中国地质大学出版社,2014.7

ISBN 978-7-5625-3456-3

Ⅰ.①中…
Ⅱ.①曾…
Ⅲ.①区域地质调查-调查报告-中国②区域地质调查-调查报告-改则县
Ⅳ.①P562

中国版本图书馆 CIP 数据核字(2014)第 120270 号

中华人民共和国区域地质调查报告	曾庆高　毛国政　王保弟　等著
改则县幅(I45C004001)　比例尺 1:250 000	

责任编辑:王　荣　刘桂涛	责任校对:戴　莹

出版发行:中国地质大学出版社(武汉市洪山区鲁磨路388号)	邮政编码:430074
电　　话:(027)67883511　　传　真:67883580	E-mail:cbb@cug.edu.cn
经　　销:全国新华书店	http://www.cugp.cug.edu.cn

开本:880mm×1 230mm 1/16	字数:511 千字	印张:15.875	图版:4	附图:1
版次:2014 年 7 月第 1 版	印次:2014 年 7 月第 1 次印刷			
印刷:武汉市籍缘印刷厂	印数:1—1 500 册			

ISBN 978-7-5625-3456-3	定价:460.00 元

如有印装质量问题请与印刷厂联系调换

前　言

　　青藏高原包括西藏自治区、青海省及新疆维吾尔自治区南部、甘肃省南部、四川省西部和云南省西北部，面积达 260 万 km^2，是我国藏民族聚居地区，平均海拔 4500m 以上，被誉为"地球第三极"。青藏高原是全球最年轻、最高的高原，记录着地球演化最新历史，是研究岩石圈形成演化过程和动力学的理想区域，是"打开地球动力学大门的金钥匙"。

　　青藏高原蕴藏着丰富的矿产资源，是我国重要的资源后备基地。青藏高原是地球表面的一道天然屏障，影响着中国乃至全球的气候变化。青藏高原也是我国主要大江大河和一些重要国际河流的发源地，孕育着中华民族的繁生和发展。开展青藏高原地质调查与研究，对于推动地球科学研究、保障我国资源战略储备、促进边疆经济发展、维护民族团结、巩固国防建设具有非常重要的现实意义和深远的历史意义。

　　1999 年国家启动了"新一轮国土资源大调查"专项，按照温家宝总理"新一轮国土资源大调查要围绕填补和更新一批基础地质图件"的指示精神。中国地质调查局组织开展了青藏高原空白区 1∶25 万区域地质调查攻坚战，历时 6 年多，投入 3 亿多，调集 25 个来自全国省（自治区）地质调查院、研究所、大专院校等单位组成的精干区域地质调查队伍，每年近千名地质工作者，奋战在世界屋脊，徒步遍及雪域高原，完成了全部空白区 158 万 km^2 共 112 个图幅的区域地质调查工作，实现了我国陆域中比例尺区域地质调查的全面覆盖，在中国地质工作历史上树立了新的丰碑。

　　西藏 1∶25 万 I45C004001（改则县幅）区域地质调查项目，由西藏自治区地质调查院承担，工作区位于藏北羌塘高原腹地南侧。目的是通过对调查区进行全面的区域地质调查，按照《1∶25 万区域地质调查技术要求（暂行）》和《青藏高原艰险地区 1∶25 万区域地质调查要求（暂行）》及其他相关的规范、指南，参照造山带填图新方法，填制出高质量 1∶25 万区域地质图，力争在班公错-怒江结合带、狮泉河-拉果错-永珠蛇绿混杂岩带两个重要构造带取得实质性进展。同时，合理划分测区地层系统和构造单元，通过对沉积建造、变质变形、岩浆作用的综合分析，反演地质演化史。

　　I45C004001（改则县幅）地质调查，工作时间为 2003—2005 年，累计完成地质填图面积为 15 650km^2，实测剖面 95.755km，地质路线 2500km，采集各类样品 898 件，全面完成了设计工作量。主要成果有：①新发现了奥陶纪地层，采集大量角石类化石，时代鉴定为中晚奥陶世，引用"塔石山组"。②提出羌南侏罗纪沉积体系为班公错-怒江洋的被动大陆边缘新认识。③建立了仲岗洋岛岩组，表现为洋岛玄武岩（角砾状、杏仁状、块状等）组成山体及在山体上部形成的灰岩与山体周围形成的裙裾沉积物共同构成"海山"。④提供了一批年龄数据，洞错蛇绿岩带中辉长岩的锆石 U-Pb 年龄为 221～173Ma，拉果错地区的辉长岩及斜长花岗岩的锆石 U-Pb 年龄为 183～155Ma。洞错地区放射虫硅质岩年龄为侏罗纪，而拉果错地区放射虫硅质岩的年龄为中侏罗世，为探讨、恢复该区的构造演化历史提供了重要依据。⑤发现新矿点和新的找矿线索。

　　2006 年 4 月，中国地质调查局组织专家对项目进行最终成果验收。评审认为，成果报告资料齐全，工作量达到设计规定，技术手段、方法、测试样品质量符合有关规范、规定。报告章节齐备，论述有据，在地层、古生物、岩石和构造等方面取得了较突出的进展和重要成果,反映了测区地质构造特征和现有研究程度,经评审委员会认真评议,一致建议项目报告通过评审,改则县幅成果报告被评为优秀级。

参加报告编写的主要有曾庆高、毛国政、王保弟、尼玛次仁、格桑索朗、尹显科、徐涛等;全文由曾庆高、毛国政统纂、审定、定稿;地质图由毛国政、王保弟修编,曾庆高最终定稿。

先后参加野外工作的还有陈国荣、赵守仁、刘保民、李虎、刘保国、四郎益西等。在整个项目实施和报告编写过程中,得益于许多单位和领导的大力协助、支持,尤其要感谢的是中国地质调查局、成都地质矿产研究所、香港大学、西藏自治区地质矿产勘查开发局、西藏地质调查院、拉萨工作总站;始终得到了潘桂棠、夏代祥、王大可、王立全、刘鸿飞、王全海、夏抱本等多方指导和帮助;地质报告排版工作由丁秀萍完成,地质图和报告插图计算机清绘由黄凤、贺丽、小其米、秦丽、央金等同志完成,在此表示诚挚的谢意!

为了充分发挥青藏高原 1∶25 万区域地质调查成果的作用,全面向社会提供使用,中国地质调查局组织开展了青藏高原 1∶25 万地质图的公开出版工作,由中国地质调查局成都地质调查中心与项目完成单位共同组织实施。出版编辑工作得到了国家测绘局孔金辉、翟义青及陈克强、王保良等一批专家的指导和帮助,在此表示诚挚的谢意。

鉴于本次区调成果出版工作时间紧、参加单位较多、项目组织协调任务重以及工作经验和水平所限,成果出版中可能存在不足与疏漏之处,敬请读者批评指正。

"青藏高原 1∶25 万区调成果总结"项目组
2010 年 9 月

目　　录

第一章　绪言 ……………………………………………………………………………………（1）
　第一节　项目目标任务 ……………………………………………………………………………（1）
　　一、项目总体目标 …………………………………………………………………………………（1）
　　二、项目工作内容和任务 …………………………………………………………………………（1）
　第二节　测区位置与自然地理条件 ………………………………………………………………（1）
　第三节　前人研究程度 ……………………………………………………………………………（2）
　　一、20世纪50—70年代以石油普查和路线地质调查为主的基础阶段 ………………………（2）
　　二、20世纪80年代以区域地质调查为主的基础研究阶段 ……………………………………（3）
　　三、20世纪90年代以来的深入研究阶段及矿产方面的研究 …………………………………（3）
　第四节　报告编写 …………………………………………………………………………………（4）
　　一、完成实物工作量 ………………………………………………………………………………（4）
　　二、报告编写人员 …………………………………………………………………………………（6）
　　三、致谢 ……………………………………………………………………………………………（6）

第二章　地层 ……………………………………………………………………………………（7）
　第一节　石炭系—二叠系 …………………………………………………………………………（7）
　　一、羌南地层区多玛地层分区 ……………………………………………………………………（7）
　　二、冈底斯地层区班戈-八宿地层分区 …………………………………………………………（14）
　第二节　三叠系 ……………………………………………………………………………………（18）
　　一、羌南地层区多玛地层分区 ……………………………………………………………………（18）
　　二、班公错-怒江地层区 …………………………………………………………………………（19）
　第三节　侏罗系 ……………………………………………………………………………………（23）
　　一、羌南地层区多玛地层分区 ……………………………………………………………………（23）
　　二、班公错-怒江地层区 …………………………………………………………………………（28）
　　三、冈底斯地层区班戈-八宿地层分区 …………………………………………………………（33）
　第四节　白垩系 ……………………………………………………………………………………（34）
　　一、班公错-怒江地层区 …………………………………………………………………………（34）
　　二、冈底斯地层区班戈-八宿地层分区 …………………………………………………………（36）
　第五节　古近系 ……………………………………………………………………………………（38）
　　一、纳丁错组（En） ……………………………………………………………………………（38）
　　二、美苏组（Em） ………………………………………………………………………………（39）
　第六节　新近系 ……………………………………………………………………………………（41）
　第七节　第四系 ……………………………………………………………………………………（42）
　　一、更新统湖积（Qp^l） …………………………………………………………………………（43）
　　二、全新统湖积（Qh^l） …………………………………………………………………………（45）
　　三、全新统湖沼积（Qh^{fl}） ……………………………………………………………………（45）
　　四、全新统冲洪积（Qh^{apl}） …………………………………………………………………（45）
　第八节　沉积盆地分析 ……………………………………………………………………………（45）
　　一、沉积盆地分类 …………………………………………………………………………………（45）

二、盆地各论 …………………………………………………………………………………（46）
　　三、沉积盆地演化 ………………………………………………………………………（75）
第三章　岩浆岩 ……………………………………………………………………………………（78）
　第一节　概述 …………………………………………………………………………………（78）
　　一、岩浆岩形成时代的多期性 …………………………………………………………（78）
　　二、岩浆岩在空间上的分带性 …………………………………………………………（78）
　　三、岩石类型的复杂性 …………………………………………………………………（78）
　　四、岩石形成环境的多样性 ……………………………………………………………（80）
　第二节　蛇绿岩 ………………………………………………………………………………（80）
　　一、洞错蛇绿岩（组）……………………………………………………………………（81）
　　二、拉果错蛇绿岩 ………………………………………………………………………（103）
　第三节　火山岩 ………………………………………………………………………………（127）
　　一、北部（羌南）火山岩带 ………………………………………………………………（127）
　　二、中部（班公错-怒江结合带）火山岩带 ……………………………………………（139）
　　三、南部（拉果错）火山岩带 ……………………………………………………………（161）
　第四节　侵入岩 ………………………………………………………………………………（170）
　　一、概述 …………………………………………………………………………………（170）
　　二、测区花岗岩的研究思路及划分 ……………………………………………………（170）
　　三、拉嘎拉构造岩浆岩带 ………………………………………………………………（171）
　　四、穷模-比扎构造岩浆岩带 …………………………………………………………（178）
　　五、拉果错构造岩浆岩带 ………………………………………………………………（181）
　第五节　脉岩 …………………………………………………………………………………（184）
　　一、地质及岩相学特征 …………………………………………………………………（184）
　　二、岩石化学特征 ………………………………………………………………………（185）
　　三、地球化学特征 ………………………………………………………………………（186）
　第六节　岩浆作用 ……………………………………………………………………………（188）
　　一、岩石构造组合和岩浆作用类型 ……………………………………………………（188）
　　二、岩浆作用演化旋回 …………………………………………………………………（192）
第四章　变质岩 ……………………………………………………………………………………（193）
　第一节　区域变质岩 …………………………………………………………………………（193）
　　一、拉嘎拉变质岩带 ……………………………………………………………………（193）
　　二、洞错变质岩带 ………………………………………………………………………（195）
　　三、拉果错变质岩带 ……………………………………………………………………（199）
　第二节　接触变质岩 …………………………………………………………………………（200）
　第三节　动力变质岩 …………………………………………………………………………（202）
　　一、拉嘎拉动力变质带 …………………………………………………………………（202）
　　二、班公错-怒江结合带动力变质带 …………………………………………………（203）
　　三、念青唐古拉板片拉果错动力变质带 ………………………………………………（204）
　第四节　气液变质作用及岩石 ………………………………………………………………（205）
　第五节　构造演化与变质事件期次 …………………………………………………………（206）
　　一、班公错-怒江结合带洋盆扩张阶段 ………………………………………………（206）
　　二、班公错-怒江结合带洋盆俯冲消减阶段 …………………………………………（206）
　　三、拉果错-阿索带的洋盆消减阶段 …………………………………………………（206）

第五章　区域构造

第一节　概述 (207)
一、大地构造背景及位置 (207)
二、构造单元划分 (207)

第二节　测区及邻区区域构造事件及构造层划分 (207)

第三节　浅层地壳结构的变形特征及其构造组合 (209)
一、新生代构造层 (209)
二、中生代(燕山期)构造层 (213)
三、晚古生代—印支期构造层 (224)

第四节　地壳深层次构造特征 (229)
一、区域重力场分布特征 (229)
二、测区及邻区磁结构分析 (230)
三、其他地球物理特征 (231)
四、班公错-怒江地区地球物理特征 (233)

第五节　主要构造事件及其特征 (233)
一、泛非事件(邻区) (233)
二、加里东期挤压事件(邻区) (234)
三、海西期伸展事件(邻区) (234)
四、印支期挤压事件 (234)
五、印支—燕山早期的左行走滑事件和班公错-怒江洋的扩张 (234)
六、燕山中晚期的挤压与伸展事件 (235)
七、燕山晚期—第三纪的挤压与侧向走滑作用 (235)

第六节　区域地质发展历史 (235)
一、泛非历史 (235)
二、早古生代古洋盆及两侧大陆边缘形成(奥陶纪—泥盆纪) (235)
三、弧后盆地到前陆盆地的转换(石炭纪—晚三叠世) (235)
四、班公错-怒江结合带复式演替(晚三叠世—晚白垩世) (238)
五、陆缘火山岩浆弧及陆-陆碰撞阶段(K_2—E) (239)

第六章　主要成果和存在的问题

第一节　主要调查成果 (241)
一、地层古生物调查研究重要进展 (241)
二、岩石与构造研究新进展 (242)
三、其他方面 (244)

第二节　存在的主要问题 (244)
一、覆盖严重问题 (244)
二、时代问题 (244)
三、其他问题 (244)

主要参考文献 (245)

图版 (247)

附图　1∶25万改则县幅(I45C004001)地质图及说明书

第一章 绪 言

西藏1∶25万改则县幅(I45C004001)区域地质调查项目是中国地质调查局于2003年3月以基[2003]002-15号文下达到西藏地质调查院,并明确说明四川地质调查院参与该项目的遥感解译工作。项目编号200313000017,起止时间为2003年3月—2005年12月。项目设计审查时间为2003年12月,项目原始资料及野外验收时间为2005年6月29日—7月17日。经评审委员会同意后,转入室内报告编写。

第一节 项目目标任务

一、项目总体目标

立足于当今地学前缘,应用先进的技术方法,按照《1∶25万区域地质调查技术要求(暂行)》和《青藏高原艰险地区1∶25万区域地质调查要求(暂行)》及其他相关的规范、指南,参照造山带填图新方法,填制出高质量1∶25万区域地质图,力争在班公错-怒江结合带(以下可简称班-怒结合带)、狮泉河-拉果错-永珠蛇绿混杂岩带两个重要构造带取得实质性进展。同时,合理划分测区地层系统和构造单元,通过对沉积建造、变质变形、岩浆作用的综合分析,反演地质演化史。

二、项目工作内容和任务

(1)以区域构造调查为先导,合理划分测区构造单元,对测区不同地质单元、不同构造-地层单元采用不同的填图方法,进行全面的区域地质调查。

(2)建立不同构造地层区(带)地层系统和地质体的时空格架。

(3)加强测区三叠系日干配错群和巫嘎组等地层研究,提供班公错-怒江结合带形成的背景资料。

(4)对班公错-怒江结合带、狮泉河-拉果错-永珠蛇绿混杂岩带两个重要构造单元进行深入研究,重点阐明其组成、结构特征、形成时代及演化体系。特设"西藏改则地区班公错-怒江结合带时空结构研究"专题。

(5)调查、收集区内生态环境和资源信息。

第二节 测区位置与自然地理条件

测区处于青藏高原腹地,羌塘盆地南缘,西藏自治区的西北部,隶属西藏阿里地区改则县、那曲地区尼玛县管辖。地理坐标为:东经84°00′00″—85°30′00″,北纬32°00′00″—33°00′00″。

测区交通条件总体较差,距拉萨市约1100km,有南线拉萨-日喀则-措勤-改则公路,北线那曲-狮泉河公路紧邻图区南侧经过(图1-1)。测区内为季节性乡间小路,给野外工作带来了方便。测区为藏北高原湖盆区,地势相对起伏不大,以高原丘陵平地为主,最高海拔为查乌6138m,最低海拔为洞错4403m,平均海拔4900m以上。山体走向以近东西向展布为主,其次为北东向。湖泊众多,主要有洞错、扎西错布、热那错、多玛错、拉果错、纳丁错等，均为咸水湖；区内河流为内流型，主要河流多以湖泊为中心的单独闭塞向心水系，河流短小，大多为间歇性河流。

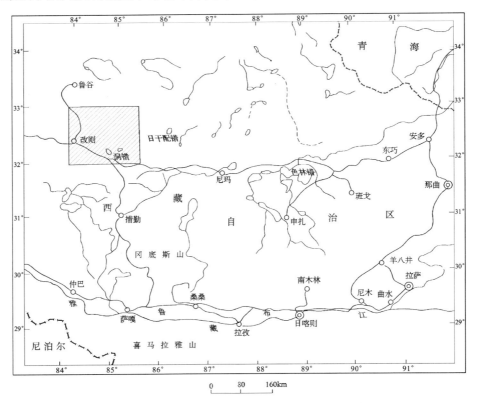

图1-1 测区交通位置图

第三节 前人研究程度

测区由于自然地理环境十分恶劣，地质研究程度较低，在区域地质调查方面只有1∶100万改则幅覆盖全区。20世纪80年代以来，随着全球岩石圈计划的开展，特别是近年来大陆动力学的兴起，地学界对作为全球第三极的青藏高原极为重视，将其作为大陆动力学研究的最佳野外实验室。测区位于青藏高原中部班公错-怒江结合带中西段，羌塘中央隆起带的南缘，因而一些重要的地学研究不同程度地涉及测区，但直接在测区进行的地质研究极少。测区的地质调查研究历史大致可划分为如下三个阶段。

一、20世纪50—70年代以石油普查和路线地质调查为主的基础阶段

这个阶段的地质调查主要由中国地质工作者所完成，开展了小比例尺的地质测量及石油普查工作。主要工作有：①西藏地质矿产局第四普查大队1971年在改则至洞错一带进行了1∶20万路线地质调查（图1-2）；②西藏地质矿产局第四普查大队1972年在改则至热那错一带进行了1∶40万路线地质调查（图1-2）。该阶段的地质工作主要以石油地质调查为主，对测区的部分地层有所划分和了解，为后续的各项地质工作打下了基础。

二、20世纪80年代以区域地质调查为主的基础研究阶段

这个阶段由西藏地质矿产局区域地质调查大队于1979—1986年完成,其范围覆盖全区(图1-2),并编写了《1:100万改则幅区域地质调查报告》,从而系统地建立了测区的构造格架及地层系统,为以后的工作打下了良好的基础。以青藏高原岩石圈结构、构造及其动力学为主题,展开了地质综合研究,主要有1980年由中国科学院高原研究所主编的《1:150万青藏高原地质图》和1986年由中国地质科学院成都地质矿产研究所主编的《1:150万青藏高原及邻区地质图》,其范围均覆盖全区。1984年西藏地质科学研究所主编的《1:150万西藏板块构造-建造图及说明书》,对西藏地区的板块构造及建造作了详尽的研究。

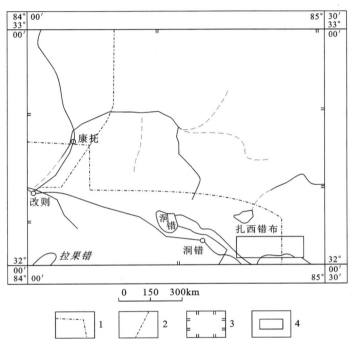

图1-2 测区地质调查研究程度图

1.1971年西藏地质矿产局第四普查大队1:20万路线地质调查;2.1972年西藏地质矿产局第四普查大队1:40万路线地质调查;
3.1979—1986年西藏地质矿产局区域地质调查大队1:100万改则幅区调填图;
4.1999—2001年西藏地质矿产勘查开发局区域地质调查大队尼玛县屋素拉—热嘎巴一带岩金成矿规律研究

三、20世纪90年代以来的深入研究阶段及矿产方面的研究

20世纪90年代以来,青藏高原被地学界公认为大陆动力学最理想的野外实验室,加大了综合研究力度,涉及测区的主要研究成果有:①西藏地质矿产局于1993年完成了《西藏自治区区域地质志》及《西藏自治区矿产总结》,对西藏地质及矿产作了系统全面的总结;②西藏地质矿产局于1997年完成了《西藏自治区岩石地层》,对包括测区的西藏岩石地层作了重要总结;③"八五"期间由肖序常主持的原地质矿产部重大基础研究项目"青藏高原岩石圈结构、隆升机制及大陆变形效应"涉及测区,对青藏高原隆升过程这一重大科学问题作了深入的研究;④"九五"期间由李廷栋领导开展的原地质矿产部重大基础研究项目"青藏高原隆升的地质记录及机制";⑤1999—2000年西藏地质矿产厅区域地质调查大队在测区中西部开展了岩金成矿规律研究,并编写了《西藏自治区尼玛县屋素拉—热嘎巴一带岩金成矿规律研究》;⑥1993—2001年中国石油天然气总公司"九五"油气勘探科技工程项目对青藏高原石油地质进行系统研究,并编写了《青藏高原石油地质学丛书》(《青藏高原羌塘盆地石油地质》《青藏高原海相烃源层的油气生成》《青藏高原中生界沉积相及油气储盖层特征》《青藏高原大地构造特征及盆地演化》和《青藏高原地层》),系统地总结了青藏高原石油地质基本特征。此外,测区还进行过不同程度的地质及矿产方面的调查。

总之，前人在测区开展的地质调查研究较多(表1-1)。但多是以综合研究为主，直接在测区进行的地质调查及科学研究较少，且由于当时客观条件所限，总体对测区的研究程度较低。

表1-1 研究程度及资料一览表

调查时间	成果名称	作者单位或姓名	出版时间	出版单位
1972年	1:40万石油路线地质调查	西藏地质矿产局第四普查大队	1972年	内部资料
1971年	藏北航磁异常检查及工作总结	西藏第二地质大队	1971年	内部资料
1979—1986年	1:100万改则幅区域地质矿产调查	西藏地质矿产局区域地质调查大队	1986年	内部资料
1980年	1:150万青藏高原地质图	中国科学院高原地质研究所	1980年	地图出版社
1981年	西藏岩浆活动和变质作用	中国科学院青藏高原综合考察队	1981年	科学出版社
1983年	西藏第四系地质	中国科学院青藏高原综合考察队，李炳元等	1983年	地质出版社
1984年	1:150万西藏板块构造-建造图及说明书	西藏地质科学研究所，周详等	1987年	地质出版社
1986年	1:150万青藏高原及邻区地质图及说明书	成都地质矿产研究所	1988年	地质出版社
1987年	西藏蛇绿岩	中国地质科学院，王希斌等	1987年	地质出版社
1987年	西藏活动构造	中国地质科学院，韩同林	1987年	地质出版社
1990年	青藏高原新生代构造演化	潘桂棠	1990年	地质出版社
1993年	西藏自治区区域地质志	西藏地质矿产局	1993年	地质出版社
1993年	西藏自治区矿产总结	西藏地质矿产局	1993年	地质出版社
1990—1995年	青藏高原的构造演化及隆升机制	中国地质科学院，肖序常、李廷栋、陈炳蔚等	2000年	广东科技出版社
1994—1996年	西藏蛇绿岩与古洋壳演化	夏斌、周详、曹佑功	2001年	内部资料
1995—1997年	西藏自治区岩石地层	西藏地质矿产局，夏代祥、刘世坤等	1997年	中国地质大学出版社
1997—1998年	西藏自治区1:50万数字地质图	西藏地质矿产厅马冠卿等	1998年	地质出版社
1999—2001年	西藏自治区尼玛县屋素拉—热嘎巴一带岩金成矿规律研究	西藏地质矿产勘查开发局，曾庆高等	2001年	内部资料
1994—1998年	西藏羌塘盆地地质演化与油气远景评价	王成善、伊海生	2001年	地质出版社
1993—2001年	青藏高原石油地质学丛书	赵政璋、李永铁、叶和飞、张昱文	2001年	科学出版社

第四节 报告编写

一、完成实物工作量

三年来，项目组同志克服重重困难，圆满地完成了野外路线的观测、剖面测制和专题研究任务。实际填图面积 31 300 km²，地质路线 4400 km，实测剖面 185.55 km，各项实物工作量见表1-2(两幅联测实物工作量)。

表 1-2 完成实物工作量(两幅联测)一览表

<table>
<tr><th>序号</th><th colspan="2">项目</th><th>单位</th><th>2003 年</th><th>2004 年</th><th>2005 年</th><th>合计</th><th>设计量</th></tr>
<tr><td rowspan="2">1</td><td rowspan="2">填图面积</td><td>B_2 实测区</td><td>km^2</td><td>4000</td><td>15 000</td><td></td><td>19 000</td><td>19 000</td></tr>
<tr><td>B_3 实测区</td><td>km^2</td><td>4000</td><td>8300</td><td></td><td>12 300</td><td>12 300</td></tr>
<tr><td>2</td><td colspan="2">地质调查路线</td><td>km</td><td>1800</td><td>2498</td><td>102</td><td>4400</td><td>4000</td></tr>
<tr><td rowspan="3">3</td><td rowspan="3">剖面</td><td>地层剖面</td><td>km</td><td>33.77</td><td>73.98</td><td></td><td>107.75</td><td>149.3</td></tr>
<tr><td>蛇绿岩剖面</td><td>km</td><td></td><td>12.8</td><td>1.5</td><td>12.8</td><td>12.2</td></tr>
<tr><td>构造剖面</td><td>km</td><td></td><td>65</td><td></td><td>65</td><td>61</td></tr>
<tr><td rowspan="3">4</td><td rowspan="3">遥感解译</td><td>可解类别Ⅲ</td><td>km^2</td><td>9390</td><td></td><td></td><td>9390</td><td>9390</td></tr>
<tr><td>可解类别Ⅱ</td><td>km^2</td><td>2504</td><td></td><td></td><td>2504</td><td>2504</td></tr>
<tr><td>可解类别Ⅰ</td><td>km^2</td><td>19 406</td><td></td><td></td><td>19 406</td><td>19 406</td></tr>
<tr><td>5</td><td colspan="2">陈列样</td><td>件</td><td>1000</td><td>1480</td><td></td><td>2480</td><td>3000</td></tr>
<tr><td>6</td><td colspan="2">薄片样</td><td>件</td><td>300</td><td>1694</td><td>37</td><td>1994</td><td>2400</td></tr>
<tr><td>7</td><td colspan="2">硅酸盐分析样</td><td>件</td><td>30</td><td>242</td><td>27</td><td>299</td><td>100</td></tr>
<tr><td>8</td><td colspan="2">稀土分析样</td><td>件</td><td>30</td><td>242</td><td>27</td><td>299</td><td>100</td></tr>
<tr><td>9</td><td colspan="2">光谱(微量元素)样</td><td>件</td><td>30</td><td>242</td><td>27</td><td>299</td><td>100</td></tr>
<tr><td>10</td><td colspan="2">碳酸盐样</td><td>件</td><td></td><td>3</td><td></td><td>3</td><td></td></tr>
<tr><td>11</td><td colspan="2">化学分析样</td><td>件</td><td>30</td><td>12</td><td></td><td>42</td><td>50</td></tr>
<tr><td>12</td><td colspan="2">粒度分析样</td><td>件</td><td>10</td><td>20</td><td></td><td>30</td><td>30</td></tr>
<tr><td>13</td><td colspan="2">阴极发光样</td><td>件</td><td></td><td>10</td><td></td><td>10</td><td>10</td></tr>
<tr><td>14</td><td colspan="2">电子自旋共振</td><td>件</td><td>2</td><td>7</td><td></td><td>9</td><td>10</td></tr>
<tr><td>15</td><td colspan="2">试金分析样</td><td>件</td><td></td><td>9</td><td></td><td>9</td><td></td></tr>
<tr><td>16</td><td colspan="2">微古(超微)样</td><td>件</td><td>38</td><td>15</td><td></td><td>53</td><td>96</td></tr>
<tr><td rowspan="6">17</td><td rowspan="6">同位素测年</td><td>Rb-Sr 测年</td><td>件</td><td>1</td><td></td><td rowspan="6">2</td><td rowspan="6">35</td><td rowspan="6">42</td></tr>
<tr><td>U－Pb 测年</td><td>件</td><td>2</td><td>5</td></tr>
<tr><td>K-Ar 测年</td><td>件</td><td>10</td><td>8</td></tr>
<tr><td>Sm－Nd 测年</td><td>件</td><td>1</td><td></td></tr>
<tr><td>^{14}C 测年</td><td>件</td><td>4</td><td></td></tr>
<tr><td>^{40}Ar-^{39}Ar</td><td>件</td><td></td><td>2</td></tr>
<tr><td>18</td><td colspan="2">化学样</td><td>件</td><td>50</td><td>91</td><td></td><td>141</td><td>150</td></tr>
<tr><td>19</td><td colspan="2">包体测温样</td><td>件</td><td>2</td><td>1</td><td></td><td>3</td><td>5</td></tr>
</table>

承担项目测试分析和定量的单位分别是成都地质矿产研究所、原宜昌地质矿产研究所(现为武汉地质矿产研究所)、中国科学院广州地球化学研究所、四川省地质调查院测试中心、南京地质古生物研究所、成都理工大学沉积地质研究院、香港大学等。

项目实施过程中,始终将质量管理放在重要位置,建立和完善地调院—项目—小组的“三级质量管理”监控体系。

二、报告编写人员

在区域地质调查资料验收、野外补课、测试分析和综合研究基础上,2005年8月—12月进入报告编写阶段。报告按专业分工分别编写:第一、第五、第六章由曾庆高执笔;第二章由毛国政执笔;第三章由王保弟执笔;第四章由尼玛次仁执笔;全书由曾庆高、毛国政统纂、审定、定稿;地质图由毛国政、王保弟修编,曾庆高最终定稿;图件清绘由秦丽、黄凤、小其米、李涛、央金、贺丽完成。

三、致谢

项目实施过程中,得到各级领导、各位专家、各位同行的大力支持和帮助:中国地质调查局基础部庄育勋研究员、区调处翟刚毅处长、于庆文研究员;西南项目办丁俊教授级高工、王大可教授级高工、王立全研究员,青藏高原地质研究中心潘桂棠研究员、王剑研究员、谭富文研究员、朱同兴研究员;贵州地质调查院王尚彦总工;吉林大学李才教授;江西地质调查院谢国刚高工;四川地质调查院领导;1:25万项目负责人刘登忠教授、牟世勇高工、魏荣殊高工、张振利高工;西藏地质调查院院长苑举斌、副院长刘鸿飞高工、江万研究员、总工程师杜光伟高工;西藏地质矿产勘查开发局多吉院士、副总工陆彦教授级高工、李今高博士后,地勘处程力军教授级高工、李志教授级高工、郭建慈高工、张华平高工、陈红旗高工;西藏地质调查院夏代详教授级高工、蒋光武高工,区调队队长、总工夏抱本高级工程师、副队长普布次仁、姚文强高工、易建洲工程师、许孝青高级经济师、项目顾问周详教授级高工等。项目成员每年野外工作时间4个月,回来后长期坚持加班加点工作,放弃了大部分节假日和周末休息机会,抢时间、赶进度,得到了家属们的理解和支持。工作期间,陈国荣(曾任副技术负责)赵守仁、刘保民等也参加了前期的野外工作。借此机会,向关心、帮助、指导我们调查工作的各级领导、各位专家和相关单位表示衷心感谢。

第二章 地 层

测区位于藏北高原中部,大地构造位置划分上隶属于羌塘-三江复合板片、班公错-怒江结合带及冈底斯-念青唐古拉板片。所属地层划分为羌南-保山地层区的多玛地层分区、班公错-怒江地层区的蛇绿岩小区(木嘎岗日地层分区)和冈底斯-腾冲地层区的班戈-八宿分区,见图2-1。

根据大地构造环境,按建造和改造统一的基本原则,以测区范围为基本尺度,根据本图幅及东邻图幅资料,以康托-仲岗(康托-仲岗-垌莫错)断裂带和改则-洞错南(改则-扎嘎洞渠-巫嘎错南)断裂带为界划分为班戈-八宿地层分区、木嘎岗日地层分区和多玛地层分区。其中木嘎岗日地层分区划分为南北两个地层小区:哦居多玛地层小区和扎西错地层小区。多玛地层分区划分为南北两个地层小区:雀岗地层小区和绒玛地层小区(图2-2)。

在本图幅范围内,地层出露有石炭系、二叠系、三叠系、侏罗系、白垩系、古近系、新近系,分布极不均匀,相差较大。其中石炭系—二叠系地层分布于图幅南北两侧,出露面积局限,仅约36.16km^2,占整个测区面积的2.14%。三叠系地层分布较广,呈大面积展布,出露面积约3724.81km^2,占整个测区面积的23.74%。侏罗系—白垩系地层主要分布于图幅中部,出露面积约2705.96km^2,占整个测区面积的17.24%。古近系地层主要为火山岩地层,呈零星状展布,成片展出较少,出露面积约551.96km^2,占整个测区面积的3.52%。新近系地层主要为红层,不均匀展布于全区,总体露头不好,在图幅中占很大比重,出露面积约2506.56km^2,占整个测区面积的13.43%。第四系展布于湖泊、沟谷和山麓地带,出露面积约5784.32km^2,占整个测区面积的36.86%。

按《1:25万区域地质调查总则》要求,以《西藏自治区岩石地层》为依据,根据地质构造发育特征和地层建造、改造特征,在前人研究基础上,结合实际新资料,新认识重新厘定了测区地层系统及地层单位时空结构,详见表2-1,并且提供了地层的由来与变更依据(表2-2)。

第一节 石炭系—二叠系

一、羌南地层区多玛地层分区

(一)展金组(C_2z)

展金组分布于图幅西北角热那错西侧,呈零星状展布,出露面积约49.38km^2,占整个测区面积的0.31%。

展金组最早由梁定益等1982年于日土县多玛区吉普村北展金河命名,《西藏自治区区域地质志》(1993)和《西藏自治区岩石地层》(1997)在区域上均采用展金组一名。本书在解体日干配错群(1:100万改则幅称肖茶卡群)及与1:25万物玛幅联图时,根据区域资料对比,沿用展金组一名。

图幅内该套地层出露较少,岩性单一,剖面位于改则县查尔康错那勒,毗邻西侧物玛组。

改则县查尔康错那勒展金组(C_2z)实测地层剖面(引用四川地质调查院区域地质调查所2004年资料)(图2-3)。

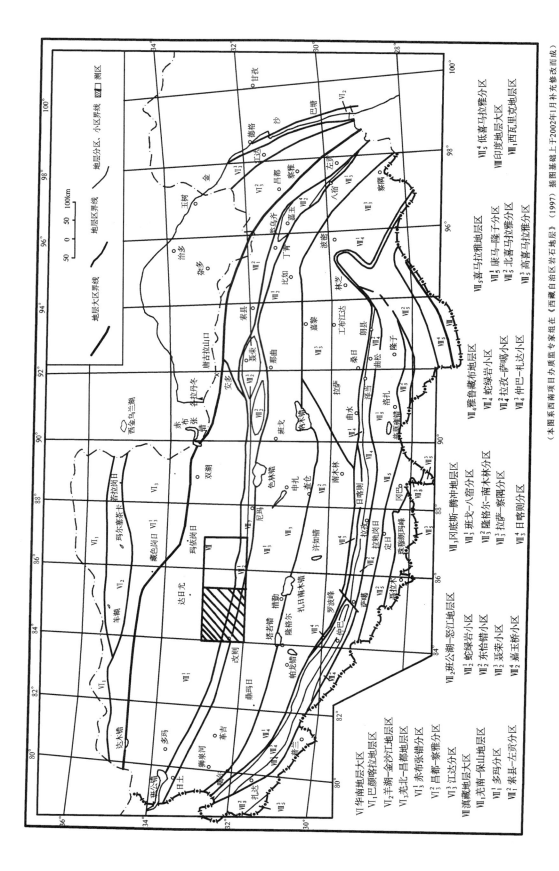

（本图系西南项目办质监专家组在《西藏自治区岩石地层》（1997）插图基础上于2002年1月补充修改而成）

图 2-1　青藏高原西藏地区综合地层区划图

表 2-1　测区地层单位时空结构表

地层单位 \ 地层分区 年代地层		藏滇地层大区		
		冈底斯-腾冲地层区	班公错-怒江地层区	羌南-保山地层区
		班戈-八宿地层分区	木嘎岗日地层分区	多玛地层分区
			洞错地层小区	纳丁错地层小区　热拉错地层小区
第四系	更新统(Qh)	冲洪积Qh^{apl}		
		湖沼积Qh^{fl}		
		湖积Qh^{l}		
	全新统(Qp)	湖积Qp^{l}		
新近系	上新统(N_2)		康托组(Nk)	
	中新统(N_1)			
古近系	渐新统(E_3)		美苏组(Em)	纳丁错组(En)
	始新统(E_2)			
	古新统(E_1)			
白垩系	上白垩统(K_2)		竞柱山组(K_2j)	
	下白垩统(K_1)	郎山组(K_1l) 古昌混杂岩群J_3K_1G（则弄群｜拉果错蛇绿岩｜拉嘎组）	沙木罗组(J_3K_1s) 去申拉组(K_1q)	改则混杂岩群（木嘎岗日岩组Jm｜洞错蛇绿岩组JD｜仲岗洋岛岩组MZ）
侏罗系	上侏罗统(J_3)			捷布曲组(J_3j)
	中侏罗统(J_2)			莎巧木组(J_2sq)
	下侏罗统(J_1)			色哇组($J_{1-2}s$)
三叠系	上三叠统(T_3)		巫嘎组(T_3w) ?	日干配错组(T_3r) ?
	中三叠统(T_2)			
	下三叠统(T_1)			
二叠系	上二叠统(P_3)			龙格组(P_2l)
	中二叠统(P_2)			
	下二叠统(P_1)	下拉组(P_1x)		
石炭系	上石炭统(C_2)	拉嘎组(C_2lg)		展金组(C_2z)
	下石炭统(C_1)			?
未分				

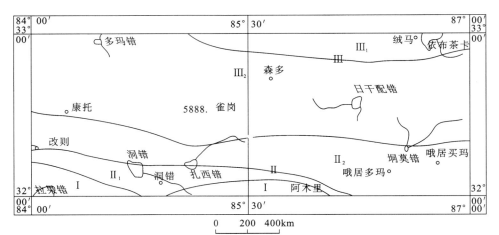

Ⅰ冈底斯-念青唐古拉板片　　班戈-八宿地层分区

Ⅱ班公错-怒江结合带　　班公错-怒江地层区 { Ⅱ₁扎西错地层小区；Ⅱ₂哦居多玛地层小区 }

Ⅲ羌塘-三江复合板片　　多玛地层分区 { Ⅲ₁绒玛地层小区；Ⅲ₂雀岗地层小区 }

图 2-2　测区地层分区略图

表 2-2　地层名称和术语解释的变化表

地层名称	从前名称/其他术语	现在名称由来	变更的解释
康托组	康托组(1986、1993、1997)	西藏区调队(1986)命名	代表羌塘地区新近纪沉积的一套砂砾岩、少量杂色泥岩粉砂岩
美苏组		江西省地质调查院(2003)命名	引用代表沿班公错-怒江结合带南缘展布的古近纪时期的一套火山岩
纳丁错组	纳丁错组(1986)美日切错组(1993、1997)	西藏区调队(1986)命名	恢复使用代表羌南地区古近纪时期的一套火山岩,部分跨入晚白垩世
郎山组	郎山组(1978、1993、1997),门德洛子群(1955),拉果错组(1986)	西藏第四地质队(1973)创名,1978 年介绍	代表班戈-八宿分区早白垩世沉积的一套灰岩、生物碎屑灰岩
竞柱山组	未分第三系(1986),竞柱山组(1993、1997)	西藏第四地质队(1973)创名,1978 年介绍	代表班公错-怒江结合带晚白垩世沉积的一套红色碎屑岩
去申拉组	去申拉组(1986),郎山组(1993),则弄群(1997)	西藏区调队(1986)命名	恢复使用,代表班公错-怒江结合带闭合时期的一套火山岩地层体
则弄群	则弄群(1993、1997)	西藏区调队(1983)命名	代表班戈-八宿分区晚侏罗世—早白垩世时期的中基—中酸性火山岩夹碎屑岩组合
沙木罗组	沙木罗组(1993、1997)	西藏区调队(1987)创名	代表班公错-怒江结合带晚侏罗世—早白垩世沉积的一套含钙质较高的碎屑岩

续表 2-2

<table>
<tr><th colspan="2">地层名称</th><th>从前名称/其他术语</th><th>现在名称由来</th><th>变更的解释</th></tr>
<tr><td rowspan="3">改则混杂岩群</td><td>木嘎岗日岩组</td><td>木嘎岗日群（1986，1993，1997）</td><td>文世宣（1979）命名</td><td rowspan="3">将木嘎岗日群降群为组称岩组（命名岩石组合明确，为小有序大无序地层），新建洞错蛇绿岩组和仲岗洋岛岩片，并归并为改则岩群，代表班公错-怒江结合带中复理石组合、蛇绿岩组合、洋岛组合</td></tr>
<tr><td>洞错蛇绿岩组</td><td>沿错蛇绿岩（1986、1993）</td><td rowspan="2"></td></tr>
<tr><td>仲岗洋岛岩</td><td></td></tr>
<tr><td colspan="2">捷布曲组</td><td>雁石坪群（1986）</td><td>中国地质大学（北京）（2004）命名</td><td>1∶25 万改则县、日干配错幅引用，代表羌南地区中侏罗世沉积的大套灰岩</td></tr>
<tr><td colspan="2">莎巧木组</td><td>雁石坪群（1986），佣钦错群（1993），莎巧木组（1997）</td><td>吴瑞忠等 1986 年创名</td><td>代表羌南地区中侏罗世沉积的以碎屑岩为主夹灰岩（局部地段增多）的地层体</td></tr>
<tr><td colspan="2">色哇组</td><td>雁石坪群（1986），色哇组（1986、1993、1997）</td><td>文世宣（1979）命名</td><td>代表羌南地区早—中侏罗世沉积的以泥质岩为主的地层体</td></tr>
<tr><td colspan="2">巫嘎组</td><td>巫嘎群（1983），木嘎岗日群（1986），确哈拉群（1993，1997）</td><td>西藏区调队（1983）创名巫嘎群</td><td>恢复使用，降群为组代表班公错-怒江结合带中裂谷时期的海相沉积</td></tr>
<tr><td colspan="2">日干配错组</td><td>肖茶卡群（1986），西雅尔冈组（1985），吉普村组（1991），日干配错群（1993，1997）</td><td>西藏地质矿产局（1993）创名</td><td>降群为组，代表羌南地区，晚三叠世沉积的一套碳酸盐岩</td></tr>
<tr><td colspan="2">下拉组</td><td>米酒雄灰岩系（1957），下拉组（1979、1993、1997）</td><td>夏代祥、徐仲勋 1979 年命名，夏代祥 1983 年介绍</td><td>代表班戈-八宿分区早二叠世沉积的一套碳酸盐岩</td></tr>
<tr><td colspan="2">龙格组</td><td>塔什拉克湖群（1946），甘尔宝群（1957），龙格组（1982、1993、1997），民卓茶卡灰岩（1984），鲁谷组（1986）</td><td>梁定益等（1982）命名</td><td>代表羌南地区中二叠世沉积的一套碳酸盐岩</td></tr>
<tr><td colspan="2">拉嘎组</td><td>永珠群上组（1981），拉嘎组（1993，1997）</td><td>林宝玉（1983）创名</td><td>代表班戈-八宿分区晚石炭世沉积的一套碎屑岩</td></tr>
<tr><td colspan="2">展金组</td><td>展金组（1993、1997）</td><td>梁定益等（1982）命名</td><td>代表羌南地区晚石炭世沉积的一套碎屑岩组合</td></tr>
</table>

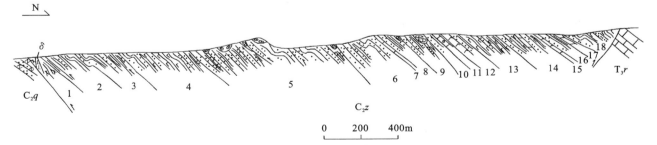

图 2-3　改则县查尔康错那勒展金组（C_2z）实测地层剖面图

日干配错组（T_3r）：灰白色、浅灰白色块状结晶灰岩

═══════ 断层 ═══════

展金组（C_2z）　　　　**厚：>2163.65m**

18. 浅绿色、深灰色中—薄层状变质石英粉砂岩与黄灰色钙质板岩组成基本韵律　　　　　　　　　163.43m
17. 深灰色中—薄层状泥灰岩与黄灰色钙质板岩组成基本韵律,见腕足类、珊瑚类化石　　　　　25.72m
16. 浅绿灰色薄层状变质石英粉砂岩与褐灰色钙质板岩组成的基本韵律,产珊瑚化石　　　　　　78.03m
15. 浅绿灰色气孔状蚀变玄武岩　　　　　　　　　　　　　　　　　　　　　　　　　　　　　　10.23m
14. 深灰色薄层变质石英粉砂岩与黄灰色钙质板岩夹深灰色薄层状泥灰岩,发育水平层理　　　　116.57m
13. 浅绿灰色钙质板岩夹紫灰色薄层状变质粉砂岩,岩石中见少许黄铁矿颗粒　　　　　　　　　139.19m
12. 褐色、褐黄色中厚层状蚀变玄武岩与深灰色薄层状变质石英粉砂岩与深灰色粉砂质板岩组
    成的基本韵律　　　　　　　　　　　　　　　　　　　　　　　　　　　　　　　　　　　　63.62m
11. 深灰色中层状生物碎屑灰岩、泥灰岩与深灰色钙质板岩组成的基本韵律,产珊瑚化石　　　　17.99m
10. 黄灰色薄层状变质石英粉砂岩与黄灰色钙质板岩组成的基本韵律,钙质板岩中见许多不规
    则的、棱角状的变质细砂岩,深灰色灰岩砾岩,具定向性　　　　　　　　　　　　　　　　　38.32m
9. 深灰色块状灰质角砾岩与深灰色薄层状变质石英粉砂岩与粉砂质板岩互层,岩石重结晶呈
   透镜状,产珊瑚化石　　　　　　　　　　　　　　　　　　　　　　　　　　　　　　　　　　116.36m
8. 浅绿灰色中层状变质细粒石英砂岩,深灰色薄层状变质粉砂岩与深灰色钙质板岩不等厚
   互层　　　48.34m
7. 灰色中层状微晶灰岩与深灰色中层状生物碎屑灰岩互层,生物碎屑为䗴、珊瑚,已重结晶　　16.86m
6. 深灰色中层状变质细粒石英砂岩、灰色薄层状石英粉砂岩与深灰色粉砂质板岩不等厚互层,
   具正粒序层理　　　　　　　　　　　　　　　　　　　　　　　　　　　　　　　　　　　　　205.48m
5. 深灰色中层状灰质角砾岩与深灰色薄层状石英粉砂岩、粉砂质板岩不等厚互层。岩石重结
   晶呈透镜状产出　　　　　　　　　　　　　　　　　　　　　　　　　　　　　　　　　　　　509.43m
4. 深灰色、浅绿灰色粉砂质板岩、钙质板岩夹深灰色薄层状变粉砂岩组成　　　　　　　　　　292.80m
3. 深灰色中层状变质细粒石英砂岩与深灰色板岩不等厚互层　　　　　　　　　　　　　　　　148.43m
2. 深灰色千枚状板岩夹灰、深灰色薄层状粉砂岩,粉砂岩呈条带状　　　　　　　　　　　　　　113.82m
1. 深灰色红柱石板岩　　　　　　　　　　　　　　　　　　　　　　　　　　　　　　　　　　＞59.03m

(未见底)

剖面上为深灰色中—薄层状变质石英粉砂岩、石英砂岩,灰黑色、浅绿灰色板岩夹泥灰岩,玄武岩和灰质角砾岩透镜体,其基本层序组合(图2-4):Ⅰ,由5m(单层厚40~50cm)灰质角砾岩、2m(单层厚10~20cm)石英粉砂岩与3m(单层厚1~10cm)粉砂质板岩组成;Ⅱ,由2~4m(单层厚40~50cm)细粒石英砂岩,1~2m(单层厚5~10cm)石英粉砂岩与4~5m(单层厚1~10cm)粉砂质板岩组成;Ⅲ,由1m(单层厚40~50cm)生物碎屑灰岩、0.5m泥灰岩与1~2m(单层厚1~10cm)钙质板岩组成;Ⅳ,由1~2m(单层厚20~40cm)石英粉砂岩与2~4m(单层厚1~10cm)钙质板岩组成。从剖面上看,其厚度大于2000m,但在作剖面计算时未对构造进行恢复,如通过褶皱恢复。在本图幅内,该套地层多与岩体接触,与其他地层均为断层接触,岩性组合为以深灰色红柱石板岩、黑云母石英片岩为主,夹少量砂岩及灰质砾岩透镜体,总体表现为类复理石与玄武岩组合。

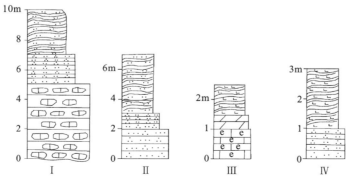

图2-4　展金组基本层序组合

在图幅内，该地层未采获具有鉴定意义的化石，仅在灰质砾岩中采有跨时较大的海绵化石，在剖面上采获有腕足类、珊瑚类、䗴等化石，区域上的双壳类化石 *Eurydesma*，*Ambikella* 确定时代为晚石炭世，根据区域资料及岩石组合特征，拟定为晚石炭世，其区域对此见表 2-3。

表 2-3 展金组区域岩石组合对比表

日土县多玛区展金河	改则县查尔康错那勒	改则县热那错(本图幅)
岩性为石英砂岩、粉砂岩、砂质板岩，夹多层中—酸性火山碎屑岩及少量基性熔岩，产腕足类、双壳类、腹足类、珊瑚等化石，以双壳类 *Eurydesma*，*Ambikella* 为特征，时代为晚石炭世	岩性为变质石英粉砂岩、石英砂岩，粉砂质板岩、钙质板岩、红柱石板岩夹泥灰岩、玄武岩、灰质角砾岩透镜体，产腕足类、珊瑚类、䗴等化石，时代为晚石炭世	岩性为以红柱石板岩为主，夹少量砂岩及灰质砾岩透镜体，未见有火山岩夹层，仅采获海绵化石，沿用晚石炭世

（二）龙格组(P_2l)

龙格组分布于图幅西北角拉嘎那和东北角座倾错，呈细条带状展布，出露面积约 103.13km^2，约占整个测区面积的 0.66%。

由梁定益等 1982 年命名，创名剖面位于日土县欧拉。1986 年，《1∶100 万改则幅区域地质调查报告》将二叠系统称鲁谷组。1993 年，《西藏自治区区域地质志》划分为龙格组，时代为早二叠世晚期。1997 年，《西藏自治区岩石地层》采用龙格组，时代为早二叠世。本书沿用龙格组，时代为中二叠世。

在图幅内该套地层出露较少，岩性不全，未测制剖面，在联测图幅东侧日干配错幅测有剖面，但剖面位置距该图幅相对较远，故引用西侧物玛幅剖面资料。

改则县查尔康错那勒龙格组(P_2l)实测地层剖面(引用四川地质调查院区域地质调查所 2004 年资料，图 2-5)。

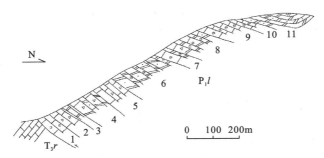

图 2-5 改则县查尔康错那勒龙格组(P_2l)实测地层剖面图

龙格组(P_2l) **(未见顶)** **厚：>977.14m**

11. 灰色、浅灰色中层状砂屑灰质白云岩与灰色薄—中层状结晶白云岩组成的基本韵律 >128.98m
10. 灰色中层状角砾状灰岩与灰色中层状含生物碎屑灰岩组成的基本韵律，产珊瑚 *Liangshanophyllum*，腕足及䗴化石 33.97m
9. 浅灰色厚—块状生物碎屑灰岩夹中—薄层状结晶灰岩，风化色为浅灰色，产珊瑚 *Liangshanophyllum* 化石 100.34m
8. 浅灰、灰色中—厚层状角砾状灰质白云岩，灰色中层状砂屑灰质白云岩与中—薄层状结晶白云岩互层 135.54m
7. 灰色中—厚层状生物碎屑灰岩与灰色薄层状结晶白云岩互层 53.55m
6. 浅灰色中—厚层状砂屑白云岩、灰色中—薄层状结晶白云岩组成的基本韵律 198.80m
5. 紫色、紫灰色、褐灰色块状灰岩、角砾状灰岩互层 88.43m

4. 浅灰、灰白色中—厚层状砾屑灰质白云岩，浅灰色中层状砂屑灰质白云岩与泥晶白云岩互层　106.49m

3. 浅灰白色块状结晶大理岩　37.97m

2. 浅灰色、灰白色块状角砾状灰岩　46.60m

1. 灰白色、浅灰白色块状结晶灰岩、条带状结晶灰岩　>46.67m

（未见底）

剖面上岩石组合为灰白色、浅灰白色块状结晶灰岩，中—厚层状砾屑灰质白云岩、砂屑白云岩、厚—块状生物碎屑灰岩为主，夹灰色薄—中层状结晶白云岩、结晶灰岩、块状角砾状灰岩组成。其基本层序组合为（图 2-6）：Ⅰ，由 5～10m 块状灰岩与 5～10m 角砾状灰岩组成；Ⅱ，由 5m（单层厚 1～2m）砾屑灰质白云岩、2m（单层厚 40～50cm）砂屑灰质白云岩与 1～1.5m（单层厚 40～50cm）泥晶白云岩组成；Ⅲ，由 5m（单层厚 0.5～1m）生物碎屑灰岩与 3m（单层厚 10～20cm）结晶白云岩组成。图幅内该套地层岩性单一，见有灰白色、浅灰白色块状，厚层块状粉—细晶灰岩、结晶灰岩夹浅灰色中薄层状粉晶灰岩。

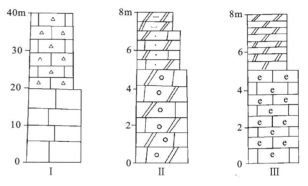

图 2-6　龙格组基本层序组合

在剖面上采有珊瑚 *Liangshanophyllum*，腕足类及䗴化石，时代为早二叠世。在图幅内采有珊瑚等化石，但重结晶严重，难以鉴定。在东侧日干配幅该套地层中采获灰柱珊瑚 cf. *Stereostylus* 化石，时代为早中二叠世。前人在命名剖面上采获大量䗴、珊瑚、腕足类化石，时代为早二叠世茅口期，本次区调中考虑到前人的二叠纪两分法，而目前为三分，故将其时代改为中二叠世（相当于早二叠世晚期）。其区域岩石组合对比见表 2-4。

表 2-4　龙格组区域岩石组合对比表

日土县欧拉	改则县查尔康错那勒	改则县拉嘎那（本图幅）	尼玛县依布荣卡
为灰色厚层至块状结晶灰岩，生物礁灰岩，含砂灰岩，白云岩及鲕状灰岩等，产䗴类、珊瑚及腕足类化石，时代为早二叠世	为灰白色、浅灰白色块状结晶灰岩，中—厚层状砾屑白云岩、砂屑白云岩，厚—块状生物碎屑灰岩为主，夹灰色薄—中层状结晶白云岩、结晶灰岩，块状角砾状灰岩组成，产珊瑚、䗴化石，时代为早二叠世	为灰白色、浅灰白色块状、厚层块状粉—细晶灰岩，结晶灰岩夹浅灰色中薄层状粉晶灰岩，时代为中二叠世	下部以白云岩为主，夹灰岩，上部以细晶灰岩，角砾状灰岩、碎裂状灰岩为主。产珊瑚、窗格苔虫、曲囊苔虫、多孔苔虫、刺枝苔虫等化石，时代为中二叠世

二、冈底斯地层区班戈-八宿地层分区

（一）拉嘎组（C_2lg）

拉嘎组分布于图幅南侧近图边淌嘎—邦木那，呈细长条状展布，出露面积约 43.75km²，占整个图幅面积的 0.28%，是图幅内地层单位出露面积较少之一。是本次区调过程中新填绘出的地层单位之一。

由 1983 年林宝玉在申扎县永珠乡创名，用以代表他本人 1981 年命名的永珠群上组。1∶100 万改则幅，《西藏自治区区域地质志》等前人资料在本图幅范围内未见描述该套地层，本次区调在测制剖面时，采获石炭纪化石，根据区域对比引用《西藏自治区岩石地层》沿用的拉嘎组，时代为晚石炭世。

西藏改则县拉果错淌嘎石炭系拉嘎组（C_2lg）地层实测剖面（P17）（图 2-7），位于改则县拉果错淌嘎。起点坐标：N 32°03′37.7″，E 84°19′19.7″，H 4.68km。终点坐标：N 32°03′28.6″，E 84°19′16.2″，H 4.72km。

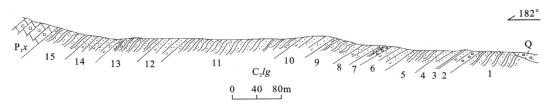

图 2-7 西藏改则县拉果错淌嘎石炭系拉嘎组(C_2lg)地层实测剖面图(P17)

上覆地层:下拉组(P_1x) 浅灰色厚层状细晶灰岩

——————— 整合 ———————

拉嘎组(C_2lg)	**厚:>490.20m**
15. 深灰色粉砂质板岩	45.71m
14. 浅灰色中层状含钙质细粒石英砂岩	33.58m
13. 深灰色粉砂质板岩	48.44m
12. 浅灰色中厚层状含钙质细粒石英砂岩	28.29m
11. 深灰色粉砂质板岩	105.20m
10. 浅灰色中厚层状含钙质细粒石英砂岩,产长形卵形贝(比较种)*Oratia elongate* Muir Wood,疹石燕 *Punctospirifer* ? sp.,雅尔错贝 *Yarirhynchia*? sp.,尖翼石燕 *Mucrospirifer* ? sp.,皱戟贝 *Rugosochonetes* sp.,亚翁贝 *Avonia* sp.化石	31.14m
9. 深灰色粉砂质板岩	37.22m
8. 浅灰色中厚层状含钙质细粒石英砂岩	22.33m
7. 灰色中厚层状细砾岩,浅灰色中厚层状钙质细砂岩,浅灰色中厚层状泥钙质粉砂岩组合	13.70m
6. 浅灰色中厚层状含钙质细粒石英砂岩	27.40m
5. 深灰色粉砂质板岩	34.25m
4. 浅灰色中厚层状细石英砂岩	21.66m
3. 灰色小砾岩	0.56m
2. 灰色中厚层状小(细)砾岩与浅灰色中厚层状钙质细砂岩组合	17.88m
1. 深灰色泥质板岩	>22.84m

(未见底)

剖面上岩石组合为以浅灰色中层、中厚层状含钙质细粒石英砂岩,细粒石英砂岩,钙质细砂岩,深灰色粉砂质板岩,泥质板岩为主,夹少量灰色中厚层状细砾岩,其基本层序组合为(图 2-8):Ⅰ,由 0.5~1m 细砾岩,3~4m(单层厚 20~40cm)钙质细砂岩与 1.5~2m(单层厚 20~40cm)泥钙质粉砂岩组成;Ⅱ,由单层厚 40~50cm 含钙质细粒石英砂岩组成基本层序;Ⅲ,由单层厚 0.1~1cm 粉砂质板岩组成基本层序。该套地层在图幅内分布范围较局限,岩性组合与剖面上一致,局部夹少量灰色灰岩透镜体。

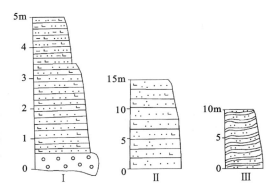

图 2-8 拉嘎组基本层序组合

剖面中采获化石(图版Ⅰ,1)长形卵形贝(比较种)*Oratia elongata* Muir Wood,疹石燕 *Punctospirifer*? sp.,雅尔错贝 *Yarirhynchia*? sp.,尖翼石燕 *Mucrospirifer*? sp.,皱戟贝 *Rugosochonetes* sp.,亚翁贝 *Avonia* sp.,路线上采获珊瑚化石,局部可形成珊瑚礁。鉴定时代似倾向于早石炭世,根据图幅内上下岩性组合看,在该套砾岩、石英砂岩、板岩组合之上为大套下拉组(P_1x)灰岩地层,从区域岩性组合对比及与邻区接图情况来看,灰岩组合为下拉组,该套地层为拉嘎组,其间未出露区域上所称的昂杰组(本身不具有区域上的普遍性),故将其时代确立为晚石炭世。其区域岩石组合对此见表 2-5。

表 2-5 拉嘎组区域岩石组合对比表

改则县邦木那（本图幅）	申扎县永珠乡
以浅灰色中层、中厚层状含钙质细粒石英砂岩,细粒石英砂岩与深灰色粉砂质板岩,泥质板岩为主夹少量灰色中厚层状小(细)砾岩,局部夹灰岩。产长形卵形贝,疹石燕,雅尔错贝,尖翼石燕,皱戟贝,亚翁贝及珊瑚(局部成礁)化石,时代为晚石炭世	为灰白、灰黄、灰绿色石英砂岩,含砾砂岩,含砾板岩,粉砂岩、页岩,夹薄层砾岩,产珊瑚、腕足类化石,时代为晚石炭世

（二）下拉组（P_1x）

下拉组分布于图幅西南图边改则县拉果错—江木曲,呈长条状展布,出露面积约 139.9km²,约占整个测区面积的 0.89%。

由夏代祥、徐仲勋 1979 年命名,夏代祥 1983 年介绍,创名剖面位于申扎县永珠下拉山。1986 年,《1:100 万改则幅区域地质调查报告》将该套地层与白垩系灰岩一起命名为拉果错组,时代为晚白垩世。1993 年,《西藏自治区区域地质志》引用下拉组一名,时代为早二叠世。1997 年,《西藏自治区岩石地层》沿用下拉组一名,时代为早二叠世。本次区调结合测区实际及南侧措勤幅地质体展布延伸情况,将原拉果错组灰岩解体时代为早二叠世下拉组灰岩和早白垩世郎山组灰岩。测区下拉组灰岩之下是拉嘎组 C_2lg,再往东南延伸出图,下拉组灰岩之下是昂杰组 P_1a,即如图 2-9 所示。

改则县次日邦嘎下拉组实测剖面如图 2-9 所示,剖面位于改则县永错南东 14km 的次日邦嘎。起点坐标:N 31°53′28″,E 84°51′32″。终点坐标:N 31°52′57″,E 84°50′38″。

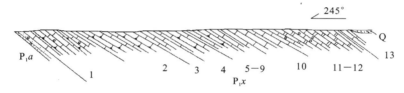

图 2-9 改则县次日邦嘎下拉组实测剖面图

下拉组（P_1x） （未见顶） 厚>**987.96m**

13. 深灰色中—薄层微晶灰岩夹生物碎屑微晶灰岩,二者岩比约为 4:1,皆以块状层理为主,生物碎屑灰岩中偶见水平层理 　　>16.63m
12. 浅褐灰色中厚层夹薄层及厚层微晶灰岩,含燧石结核,块状层理,局部见浅灰显红色的白云石化斑块 　　28.80m
11. 灰色中—薄层夹厚层白云岩与白云质砾屑灰岩互层,皆为块状层理。白云岩多呈厚层状,含燧石结核。白云质碎屑灰岩一般为中—薄层,砾屑一般为白云质,大小变化于 0.5～1cm 之间为多,次棱角状至次圆状为主 　　225.16m
10. 深灰色略显紫红色中—厚层夹薄层微晶灰岩,含燧石结核及极少量生物碎屑,偶见保存差的小腕足及单体珊瑚。见苔藓:*Meekopora* cf. *prosseri* Ulrich, *Streblotrypa* cf. *marmionensis* Etheridge 　　102.75m
9. 深灰色薄层夹中层微晶灰岩,含燧石结核,块状层理,偶见微波水平层理,含少量生物碎屑。苔藓虫 *Fistuliramus* aff. *lianxianensis* Li,水螅 *Spongiomorpha* sp. 　　41.33m
8. 深灰色厚层夹中、薄层微晶灰岩,三者岩比约 4:2:1,含少量燧石结核及生物碎屑 　　23.10m
7. 深灰色薄层微晶灰岩,偶夹中、厚层灰岩,含燧石结核 　　12.81m
6. 深灰色中—厚层与薄层微晶灰岩互层,两者岩比约为 2:1.5,含燧石结核,块状层理为主,见少量水平层理 　　20.43m
5. 灰色、浅紫褐色薄—中层燧石结核微晶灰岩,含生物碎屑,见水平层理,见菊石:*Timorites curvicostatus* Haniel 　　55.58m

4. 深灰色厚层块状微晶灰岩夹浅灰色薄层微晶灰岩,三者岩比约2∶2∶1。皆含燧石结核或条带,
   薄层灰岩可显示水平层理,泥质较重,其他皆为块状层理,偶见珊瑚:*Pseudoacaciapora* sp.   80.31m
3. 深灰色厚层块状微晶灰岩夹中层微晶灰岩,含少量燧石结核及生物碎屑,偶见单体珊瑚及腕
   足类化石。块状层理为主,可见少数水平层理及微波状水平层理   72.02m
2. 深灰色中层夹薄层微晶灰岩,夹少量薄层砂屑灰岩,含燧石结核及少量生物碎屑,薄层灰岩
   为水平层理   165.45m
1. 深灰色薄层与中层互层的微晶灰岩,含少量生物碎屑及燧石结核,块状层理为主,少见水平
   层理,含腕足类 *Martinia orbicularis*,水螅 *Spongiomorpha* sp.   150.72m

―――――― 整合 ――――――

下伏地层:昂杰组(P_1a) 灰色中—薄层石英砂岩夹薄—中层砾岩

剖面上岩性组合为深灰色(偶见灰色、浅紫褐色)块状层、厚层、中厚层、薄层微晶灰岩呈不同比例出现,上部夹灰色中—薄层、厚层状白云岩、白云质砾屑灰岩。其间不同程度地含有燧石结核,产生物化石及生物碎片。基本层序组合(图2-10)有:Ⅰ,由 4m 块状层微晶灰岩、4m(单层厚1～2m)厚层状微晶灰岩与 2m(单层厚10～20cm)薄层状微晶灰岩组成;Ⅱ,由 4m(单层厚1～2m)厚层状微晶灰岩、2m(单层厚 20～30cm)中层状微晶灰岩与 1m(单层厚 10～20cm)薄层状微晶灰岩组成;Ⅲ,由 4m(单层厚20～40cm)中—薄层状白云质砾屑灰岩、4m(单层厚 1～2m)厚层白云岩与 2m(单层厚 20～40cm)中—薄层状白云岩组成。总体岩性较为单一,以微晶灰岩为主,夹白云岩,以不同厚度交互产出。在本图幅内所见岩性单一,仅见浅灰色中—厚层状细晶灰岩,偶见有珊瑚化石,但重结晶严重。

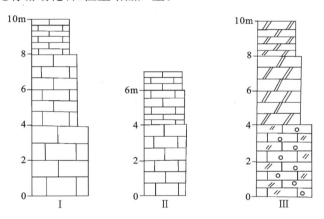

图 2-10 下拉组基本层序组合

剖面上采获大量化石,计有:腕足类 *Martinia orbicularis*;水螅 *Spongiomorpha* sp.;珊瑚 *Pseudoacaciapora* sp.;菊石 *Timorites curicostatus* Haniel;苔藓虫 *Fistuliramus* aff. *lianxiansis* Li,*Meekopora* cf. *prosseri* Ulrich,*Streblotrypa* cf. *marmionensis* Etheridge。将时代确定为早二叠世。其区域岩石组合对此见表2-6。

表 2-6 下拉组区域岩石组合对比表

改则县江木曲(本图幅)	改则县次日邦嘎	申扎县永珠下拉山
岩性为浅灰色中—厚层状细晶灰岩,偶见珊瑚化石,重结晶严重,时代为早二叠世	岩性为深灰色(偶见灰色、浅紫褐色)块状层、厚层、中厚层、薄层微晶灰岩呈不同比例出现,上部夹灰色中—薄层、厚层状白云岩、白云质砾屑灰岩,产腕足类、水螅、珊瑚、菊石、苔藓虫化石,时代为早二叠世	岩性为灰色、灰白色结晶灰岩,生物碎屑灰岩,条带状灰岩,含䗴类、珊瑚、腕足类、双壳类化石,时代为早二叠世

第二节 三 叠 系

一、羌南地层区多玛地层分区

——日干配错组（T_3r）

该地层分布于图幅北部拉嘎那—小长白山—纳丁错一带，呈东西小长条状或面状展布，分布面积约 2769.76 km²，约占整个测区面积的 17.65%，是图幅内分布范围较广的地层单位。

日干配错群由西藏地质矿产局（1993）命名，命名剖面为改则县森多以东日干配错剖面。1986 年，《1∶100 万改则幅区域地质调查报告》将羌塘地区的三叠纪地层统称肖茶卡群，时代为晚三叠世。1993 年，《西藏自治区区域地质志》认为羌南、羌北地区的三叠纪地层存在明显差别，故将羌南三叠纪地层命名为日干配错群，时代为晚三叠世。1997 年，《西藏自治区岩石地层》沿用日干配错群。本次区调中，对日干配错群解体，认为日干配错群应以灰岩为主，将其上的碎屑岩划分为早—中侏罗世色哇组，将群降组称日干配错组，时代为晚三叠世，另在图幅西侧与 1∶25 万物玛幅联图边界上，从原日干配错群中解体出早二叠世龙格组和晚石炭世展金组。

西藏改则县玛热玛日干配错组（T_3r）实测地层剖面（P20）（图 2-11），位于西藏改则县玛热玛。起点坐标：N 32°42′38.6″，E 84°35′38.5″，H 4930m。终点坐标：N 32°41′33.3″，E 84°35′07.5″，H 4880m。

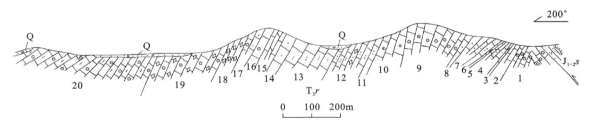

图 2-11　西藏改则县玛热玛日干配错组（T_3r）实测地层剖面图（P20）

日干配错组（T_3r）	（未见顶）	厚：>1591.49m
20. 浅灰黑色中—薄层状鲕粒灰岩与微晶含泥灰岩互层		>357.84m
19. 浅灰黑色中—厚层状鲕粒灰岩与泥晶灰岩互层		245.10m
18. 浅黑色薄层状泥晶灰岩		56.11m
17. 浅灰白色、浅紫红色中薄层状砂屑灰岩夹含生屑鲕粒灰岩		37.08m
16. 浅灰黑色厚层块状藻灰岩		23.73m
15. 浅灰黑色中—薄层状含生屑微晶灰岩夹浅黄褐色薄层状泥灰岩		67.25m
14. 浅灰白色块层状砂屑灰岩		39.27m
13. 浅灰黑色块状粒屑灰岩		151.06m
12. 浅灰黑色中—薄层状粒屑灰岩夹亮晶介屑灰岩		119.05m
11. 浅灰色中—薄层状粒屑灰岩		18.40m
10. 浅灰黑色厚层状含生屑微晶灰岩		76.55m
9. 浅灰黑色中—厚层鲕粒灰岩		155.40m
8. 紫红色中—薄层状砂屑灰岩，产星圆茎 Pentagonocyclicus sp.，圆圆茎 Cyclocyclicus sp. 化石		21.07m
7. 浅灰黑色中—厚层状砂屑灰岩		72.27m

6. 浅灰黑色中—薄层状粒屑灰岩	20.21m
5. 浅紫红色中—薄层状鲕粒灰岩	3.85m
4. 紫红色薄层状砂质灰岩	28.88m
3. 浅灰色薄层状含砂泥质灰岩	4.81m
2. 深灰色中—厚层状微晶灰岩	24.06m
1. 深灰色中—厚层状角砾状灰岩夹鲕粒灰岩,介屑灰岩	>69.5m

(未见底)

该地层岩石组合以微晶灰岩,鲕粒灰岩为主,其间不同程度夹有角砾状灰岩、砂屑灰岩、泥灰岩、粒屑灰岩、藻灰岩、介屑灰岩。其基本层序组合(图2-12)有:Ⅰ,由5m(单层厚1~2m)中厚层状角砾状灰岩,1m(单层厚10~20cm)中—薄层状鲕粒灰岩与0.5m(单层厚10cm)薄层状介屑灰岩组成;Ⅱ,由3m(单层厚10~20cm)中—薄层状砂质灰岩,4m(单层厚10~20cm)中—薄层状鲕粒灰岩与3m(单层厚20~30cm)中—薄层状粒屑灰岩组成;Ⅲ,由5m块层状砂屑灰岩,4m(单层厚20~30cm)中—薄层状含生屑微晶灰岩与1m(单层厚10cm)薄层状泥灰岩组成;Ⅳ,由单层厚1~2m中厚层状微晶灰岩组成的基本层序;Ⅴ,由2~3m块状藻灰岩组成基本层序。在面上,由于露头等原因,岩性组合与剖面上相比出露不全,主要为灰岩浊积(图版Ⅰ,2),微晶灰岩(图版Ⅰ,3),鲕粒灰岩(图版Ⅰ,4),生物碎屑灰岩,局部可见生物礁灰岩。

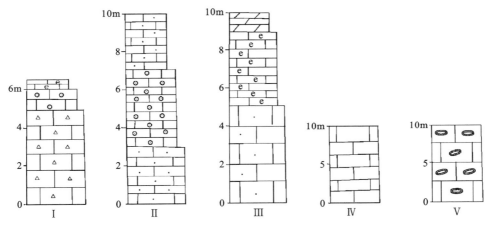

图2-12 日干配错组基本层序组合

在剖面上,含生物化石的岩性较多,但所采获化石多为碎片,仅鉴定有星圆茎 *Pentagonocyclicus* sp.,圆圆茎 *Cyclocyclicus* sp.,其时代跨度较大,对确定时代无意义。在面上填图工作中,该地层中采获化石也较丰富,双壳类碎片,刺毛海绵,藻和海绵类,似桩珊瑚(未定种)*Stylophyllopsis* sp.,但多数因保存不完整而失去鉴定意义,所发现的生物礁灰岩为海绵礁和珊瑚礁(图版Ⅰ,5)。从鉴定结果看,该地层时代为晚三叠世。

该套地层在区域上以灰岩为主,《西藏自治区岩石地层》引用的改则县日干配错剖面,存在较多的砂岩、页岩,且厚度大于10 000m,其原因应是对该地层解体不够,对其中的构造关系不甚清楚造成的。通过本次区调对该套地层解体,将其中的碎屑岩部分划归早—中侏罗世色哇组,将日干配错组确定为以碳酸盐岩为主的地层体。

二、班公错-怒江地层区

—— 巫嘎组(T_3w)

巫嘎组分布于图幅南侧江子曲—洞错—库廊一带,沿班-怒结合带南侧展布,出露面积约370.25km²,

占整个测区面积的2.36%。

由西藏区调队(1983)创名为巫嘎群,命名剖面在申扎县尼玛区(现尼玛县)达则错东。1986年,《1∶100万改则幅区域地质调查报告》将班-怒结合带中的碎屑岩沉积统称木嘎岗日群,在与1∶100万日喀则幅接图过程中认为木嘎岗日群和巫嘎群在走向上相连,但存在二者时代归宿问题,提供了在班-怒结合带中存在三叠纪地层的依据。1993年,《西藏自治区区域地质志》采用1∶100万改则幅意见,也将班-怒结合带中碎屑岩沉积统称木嘎岗日群。1997年,《西藏自治区岩石地层》未采用巫嘎群一名,而认为其与确哈拉群为同一套地层体,采用确哈拉群。本书通过区域对比,及岩性、化石时代对比,重新起用巫嘎群名称,并降群为组,代表班-怒结合带中晚三叠世的一套沉积组合。

西藏改则县那阿俄那上三叠统巫嘎组(T_3w)路线剖面(P21)(图2-13),位于改则县那阿俄那。起点坐标:N 32°12′05.2″,E 84°12′26.6″,H 4.58km。终点坐标:N 32°13′20.2″,E 84°12′30.5″,H 4.56km。

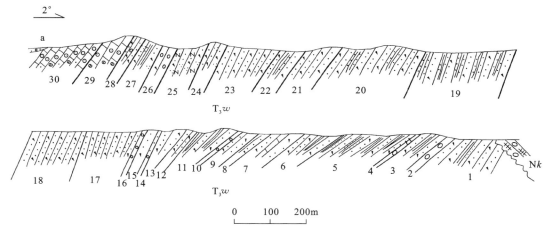

图2-13　西藏改则县那阿俄那上三叠统巫嘎组(T_3w)路线剖面图(P21)

巫嘎组(T_3w)	(未见顶)	厚:>2590m
30. 浅灰—灰黄色中薄层状含生物碎屑含砂屑亮晶鲕粒灰岩,产始心蛤 *Protocardia* sp.,异齿类碎片 Heterdont gen. et sp. ind.		>150m
29. 深灰色中层状含生物碎屑亮晶鲕粒灰岩		90m
28. 浅灰色薄层状中细粒岩屑砂岩夹深灰色薄层状亮晶鲕粒灰岩		25m
27. 浅灰色中薄层状中细粒石英岩屑砂岩夹灰色粉砂质绢云板岩,偶夹灰岩		50m
26. 浅灰色中层状细砾岩		45m
25. 深灰色中薄层状中粗粒长石石英岩屑砂岩		90m
24. 浅灰黄色中薄层状细粒石英岩屑砂岩		50m
23. 浅灰黄色中薄层状细粒岩屑砂岩		150m
22. 浅灰色中薄层状中粒岩屑砂岩夹浅灰色砂质板岩		70m
21. 浅灰黄色中薄层状细粒岩屑砂岩		100m
20. 浅灰黄色中薄层状中细粒岩屑砂岩夹浅灰色砂质板岩		230m
19. 浅灰色中薄层状中细粒岩屑砂岩与浅灰色砂质板岩韵律层		250m
18. 浅灰黄色中薄层状中细粒岩屑砂岩		150m
17. 浅灰色薄层状中粒岩屑砂岩		160m
16. 浅灰黄色中厚层状复成分砾岩		10m
15. 浅灰黄色中厚层状中粒岩屑砂岩		30m
14. 浅灰黄色中厚层状含砾岩屑砂岩		10m
13. 灰黄色中厚层状中粗粒岩屑砂岩		70m

12. 浅灰色中薄层状中粒岩屑砂岩 30m
11. 浅灰色中薄层状中细粒岩屑砂岩与浅灰色砂质板岩韵律层 110m
10. 浅灰黄色中厚层状砾岩 10m
9. 灰黄色厚层状—薄层状中细粒岩屑砂岩 50m
8. 浅灰黄色中薄层状中细粒岩屑砂岩夹浅灰色钙质板岩 30m
7. 灰黄色中厚层状中粗粒岩屑砂岩夹深灰色薄层状砂质灰岩 90m
6. 浅灰色中薄层状中细粒岩屑砂岩夹浅灰色砂质板岩，砂岩中发育槽模，沟模沉积构造 100m
5. 浅灰色薄层状细粒岩屑砂岩与深灰色砂质板岩韵律层 210m
4. 浅灰色中厚层状砾岩 15m
3. 浅灰色中薄层状中细粒岩屑砂岩夹深灰色砂质板岩 75m
2. 浅灰色中厚层状砾岩 20m
1. 浅灰色中厚层状粗粒岩屑砂岩偶夹浅灰色砂质板岩 ＞120m

（未见底）

扎西错布下尔上三叠统巫嘎组(T_3w)地层实测剖面(P18)(图 2-14)位于尼玛组扎西错布下尔。起点坐标：N 32°06′46.5″，E 84°07′28.9″，H 4.54km。终点坐标：N 32°07′02.7″，E 85°07′30.2″，H 4.58km。

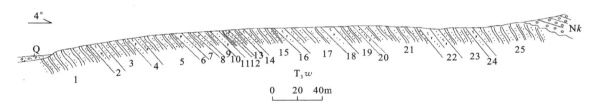

图 2-14 扎西错布下尔晚三叠统巫嘎组(T_3w)地层实测剖面图(P18)

上覆地层：新近系康托组(Nk) 紫红色砾岩

～～～～～～ 角度不整合 ～～～～～～

巫嘎组(T_3w) **厚：＞255.0m**

25. 深灰色粉砂质板岩 26.8m
24. 灰色中层状钙质岩屑砂岩 3.3m
23. 深灰色粉砂质板岩 16.4m
22. 灰色中层状钙质岩屑砂岩 9.1m
21. 深灰色粉砂质板岩 32.3m
20. 灰色中层状钙质岩屑砂岩 3.5m
19. 深灰色粉砂质板岩 10.6m
18. 灰色中层状钙质岩屑砂岩 7.1m
17. 深灰色粉砂质板岩 22.6m
16. 灰色中层状钙质岩屑砂岩 5.6m
15. 深灰色粉砂质板岩 17.0m
14. 灰色中层状钙质细砂岩 1.3m
13. 深灰色粉砂质板岩 6.6m
12. 灰色中层状细粒岩屑砂岩 1.3m
11. 深灰色粉砂质板岩 4.0m
10. 灰色中层状细粒岩屑砂岩 3.3m
9. 深灰色粉砂质板岩 7.3m
8. 灰色中层状细粒岩屑砂岩 2.6m

7. 深灰色粉砂质板岩	6.6m
6. 灰色中厚层状细粒岩屑砂岩	3.3m
5. 深灰色粉砂质板岩	19.8m
4. 灰色中厚层状钙质细岩屑砂岩	6.4m
3. 深灰色粉砂质板岩	15.9m
2. 灰色中厚层状钙质粉砂岩	3.2m
1. 深灰色粉砂质板岩	>19.1m

（未见底）

西藏尼玛县东那勒巫嘎组（T_3w）硅质岩剖面（P13）（图 2-15）位于尼玛县东那勒。起点坐标：N 32°07′43.2″，E 85°07′48.0″，H 4.52km。终点坐标：N 32°07′42.4″，E 85°07′50.1″，H 4.54km。

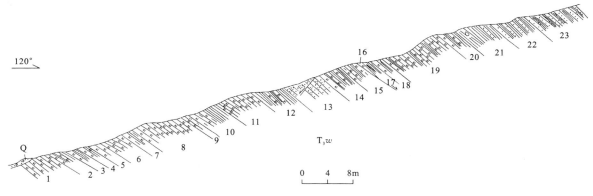

图 2-15　西藏尼玛县东那勒巫嘎组（T_3w）硅质岩剖面图（P13）

巫嘎组（T_3w）　　　　　　　　　　（未见顶）　　　　　　　　　**厚：>57.97m**

23. 浅灰黑色中—细粒岩屑砂岩与粉砂质板岩互层，砂板比约 2:1	6.2m
22. 蓝灰色、黄灰色钙质页岩与中薄层状细砂岩互层，砂岩中发育砂纹层理	3.97m
21. 以黄灰色页岩为主，上部夹中—薄层状岩屑砂岩，下部含有少量燧石结核	4.14m
20. 灰、深灰色薄层状硅质岩与灰、深灰色钙质页岩互层，两者比约 1:1 或 1:2	2.07m
19. 灰色薄层状硅质岩夹页岩	6.2m
18. 灰色薄层状硅质岩与黄灰色板岩互层，两者比为 2:1	1.27m
17. 深灰色、黄灰色钙质板岩夹深灰色薄层状硅质岩	0.96m
16. 灰色薄层状硅质岩	0.64m
15. 灰、深灰色薄层状泥硅质岩夹红色、深灰色页岩，两者比为 5:1	1.59m
14. 灰黄色页岩与深灰色、灰色硅质岩互层	2.23m
13. 灰黄色中薄层状页岩屑石英砂岩，底部见有槽模构造	3.51m
12. 以黄灰、灰、深灰色页岩为主，夹灰色薄层状硅质岩	3.51m
11. 灰色薄层状弱菱铁矿化硅质岩夹硅质泥岩	3.82m
10. 下部为绿灰色薄层状硅质泥岩，上部为灰黄色页岩	2.93m
9. 灰色微层状硅质岩、硅质泥岩、钙质页岩、粉砂岩组合	0.76m
8. 灰色薄层状硅质岩	5.16m
7. 黄灰色薄层状硅质泥岩夹页岩	1.15m
6. 灰、黄灰色薄层状硅质岩	1.15m
5. 绿灰、黄灰色硅质岩	1.15m
4. 绿灰色薄层状硅质岩夹黄灰色硅质页岩	1.15m
3. 绿灰色薄层状硅质岩夹黄灰色页岩	1.15m

2. 浅灰色薄层状硅质岩与红色页岩互层	1.85m
1. 灰色薄层状硅质岩	>1.59m

（未见底）

该套地层顶底均不全,底均未见,顶在局部被古近系美苏组火山岩和新近系康托组覆盖。以那阿俄那路线剖面为主,测制了两条辅助剖面。其岩性组合为:以砂板岩为主,夹灰岩、硅质岩(图版Ⅰ,6)、砾岩。其中砂岩有深灰色、浅灰黄色厚层、中厚层、中薄层、薄层状长石石英岩屑砂岩,石英岩屑砂岩、钙质岩屑砂岩、岩屑砂岩、钙质粉砂岩等,板岩有深灰色粉砂绢云板岩、砂质板岩、粉砂质板岩,局部变质较浅呈页岩。其基本层序主要为砂板岩,以不同厚度、不同比例呈韵律性组合。从总体上看,砂板岩组合在面上均相同或相似,灰岩、硅质岩、砾岩均呈透镜状带状展出,面上展布不均,灰岩在面上呈透镜体或串珠状或带状稳定延伸,但规模不等,局部可形成 0.3km×1km 的大透镜体,厚度(仅几十厘米)。硅质岩、砾岩仅局部见到。

该套地层中采获化石有:始心蛤 *Protocardia* sp.,异齿类碎片 Heterdont gen. et sp. ind.,纤维海绵 *Inozoa*,柱珊瑚(图版Ⅰ,7)*Stylina*,鉴定时代为晚三叠世,其中放射虫硅质岩时代也为晚三叠世。其区域岩性组合对比基本相同,见表 2-7。

表 2-7 巫嘎组区域岩性组合对比表

改则县洞错(本图幅)	尼玛县巫嘎错	尼玛县达则错
为深灰色、浅灰黄色厚层、中厚层、中薄层、薄层状长石石英岩屑砂岩、石英岩屑砂岩、钙质岩屑砂岩、岩屑砂岩、钙质粉砂岩与深灰色粉砂绢云板岩、砂质板岩、粉砂质板岩组合,夹灰岩、硅质岩、砾岩,产始心蛤、异齿类、纤维海绵、柱珊瑚化石,时代为晚三叠世	岩性为浅灰色、灰黄色、深灰色中厚层、中薄层、薄层状长石石英砂岩、长石岩屑砂岩,岩屑砂岩夹浅灰色、灰色砂质板岩、钙质板岩、灰岩,产箭石、菊石化石,时代为晚三叠世	岩性以杂色碎屑岩、石英砂岩、粉砂岩为主夹泥灰岩、硅质灰岩,产珊瑚、双壳类化石,时代为中晚三叠世

第三节 侏 罗 系

一、羌南地层区多玛地层分区

(一) 色哇组($J_{1-2}s$)

该套地层沿班-怒结合带北部边界北侧出露或伴随日干配错组灰岩出露(从原日干配错群中解体出的碎屑岩部分),分布于测区北侧拉嘎拉—嘎瓦松门错—扎也错一带及测区北部南侧嘎布扎—比扎—扎那热巴一带。出露面积约 839.05km²,约占整个测区面积的 5.35%。

由文世宣于1979年命名,创名地点在双湖县色哇区莎巧木山北坡及加玉马头一带。1986年,《1:100万改则幅区域地质调查报告》采用色哇组,但在改则—日干配错一带将羌北的雁石坪群引用到了羌南。1993年,《西藏自治区区域地质志》采用色哇组,在改则—日干配错一带仍用雁石坪群。1997年,《西藏自治区岩石地层》沿用色哇组,但将其含义扩大,包括其下伏前人命名的曲色组(或则松组),将雁石坪群的分布仅限于北羌塘地区。本书通过区域对比,沿用色哇组一名,其含义同岩石地层清理,时代为早—中侏罗世。

西藏改则县拉嘎那下—中侏罗统色哇组($J_{1-2}s$)实测地层剖面(P15)(图 2-16),位于改则县拉嘎那。起点坐标:N 32°55′17.5″,E 84°08′18.3″,H 5000m。终点坐标:N 32°54′24.2″,E 84°08′03.1″,H 4780m。

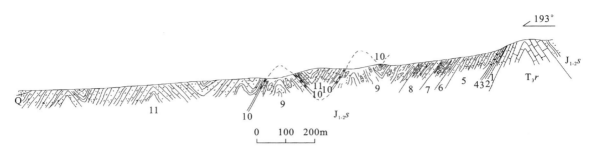

图 2-16　西藏改则县拉嘎那下—中侏罗统色哇组（$J_{1-2}s$）实测地层剖面图（P15）

色哇组（$J_{1-2}s$）　（未见顶）	厚：＞481.65m
11. 深灰色钙质板岩与深灰色薄层状变石英砂岩互层	＞108.56m
10. 灰色灰岩质砾岩	6.31m
9. 深灰色钙质泥质板岩夹灰色砂岩透镜体	109.31m
8. 灰色中薄层状变砂岩与深灰色钙质泥质板岩互层	58.79m
7. 深灰色钙质泥质板岩夹灰色薄层状变钙质砂岩	45.96m
6. 灰色中薄层状变粉砂岩夹深灰色粉砂质板岩	25.26m
5. 深灰色粉砂质板岩夹灰色中薄层状细粒变石英砂岩	100.76m
4. 深灰色强片理化细砾岩	2.97m
3. 灰色中薄层状细粒变石英砂岩与深灰色粉砂质板岩组合	11.87m
2. 深灰色强片理化细砾岩	2.97m
1. 灰色中薄层状细粒变石英砂岩与深灰色粉砂质板岩组合	8.91m

——————　整合　——————

下伏地层：日干配错组（T_3r）　灰白色薄层状微晶灰岩，浅灰色厚层块状含粉砂细晶灰岩

剖面上岩石组合为深灰色粉砂质板岩，钙质板岩夹灰色中薄层状变石英砂岩，砂岩透镜体及深灰色强片理化细砾岩、灰色灰岩质砾岩，总体以泥质岩为主。其基本层序组合为（图 2-17）：Ⅰ，由 3m 强片理化细砾岩、2m（单层厚 10～20cm）中薄层状细粒变石英砂岩与 5m（单层厚 0.5～1cm）粉砂质板岩组成；Ⅱ，由单层厚 0.5～1cm 钙质泥质板岩组成单一韵律层，其间夹薄层状钙质砂岩或砂岩透镜体；Ⅲ，由 6m（单层厚＞2m）灰岩质砾岩，1m（单层厚 5～10cm）变石英砂岩与 4m（单层厚 0.5～1cm）钙质板岩组成。在面上，该套地层以泥质岩为主，砂岩总体较少，多以透镜状展出，局部可见毫米级砂岩，局部砂岩层增多，砾岩呈透镜状，不均匀分布，以灰岩质砾岩的砾石较大，以砂岩、石英岩为砾石的砾岩细小。该套地层从面上看与上、下地层均为整合接触关系。在局部见到槽模沉积构造，但由于岩石多破碎，露头上难寻，无法测定古水流方向。从宏观上看，该套地层中石英岩脉特发育，岩石风化破碎后，在地表形成一片白色。

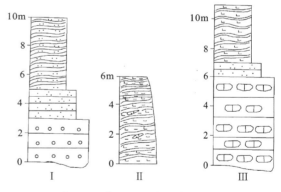

图 2-17　色哇组基本层序组合

在本次区调工作中，在则龙查热该套地层中采获小海娥螺未定种 *Nerinella* sp. 化石，鉴定时代为 J—K，高壁珊瑚 *Montlivaltia*，时代为 J。根据其整合于下伏日干配错组之上及区域岩石组合对比，沿用区域上色哇组，时代拟定为早—中侏罗世，其区域岩性对比见表 2-8。

表 2-8　色哇组区域岩性对比表

改则县拉嘎那—扎那热巴(本图幅)	尼玛县错俄合—阿姆勒	双湖县色哇区莎巧木山
岩性为深灰色粉砂质板岩,钙质板岩,夹灰色中薄层状变石英砂岩,砂岩透镜体及深灰色强片理化细砾岩,灰色灰岩质砾岩透镜体,总体以泥质岩为主,采获小海娥螺、高壁珊瑚化石,时代为早—中侏罗世	岩性为深灰色粉砂质板岩,浅灰色泥岩夹浅灰色中薄层状石英砂岩、灰色灰岩透镜体,局部砂岩增多,总体以泥质岩为主,产箭石、圆圆茎化石,时代为早—中侏罗世	岩性为灰—灰黑色页岩、泥岩、泥灰岩为主的地层体,产菊石化石,时代为早—中侏罗世

(二)莎巧木组(J_2sq)

该套地层分布于沙曲卡尔—曲生桑一带,分布面积约 326.88km²,约占整个测区面积的 2.08%。

由吴瑞忠等于 1986 年创名,创名地点在双湖县色哇区莎巧木山,1:100 万改则幅,《西藏自治区区域地质志》在改则—日干配错一带引用雁石坪群,但《西藏自治区区域地质志》在区域上将相应层位更名为佣钦错群。1997 年,《西藏自治区岩石地层》采用莎巧木组一名,将雁石坪群的分布仅限于北羌塘地区。本书通过区域对比,沿用莎巧木组一名。

该套地层在区内局部与上、下地层为整合接触,但露头较差或岩性组合不全,由于后期造山作用的影响,区内大部分地区以岩片状出露。

加青错荣拉侏罗系莎巧木组(J_2sq)地层实测剖面(P11)(图 2-18),位于尼玛县加青错荣拉。起点坐标:N32°27′43.3″,E85°33′42.4″,H5.03km。终点坐标:N32°26′35.8″,E85°33′33.4″,H4.96km。

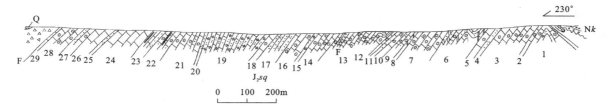

图 2-18　加青错荣拉侏罗系莎巧木组(J_2sq)地层实测剖面图(P11)

莎巧木组(J_2sq)　　　　　　　　　　(未见顶)　　　　　　　　　　　　　　厚:>1462.36m

29. 灰色厚层状微晶灰岩　　　　　　　　　　　　　　　　　　　　　　　　　　　　>4.81m
28. 灰色中—厚层状生屑鲕粒灰岩　　　　　　　　　　　　　　　　　　　　　　　　48.00m
27. 灰色厚层状鲕粒灰岩,灰色生屑灰岩,灰色中—厚层状细粒石英砂岩组合　　　　　37.60m
26. 灰色厚层状微晶灰岩　　　　　　　　　　　　　　　　　　　　　　　　　　　　69.00m
25. 灰色中层状细粒石英砂岩　　　　　　　　　　　　　　　　　　　　　　　　　　3.60m
24. 灰色厚层状微晶灰岩　　　　　　　　　　　　　　　　　　　　　　　　　　　　114.09m
23. 灰色薄层状细粒石英砂岩,灰色薄层状微晶灰岩,与深灰色粉砂质板岩呈韵律层组合　79.28m
22. 灰色中层状砂质鲕粒灰岩夹粉砂质板岩　　　　　　　　　　　　　　　　　　　　16.42m
21. 灰色中层状鲕粒灰岩夹含粉砂微晶灰岩　　　　　　　　　　　　　　　　　　　　94.09m
20. 灰色薄层状细粒石英砂岩　　　　　　　　　　　　　　　　　　　　　　　　　　9.31m
19. 深灰色中—薄层状粉砂泥晶灰岩夹中薄层状含粉砂微晶灰岩　　　　　　　　　　　241.49m
18. 灰色中层状鲕粒灰岩　　　　　　　　　　　　　　　　　　　　　　　　　　　　26.36m
17. 灰色中层状细粒石英砂岩　　　　　　　　　　　　　　　　　　　　　　　　　　52.62m
16. 灰色中层状鲕粒灰岩　　　　　　　　　　　　　　　　　　　　　　　　　　　　59.53m
15. 灰色薄层状粉砂质泥晶灰岩　　　　　　　　　　　　　　　　　　　　　　　　　7.43m
14. 灰色中薄层状鲕粒灰岩夹灰色薄层状生屑鲕粒灰岩　　　　　　　　　　　　　　　67.03m

13. 灰色中薄层状鲕粒灰岩	>118.51m
12. 灰色中厚层状生屑鲕粒灰岩	3.08m
11. 灰色中厚层状砂质微晶灰岩	12.31m
10. 灰色中薄层状生屑鲕粒灰岩	18.41m
9. 灰色中薄层状砂质鲕粒灰岩	23.60m
8. 灰色中薄层状砂质砂屑白云岩夹灰色薄层状砂质鲕粒灰岩	5.13m
7. 灰色中厚层状鲕粒灰岩	98.42m
6. 灰色中薄层状砂质砂屑白云岩夹灰色薄层状砂质鲕粒灰岩	>55.45m
5. 灰色中厚层状鲕粒灰岩夹灰色含介壳微晶灰岩	37.57m
4. 灰色中—薄层状钙质细石英砂岩	10.68m
3. 灰色中厚层状鲕粒灰岩夹灰色含介壳微晶灰岩,产星圆茎 Pentagonocyclicus sp. 化石	124.18m
2. 灰黄色中—薄层状鲕粒灰岩	6.46m
1. 灰色中—厚层状鲕粒灰岩夹灰色薄层状粉砂泥晶灰岩	>17.84m

(未见底)

该地层岩石组合从剖面上看,下部以碳酸盐岩为主,向上过渡为以石英砂岩,粉砂质板岩为主。为灰色中—厚层状鲕粒灰岩,厚层状微晶灰岩,夹灰色薄层状粉砂泥晶灰岩,含介壳微晶灰岩,砂质砂屑白云岩,中薄层状含粉砂微晶灰岩,下部石英砂岩较少,向上石英砂岩、粉砂质板岩增多。其基本层序组合为(图2-19):Ⅰ,由3m(单层厚0.5~2m)中—厚层鲕粒灰岩与0.5m(单层厚10~20cm)薄层状粉砂泥晶灰岩组成;Ⅱ,由1m(单层厚10~20cm)薄层状砂质鲕粒灰岩组成与1m(单层厚20~30cm)中薄层状砂质砂屑白云岩;Ⅲ,由20cm(单层厚5~10cm)薄层状微晶灰岩与30cm(单层厚0.2~0.5cm)粉砂质板岩组成与40cm(单层厚10~20cm)薄层状细粒石英砂岩(图版Ⅱ,2);Ⅳ,由4m(单层厚1~2m)厚层状鲕粒灰岩,1m(单层厚0.5m)中厚层状生屑灰岩与2m(单层厚0.5~1m)中厚层状细粒石英砂岩组成。在该图幅内,面上岩性组合与剖面上基本一致,局部地段碎屑岩略有增加。

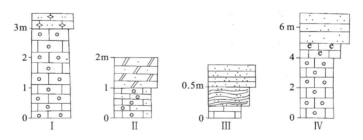

图2-19 莎巧木组基本层序组合

该套地层中化石较丰富,但化石多呈碎片,保存不完整,保存较好的化石多为海百合茎,剖面上仅鉴定有星圆茎 Pentagonocyclicus sp. 化石,东侧日干配错幅采获剑鞘珊瑚 Thecosmilia 化石,时代为侏罗纪,本书根据区域资料对比以及剖面上双壳类、腕足类、珊瑚等化石碎片的组合面貌,将其时代暂定为中侏罗世。该套地层在区域上以石英砂岩为主的碎屑地层体,在本联测图幅内东侧以石英砂岩、板岩为主夹少量碳酸盐岩,向西侧碳酸盐岩增多,反映了从西向东的水体深度变化特征,区域岩石组合对比特征见表2-9。

表2-9 莎巧木组区域岩石组合对比表

改则县沙曲卡尔(本图幅)	尼玛县日根错	双湖县色哇区莎巧木山
岩性为灰色中—厚层状鲕粒灰岩、厚层状微晶灰岩夹灰色薄层状粉砂泥晶灰岩,含介壳微晶灰岩、砂质砂屑白云岩,中薄层状含粉砂微晶灰岩,下部石英砂岩较少,向上石英砂岩、粉砂质板岩增多,产大量生物碎片和海百合茎化石,时代为中侏罗世	岩性为灰色、浅灰色岩屑变石英砂岩、石英砂岩夹黑色泥质板岩、砂质板岩、礁灰岩。产化石剑鞘珊瑚,歧心蛤,花蛤,假小锉蛤,线齿蚶,时代为中侏罗世	岩性为灰色岩屑砂岩、石英砂岩、泥岩、泥灰岩互层。产双壳类、腕足类、珊瑚等化石,时代为中侏罗世

（三）捷布曲组(J_2j)

捷布曲组出露于尼玛县罗勒玛日—曲生桑，出露面积约 61km²，约占整个测区面积的 0.39%。由中国地质大学(北京)(2004)命名，创名剖面位于安多县捷布曲，代表整合于色哇组(分为上、下两段)之上的大套厚层灰岩，时代为中侏罗世。本书通过区域对比，认为安多幅所划分的色哇组两段对应区域上的色哇组和莎巧木组，因此引用捷布曲组，代表羌南地区整合于莎巧木组之上的大套厚层灰岩，时代为中侏罗世。

西藏尼玛县莎巧木组(J_2sq)、捷布曲组(J_2j)实测地层剖面(RG)(图 2-20)，位于西藏尼玛县日根错。起点坐标：N32°34′19.2″，E86°20′50.2″，*H*4900m。终点坐标：N32°35′11″，E86°20′42″，*H*4800m。

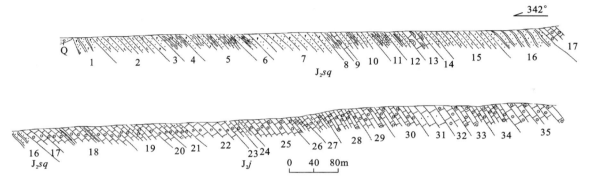

图 2-20　西藏尼玛县莎巧木组(J_2sq)、捷布曲组(J_2j)实测地层剖面图(RG)

捷布曲组(J_2j)	**(未见顶)**	**厚：>740.80m**
35. 深灰色中厚层状鲕粒灰岩		>43.95m
34. 深灰色中薄层状鲕粒灰岩		25.04m
33. 紫红色薄层状鲕粒灰岩		34.47m
32. 紫红色碎裂块状鲕粒灰岩		26.53m
31. 深灰色中厚层状砂质粒屑灰岩，产化石碎片		43.39m
30. 紫红色中薄层状鲕粒灰岩		49.41m
29. 深灰色中薄层状鲕粒灰岩		31.66m
28. 深灰色薄层状鲕粒灰岩		43.43m
27. 浅灰色薄层状鲕粒灰岩偶夹灰色钙质细砂岩		27.28m
26. 深灰色薄层状鲕粒灰岩，产斜铿蛤 *Plagiostoma* sp. 化石		25.06m
25. 灰色中薄层状鲕粒灰岩		72.42m
24. 灰褐色薄层状钙质细砂岩		12.35m
23. 灰黑色中层状鲕粒灰岩		15.43m
22. 黑色中厚层状生物碎屑灰岩，产等称海百合 *Isocrinus* sp. 化石		69.15m
21. 黑色薄层状砂质鲕粒灰岩		27.48m
20. 灰色中薄层状生物碎屑灰岩		17.86m
19. 灰黑色中薄层状砂质鲕粒灰岩夹深灰色薄层状砂质灰岩		53.51m
18. 浅灰色薄层状砂质鲕粒灰岩，偶夹青灰色砂质板岩		105.69m
17. 青灰色中薄层状微晶鲕粒灰岩		16.69m
	———— 整合 ————	
下伏地层：莎巧木组(J_2sq)		厚：>701.57m

剖面上岩石组合为灰、青灰、深灰、紫红色块状中厚层、中薄层、薄层状鲕粒灰岩，中厚层、中薄层状生物碎屑灰岩，块状礁灰岩，中厚层状砂质粒屑灰岩夹少量灰色钙质细砂岩、砂质板岩。总体以中厚层灰岩夹薄层状灰岩，夹少量碎屑岩。基本层序组合为(图2-21)：Ⅰ，由3m(单层厚20～30cm)中薄层状砂质鲕粒灰岩与1m(单层厚10～20cm)薄层状砂质灰岩组成；Ⅱ，由2m(单层厚10～20cm)薄层状鲕粒灰岩与0.5m(单层厚10～20cm)钙质细砂岩组成；Ⅲ，由30m(单层厚10～20cm)薄层状鲕粒灰岩，30m(单层厚30～50cm)中薄层状鲕粒灰岩与40m(单层厚1～2cm)中厚层状鲕粒灰岩组成。在本图幅内，岩性较单一，为灰色、深灰色中厚层状砂屑灰岩，微晶灰岩，夹极少呈碎屑岩。其区域岩石组合对比见表2-10。

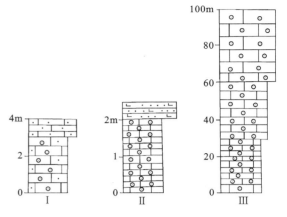

图2-21 捷布曲组基本层序组合

表2-10 捷布曲组区域岩石组合对比表

尼玛县曲生桑（本图幅）	尼玛县日根错	安多县捷布曲
岩性为灰色、深灰色、中厚层状砂屑灰岩，微晶灰岩，夹极少量碎屑岩，未采获化石，时代为中侏罗世	岩性为灰、青灰、深灰、紫红色块状、中厚层、中薄层、薄层鲕粒灰岩，中厚层、中薄层状生物碎屑灰岩，块状礁灰岩，中厚层状砂质粒屑灰岩夹少量灰色钙质细砂岩、砂质板岩，产大量生物碎片、斜锉蛤、海百合化石，时代为中侏罗世	岩性以灰色、深灰色生物碎屑灰岩、泥晶灰岩、泥质灰岩为主，夹灰绿色、灰色、灰黑色薄层钙质泥岩及灰绿色薄层细砂岩、粉砂岩，产大量双壳类、腕足类、腹足类化石，时代为中侏罗世

二、班公错-怒江地层区

（一）木嘎岗日岩组（Jm）

该套地层分布于改则县—打格弄—布坦纠奴玛一带，呈片或呈小块体产出，该套地层与蛇绿岩相伴出露。出露面积约853.76km²，占整个测区面积约5.44%，是测区出露面积较大的地层之一。

由文世宣于1979年命名为木嘎岗日群，创名地点位于尼玛县木嘎岗日主峰木格各波日东南，指沿班-怒结合带分布的一套深灰色、暗绿色、灰黑色泥质板岩与变质砂岩，粉砂岩夹灰岩、硅质灰岩为主的地层体。自创名以来，1:100万改则幅、《西藏自治区区域地质志》、《西藏自治区岩石地层》均沿用此名，但其所代表的年代地层各异，依次分别为侏罗系、中—下侏罗统、侏罗系。近年来人们认为该套地层应属于构造地层体，故改用木嘎岗日岩群。1:25万班戈幅将该套地层称木嘎岗日岩群，将其在图幅范围所处不同地层小区分别划分为其西弄岩组（觉翁地层小区）、拉木弄岩组（机部乡地层小区）。通过本次区调，认为该套地层体为构造混杂体，其中组成成分复杂，按照岩石地层单位划分建立原则，将班-怒结合带划分为扎西错地层小区和哦居多玛地层小区，哦居多玛地层小区的碎屑岩组分根据化石时代，沿用前人命名的巫嘎组，时代为晚三叠世，其岩石组合以岩屑砂岩、泥质岩为主夹灰岩、硅质岩。扎西错地层小区的碎屑岩组合与木嘎岗日群原始含义相同，以石英砂岩、岩屑石英砂岩、泥质岩为主夹砾岩、灰岩的地层体，其岩石组合宏观上较固定，内部为大无序、小有序的特点。按岩石地层单位命名原则，将其降群为组，称木嘎岗日岩组；其中的灰岩岩块，本次区调采获化石为晚三叠世，按非正式地层单位外来岩块圈定；其中的晚侏罗世—早白垩世碎屑岩夹灰岩划归沙木罗组。将蛇绿岩组合命名为洞错蛇绿岩组（其特征见有关章节）。对于其中的火山岩，前人统称为去申拉组。根据本次区调，认为其中中—酸性火山岩仍沿用去申拉组。另一部分以中—基性岩及火山角砾岩为主的玄武岩与灰岩体（多为结晶灰岩和大理岩,变质程度深,且无化石),命名为仲岗洋岛岩组(其特征见有关章节)。根据组群建立原则,将木嘎岗日岩组、洞错蛇绿岩组、仲岗洋岛岩组归并为改则混杂岩群,代表班-怒结合带侏罗纪沉积混杂组合,以此清理班-怒结合带中西段的地层系统。

该套地层为大无序、小有序的构造地层体,故采用分段进行剖面测制,用以代表该地层的总体特征,对于有关构造特征参见构造章节。

(1) 西藏改则县打格弄木嘎岗日岩组(Jm)路线剖面(图2-22),位于改则县打格弄。起点坐标:N 32°23′24.3″,E 84°28′11.6″,H 4800m。终点坐标:N 32°24′58.7″,E 84°28′43.2″,H 5120m。

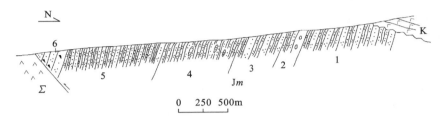

图2-22　西藏改则县打格弄木嘎岗日岩组(Jm)路线剖面图

木嘎岗日岩组(Jm)	（未见顶）	厚:＞3100m
6. 灰色中厚层状角岩化巨粗—粗粒岩屑石英砂岩		＞300m
5. 灰色中薄层状细粒石英砂岩与深灰色粉砂质板岩组合		900m
4. 深灰色粉砂质板岩夹灰色薄层状石英砂岩或透镜体		700m
3. 灰色中厚层状细粒石英砂岩与深灰色粉砂质板岩组合		400m
2. 灰色厚层状砾岩,灰色中厚层状细粒石英砂岩与深灰色粉砂质板岩组合		200m
1. 灰色中厚层状细粒石英砂岩与深灰色粉砂质板岩组合		＞600m

（未见底）

(2) 西藏尼玛县查挪嘎布木嘎岗日岩组(Jm)实测地层剖面(P12)(图2-23),位于尼玛县扎西错布北查挪嘎布。起点坐标:N 32°15′42.2″,E 85°08′17.5″,H 4475m。终点坐标:N 32°16′37.3″,E 85°08′18.3″,H 4770m。

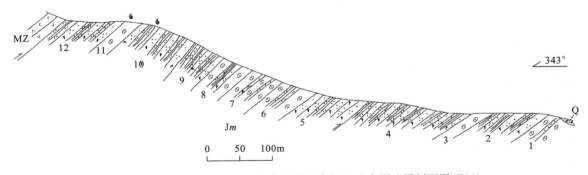

图2-23　西藏尼玛县查挪嘎布木嘎岗日岩组(Jm)实测地层剖面图(P12)

仲岗洋岛岩片(MZ):灰褐色安山岩,橄榄玄武岩

======== 断层 ========

木嘎岗日岩组(Jm)	厚:＞590.77m
12. 浅灰绿色变质岩屑石英砂岩与粉砂质板岩互层	61.80m
11. 灰色厚层状灰岩质砾岩,砾石大小一般10cm×15cm,15cm×20cm,个别呈较大块体,具有重力流及滑塌堆积特征,灰岩砾石中采获化石刺毛海绵碎片 *Chaetetid sponges*	21.84m
10. 浅灰绿色中厚层状变质岩屑石英砂岩与浅灰绿色粉砂质板岩互层夹灰色中薄层状灰岩,在灰岩中采获化石高壁珊瑚 *Montlivatia*	84.62m

9. 浅灰绿色中薄层状变质岩屑石英砂岩与浅灰绿色粉砂质板岩互层	48.04m
8. 灰黑色中厚—厚层状灰岩质砾岩夹灰色中薄层状变质岩屑石英砂岩、浅灰黑色粉砂质板岩	42.81m
7. 灰黑色厚层状灰岩质砾岩夹灰色中层状变质岩屑石英砂岩	43.69m
6. 灰黑色厚层状灰岩质砾岩夹浅灰—浅灰黄色粉砂质板岩	51.11m
5. 浅灰绿色中厚层状变质岩屑石英砂岩夹灰黑色粉砂质板岩	66.80m

========断层========

4. 浅灰绿色中厚层状变质岩屑石英砂岩与灰黑色粉砂质板岩互层	97.14m
3. 浅灰黑色厚层状灰岩质砾岩	16.18m
2. 浅灰黑色中厚层状变质岩屑石英砂岩与灰黑色粉砂质板岩互层	45.36m
1. 浅灰白色—浅灰黑色厚层状灰岩质砾岩夹灰色薄层状钙质砂岩	＞11.34m

（未见底）

（3）扎西错布坦纠奴玛侏罗系木嘎岗日岩组（Jm）地层实测剖面（P4）（图2-24），位于尼玛县扎西错布坦纠奴玛。起点坐标：N 32°14′43.3″，E 85°23′29.6″，H 5.18km。终点坐标：N 32°14′14.3″，E 85°23′30.8″，H 4.9km。

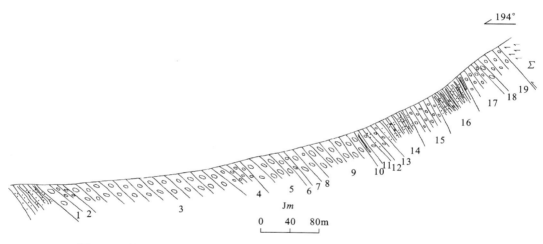

图2-24 扎西错布坦纠奴玛侏罗系木嘎岗日岩组（Jm）地层实测剖面图（P4）

超基性岩（Σ）：为灰色角砾状单斜辉石岩

========断层========

木嘎岗日岩组（Jm）　　　　　　　　　　　　　　　　　　　　　　　　　　　　　　**厚：＞517.2m**

19. 灰色细砾岩，砾石成分为砂岩、石英岩、硅质岩、灰岩、板岩等砾石，砾石具叠瓦状排列，其产状为351°∠59°	＞28.4m
18. 灰色中砾岩	4.5m
17. 灰色细砾岩，见叠瓦状构造，产状为355°∠59°	23.7m
16. 灰色条纹条带状粉砂质板岩夹灰色细砾岩及灰色中层状绿泥石化变岩屑砂岩	47.3m
15. 灰色细砾岩	33.8m
14. 深灰色粉砂质板岩，其中夹少量灰色薄层状变粉砂岩，局部见灰色细砾岩	36.5m
13. 灰色细砾岩	12.2m
12. 深灰色中薄层状细石英砂岩	4.1m
11. 灰色细砾岩	4.1m
10. 深灰色粉砂质板岩夹灰色薄层状细石英砂岩	4.0m
9. 灰色中砾岩，其中见有粒序层理，局部见叠瓦状构造，其产状为35°∠50°	51.8m
8. 灰色细砾岩，以火山岩砾岩（玄武质）为主，硅质岩砾石次之	10.4m
7. 灰色中砾岩	10.5m

6. 灰色细砾岩	3.5m
5. 灰色中砾岩	38.6m
4. 灰色细砾岩	28.4m
3. 灰色中砾岩,见叠瓦状排列,其产状为340°∠60°	149.6m
2. 灰黄色细—中砾岩	12.9m
1. 灰色中砾岩	12.9m

———— 整合 ————

木嘎岗日岩组(Jm)为灰黄色中薄层状细石英砂岩与深灰色粉砂质板岩组合(未见底)。

该套地层所测三个剖面,从不同侧面反映了其岩石组合,总体反映木嘎岗日岩组岩石组合在该图幅内砾岩透镜体从西向东有增多趋势,但再向东进入日干配错幅,基本未发现有砾岩层。打格弄剖面反映为以灰色中厚层状岩屑石英砂岩,石英砂岩与深灰色粉砂质板岩组合夹少量灰色砾岩,砂岩透镜体。砾岩成分以石英岩、砂岩砾石为主。少量硅质岩、火山岩砾石。查挪嘎布剖面反映为以灰色厚层状灰岩质砾岩,浅灰绿色中薄层、中厚层状变质岩屑石英砂岩、浅灰绿色粉砂质板岩呈不同比例组合,整体以灰岩质砾岩为主,夹少量灰色中薄层状灰岩、灰黑色钙质板岩,砾岩砾石全为灰岩块,大小不一,多为20cm×30cm砾石,局部呈大于1m的砾石,见有少量底模(图版Ⅱ,1)沉积构造,指示地层存在倒转现象。布坦纠奴玛剖面反映为以灰色中砾岩、细砾岩为主夹深灰色粉砂质板岩、灰色薄层状细石英砂岩,砾岩成分为砂岩、石英岩、硅质岩、灰岩、板岩等砾石,有少量火山岩砾石,砾石磨圆度均较好,其中砾石多具有叠瓦状(图版Ⅰ,9)排列方向,砂岩具粒序层理(图版Ⅰ,8)。从区域上看剖面上岩石组合特征反映了该地层特征,以石英砂岩、岩屑石英砂岩与板岩组合为主,夹砾岩及灰岩,砾岩呈规模不一的透镜体展出,一般延伸规模不大,灰岩呈夹层或小透镜体展出,规模较小。

在该套地层中,采获高壁珊瑚 *Montlivalitia* 和刺毛海绵碎片 *Chaetetid sponges*,时代为侏罗纪。区域岩石组合对比见表2-11。

表2-11 木嘎岗日岩组区域岩石组合对比表

改则县打格弄—布坦纠奴玛(本图幅)	尼玛县哦居多玛	尼玛县木嘎岗日
岩性为灰色中厚层状、中薄层状变质岩屑石英砂岩、石英砂岩与深灰色粉砂质板岩,夹砾岩、灰质砾岩透镜体,少量灰岩,产少量珊瑚、海绵化石,时代为侏罗纪	岩性为灰色中厚层状、中层状、中薄层状岩屑石英砂岩、石英砂岩与深灰色粉砂质板岩,夹少量灰岩层,未采获化石,时代为侏罗纪	岩性为深灰色、暗绿色、灰黑色泥质板岩与变质砂岩、粉砂岩夹灰岩、硅质灰岩。产少量双壳类、腕足类化石,时代为侏罗纪

在该套地层中,不同程度存在灰岩块体,从总体特征看可分为两种灰岩,一种灰岩与玄武岩、火山角砾岩相伴产出的灰白色、浅灰白色大理岩、结晶灰岩,其变质程度较高,为仲岗洋岛岩组中成分。另一种为以独立块体出现于木嘎岗日岩组碎屑岩中,界线为断层接触关系,为灰色灰岩、含生物碎屑灰岩、微晶灰岩等,变质程度均较浅,其中化石保存相对较完整,采获化石纤维海绵 *Inozoan sponges*,房室海绵 *Thalamid sponges*,刺毛海绵 *Chaetetid sponges*,石珊瑚碎片 *Scleractinian*,时代为晚三叠世,前人在灰岩外来岩块中还采获二叠纪化石。对于以上两种灰岩,在地质图上采用不同表示方法,其与周围关系参见有关章节。

(二) 沙木罗组(J_3K_1s)

该套地层在图幅内分布局限,仅在改则县家布扎及普汪那义两地见到,分布面积约111.88km²,约占整个测区面积的0.71%,该套地层为在区调工作中根据所采化石及宏观特征从原木嘎岗日群中解体而来。系西藏区调队(1987)创名,创名地点在革吉县盐湖区沙木罗。《西藏自治区区域地质志》、《西藏自治区岩石地层》均沿用此名,但在改则一带(包括1:100万改则幅)未将此套晚侏罗世地层单独划分出来,均统称木嘎岗日群。本书根据岩石组合区域对比及其所采获的化石将其划分出来,沿用沙木罗组,时代为晚侏罗世—早白垩世。

西藏改则县普汪那义沙木罗组（J_3K_1s）路线剖面（图 2-25），位于改则县普汪那义。起点坐标：N 32°17′57.8″，E 84°31′08.2″，H 4500m。终点坐标：N 32°20′05.3″，E 84°30′45.2″，H 4760m。实测剖面地带底部是一背斜构造，并被第四系覆盖。

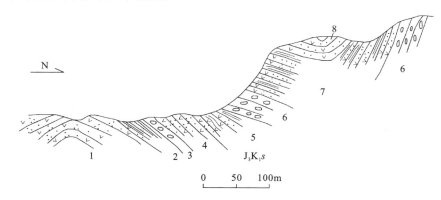

图 2-25 西藏改则县普汪那义沙木罗组（J_3K_1s）路线剖面图

沙木罗组（J_3K_1s） （未见顶） 厚：>320m

8. 灰、浅灰色中层状中细粒钙屑砂岩   >45m

7. 灰、浅灰色中薄层状中、细粒钙质石英砂岩、含生屑铁质钙质粉砂岩，深灰色钙质板岩组合，产化石：坛螺未定种 Ampullina sp.，瘤结螺未定种 Tylostoma sp.，海娥螺未定种 Nerinea sp.。超微化石 Lotharingius contractus Bown et Cooper(1989a)，Cyclagelosphaera margerelii Noel (1965)   75m

6. 灰色中厚层状砾岩，砾石以灰岩砾石、砂岩砾石为主，少量石英岩等砾石，分选性、磨圆度中—好   40m

5. 灰、浅灰色中薄层状中、细粒钙质石英砂岩与深灰色钙质板岩组合   40m

4. 灰、浅灰色中层状中、细粒钙质石英砂岩   40m

3. 灰色中厚层状砾岩   5m

2. 灰、浅灰色中薄层状中、细粒钙质石英砂岩与深灰色钙质板岩组合   25m

1. 灰、浅灰色中层状中、细粒钙质石英砂岩   >70m

（未见底）

其岩石组合以灰、浅灰色中层、中薄层状钙质石英砂岩、钙屑砂岩为主，夹含生屑铁质钙质粉砂岩，深灰色钙质板岩，灰色中厚层状砾岩。其基本层序组合为（图2-26）：Ⅰ，由3m（单层厚1~2m）中厚层状砾岩与2m（单层厚0.5~1m）中层状中、细粒钙质石英砂岩组成；Ⅱ，由1m（单层厚10~20cm）中薄层状中、细粒钙质石英砂岩与0.5m（单层厚0.2~0.5cm）钙质板岩组合；Ⅲ，由1m（单层厚10~20cm）中薄层状中、细粒钙质石英砂岩、

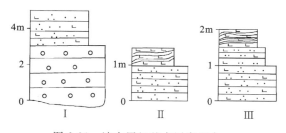

图 2-26 沙木罗组基本层序组合

0.5m（单层厚10cm）薄层状含生屑铁质钙质粉砂岩与0.5m（单层厚0.2~0.5cm）钙质板岩组成。剖面上岩石组合与面上一致，在面上夹有灰岩层，总体反映为一套含钙质成分较高的地层体。

采获化石（图版Ⅱ,3）坛螺未定种 Ampullina sp.，瘤结螺未定种 Tylostoma sp.，海娥螺未定种 Nerinea sp.。超微化石 Lotharingius contractus Bown et Cooper(1989a)，Cyclagelosphaera margerelii Noel(1965)，路线上采获珊瑚碎片 Scleractinia，时代反映为中侏罗世—早白垩世，根据区域资料暂将时代置于晚侏罗世—早白垩世。其区域岩性组合对比见表2-12。

表 2-12 沙木罗组区域岩性组合对比表

革吉县盐湖区沙木罗	改则县普汪那义（本图幅）	尼玛县美多勒
岩性为灰白色石英砂岩、含砾粗砂岩、粉砂岩夹钙质页岩、生物碎屑灰岩，产珊瑚、菊石、双壳类及有孔虫化石，时代为晚侏罗世—早白垩世	岩性以灰、浅灰色中层、中薄层状钙质石英砂岩、钙质砂岩为主，夹含生屑铁质钙质粉砂岩、深灰色钙质板岩，灰色中厚层状砾岩、灰色灰岩，产珊瑚、腹足类、超微化石，时代为晚侏罗世—早白垩世	岩性为灰色钙质砂岩、钙质板岩、粉砂质板岩，夹灰岩、硅质岩层，未采获化石，时代为晚侏罗世

该套地层与木嘎岗日岩组相比，宏观上木嘎岗日岩组呈深色调，沙木罗组呈浅色调，浅黄色；木嘎岗日岩组岩石以变质变形均较深的砂板组合，沙木罗组岩石浅变质，也有一定变形，以含钙质较高为特征。对其中较大块体灰岩，单独圈定作为非正式地层单位表示于图上。

三、冈底斯地层区班戈—八宿地层分区

——则弄群(J_3K_1Z)

该套地层在图幅内仅见于西南角拉果错，出露面积约 15.25 km²，约占整个测区面积的 0.1%，呈岩片状产出，并与拉嘎组、拉果蛇绿岩组一起构成古昌混杂岩群。

则弄群系西藏区调队(1983)创名于申扎县则弄附近的不尔嘎。1:100 万改则幅未划分出该套地层，《西藏自治区区域地质志》《西藏自治区岩石地层》均采用此名称，但在改则县拉果错一带未发现该套地层。本书通过区域对比，认为在拉果错出露一套中基—中酸性火山岩夹碎屑岩地层与则弄群相当，因在测区范围出露面积较少，难以进一步划分对比，故引用则弄群一名。

西藏改则县拉果错则弄群(J_3K_1Z)路线剖面（图 2-27），位于改则县拉果错北。起点坐标：N32°04′58.5″，E84°06′01.1″，H4720m。终点坐标：N32°05′04.8″，E84°06′03.6″，H4750m。

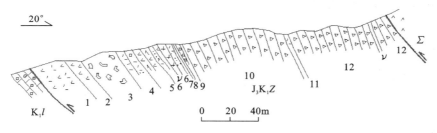

图 2-27 西藏改则县拉果错则弄群(J_3K_1Z)路线剖面图

拉果错蛇绿岩：墨绿色—灰黑色白云石化蛇纹石化纯橄榄岩

========= 断层 =========

则弄群(J_3K_1Z) **厚：204m**

12. 浅灰—灰白色火山角砾岩   57m
11. 浅灰—深灰色薄层状凝灰质砂岩   2m
10. 灰白色火山角砾岩   60m
9. 浅灰色细砾岩夹砂岩及流纹质凝灰岩   5m
8. 浅灰—深灰色薄层状细晶灰岩   0.5m
7. 浅灰色薄层状含砾砂岩   0.5m
6. 深灰色薄层状凝灰质砂岩   9m
5. 灰绿色蚀变辉石安山岩   10m
4. 墨绿—灰绿色含角砾晶屑凝灰熔岩   10m

3. 浅灰绿色集块岩	20m
2. 墨绿色蚀变安山岩	10m
1. 灰绿色英安岩	>20m

（未见底）

岩石组合为集块岩、火山角砾岩、含角砾晶屑凝灰熔岩、蚀变安山岩、辉石安山岩、英安岩、凝灰质砂岩及薄层状细晶灰岩、砂岩、含砾砂岩沉积夹层。以中酸性为主，约偏中基性，具有双峰式火山岩特点，火山岩相有爆发相、喷溢相、喷发沉积相，以爆发相为主，具柱状节理（图版Ⅱ，4），其火山岩特征见火山岩章节。

在该段上，未采获化石，在区域上，采有孔虫、腕足类、介形类、双壳类，时代为晚侏罗世—早白垩世，其区域岩石组合对比见表2-13。

表2-13 则弄群区域岩石组合对比表

改则县拉果错（本图幅）	申扎县东则弄附近的不尔嘎	纳木湖西岸
岩性为集块岩、火山角砾岩、含角砾晶屑凝灰熔岩、蚀变安山岩、辉石安山岩、英安岩、凝灰质砂岩及薄层状细晶灰岩，砂岩、含砾砂岩沉积夹层，以中酸性为主，约偏中基性	岩性为杂色复成分砾岩、中酸性凝灰岩及火山角砾岩、砂岩与页岩互层，夹淡黄色生物碎屑砂岩及灰岩，产双壳类、层孔虫、腕足类	下部为中基性—中酸性熔岩及火山碎屑岩，夹细砂岩和砂质泥岩等，产介形类，上部为紫红色砾岩、砂岩、砂质泥岩及凝灰质砂岩，产介形类、轮藻

第四节 白 垩 系

一、班公错-怒江地层区

（一）去申拉组（K_1q）

该地层分布于班公错-怒江地层区北部扎西错布地层小区，改则县去申拉南那格、俄木拢一带，分布较狭窄，原1:100万改则幅所划分的去申拉组，通过本次区调，其中部分划归仲岗洋岛岩组，部分划为更新的美苏组，出露面积约6.18km²，约占整个测区面积的0.01%。

去申拉组系西藏区调队（1986）命名，创名地点在改则县去申拉，1:100万改则幅在去申拉将该套火山岩命名为去申拉组，《西藏自治区区域地质志》在编图过程中，将该套火山岩忽略，而将班-怒结合带中的外来岩块灰岩（二叠纪、三叠纪）一起作为郎山组灰岩表示。1997年，《西藏自治区岩石地层》认为去申拉组与则弄群相当。本次区调通过岩石组合对比，认为去申拉组与则弄群虽有相似之处，但所处大地构造位置不同，且在区域上，已有多家恢复使用去申拉组一名，故本书继续使用去申拉组，其含义与原始定名相同，用以代表班-怒结合带闭合时期的火山岩浆事件。

西藏改则县去申拉俄木拢去申拉组（K_1q）路线剖面（图2-28），位于改则县洞错北去申拉山脚俄木拢。起点坐标：N32°16′45.3″，E84°39′42.7″，H4500m。终点坐标：N32°15′57.3″，E84°40′49.7″，H4500m。

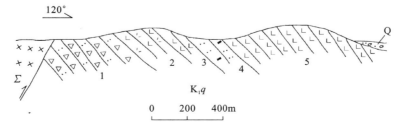

图2-28 西藏改则县去申拉俄木拢去申拉组（K_1q）路线剖面图

去申拉组（K_1q）	（未见顶）	厚＞1600m
5. 灰绿色全蚀变安山岩		＞700m
4. 灰绿色晶屑凝灰岩		200m
3. 紫红色富铁安山岩		200m
2. 灰色强蚀变流纹英安岩		200m
1. 灰色凝灰质火山角砾岩		300m

~~~~~~~~~~ 不整合 ~~~~~~~~~~

超基性岩单位（Σ）：灰绿色辉长岩

其岩石组合为灰色凝灰质火山角砾岩、强蚀变流纹英安岩、紫红色富铁安山岩、灰绿色晶屑凝灰岩、全蚀变安山岩，以熔岩为主，反映为中酸性火山岩，路线中岩性与剖面相似。1∶100万改则幅获111Ma（Rb-Sr），区域上Rb-Sr同位素年龄集中于126±2Ma—1.5Ma，时代为早白垩世。在该图幅内，未见有沉积岩夹层，区域上见有砂岩沉积夹层。区域岩石组合对比见表2-14。

表2-14 去申拉组区域岩石对比表

改则县去申拉（本图幅）	尼玛县加青错	班戈县马前乡
岩性为中酸性火山角砾岩、强蚀变流纹英安岩、富铁安山岩、晶屑凝灰岩、全蚀变安山岩	岩性为安山质熔结凝灰岩、辉石安山岩、流纹质凝灰熔岩、蚀变安山岩	岩性为块状辉石安山岩，杏仁状辉石安山岩，安山质晶屑凝灰岩，中层状沉凝灰岩、凝灰质砂岩、石英砂岩

（二）竞柱山组（K_2j）

竞柱山组分布于尼玛县达查、库廊一带山头或近山头处，所处地理位置一般均较高。出露面积约71.88km²，约占整个测区面积的0.46%。其系西藏第四地质队（1973）创名于班戈县竞柱山，1978年介绍。1986年，1∶100万改则幅将班-怒结合带中红色砾岩未作划分，统归于未分第三系。1993年，《西藏自治区区域地质志》沿用竞柱山组一名并厘定了含义。1997年《西藏自治区岩石地层》沿用竞柱山组一名。本次区调根据班-怒结合带中红色砾岩层不同岩石组合划分为竞柱山组和康托组。竞柱山组处于地形较高位置上，发现有灰岩夹层，康托组分布于盆山交汇处，且砾岩中发现有火山岩夹层（K-Ar法年龄29.6Ma），与邻区图幅中均将该套地层划为新近系康托组相吻合。

西藏尼玛县达查竞柱山组（K_2j）地层实测剖面（P1）（图2-29），位于尼玛县达查。起点坐标：N 32°08′48.7″，E 85°12′12.6″，H 4690m。该剖面不整合于巫嘎组之上，其他地带不整合于去申拉组之上。

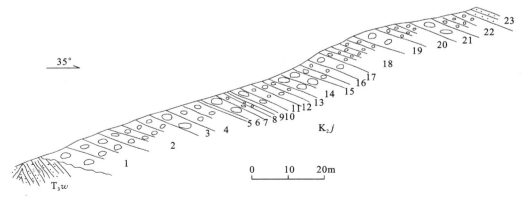

图2-29 西藏尼玛县达查竞柱山组（K_2j）地层实测剖面图（P1）

竞柱山组（K_2j） （未见顶） 厚：>81.30m

23. 紫红色薄层状中细粒岩屑石英砂岩 2.78m
22. 紫红色中薄层状细砾岩 4.56m
21. 紫红色中薄层状粗砾岩 4.56m
20. 紫红色中薄层状细砾岩 5.13m
19. 紫红色中厚层状粗砾岩 3.42m
18. 紫红色中—薄层状细砾岩 6.18m
17. 紫红色中—厚层状粗砾岩 2.67m
16. 紫红色中—薄层状细砾岩 1.33m
15. 紫红色中—厚层状粗砾岩 1.33m
14. 紫红色厚层状巨砾岩 4.67m
13. 紫红色中—薄层状细砾岩 1.33m
12. 紫红色中—厚层状粗砾岩 2.00m
11. 紫红色中—薄层状细砾岩 2.00m
10. 紫红色中—厚层状粗砾岩 2.00m
9. 紫红色薄层状中细粒岩屑石英砂岩 0.67m
8. 紫红色中—薄层状细砾岩 0.67m
7. 紫红色中—薄层状粗砾岩 1.33m
6. 紫红色厚层状巨砾岩 3.20m
5. 紫红色中—薄层状细砾岩 0.13m
4. 紫红色中—厚层状粗砾岩 6.67m
3. 紫红色厚层状巨砾岩 3.33m
2. 紫红色中—厚层状粗砾岩 10.00m
1. 紫红色厚层状巨砾岩 11.34m

~~~~~~~~~~角度不整合~~~~~~~~~~

下伏地层：巫嘎组（T_3w） 灰色中—薄层状岩屑砂岩与深灰色粉砂质板岩组合

岩性为紫红色巨砾岩、粗砾岩、细砾岩、中细粒岩屑石英砂岩，其基本层序组合为（图2-30）：Ⅰ，由4m（单层厚>1m）巨砾岩，5m（单层厚0.5～1m）粗砾岩与3m（单层厚20～30m）细砾岩组成；Ⅱ，由4m（单层厚>1m）巨砾岩，1.3m（单层厚0.5～1m）粗砾岩，0.6m（单层厚20～30m）细砾岩与0.6m（单层厚5～15cm）中细粒岩屑石英砂岩组成。该套地层拟定的依据是，在邻区日干配错幅中见有紫红色中薄层状砂质灰岩夹层，其岩石组合区域对比见表2-15。

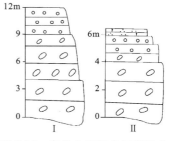

图2-30 竞柱山组基本层序组合

表2-15 竞柱山组区域岩石组合对比表

尼玛县达查（本图幅）	尼玛县八乌错	班戈县竞柱山
岩性为紫红色巨砾岩、粗砾岩、细砾岩、中细粒岩屑石英砂岩	为紫红色砾岩、砂岩夹紫红色中薄层状砂质灰岩	岩性为红色、灰紫色砾岩、砂岩、粉砂岩、泥岩，局部夹灰岩、泥灰岩，产双壳类、圆笠虫等化石，时代为晚白垩世

二、冈底斯地层区班戈-八宿地层分区

—— 郎山组（K_1l）

该套地层分布于图幅南侧，主要沿班-怒结合带南界南侧展布，分布于改则县扎弄尼勒—吓弄—查烂木拉一带，出露面积约952.92km²，约占整个测区面积的6.07%。该套地层主要为化石丰富和化石

稀少两部分灰岩，划分为郎山组一段和二段，从总体看岩性较为单一，由于区内露头情况总体较差，现根据较详细路线剖面描述如下。

郎山组系西藏第四地质队（1973）创名，1978 年介绍，命名剖面位于班戈县郎钦山。1986 年，《1∶100 万改则幅区域地质调查报告》根据采获的少量化石，将该套地层命名为拉果错组，时代为晚白垩世。1993 年，《西藏自治区区域地质志》进一步拟定其下部界线和时限，沿用郎山组一名，并将 1∶100 万改则幅所称的拉果错组更名为郎山组。1997 年，《西藏自治区岩石地层》沿用郎山组一名，时代为早白垩世。本书沿用郎山组一名。

西藏改则县吓弄郎山组（K_1l）路线剖面（图 2-31），位于改则县洞错南面吓弄。起点坐标：N32°02′00″，E84°30′52″，H5000m。终点坐标：N32°05′30″，E84°31′48.7″，H4840m。

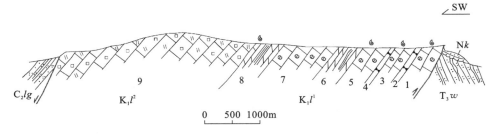

图 2-31　西藏改则县吓弄郎山组（K_1l）路线剖面图

郎山组二段（K_1l^2）　　　　（未见顶）　　　　**厚：约＞3500m**

9. 灰白色块状层白云质细晶灰岩，岩性较单一，岩石成层性差，为块状层，单层厚 10～20m，化石极少　　＞3500m

——————　整合　——————

郎山组一段（K_1l^1）　　　　**厚：约 3300m**

8. 深灰色薄层状泥灰岩夹深灰色钙质板岩，产固着蛤 *Rudiste*，双齿蛎 *Amphidonte* sp.　　500m

7. 深灰色块状层含生屑灰岩，岩石成层性较差，单层厚 5～10m，含生物碎屑 2%±，主要为固着蛤、圆笠虫及棘屑，保存不完整　　1000m

6. 深灰色薄层状泥灰岩夹深灰色钙质页岩　　400m

5. 深灰色块状层生物碎屑灰岩，生物碎屑 20%～30%，多保存不好，个体大小不等，一般 2～20mm，个别达 20cm，产中圆笠虫 *Mesorbitolina* sp.，楔形虫 *Cuneolina* sp.，透镜古圆笠虫 *Palorbitolina lenticularis*　　500m

4. 深灰色中厚层状瘤状灰岩　　50m

3. 深灰色块状层生物碎屑灰岩，生物碎屑 20%～30%，产中圆笠虫 *Mesorbitolina* sp.，楔形虫 *Cuneolina* sp.，坎氏楔形虫 *Cuneolina camposaurii* Sartoni et Crescenti　　350m

2. 深灰色厚层状生物碎屑灰岩与深灰色中厚层状瘤状灰岩互层　　100m

1. 深灰色块状层生物碎屑灰岩，生物碎屑约 20%～30%，化石多保存不好，个体大小不等，一般 2～20mm，个别达 20cm，产中圆笠虫 *Mesorbitolina* sp.，假砂环虫 *Pseudocyclammina* sp.，楔形虫 *Cuneolina* sp.，达克斯虫 *Daxia* sp.　　400m

══════　断层　══════

巫嘎组（T_3w）：灰色中薄层状砂岩与深灰色粉砂质板岩组合，界线处为康托组（Nk）紫红色中薄层状细粒岩屑砂岩

1. 郎山组一段（K_1l^1）

岩性组合为深灰色块层状、厚层状生物碎屑灰岩，中厚层状瘤状灰岩，薄层状泥灰岩，钙质页岩，其基本层序特征为（图 2-32）：Ⅰ，由 5～10m 厚块层状生物碎屑灰岩组成基本层序；Ⅱ，由 10m（单层厚 1～2m）厚层状生物碎屑灰岩与 5m（单层厚 0.5～1m）中厚层状瘤状灰岩组成；Ⅲ，由 2～3m（单层厚 10～20cm）薄层状泥灰岩与 0.3～0.5m（单层厚 0.2～1cm）钙质页岩组成。

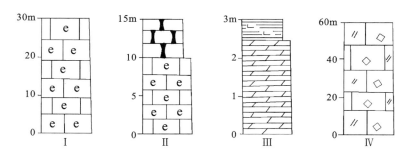

图 2-32　郎山组基本层序组合

2. 郎山组二段（K_1l^2）

岩性组合为灰白色块状层白云质细晶灰岩，岩性较单一，其基本层序为（图 2-32）：Ⅳ，由 10～20m 厚块状层白云质细晶灰岩组成基本层序。

郎山组灰岩中普遍化石丰富，化石集中在生物碎屑灰岩中，含量可达 20%～30%。所采化石（图版Ⅱ，5、6）有中圆笠虫（未定种）*Mesorbitolina* sp.，假砂圆虫（未定种）*Pseudocyclammina* sp.，透镜古圆笠虫 *Palorbitolina* cf. *lenticularis*（Blumenbach），楔形虫（未定种）*Cuneolina* sp.，坎氏楔形虫 *Cuneolina camposaurii* Sartoni et Crescenti，达克斯虫（未定种）*Daxia* sp.，双齿蛎 *Amphidonte* sp.，牡蛎类 Ostreacea gen. et sp. indet，固着蛤 *Rudiste*，反映时代为早白垩世 Aptian（阿普第期）—Albian（阿尔比期）。

面上填图中，两段岩石特征明显，一段化石丰富，区域岩石组合对比见表 2-16。

表 2-16　郎山组区域岩石组合对比表

改则县吓弄（本图幅）	尼玛县扎嘎洞曲	班戈县郎钦山
二段为灰白色块状层白云质细晶灰岩；一段为深灰色块层状、厚层状生物碎屑灰岩，中厚层状瘤状灰岩，薄层状泥灰岩、钙质板岩，产丰富圆笠虫、楔形虫、达克斯虫、牡蛎类、固着蛤等化石，时代为阿普第期—阿尔比期	二段为灰白色块状层微晶灰岩；一段为深灰色块层状生物碎屑灰岩，产丰富化石，时代为阿普第期—阿尔比期	岩性为灰色、深灰色、灰黑色灰岩、生物灰岩和泥质灰岩为主，偶夹粉砂岩、粉砂质泥岩和细砂岩，局部夹火山岩，产圆笠虫、固着蛤、海娥螺等化石，时代为阿普第期—阿尔比期

第五节　古　近　系

一、纳丁错组（En）

该套地层分布于多玛地层分区雀岗地层小区，改则县康托、热那错、尼玛县雀岗、纳丁错等地，以康托、雀岗—纳丁错分布较广，其余地带呈零星状展布，分布面积约 373.2km^2，约占整个测区面积的 2.38%，总体呈岩盖产出。

纳丁错组系西藏区调队（1986）命名，创名地点在改则县纳丁错，时代为老第三纪（现称古近纪）。1993 年，《西藏自治区区域地质志》沿用纳丁错组一名，其含义同原始名称含义。1997 年，《西藏自治区岩石地层》认为 1:100 万改则幅创名的纳丁错组与美日切错组相当，将纳丁错组一名舍弃，采用美日切错组一名，时代为早白垩世。本书通过区域对比，认为《西藏自治区岩石地层》所采用的美日切错组应为羌北地区早白垩世的火山产物,而羌南地区应用纳丁错一名,根据所采同位素年龄,纳丁错组代表在羌南地区古近纪时期的火山活动。

西藏改则县康托纳丁错组(En)路线剖面(KP)(图 2-33),位于改则县康托。起点坐标:N 32°30′36.6″, E 84°22′30″, H 4747m。终点坐标:N 32°28′03″, E 84°18′30″, H 4753m。

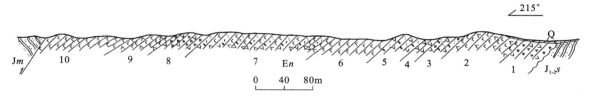

图 2-33 西藏改则县康托纳丁错组(En)路线剖面图(KP)

纳丁错组(En) 厚:>8850m

10. 暗紫红色玄武岩　　　　　　　　　　　　　　　　　　　　　　　　　>1500m
9. 暗紫红色橄榄玄武岩　　　　　　　　　　　　　　　　　　　　　　　　750m
8. 暗紫红色强烈硅化安山质火山角砾岩　　　　　　　　　　　　　　　　　600m
7. 灰绿色块状橄榄玄武岩与暗(深)灰绿色蚀变安山质晶屑岩屑凝灰岩互层出现　2150m
6. 灰色(略带灰绿色)玄武岩　　　　　　　　　　　　　　　　　　　　　1000m
5. 灰绿色(略带灰黄色)安山质晶屑凝灰岩　　　　　　　　　　　　　　　　550m
4. 暗红色安山岩　　　　　　　　　　　　　　　　　　　　　　　　　　　250m
3. 紫红色蚀变含火山角砾岩安山质晶屑凝灰岩　　　　　　　　　　　　　　450m
2. 暗红色(略带灰绿色)橄榄玄武岩　　　　　　　　　　　　　　　　　　　850m
1. 紫红色蚀变安山质火山角砾岩　　　　　　　　　　　　　　　　　　　　750m

～～～～～～ 不整合 ～～～～～～

下伏地层:色哇组($J_{1-2}s$)　砂板岩组合

岩性组合(图版Ⅱ,7)为杂色安山质火山角砾岩、含火山角砾安山质晶屑凝灰岩、橄榄玄武岩、玄武岩、安山岩等,面上岩性组合与剖面上一致,均反映为基性—中性火山岩,但在不同地段,岩性组合出露不全,还见有波基(角闪)安山岩、辉石安山岩、辉石玄武岩、玄武岩等,其火山岩岩石学特征、岩石化学特征等见有关火山岩章节。

1:100 万改则幅在纳丁错气孔状辉石安山岩中获得 K-Ar 年龄为 31.1Ma,本次区调在沙曲鲁玛玄武岩 K-Ar 年龄为 35.9Ma,辉石安山岩 K-Ar 年龄为 49Ma,雀岗角闪安山岩 K-Ar 年龄为 23.7Ma,反映出在该带上以古近纪火山岩为主,局部新发现有晚白垩世火山岩,是否将其时代下延,有待进一步确证。该套地层不整合于下伏不同层位地层之上,顶部被康托组红层不整合覆盖。下伏层位地层为侏罗系、三叠系地层。前人将该套地层置于渐新世,本次区调综合各方面资料,将其置于古近纪。该套地层命名地在图幅内,且岩性变化不大,故不作区域对比。

二、美苏组(Em)

该套地层分布于班公错-怒江结合带南界南北两侧,班公错-怒江地层区南部及班戈-八宿地层分区北部。改则县扣档勒—洞错南—尼玛县石模一带,出露面积约 178.76km²,约占整个测区面积的 1.14%。

美苏组系江西省地质调查院(2003)命名,创名剖面位于尼玛县美苏,时代为古新世—始新世,该套火山岩沿班公错-怒江结合带南缘分布,为研究陆内碰撞造山作用及冈底斯火山-岩浆弧的演化提供了新资料。前人对该套地层未予划分出来,1:100 万改则幅将其中一部分划分为去申拉组。本书通过对比及所采获的同位素资料,引用美苏组一名,代表沿班-怒结合带南缘分布的一套火山岩,时代为古近纪。不整合于 K_1l 和 K_2j 之上。

西藏改则县洞错乡美苏组(E*m*)实测剖面(P9)(图 2-34),位于改则县洞错南。起点坐标:N32°01′24.3″,E84°42′36.3″,*H*4.82km。终点坐标:N32°01′09.1″,E84°42′32.1″,*H*4.83km。

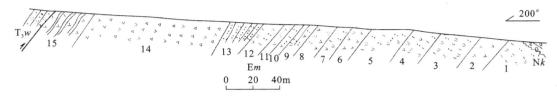

图 2-34　西藏改则县洞错乡美苏组(E*m*)实测剖面图(P9)

美苏组(E*m*)	**(未见顶)**	**厚:>289.89m**
15. 灰绿色变安山岩		>25.72m
14. 暗紫红色安山质火山角砾岩		86.40m
13. 灰绿色含凝灰质粉砂岩		20.23m
12. 灰绿色英安质晶屑岩屑凝灰岩		11.94m
11. 紫红色安山岩,岩石强片理化		5.57m
10. 灰绿色英安—安山质晶屑凝灰岩		6.37m
9. 灰黄色凝灰质砂岩,岩石具强片理化		7.96m
8. 暗紫色硅化石英安山岩		12.56m
7. 灰绿色安山质岩屑晶屑凝灰岩		8.37m
6. 灰红色安山岩		12.56m
5. 浅灰红—灰绿色条带状晶屑凝灰岩		25.39m
4. 浅灰绿色英安质晶屑凝灰岩		17.08m
3. 浅灰绿色流纹质晶屑岩屑凝灰岩		26.52m
2. 浅灰绿色安山岩		16.32m
1. 浅灰绿色英安质晶屑岩屑凝灰岩		>8.16m

～～～～～～～～～　角度不整合　～～～～～～～～～

岩性组合为英安质(流纹质)晶屑岩屑凝灰岩、火山角砾岩、安山岩、凝灰质砂岩,面上还见有辉石安山岩、玄武安山岩、玄武岩、流纹岩、英安岩等,反映为中基性—酸性的火山岩组合,其岩石学、地球化学特征见火山岩有关章节。

在洞错南玄武岩中获 K-Ar 年龄为 58.4Ma。在东侧图幅哦居买玛玻基玄武岩中获 K-Ar 年龄为 34.8Ma 和 34Ma,结合区域资料,将其时代置于古近纪。区域岩石组合对比见表 2-17。

表 2-17　美苏组区域岩石组合对比表

改则县洞错(本图幅)	尼玛县哦居买玛	尼玛县美苏
为中基性—酸性火山岩,英安质(流纹质)晶屑岩屑凝灰岩、火山角砾岩、英安岩、流纹岩、安山岩、辉石安山岩、玄武安山岩、玄武岩、凝灰质砂岩,获 K-Ar 年龄 58.4Ma	为中基性—酸性火山岩,玻基玄武岩、粒玄岩、安山岩、辉石安山岩、杏仁状富铁安山岩、火山角砾岩等,获 K-Ar 年龄 34.8Ma,34Ma	为一套基性—中性—酸性火山岩、玄武岩、拉斑玄武岩、安山岩、辉石安山岩、英安岩、流纹岩、火山角砾岩、安山质晶屑熔结凝灰岩、英安质晶屑凝灰岩、流纹质角砾凝灰岩等,获 K-Ar 年龄 69.07Ma, 63.63Ma, 59.90Ma, AR-Ar 年龄 39.37Ma

第六节 新近系

——康托组（Nk）

该套地层在图幅内分布较广，呈不同规模展布于图幅大部分地区，出露面积约 2506.56km²，约占整个测区面积的 13.43%。

康托组系西藏区调队（1986）命名，创名地点位于改则县北康托附近，同年，1:100 万改则幅将班-怒结合带中的红层划分为未分第三系。1993 年，《西藏自治区区域地质志》采用康托组一名，时代为中新世，将班-怒结合带中的红层划分为竞柱山组。1997 年，《西藏自治区岩石地层》对康托组和竞柱山组两个名称均已采用，康托组分布于班-怒结合带以北地区，对班-怒结合带中的红层根据不同岩性组合及时代有竞柱山组、牛堡组、丁青湖组等。本书根据岩性组合对比及所获同位素年龄，认为班-怒结合带中在改则—哦居多玛一带的红层与竞柱山组（含有白垩系化石灰岩夹层的地层体）相比差别较大，而与北侧康托组相比较相似，且在地层中的火山岩夹层采同位素年龄为古近纪晚期，故将区内的红层统称康托组，而将班-怒结合带南缘红层中夹灰岩层的地层体划为竞柱山组。

西藏改则县嘎木弄新近系康托组（Nk）实测地层剖面（P19）（图 2-35），位于改则县康托嘎木弄。起点坐标：N 32°31′29.3″，E 84°18′32″，H 4745m。终点坐标：N 32°31′50″，E 84°18′14″，H 4832m。

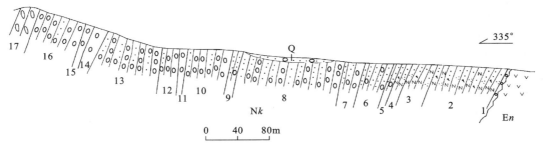

图 2-35　西藏改则县嘎木弄新近系康托组（Nk）实测地层剖面图（P19）

康托组（Nk）	（未见顶）	厚：＞591.78m
17. 浅紫灰红色厚层状中—细卵层		＞22.34m
16. 浅紫灰色细卵层夹含砾粗砂岩		57.31m
15. 紫红色厚层状细卵层与中粗砾岩互层		8.82m
14. 紫灰色厚层状粗砾岩、细—中卵层		13.23m
13. 浅灰紫色中—厚层状中—粗砾岩与含砾粗砂岩互层		68.66m
12. 浅紫色粗砾—细卵和中—细砾岩，含砾粗砂岩互层		22.89m
11. 浅紫灰色中—厚层状粗砾岩、中—厚层状中砾岩与薄层状细砾岩、含砾粗砂岩互层		9.70m
10. 浅紫灰色粗砾岩、中砾岩、细砾岩、含砾粗砂岩呈韵律性组合		67.92m
9. 紫灰绿色粗砾岩，中—粗砾岩、含砾粗砂岩、粗砂岩、细砂岩呈韵律层组合		9.69m
8. 紫红色细—粗砾岩、含砾粗砂岩、粗砂岩组合		120.69m
7. 紫红色细砾岩、含砾粗砂岩、细砂岩，发育平行层理、交错层理		23.39m
6. 浅灰色含砾粗砂岩与浅灰黑色细砂岩互层，发育平行层理		32.75m
5. 浅灰绿色薄层状细砂岩与灰绿色含砾粗砂岩互层，局部见紫色细砂岩透镜体		9.36m
4. 浅灰色长石石英砂岩与长石岩屑砂岩（偶含砾）互层		13.70m
3. 浅灰黑色长石石英砂岩夹长石岩屑砂岩（偶含砾）		27.27m

| 2. 紫红色薄层状长石石英细砂岩与紫灰褐色长石岩屑细砂岩互层 | 82.09m |
| 1. 紫灰色厚层状中—粗砾岩 | 1.87m |

～～～～～～～～ 角度不整合 ～～～～～～～～

下伏地层：纳丁错组（En）　灰黑色安山岩

西藏改则县扛档勒村新近系康托组（Nk）实测地层剖面（P5）（图2-36），位于改则县扛档勒村。起点坐标：N 32°10′54.6″，E 84°20′09.1″，H 4640m。终点坐标：N 32°12′07.1″，E 84°20′53.7″，H 4600m。

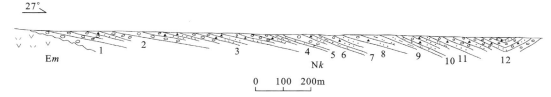

图2-36　西藏改则县扛档勒村新近系康托组（Nk）实测地层剖面图（P5）

康托组（Nk）　　　　　　　　　　（未见顶）　　　　　　　　　　厚：＞436.63m

12. 紫红色含砾细粒岩屑砂岩与中—细砾岩组合	＞116.11m
11. 紫红色含砾细粒岩屑砂岩、细粒岩屑砂岩、粉砂岩组合	43.12m
10. 灰白色英安岩	2.70m
9. 紫红色含砾细粒岩屑砂岩、泥质粉砂岩、粉砂质泥岩组合	52.84m
8. 紫红色含砾细粒岩屑砂岩夹中薄层状细砂岩	16.67m
7. 灰白色黑云母英安岩	4.79m
6. 紫红色中—细砾岩与细粒岩屑砂岩组合	31.12m
5. 灰白色英安岩	2.35m
4. 紫红色含砾细粒岩屑砂岩、泥质粉砂岩组合，局部夹中—厚层状砾岩	51.33m
3. 紫红色砾岩、含砾细粒岩屑砂岩、细粒岩屑砂岩组合	79.67m
2. 紫红色砾岩夹细粒岩屑砂岩	31.06m
1. 紫红色厚层状粗砾岩	4.87m

～～～～～～～～ 角度不整合 ～～～～～～～～

下伏地层：美苏组（Em）　灰黄色英安岩

该套地层以紫红色为其特征，其岩石组合为紫红色粗砾岩、中砾岩、细砾岩夹紫红色、浅灰色、灰黑色粗砂岩，含砾砂岩、细砂岩、长石石英砂岩、长石岩屑砂岩、粉砂岩、粉砂质泥岩等，面上岩石组合变化不大，砾石成分因所处地段不同而有所不同。局部地段夹有火山岩，在本图幅内仅在改则县扛档勒村见有数层灰白色英安岩、黑云母英安岩夹层，火山岩夹层获K-Ar年龄29.6Ma。在日干配错幅绒玛乡嘎琼呈红顶绿底的火山岩灰绿色玄武岩、辉橄玄武岩，暗紫红色辉橄玄武岩。从不同的火山岩夹层反映出在不同地段上与早期不同的火山活动有相关继存性，扛档勒村酸性火山岩与班-怒结合带南缘美苏组火山活动有关，嘎琼基性火山岩与南羌塘纳丁错火山活动有关。

康托组命名含义指一套以紫红色砂砾岩为主，次为杂色泥岩、粉砂岩沉积，底部夹基性火山岩的地层体。区域上局部地段夹火山岩及膏盐岩，通过本次区调，其岩石组合与原始含义一致，未发现膏盐层，认为其所夹火山岩因所处地段不同而有所不同。

第七节　第　四　系

在图幅内，由于湖泊发育，第四系分布较广，出露面积约5784.32km²，约占整个测区面积的36.86%，根据成因类型及年龄依据划分为湖积（更新统、全新统），湖沼积，冲洪积等类型，对于残坡积和冰碛等,因较少或较难区分,故未予单独划分表示。

一、更新统湖积(Qp^l)

本图幅内更新统湖积在现代湖泊周围均有出露,由于受后期破坏等原因,以拉果错出露最好,洞错次之,其他地段均较差。

西藏改则县拉果错更新统湖积剖面(图 2-37),在几个台阶处测得垂直剖面。

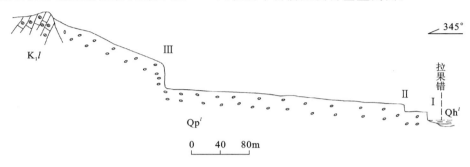

图 2-37　西藏改则县拉果错更新统湖积剖面图

(一)1号点柱状剖面(图 2-38,图版Ⅱ,9)

8. 灰白色粘土层,发育水平层理,获 ESR 年龄 33.5±3.3 万年	20cm
7. 黄褐色细砾石层	10cm
6. 黄褐色含砾砂土层	16cm
5. 灰紫色细砾石层	20cm
4. 黄褐色含砾砂土层	60cm
3. 紫色中砾石层	22cm
2. 灰紫色含砾砂土层	8cm
1. 灰紫色中砾石层	>120cm

(二)2号点柱状剖面(图 2-39)

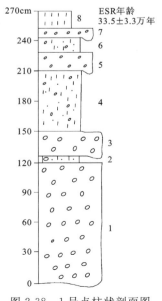

图 2-38　1号点柱状剖面图

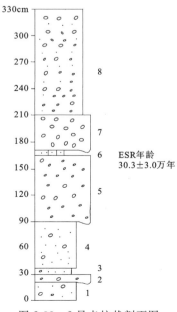

图 2-39　2号点柱状剖面图

8. 黄褐色细砾石层与黄褐色粗砂层韵律互层　120cm

7. 灰紫色细砾石层　40cm

6. 灰白色粉砂质粘土层，发育水平层理，获 ESR 年龄 30.3±3.0 万年　3cm

5. 灰紫色细砾石层　80cm

4. 黄褐色含砾粗砂层　60cm

3. 黄褐色含砾细砂层，发育水平层理　4cm

2. 灰紫色细砾石层　10cm

1. 黄褐色含砾粗砂层　>20cm

（三）3 号点柱状剖面（图 2-40）

3. 黄褐色粗砂层　10cm

2. 黄褐色含砾砂土层，发育交错层理，获 ESR 年龄 3.2±0.3 万年　15cm

1. 浅灰色细砾层，发育水平层理　>30cm

（四）西藏改则县洞错北更新统柱状剖面（图 2-41，图版Ⅱ，8）

10. 亚砂土层　20cm

9. 细粒砂土层　10cm

8. 细砾砂质层，发育水平层理　>5cm

7. 灰色细砂泥质层，发育水平层理　12cm

6. 灰色细砂砾层，发育微斜交层理　44cm

5. 灰色砂砾层，发育板状交错层理　62cm

4. 灰色细砾层，发育水平层理，获 ESR 年龄 43.0 万年　80cm

3. 灰黄色砂砾层，发育平行层理　150cm

2. 黄色细砂和泥质组成　20cm

1. 灰色砂砾石堆积　200cm

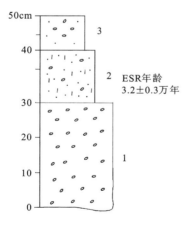

图 2-40　3 号点柱状剖面图

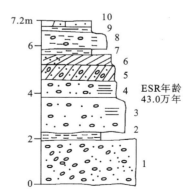

图 2-41　西藏改则县洞错北更新统柱状剖面图

在拉果错，现代湖面海拔高度 4470m，更新统湖积最高 4600m；在洞错，现代湖面海拔高度 4405m，更新统湖积最高 4467m。从所获 ESR 年龄在 3.2～43 万年之间，属于更新统。

二、全新统湖积（Qh^l）

全新统湖积展布于现代湖泊区域，沉积物以砂、砾沉积为主，伴有化学沉积，局部沉积形成盐类矿床。

三、全新统湖沼积（Qh^{fl}）

全新统湖沼积展布于现代湖泊边部及残留水域周围，是湖泊退缩后形成沼泽地带的产物，沉积物有砂、砂土、腐殖土、红土（图 2-42），部分化学沉积。

四、全新统冲洪积（Qh^{apl}）

全新统冲洪积展布于沟谷中及沟口地带，开口处多形成扇状，沉积物有砾石、砂、砂土，砾石多具有一定的分选和磨圆特征，在洞错北见有很好的冲洪积剖面。

洞错北冲洪积柱状剖面如图 2-43 所示。

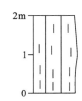
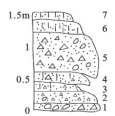

图 2-42　红土剖面图　　　　图 2-43　洞错北冲洪积柱状剖面图

7. 灰色腐殖土层，其上有小草生长　　　　　　　　　　　　　　　　　　　　　　　10cm
6. 灰黄色砂土层，砂土比约 1∶1　　　　　　　　　　　　　　　　　　　　　　　　20cm
5. 浅灰色砂砾层，砾石大小 2～20cm，砂、砾含量约 1∶1　　　　　　　　　　　　　60cm
4. 灰色含砾亚砂土层，砾石含量少，砂土粒度较粗，含量 90%～95%　　　　　　　　15cm
3. 灰黄色含砾砂土层，砾石大小 5～10cm，含量约 5%，砂、砂土含量约 95%，向两侧变宽或尖灭　　15cm
2. 灰色含粗砂细砾石层，砾石大小 5～10cm，含量约 50%，砂含量约 50%　　　　　20cm
1. 灰白色中砾石层，砾石大小 20～50cm，含量约 70%　　　　　　　　　　　　　　10cm

其中砾石成分为灰岩、砂岩、板岩、超基性岩砾石，多为棱角状、次棱角状，少量圆状、次圆状，分选性较差。

第八节　沉积盆地分析

一、沉积盆地分类

沉积盆地（sedimentary basin）是地球表面或者可以说岩石圈表面相对长时期沉降的区域。沉积盆地既可以接受物源区搬运来的沉积物，也可充填相对近源的火山喷出物质，当然也接受原地化学、生物及机械作用形成的盆内沉积物。因此，沉积盆地既可是大洋深海、大陆架，也可以是海岸、山前、山间地带。从构造意义上说,沉积盆地是地表的"负性区"。相反,地表除沉积盆地以外的其他区域都为遭受侵蚀剥蚀区,即沉积物的物源区,这种剥蚀区是构造相对隆起的"正性区"。隆起的正性区遭受侵蚀剥蚀,使其剥蚀形成的物质向负性区(沉积盆地)迁移,并在盆地中堆积下来,这实际上就是一种均衡调整(补偿)作用。

盆地分析(basin analysis)是将沉积盆地视作一个整体进行其地球动力学的综合研究,并利用这种知识解决了人类所面临的资源短缺问题。其内容主要有:沉积组合、盆内沉积层序、岩石地球化学、岩相、物源区、火山岩夹层、盆地含矿性、沉积盆地分类及其演化等。

测区沉积地层广泛发育,分布近于整个测区。从古生界到第四系地层均有不同程度的发育,对其进行沉积盆地分析、确定沉积盆地类型,研究其沉积组合、沉积相,建立盆地沉积层序,根据测区所分布地层特点,对其作出不同的研究。分别按古生代、三叠纪、侏罗纪、侏罗纪—白垩纪、白垩纪、第三纪(古近纪—新近纪)、第四纪盆地进行分析,再统一到一起作盆地演化分析。对两个图幅内相同地层单位的资料共同使用,不同地层单位资料单独使用。

本书采用与板块构造相关的盆地分类方案,其分类依据为:①盆地形成时的大陆边缘性质;②盆地在板块边缘或板块内的位置;③盆地基底地壳的性质;④盆地形成时的动力学模式。同时参考孟祥化(1982)和王砚耕(1994)的盆地分类方案(表 2-18)。

表 2-18 测区沉积盆地分类表

分类原则					盆地分类	沉积地层单位及时代
构造背景	地壳类型	板块构造部位	板块边缘性质	动力学模式		
离散背景	陆壳	次活动前缘	次稳定—次活动	拉张	大陆边缘盆地	$O_{2-3}t$、T_3r、T_3w
离散背景	洋壳	大洋中脊	活动	拉张洋盆	大洋盆地	蛇绿岩组合
离散—会聚背景	洋岛	活动前缘	活动	拉张→挤压俯冲	洋岛盆地	MZ
离散—会聚背景	陆壳	被动陆块边缘次活动前缘	次稳定—次活动	拉张→挤压俯冲	大陆边缘盆地	C_2z、C_2lg、$P_{1-2}t$、P_2l、P_1x、Jm、$J_{1-2}s$、J_2sq、J_2j、J_3K_1s
会聚背景	陆壳	活动前缘	活动	挤压	海洋火山弧盆地	J_3K_1Z、K_1q
会聚背景	陆壳	次活动前缘	次稳定—次活动	挤压	局限海盆	K_1l、K_2j
会聚背景	陆壳	板块碰撞边部	活动	挤压碰撞	陆内火山弧盆地	En、Em
会聚背景	陆壳	陆内碰撞带	次活动	碰撞造山	山间盆地	Nk

二、盆地各论

(一) 古生代沉积盆地

沉积盆地包含的地层单位有羌南地层区(多玛地层分区)的晚石炭世展金组和中二叠世龙格组;班戈-八宿地层分区的晚石炭世拉嘎组和早二叠世下拉组。更老地层单位在图幅内未出露,但在图幅南北两侧均有显示。

1. 沉积组合

1) 成分特征

展金组在西侧物玛幅剖面上为深灰色中—薄层状变质石英粉砂岩、石英砂岩,灰黑色、浅绿灰色板岩夹泥灰岩,玄武岩和灰质角砾岩透镜体。在本图幅内,该套地层多与岩体接触,与其他地层均为断层接触,岩性组合为以深灰色红柱石板岩、黑云母石英片岩为主,夹少量砂岩及灰质砾岩透镜体。其成分以石英、黑云母、绢云母、白云母为主,少量长石及红柱石。火山物质仅局部见到,表明在沉积时期有局部的基性火山喷发。砾岩的砾石全为灰岩砾石,表明其物质来源较近。

龙格组在西侧物玛幅剖面上为灰白色、浅灰白色块状结晶灰岩,中—厚层状砾屑灰质白云岩、砂屑白云岩、厚—块状生物碎屑灰岩为主,夹灰色薄—中层状结晶白云岩、结晶灰岩、块状角砾状灰岩组成。图幅内该套地层岩性单一,见有灰白色、浅灰白色块状,厚层块状粉—细晶灰岩、结晶灰岩夹浅灰色中薄层状粉晶灰岩。成分以白云石、方解石为主,少量泥质及生物碎屑。

拉嘎组为以浅灰色中层、中厚层状含钙质细粒石英砂岩,细粒石英砂岩、钙质细砂岩与深灰色粉砂质板岩,泥质板岩为主,夹少量灰色中厚层状小(细)砾岩,局部夹少量灰色灰岩透镜体。成分以石英、粘土矿物、方解石为主,少量长石(斜长石)岩屑(以硅质岩屑、变质岩屑为主,偶见火山岩屑)。砾岩砾石成分复杂,有硅质岩、砂岩、变砂岩、粉砂岩、花岗岩、火山岩(偶见)石英岩、灰岩(偶见)等砾石。成分成熟度高,胶结方式以孔隙式为主,少量接触式。

下拉组在南侧措勤幅剖面上为深灰色(偶见灰色、浅紫褐色)块状层、厚层、中厚层、薄层微晶灰岩呈不同比例出现,上部夹灰色中—薄层、厚层状白云岩、白云质砾屑灰岩。其间不同程度地含有燧石结核,产生物化石及生物碎片。在本图幅内所见岩性单一,仅见浅灰色中—厚层状细晶灰岩,偶见有珊瑚化石,但重结晶严重。成分以方解石为主,少量白云石。

2) 粒度特征

龙格组和下拉组为碳酸盐岩,粒度特征为碳酸盐级。

展金组为碎屑岩夹火山岩,粒度特征具有粘土、砂及砾石级。

拉嘎组以石英砂岩、板岩和含砾板岩为主夹砾岩、火山岩、灰岩,从砂岩粒度分析可看出,粒径平均值为0.074~0.250mm,属于粉砂—细砂级;标准偏差为0.45~0.71,分选较好;偏度为0.28~1.69,为极正偏;尖度为3.11~8.98,为极窄型。从累计概率曲线上看(图2-44)上看跳跃总体发育,悬浮总体较发育,不发育牵引总体,表明沉积物搬运较远。

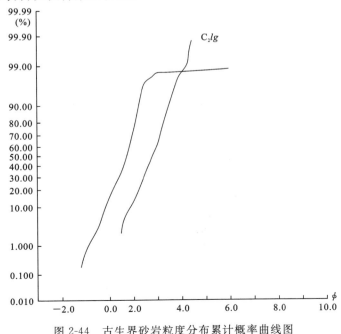

图2-44 古生界砂岩粒度分布累计概率曲线图

3）沉积构造

展金组发育水平层理和粒序层理；拉嘎组发育块状层理、粒序层理、砂纹层理；龙格组发育块状层理、水平层理。

4）古生物特征

展金组采获跨时较大的海绵化石，在剖面上采获有腕足类、珊瑚类、䗴等化石；拉嘎组采获长形卵形贝（比较种）*Oratia elongata* Muir Wood，瘆石燕 *Punctospirifer*? sp.，雅尔错贝 *Yarirhynchia*? sp.，尖翼石燕 *Mucrospirifer*? sp.，皱戟贝 *Rugosochonetes* sp.，亚翁贝 *Avonia* sp.，获珊瑚化石（局部可形成珊瑚礁）；龙格组采获在剖面上采有珊瑚 *Liangshanophyllum*、腕足类及䗴化石，在图幅内采有珊瑚等化石。下拉组采获腕足 *Martinia orbicularis*；水螅 *Spongiomorpha* sp.；珊瑚 *Pseudoacaciapora* sp.；菊石 *Timorites curicostatus* Haniel；苔藓虫 *Fistuliramus* aff. *lianxiansis* Li，*Meekopora* cf. *prosseri* Ulrich，*Streblotrypa* cf. *marmionensis* Etheridge。

2. 化学分析

在本次工作中，沉积地层中主要采集砂岩作化学分析，展金组在图幅内分布局限，龙格组和下拉组为碳酸盐岩，仅对拉嘎组作化学分析。

1）微量元素

从微量元素含量表（表2-19）中可以看出，Cu、Pb、Ni、Li、Rb、Zr含量均较高，Zn约高于丰度值，其他元素均较低。

表 2-19　古生界微量元素含量表

组合	样号	岩性	微量元素含量（$\times 10^{-6}$）																			
			Cu	Pb	Zn	Cr	Ni	Co	Li	Rb	W	Mo	Sb	Bi	Hg	Sr	Ba	Sc	Nb	Ta	Zr	Hf
拉嘎组	P17GP3	细砂岩	7.90	15.0	20.3	18.2	6.50	4.80	9.50	44.0	1.89	2.34	0.19	0.10	0.026	202	586	3.46	6.27	0.63	38	10.9
	P17GP5	石英砂岩	7.50	17.0	18.6	14.2	4.60	4.20	6.70	56.1	1.12	3.46	0.52	0.10	0.031	70.5	302	3.00	3.47	<0.5	119	3.78
	P17GP7	石英砂岩	13.4	14.5	21.6	17.8	3.90	4.85	17.8	49.2	1.85	2.30	0.23	0.11	0.044	47.8	344	3.80	3.50	<0.5	107	3.65
	P17GP10	石英砂岩	7.30	11.0	10.8	7.30	5.40	3.10	19.2	48.5	0.79	2.34	0.25	0.13	0.020	40.8	307	2.05	2.54	<0.5	103	2.90
涂和费（1962）		砂岩	X	7	15	35	0.3	60	0.*n*	1.6	1	0.*n*	20	X0	1	0.*n*	220	3.9	0.00*n*	0.45	1.7	0.0*n*
		页岩	45	20	95	90	19	140	5	1.8	13	1.5	300	580	13	6	160	2.8	0.00*n*	3.7	12	0.8

2）常量元素

从常量元素分析表（表2-20）中可以看出，其分析结果及特征参数反映出其物质来源于（或靠近）被动大陆边缘。在化学成分构造环境判别图解（图2-45）中，集中在被动大陆边缘。

表 2-20　古生界化学成分及特征参数

组合	样号	岩性	SiO_2	Al_2O_3	Fe_2O_3	FeO	CaO	MgO	K_2O	Na_2O	TiO_2	P_2O_5	MnO	Fe_2O_3+MgO	Al_2O_3/SiO_2	K_2O/Na_2O	$Al_2O_3/(Na_2O+CaO)$
拉嘎组	P17GS3	细砂岩	81.36	5.20	0.51	1.27	7.83	0.97	1.23	1.18	0.27	0.05	0.28	1.48	0.06	1.04	0.58
	$P_1$7GS5	石英砂岩	88.12	5.04	0.61	0.49	0.76	1.09	1.34	1.37	0.25	0.04	0.09	1.70	0.06	0.98	2.37

续表 2-20

组合	样号	岩性	SiO$_2$	Al$_2$O$_3$	Fe$_2$O$_3$	FeO	CaO	MgO	K$_2$O	Na$_2$O	TiO$_2$	P$_2$O$_5$	MnO	Fe$_2$O$_3$+MgO	Al$_2$O$_3$/SiO$_2$	K$_2$O/Na$_2$O	Al$_2$O$_3$/(Na$_2$O+CaO)
拉嘎组	P17GS7	石英砂岩	81.83	6.26	0.45	1.16	5.75	0.86	1.41	1.57	0.24	0.06	0.20	1.31	0.08	0.90	0.66
	P17GS10	石英砂岩	88.54	5.20	0.69	0.14	1.01	0.09	1.47	1.30	0.13	0.05	0.04	0.78	0.06	1.13	0.44
	平均值		87.93	5.43	0.57	0.77	3.83	0.75	1.36	1.36	0.22	0.05	0.15	1.32	0.07	1.01	1.01
大洋岛弧	(杂)砂岩 (Bhatia, 1983)		58.8	17.1	1.95	5.52	5.83	3.65	1.60	4.10	1.06	0.26	0.15	11.73	0.29	0.39	1.72
大陆岛弧			70.7	14.0	1.43	3.05	2.68	1.97	1.89	3.12	0.64	0.16	0.10	6.79	0.20	0.61	2.42
活动大陆边缘			73.9	12.9	1.30	1.58	2.48	1.23	2.90	2.77	0.46	0.09	0.10	4.63	0.18	0.99	2.56
被动大陆边缘			82.0	8.4	1.32	1.76	1.89	1.39	1.71	1.07	0.49	0.12	0.05	2.89	0.10	1.60	4.15

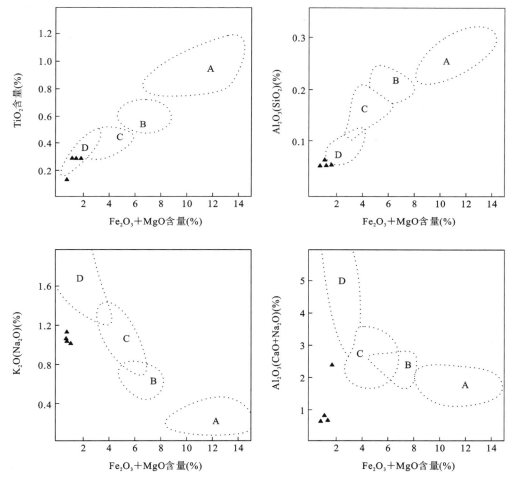

图 2-45 古生界砂岩主要化学成分的构造环境判别图解
A:大洋岛弧;B:大陆岛弧;C:安第斯型大陆边缘;D:被动大陆边缘;▲拉嘎组化学样品

3）稀土元素

在稀土元素含量及特征参数表（表 2-21、表 2-22）中，其各项 4 件样品平均值与特征参数值比较，倾向于大陆岛弧环境，在稀土配分曲线（图 2-46）上倾向于被动大陆边缘。

表 2-21 古生界稀土元素含量及特征值

组名	拉嘎组			
样号	P17 XT3	P17 XT5	P17 XT7	P17 XT10
岩性	细砂岩	石英砂岩	石英砂岩	石英砂岩
原始数据($\times 10^{-6}$)				
La	21.7	12.9	22.8	14.2
Ce	46.2	25.9	44.4	29.1
Pr	4.45	2.83	4.55	3.08
Nd	16.2	10.2	19.5	10.9
Sm	4.31	2.67	4.68	2.19
Eu	0.68	0.50	1.06	0.43
Gd	3.45	2.00	3.95	1.68
Tb	0.62	0.34	0.68	0.28
Dy	4.56	2.17	4.69	1.65
Ho	0.95	0.52	0.90	0.40
Er	2.92	1.38	2.66	0.96
Tm	0.40	0.22	0.36	0.14
Yb	2.64	1.30	2.48	0.96
Lu	0.33	0.15	0.34	0.14
标准化值($\times 10^{-6}$)				
La	57.4	34.1	60.3	37.6
Ce	47.3	26.5	45.5	29.8
Pr	32.2	20.5	33.0	22.3
Nd	22.6	14.2	27.2	15.2
Sm	18.7	11.6	20.3	9.52
Eu	7.85	5.77	12.2	4.97
Gd	11.1	6.43	12.7	5.40
Tb	10.9	5.99	12.0	4.93
Dy	11.7	5.56	12.0	4.23
Ho	10.9	5.99	10.4	4.61
Er	11.5	5.41	10.4	3.76
Tm	10.0	5.51	9.02	3.51
Yb	10.6	5.22	9.96	3.86
Lu	8.53	3.88	8.79	3.62
ΣREE	109.41	63.08	113.07	65.91
La/Yb	8.22	9.92	9.19	14.79
(La/Yb)$_N$	5.42	6.53	6.05	9.74
LREE/HREE	2.32	2.67	2.44	3.78
Eu/Eu*	3.28	3.96	4.63	4.13

注：① ΣREE 为稀土元素的原始数据总和，La/Yb 为原始数据比值，其余用标准化值；② LREE/HREE 为样品中轻稀土（La+Sm）总量与重稀土（Gd—Yb）总量之比；③ Eu/Eu* =（Eu/0.073）/[(Sm/0.20+Gd/0.31)/2]

表 2-22 古生界不同构造背景砂岩稀土元素特征参数

构造背景	源区类型	特征参数						
		La	Ce	ΣREE	La/Yb	$(La/Yb)_N$	LREE/HREE	Eu/Eu*
大洋岛弧	未切割岩浆弧	8±1.7	19±39	58±10	4.2±1.3	2.8±0.9	3.8±0.9	1.04±0.11
大陆岛弧	切割岩浆弧	27±4.5	59±8.2	146±20	11.0±3.6	7.5±2.5	7.7±1.7	0.78±0.13
安第斯型大陆边缘	基底隆起	37	78	186	12.5	8.5	9.1	0.60
被动边缘	克拉通内构造高地	39	85	210	15.9	10.8	8.5	0.56
拉嘎组(4件)		17.9	36.4	87.87	10.53	6.94	2.80	4.00

注：① La、Ce、ΣREE 单位为 10^{-6}；② La、Ce、ΣREE、La/Yb 用原始值计算，其余用标准化值计算；③ 特征参数引自 Bhatia(1985)。

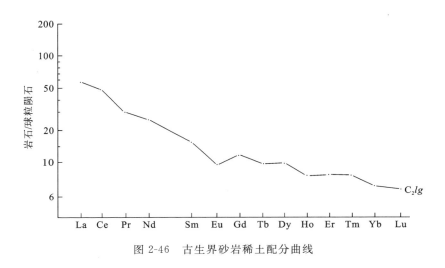

图 2-46 古生界砂岩稀土配分曲线

3. 层序分析

从剖面及基本层序组合看，展金组为砾岩、砂岩、板岩组成的退积、加积层序；龙格组白云岩、灰岩组成进积、加积层序，二者之间有缺失、间断，界线为断层接触。拉嘎组与下拉组之间为整合接触，二者组成一个较完整的沉积体系，拉嘎组由砾岩、砂岩、板岩组成退积、加积层序，下拉组由微晶灰岩、灰岩、白云岩组成以加积为主的进积层序。

4. (砂岩)碎屑模型分析

在(砂岩)碎屑模型分析中各种成分代号为：Q(Qt)石英颗粒总数(Qm+Qp)；Qm 单晶石英；Qp 多晶石英质碎屑(包括燧石)；F 单晶长石总数(P+K)；P 斜长石；K 钾长石；Lt 多晶质岩屑(L+Qp)；L 不稳定岩屑(Lv+Ls)；Lv 火山岩屑(火山岩、变火山岩、浅成岩)；Ls 沉积岩和变质岩石(燧石和硅化灰岩除外)；R 云母和其他岩屑。其他(砂岩)碎屑模型分析中代号相同。

在该图幅内，古生界地层仅在拉嘎组中采集样品作分析，对砂岩样品作成分统计(表 2-23)投点(图 2-47)，在 Dickinson 图解中，主要来源于大陆块物源区的稳定克拉通；Cook 图解中投点在稳定陆壳区；Valloni 和 Maynard 图解中投点在稳定克拉通陆海盆地。

表 2-23 古生界岩石样品成分统计表

编号	地层名称	岩石名称	Qt(Q)		F		L		Lt	颗粒	R	胶结物
			Qm	Qp	K	P	Lv	Ls	L+Qp			
P17b3	拉嘎组	钙质细砂岩	67	/	/	<3	/	5	5	75	5	25
P17b5		细石英砂岩	88	/	/	2	/	<5	5	95	5	5
P17b7		含钙石英砂岩	75	/	/	<5	/	5	5	85	5	15
P17b9		泥钙质粉砂岩	70	/	/	/	/	/	/	70	/	30
P17b10		细石英砂岩	>80	/	/	<5	/	<10	10	95	10	<5

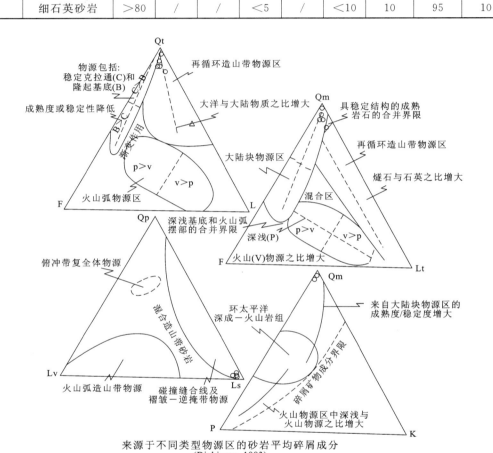

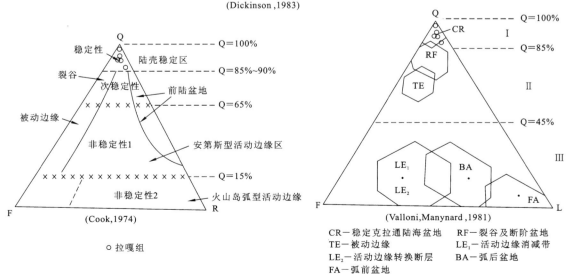

图 2-47 古生界砂岩碎屑模型分析不同三角图解

5. 沉积环境分析与定论

通过以上综合分析,结合东侧图幅分析数据,古生代地层物源应来源于再循环造山带物源区和稳定克拉通陆海盆地。展金组为活动型沉积,沉积环境应为浅海盆地环境,伴有火山活动和冰积砾岩沉积;吞龙共巴组、拉嘎组来源于稳定克拉通陆海盆地,沉积环境为滨岸环境;龙格组和下拉组为浅海碳酸盐岩台地。整个晚古生代具有类复理石—基性火山岩—碳酸盐岩台地(岛礁)组合面貌,反映了类似台地拉开形成边缘海那样的构造沉积环境,代表了一个张裂活动的构造阶段。

(二) 三叠纪沉积盆地

三叠纪盆地包含的地层单位有羌南地区(多玛地层分区)的日干配错组和班公错-怒江地层区的巫嘎组。

1. 沉积组合

1) 成分特征

日干配错组为粒屑灰岩、藻灰岩、介屑灰岩。其成分以方解石为主,少量白云石、泥质、铁质、生物屑。

巫嘎组为以砂板岩为主,夹灰岩、硅质岩、砾岩。其中砂岩有深灰色、浅灰黄色厚层、中厚层、中薄层、薄层状长石石英岩屑砂岩,石英岩屑砂岩、钙质岩屑砂岩、岩屑砂岩、钙质粉砂岩等,板岩以微晶灰岩、鲕粒灰岩为主,其间不同程度夹有角砾状灰岩、砂屑灰岩、泥灰岩、深灰色粉砂绢云板岩、砂质板岩、粉砂质板岩,局部变质较浅呈页岩。成分为石英、长石(钾长石较多,斜长石较少或无)、岩屑(主要为沉积岩、变质岩岩屑,部分为火山岩屑)、粘土矿物、云母矿物、钙质、硅质等。砾岩砾石主要为石英砂岩、灰岩砾石。

2) 粒度特征

日干配错组以灰岩地层体,粒度为碳酸盐粒级。

巫嘎组为以砂板岩为主,夹灰岩、硅质岩、砾岩,从砂岩粒度分析可看出,粒径平均值为0.063~0.290mm,属于粉砂—细砂级;标准偏差为0.72~0.92,分选较好—分选中等;偏度为1.03~1.74,为极正偏;尖度为5.21~7.69,为极窄型。在累计概率曲线上(图2-48),跳跃总体、悬浮总体发育,牵引总体有一定发育,表明沉积物搬运相对不远。

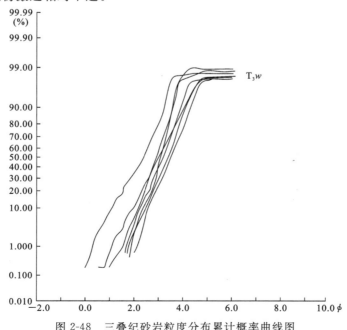

图 2-48 三叠纪砂岩粒度分布累计概率曲线图

3）沉积构造

日干配错组主要为块状层理。

巫嘎组见有粒序层理、水平层理、砂纹层理，见有少量槽模、沟模(保存不好)。

4）古生物特征

日干配错组含生物化石的岩性较多，但所采获化石多为碎片，鉴定意义不大，仅鉴定有星圆茎 *Pentagonocyclicus* sp.，圆圆茎 *Cyclocyclicus* sp.，鲕粒灰岩，双壳类碎片、刺毛海绵、藻和海绵类，似桩珊瑚(未定种)*Stylophyllopsis* sp.，所发现的生物礁灰岩为海绵礁和珊瑚礁。

巫嘎组中采获始心蛤 *Protocardia* sp.，异齿类碎片 Heterdont gen. et sp. ind.，纤维海绵 *Inozoa*，柱珊瑚 *Stylina*。

2. 化学分析

巫嘎组中未采化学分析样品，对巫嘎组采集砂岩作分析。

1）微量元素

从微量元素含量表(表 2-24)中可以看出，Cu、Cr、Ni、Li、Rb、Sr、Nb、Zr 含量高于地球丰度值，Pb、Mo 约高于地球丰度值，其余元素均低于地球丰度值。

表 2-24　三叠纪微量元素含量表

组合	样号	岩性	微量元素含量($\times10^{-6}$)																			
			Cu	Pb	Zn	Cr	Ni	Co	Li	Rb	W	Mo	Sb	Bi	Hg	Sr	Ba	Sc	Nb	Ta	Zr	Hf
巫嘎组	P8GP6	长石岩屑砂岩	25.6	10.0	55.6	144	87.7	18.5	38.3	57.1	0.55	1.05	2.02	0.17	0.091	240	146	13.0	8.49	<0.5	135	4.63
	P8GP8	长石石英砂岩	18.6	11.0	36.2	21.7	23.5	6.60	16.6	32.1	1.42	1.81	0.27	0.11	0.10	184	134	3.98	4.71	<0.5	102	2.90
	P8GP9	长石石英砂岩	21.0	9.00	26.4	18.7	15.7	9.80	16.5	32.5	1.57	4.28	0.64	0.096	0.10	79.1	118	2.77	5.37	<0.5	93.7	3.25
	P8GP10	长石岩屑砂岩	26.1	11.0	55.6	220	168	25.0	44.8	25.5	2.22	1.27	0.14	0.15	0.092	287	134	21.6	9.24	0.56	108	3.39
	P13GP01	长石石英砂岩	13.4	8.00	31.0	50.9	16.1	6.10	42.2	60.7	1.55	2.12	0.40	0.15	0.086	50.2	256	5.15	7.62	<0.5	101	3.23
	P13GP1	硅质岩	26.2	8.00	22.4	20.7	13.8	5.40	28.2	60.4	2.64	2.72	0.24	0.18	0.012	23.0	256	4.99	4.24	<0.5	45.0	1.46
	P13GP1-1	硅质岩	45.5	13.0	42.9	26.2	23.1	7.90	29.4	56.3	2.34	3.18	0.23	0.25	0.010	30.7	270	5.56	4.30	<0.5	45.4	1.26
	P13GP2	硅质岩	19.6	18.0	13.3	10.2	7.30	5.50	4.60	19.8	3.28	3.74	0.28	0.13	0.008	22.4	126	1.85	1.47	<0.5	25.7	0.92
	P13GP3	硅质岩	17.8	2.50	18.6	24.4	8.30	9.70	23.6	22.0	3.24	3.46	0.28	0.12	0.018	17.0	106	1.98	1.62	<0.5	30.8	0.93
	P13GP4	硅质岩	6.9	3.00	14.1	10.2	10.5	9.00	6.30	3.00	2.96	2.46	0.42	0.16	0.026	72.0	133	2.94	1.67	<0.5	49.3	1.32
	P18GP1	粉砂岩	22.1	1.0	73.9	91.9	58.4	14.6	56.1	72.1	1.21	1.31	0.36	0.31	0.026	251	244	9.79	10.2	<0.5	158	5.14
	P18GP2	岩屑砂岩	20.9	13.0	52.8	148	76.4	15.3	41.4	54.7	1.46	1.85	0.29	0.19	0.016	300	167	8.84	8.94	<0.5	159	5.38
	P18GP3	岩屑砂岩	19.3	9.50	72.5	132	116	16.2	48.0	63.7	1.46	1.80	0.40	0.18	0.022	138	196	10.2	11.9	2.12	162	5.06
	P18GP4	细砂岩	20.0	10.0	53.1	128	100	17.	30.3	62.8	1.04	2.12	0.43	0.21	0.020	261	178	8.49	7.43	<0.5	120	3.35
	P18GP5	岩屑砂岩	16.2	15.0	73.6	165	138	18.8	62.3	60.1	1.04	1.74	0.47	0.19	0.032	203	175	10.2	12.5	1.04	200	6.10
	P21GP10	岩屑砂岩	17.5	20.5	38.5	71.0	33.8	6.90	18.6	41.8	2.22	3.10	0.74	0.095	0.12	300	151	7.88	9.19	1.08	151	4.54

续表 2-24

组合	样号	岩性	微量元素含量($\times 10^{-6}$)																	
			Cu	Pb	Zn	Cr	Ni	Co	Li	Rb	W	Mo	Sb	Bi	Hg	Sr	Ba	Sc	Nb	Ta	Zr	Hf
巫嘎组	P21GP11	岩屑砂岩	25.9	4.30	52.3	70.8	39.1	5.30	28.8	36.6	2.22	2.82	0.86	0.11	0.12	348	173	7.37	5.90	<0.5	133	4.38
	P21GP12	岩屑砂岩	14.9	3.20	44.9	86.9	53.2	12.0	30.1	29.3	1.95	1.56	0.92	0.11	0.086	358	307	7.41	6.16	<0.5	149	4.77
	P21GP13	岩屑砂岩	30.0	1.50	52.8	107	67.7	11.0	30.3	33.7	1.81	0.75	1.07	0.14	0.13	373	325	12.4	5.81	0.50	141	4.60
	P21GP24	岩屑砂岩	27.6	12.9	58.1	74.5	38.6	8.90	28.2	58.7	1.95	0.84	0.94	0.24	0.092	315	189	9.89	8.24	0.55	165	6.10
涂和费(1962)		砂岩	X	7	15	35	0.3	60	0.n	1.6	1	0.n	20	X0	1	0.n	220	3.9	0.00n	0.45	1.7	0.0n
		页岩	45	20	95	90	19	140	5	1.8	13	1.5	300	580	13	6	160	2.8	0.00n	3.7	12	0.8

2）常量元素

从常量元素分析表（表 2-25）中可看出，其分析结果及特征参数反映出其物质来源较为分散，四种物源均有。在化学成分构造环境判别图解（图 2-49）中，投点不易判断，多介于被动大陆边缘和安第斯型大陆边缘。

表 2-25 三叠纪化学成分及特征参数

组合	样号	岩性	SiO_2	Al_2O_3	Fe_2O_3	FeO	CaO	MgO	K_2O	Na_2O	TiO_2	P_2O_5	MnO	Fe_2O_3+MgO	Al_2O_3/SiO_2	K_2O/Na_2O	$Al_2O_3/(Na_2O+CaO)$
巫嘎组	P8GS6	长石岩屑砂岩	66.92	10.22	2.17	2.59	10.88	3.55	0.72	1.78	0.68	0.08	0.08	5.72	0.15	0.40	0.81
	P8GS8	长石石英砂岩	85.22	5.48	2.13	0.19	3.40	0.32	0.73	1.92	0.19	0.10	0.08	2.45	0.06	0.38	1.03
	P8GS9	长石石英砂岩	85.67	6.31	1.74	0.16	2.47	0.25	0.66	1.83	0.21	0.12	0.10	1.99	0.07	0.36	1.47
	P8GS10	长石岩屑砂岩	63.18	10.22	2.04	4.20	9.03	4.56	0.59	5.46	0.93	0.02	0.10	6.60	0.16	0.11	0.71
	P13GS01	长石石英砂岩	86.12	7.31	1.99	0.14	1.12	0.65	1.02	0.96	0.41	0.09	0.07	2.64	0.08	1.06	3.51
	P13GS1	硅质岩	90.58	3.83	1.44	0.23	0.22	0.47	0.86	0.10	0.13	0.03	0.02	1.91	0.04	8.60	11.97
	P13GS1-1	硅质岩	89.33	5.27	2.09	0.24	1.00	0.32	1.13	0.12	0.24	0.04	0.03	2.41	0.06	9.42	4.71
	P13GS2	硅质岩	95.88	1.54	0.69	0.14	0.33	0.08	0.42	0.04	0.04	0.04	0.17	0.77	0.02	10.50	4.16
	P13GS3	硅质岩	94.66	1.19	0.55	0.09	0.98	0.08	0.42	0.08	0.04	0.04	0.03	0.63	0.01	5.25	1.12
	P13GS4	硅质岩	94.88	1.27	0.64	0.05	0.98	0.08	0.47	0.04	0.04	0.13	0.10	0.72	0.01	11.75	1.25
	P18GS1	粉砂岩	64.04	8.80	2.79	2.49	17.14	1.05	1.25	1.28	0.67	0.13	0.27	3.84	0.14	0.98	0.48
	P18GS2	岩屑砂岩	66.77	8.63	1.84	2.46	15.80	1.25	1.10	1.21	0.63	0.10	0.29	3.09	0.13	0.91	0.51
	P18GS3	岩屑砂岩	68.48	9.83	2.24	3.25	10.77	1.81	1.34	1.23	0.64	0.12	0.23	4.05	0.14	1.09	0.82
	P18GS4	细砂岩	68.24	8.39	1.37	2.15	15.27	1.34	1.31	1.21	0.63	0.10	0.17	2.71	0.12	1.08	0.51

续表 2-25

组合	样号	岩性	SiO_2	Al_2O_3	Fe_2O_3	FeO	CaO	MgO	K_2O	Na_2O	TiO_2	P_2O_5	MnO	Fe_2O_3 +MgO	$Al_2O_3/$ SiO_2	$K_2O/$ Na_2O	$Al_2O_3/$ $(Na_2O$ $+CaO)$
巫嘎组	P18GS5	岩屑砂岩	67.55	11.01	1.18	3.92	10.65	1.82	1.34	1.44	0.66	0.14	0.14	3.00	0.16	0.93	0.91
	P21GS10	岩屑砂岩	63.04	6.60	2.02	0.78	23.84	0.37	1.11	1.88	0.48	0.11	0.14	2.39	0.10	0.59	0.26
	P21GS11	岩屑砂岩	58.38	7.22	2.97	0.43	27.76	0.38	1.00	1.69	0.42	0.02	0.18	3.35	0.12	0.59	0.25
	P21GS12	岩屑砂岩	54.39	7.12	1.44	2.47	30.90	0.20	0.80	1.64	0.41	0.11	0.19	1.64	0.13	0.49	0.22
	P21GS13	岩屑砂岩	48.78	7.62	1.28	2.47	34.82	1.11	0.83	2.03	0.40	0.08	0.25	2.39	0.16	0.41	0.21
	P21GS24	岩屑砂岩	62.89	9.45	1.62	2.38	17.58	1.65	1.50	1.75	0.50	0.16	0.20	3.27	0.15	0.86	0.49
	平均值		78.65	6.87	3.42	1.54	11.75	1.07	0.93	1.38	0.42	0.09	0.28	2.78	0.10	2.79	1.77

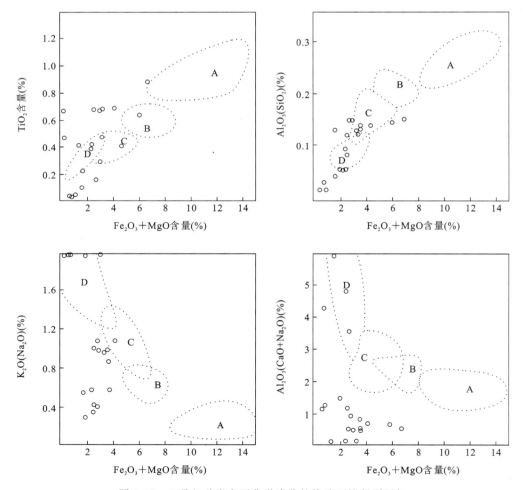

图 2-49 三叠纪砂岩主要化学成分的构造环境判别图解
A:大洋岛弧;B:大陆岛弧;C:安第斯型大陆边缘;D:被动大陆边缘;○ 巫嘎组化学样品

3）稀土元素

在稀土元素含量及特征参数表（表2-26、表2-27、表2-28）中，其各项20件样品平均值与特征参数值比较，倾向于大洋岛弧环境和被动边缘，在稀土配分曲线（图2-50）上倾向于大陆岛弧。

表2-26 三叠纪稀土元素含量及特征值

组名	巫嘎组											
样号	P8 XT6	P8 XT8	P8 XT9	P8 XT10	P13 XT01	P13 XT1	P13XT 1-1	P13 XT2	P13 XT3	P13 XT4	P18 XT1	P18 XT2	P18 XT3
岩性	长石岩屑砂岩	长石石英砂岩	长石石英砂岩	长石岩屑砂岩	岩屑石英砂岩	硅质岩	硅质岩	硅质岩	硅质岩	硅质岩	粉砂岩	岩屑砂岩	岩屑砂岩
原始数据（$\times 10^{-6}$）													
La	20.1	14.7	17.3	17.2	22.4	12.7	12.6	7.00	7.90	10.1	28.9	26.0	30.6
Ce	36.4	28.8	34.0	31.2	47.2	25.2	24.2	13.3	15.9	21.6	57.8	52.2	57.5
Pr	4.60	3.10	3.83	3.41	4.16	2.59	2.13	1.28	1.28	2.48	6.23	5.26	5.32
Nd	17.3	13.2	14.4	16.1	18.8	10.6	10.9	5.34	5.18	12.8	22.5	18.2	23.2
Sm	2.78	2.53	3.41	3.22	4.70	2.77	2.61	1.19	1.14	3.78	5.44	4.76	5.78
Eu	0.91	0.82	0.76	0.84	0.76	0.38	0.39	0.24	0.24	0.63	1.13	1.06	1.14
Gd	3.68	3.19	2.92	3.28	2.92	1.49	1.50	0.97	0.92	2.54	4.57	4.04	4.86
Tb	0.57	0.51	0.47	0.51	0.54	0.22	0.23	0.11	0.11	0.40	0.68	0.57	0.78
Dy	3.66	3.05	2.59	3.46	3.20	1.46	1.52	0.77	0.66	2.34	3.99	3.44	4.48
Ho	0.65	0.52	0.43	0.62	0.54	0.24	0.32	0.13	0.12	0.39	0.78	0.61	0.78
Er	1.88	1.38	1.36	1.85	1.87	0.87	0.95	0.48	0.40	1.10	2.04	1.71	2.45
Tm	0.28	0.20	0.18	0.27	0.25	0.12	0.16	0.06	0.06	0.6	0.32	0.24	0.35
Yb	1.67	1.19	1.11	1.58	1.48	0.85	0.81	0.39	0.34	0.84	1.94	1.51	2.08
Lu	0.22	0.16	0.14	0.21	0.19	0.13	0.12	0.08	0.05	0.13	0.27	0.19	0.30
标准化值（$\times 10^{-6}$）													
La	53.2	38.9	45.8	45.5	59.3	33.6	33.3	18.5	20.9	26.7	76.5	68.8	81.0
Ce	37.3	25.5	34.8	32.0	48.4	25.8	24.8	13.6	16.3	22.1	59.2	53.5	58.9
Pr	33.3	22.5	27.8	24.7	30.1	18.8	15.4	9.28	9.28	18.0	45.1	38.1	38.6
Nd	24.2	18.4	20.1	22.5	26.3	14.8	15.2	7.46	7.23	17.9	31.4	25.4	32.4
Sm	12.1	11.0	14.8	14.0	20.4	12.0	11.3	5.17	4.96	16.4	23.7	20.7	25.1
Eu	10.5	9.47	8.78	9.70	8.78	4.39	4.50	2.77	2.77	7.27	13.0	12.2	13.2
Gd	11.8	10.3	9.39	10.5	9.39	4.79	4.82	3.12	2.96	8.17	14.7	13.0	15.6
Tb	10.0	8.98	8.27	8.98	9.51	3.87	4.05	1.94	1.94	7.04	12.0	10.0	13.7
Dy	9.38	7.82	6.64	8.87	8.21	3.7	3.90	1.97	1.69	6.00	10.2	8.82	11.5
Ho	7.49	5.99	4.97	7.14	6.22	2.77	3.69	1.50	1.38	4.49	8.99	7.03	8.99
Er	7.37	5.41	5.33	7.25	7.33	3.41	3.73	1.88	1.57	4.31	8.00	6.71	9.61
Tm	7.02	5.01	4.51	6.77	6.27	3.01	4.01	1.55	1.55	4.10	8.02	6.02	8.77
Yb	6.71	4.78	4.46	6.35	5.94	3.41	3.25	1.57	1.37	3.37	7.79	6.06	8.35

续表 2-26

组名	巫嘎组												
样号	P8 XT6	P8 XT8	P8 XT9	P8 XT10	P13 XT01	P13 XT1	P13XT 1-1	P13 XT2	P13 XT3	P13 XT4	P18 XT1	P18 XT2	P18 XT3
岩性	长石岩屑砂岩	长石石英砂岩	长石石英砂岩	长石岩屑砂岩	岩屑石英砂岩	硅质岩	硅质岩	硅质岩	硅质岩	硅质岩	粉砂岩	岩屑砂岩	岩屑砂岩
Lu	5.68	4.13	3.62	5.43	4.91	3.36	3.10	2.09	1.34	3.36	6.98	4.91	7.75
ΣREE	97.22	72.75	82.90	83.75	109.01	59.62	58.44	31.34	34.30	59.29	136.59	119.79	139.62
La/Yb	12.04	12.35	15.59	10.89	15.14	14.94	15.56	17.95	23.24	12.02	14.90	17.22	14.71
$(La/Yb)_N$	7.93	8.14	10.27	7.17	9.98	9.85	10.25	11.78	15.26	9.34	7.92	9.82	11.35
LREE/HREE	2.68	2.41	3.08	2.48	3.49	4.20	3.65	3.99	4.71	3.45	2.70	3.96	3.58
Eu/Eu^*	5.76	5.80	4.55	2.95	3.59	3.14	3.38	4.17	4.36	3.77	3.63	4.24	4.53

注：①ΣREE为稀土元素的原始数据总和，La/Yb为原始数据比值，其余用标准化值；②LREE/HREE为样品中轻稀土(La—Sm)总量与重稀土(Gd—Yb)总量之比；③$Eu/Eu^*=(Eu/0.073)/[(Sm/0.20+Gd/0.31)/2]$。

表 2-27　三叠纪稀土元素含量及特征值

组名	巫　嘎　组						
样号	P18 XT4	P18 XT5	P21 XT10	P21 XT11	P21 XT2	P21 XT13	P21 XT24
岩性	细砂岩	岩屑砂岩	岩屑砂岩	岩屑砂岩	岩屑砂岩	岩屑砂岩	岩屑砂岩
原始数据($\times10^{-6}$)							
La	16.9	28.9	20.3	17.4	14.2	15.2	22.5
Ce	35.7	61.6	34.2	29.5	25.4	24.7	35.8
Pr	3.38	6.01	3.45	3.16	3.02	2.99	3.85
Nd	12.5	22.7	17.0	13.5	12.0	12.6	17.6
Sm	3.21	5.30	3.30	3.11	2.71	2.91	4.51
Eu	0.61	0.95	0.74	0.68	0.68	0.79	0.93
Gd	2.70	4.13	2.96	2.93	2.65	3.24	4.04
Tb	0.41	0.69	0.47	0.45	0.40	0.62	0.58
Dy	2.38	3.94	2.94	2.41	2.33	3.17	3.58
Ho	0.52	0.76	0.49	0.43	0.43	0.62	0.55
Er	1.34	2.14	1.54	1.30	1.20	1.60	1.76
Tm	0.20	0.32	0.23	0.18	0.16	0.22	0.28
Yb	1.22	2.04	1.48	1.17	0.98	1.36	1.59
Lu	0.16	0.26	0.19	0.14	0.13	0.19	0.20
标准化值($\times10^{-6}$)							
La	44.7	76.5	53.7	46.0	37.6	40.2	59.5
Ce	36.6	63.1	35.0	30.2	26.0	25.3	36.7
Pr	24.5	43.6	25.0	22.9	21.9	21.7	27.9
Nd	17.5	31.7	23.7	18.9	16.8	17.6	24.6
Sm	14.0	23.0	14.3	13.5	11.8	12.7	19.6
Eu	7.04	11.0	8.55	7.85	7.85	9.12	10.7
Gd	8.68	13.3	9.52	9.42	8.52	10.4	13.0

续表 2-27

组名	巫嘎组						
样号	P18 XT4	P18 XT5	P21 XT10	P21 XT11	P21 XT2	P21 XT13	P21 XT24
岩性	细砂岩	岩屑砂岩	岩屑砂岩	岩屑砂岩	岩屑砂岩	岩屑砂岩	岩屑砂岩
Tb	7.22	12.1	8.27	7.92	7.04	10.9	10.2
Dy	6.10	10.1	7.54	6.18	5.97	8.13	9.18
Ho	5.99	8.76	5.65	4.95	4.95	7.14	6.34
Er	5.25	8.39	6.04	5.10	4.71	6.27	6.90
Tm	5.01	8.02	5.76	4.51	4.01	5.51	7.02
Yb	4.90	8.19	5.94	4.70	3.94	5.46	6.39
Lu	4.13	6.72	4.91	3.62	3.36	4.91	5.17
ΣREE	83.03	139.74	86.26	76.36	66.29	70.21	97.77
La/Yb	13.85	14.17	13.72	14.87	14.49	11.18	14.24
$(La/Yb)_N$	9.70	9.12	9.04	9.79	9.54	7.36	9.31
LREE/HREE	3.08	3.18	3.11	3.07	2.92	2.18	2.85
Eu/Eu*	4.06	3.88	4.52	4.34	4.91	5.08	4.13

注:①ΣREE 为稀土元素的原始数据总和,La/Yb 为原始数据比值,其余用标准化值;②LREE/HREE 为样品中轻稀土(La—Sm)总量与重稀土(Gd—Yb)总量之比;③Eu/Eu* =(Eu/0.073)/[(Sm/0.20+Gd/0.31)/2]。

表 2-28 三叠纪不同构造背景砂岩稀土元素特征参数

构造背景	源区类型	特征参数						
		La	Ce	ΣREE	La/Yb	$(La/Yb)_N$	LREE/HREE	Eu/Eu*
大洋岛弧	未切割岩浆弧	8±1.7	19±39	58±10	4.2±1.3	2.8±0.9	3.8±0.9	1.04±0.11
大陆岛弧	切割岩浆弧	27±4.5	59±8.2	146±20	11.0±3.6	7.5±2.5	7.7±1.7	0.78±0.13
安第斯型大陆边缘	基底隆起	37	78	186	12.5	8.5	9.1	0.60
被动边缘	克拉通内构造高地	39	85	210	15.9	10.8	8.5	0.56
巫嘎组(20 件)		18.13	34.61	88.28	14.65	9.65	3.24	4.24

注:①La,Ce,ΣREE 单位为 10^{-6};②La,Ce,ΣREE,La/Yb 用原始值计算,其余用标准化值计算;③特征参数引自 Bhatia(1985)。

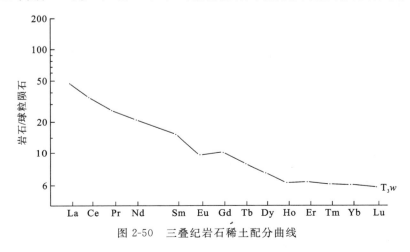

图 2-50 三叠纪岩石稀土配分曲线

3. 层序分析

日干配错组下未见底，其上与色哇组呈Ⅱ型不整合界面，二者之间有沉积间断，但无重大沉积缺失。从剖面上和基本层序组合看，下部为退积、加积组合，上部为弱进积、加积组合，从下向上可分为碳酸盐型浊积、杂礁、台地型沉积，反映出不同沉积环境，水体由深变浅。

巫嘎组从整体看为沉积-构造混杂体，不具备层序分析条件。

4.（砂岩）碎屑模型分析

三叠纪碎屑模型分析样品来自巫嘎组，日干配错组中无砂岩。对砂岩样品作成分统计（表 2-29）投点（图 2-51），在 Dickinson 图解中，物质来源复杂，来源于再循环造山带物源区、火山弧物源区、碰撞缝合线及褶皱-逆掩带物源区，部分来源于稳定克拉通；Cook 图解中近乎包含所有物源区，主要集中于稳定陆壳区、安第斯型活动边缘区和火山岛弧活动边缘区，少数为裂谷和前陆盆地区；Valloni 和 Maynard 图解中集中分布于弧前盆地和稳定克拉通陆海盆地，部分落入裂谷及断阶盆地。

表 2-29　三叠纪岩石样品成分统计表

编号	地层名称	岩石名称	Qt(Q)		F		L		Lt	颗粒	R	胶结物
			Qm	Qp	K	P	Lv	Ls	L+Qp			
P8b1	巫嘎组	长石岩屑砂岩	20	/	30	/	>35	5	40	90	40	10
P8b2		岩屑砂岩	12	/	15	/	10	50	60	87	60	>13
P8b3		岩屑砂岩	<10	/	15	/	10	55	65	90	65	10
P8b4		岩屑砂岩	12	/	15	/	5	>55	60	87	60	>13
P8b5		长石岩屑砂岩	15	/	>15	/	5	50	55	85	55	15
P8b6		长石岩屑砂岩	15	少	20	/	5	40	45	80	45	20
P8b8		长石石英砂岩	75	/	15	/	/	>5	5	95	5	5
P8b9		长石石英砂岩	80	/	>12	/	/	>3	3	95	3	5
P8b10		长石岩屑砂岩	20	少	3	>12	5	50	55	90	55	>10
P18b1		岩屑石英砂岩	80	少	3	/	/	10	10	93	>10	7
P18b2		钙质粉砂岩	<65	/	/	少	/	>10	10	75	10	25
P18b3		钙质岩屑砂岩	55	/	/	/	/	35	35	90	35	>10
P18b4		细粒岩屑砂岩	<65	/	/	/	/	>25	25	90	25	10
P18b5		钙质细砂岩	65	/	/	/	/	20	20	85	20	>15
P21b10		钙质岩屑砂岩	55	/	/	/	/	35	35	90	35	10
P21b11		岩屑砂岩	>20	/	5	/	/	>60	60	85	60	15
P21b12		岩屑砂岩	>20	/	8	/	/	>65	65	93	65	7
P21b13		岩屑砂岩	18	/	5	/	/	>65	65	88	65	12
P21b15		岩屑砂岩	12	/	5	/	/	70	70	87	70	13
P21b16		岩屑砂岩	12	少	>3	/	少	75	75	90	75	10
P21b17		岩屑砂岩	5	少	2	/	少	85	85	92	85	8
P21b18		岩屑砂岩	25	少	5	/	少	>60	60	90	61	10
P21b20		岩屑砂岩	>10	/	5	/	少	>70	70	85	70	15
P21b21		岩屑砂岩	>25	/	2	/	/	>60	60	87	60	13
P21b24		岩屑砂岩	15	/	2	/	/	>75	75	92	75	7
2402b2		中粗粒石英砂岩	88	/	/	1	/	5	5	94	6	5
4039b1		钙质岩屑砂岩	60	/	/	少	少	30	30	90	30	10

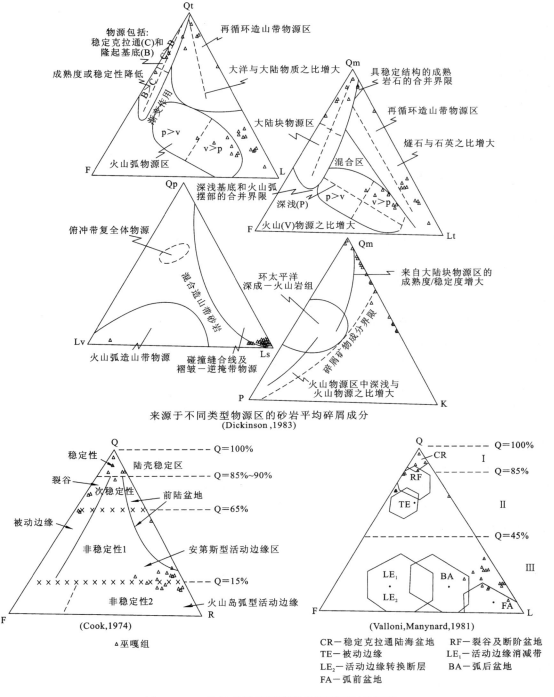

图 2-51 三叠纪砂岩碎屑模型分析不同三角图解

5. 沉积环境分析

通过以上综合分析,三叠纪盆地是一个活动型同沉积盆地形成物源应来源于再循环造山带物源区和稳定克拉通陆海盆地。其沉积环境从其岩石组合上,具有从深水到浅水氧气、阳光充足再到深水相沉积环境,即从复理石浊积相—台地相—杂礁相。巫嘎组以复理石浊积相为主,物质来源复杂,稳定与活动物源均有,从岩石组合看,具有来源于稳定区的石英砂,更多为来源于活动区的岩屑及钾长石,其沉积环境应为次深海前陆盆地。日干配错组表现为由稳定的台相向活动型同沉积盆地转化。整个晚三叠世显示出活动—稳定—再活动的构造沉积环境。

（三）侏罗纪沉积盆地

侏罗纪沉积盆地包含的地层单位有羌南地区（多玛地层分区）的色哇组、莎巧木组、捷布曲组和班公错-怒江地层区的木嘎岗日岩组。

1. 沉积组合

1）成分特征

色哇组为深灰色粉砂质板岩，钙质板岩夹灰色中薄层状变石英砂岩，砂岩透镜体及深灰色强片理化细砾岩、灰色灰岩质砾岩，总体以泥质岩为主。成分为石英、岩屑（为沉积岩和变质岩）云母、粘土矿物，少量长石。砾岩砾石有两种成分：一种为细小的石英岩、砂岩砾石；另一种为较大的灰岩砾石。

莎巧木组为灰色中—厚层状鲕粒灰岩、厚层状微晶灰岩夹灰色薄层状粉砂泥晶灰岩，含介壳微晶灰岩、砂质砂屑白云岩，中薄层状含粉砂微晶灰岩，下部石英砂岩较少，向上石英砂岩、粉砂质板岩增多，东侧图幅为灰色、浅灰色岩屑变石英砂岩、石英砂岩夹黑色泥质板岩、砂质板岩、礁灰岩。成分为方解石、石英、岩屑（沉积岩、变质岩岩屑，火山岩屑无或极少）粘土矿物、白云石等。

捷布曲组为灰色、深灰色、中厚层状砂屑灰岩、微晶灰岩，夹极少量碎屑岩，东侧图幅为灰、青灰、深灰、紫红色块状、中厚层、中薄层、薄层鲕粒灰岩，中厚层、中薄层状生物碎屑灰岩、块状礁灰岩，中厚层状砂质粒屑灰岩夹少量灰色钙质细砂岩、砂质板岩。成分以方解石为主，少量石英、沉积岩岩屑、粘土矿物等。

木嘎岗日岩组为灰色中厚层状、中薄层状变质岩屑石英砂岩、石英砂岩与深灰色粉砂质板岩，夹砾岩、灰质砾岩透镜体，少量灰岩，向东基本未见砾岩层。成分为石英、岩屑（主要为沉积岩、变质岩岩屑，部分为火山岩屑）、粘土矿物、云母矿物、钙质、硅质等，长石极少或无。砾岩砾石主要为砂岩、石英岩、硅质岩、灰岩等砾石，灰岩砾石一般均较大，局部以灰岩砾石为主，形成灰质砾岩。

2）粒度特征

色哇组为以泥质岩为主，夹砂岩、砾岩，从砂岩粒度分析可看出，粒径平均值为 0.044～0.420mm，属于粉砂—细砂级；标准偏差为 0.68～1.16，分选较好—分选中等；偏度为 1.07～2.47，为极负偏或极正偏；尖度为 2.52～11.99，为很窄—极窄型。在累计概率曲线上（图2-52），跳跃总体发育，悬浮和牵引总体有一定发育，表明沉积物搬运相对远。

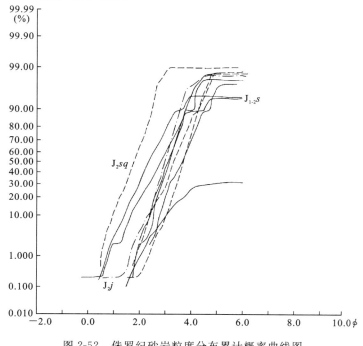

图 2-52 侏罗纪砂岩粒度分布累计概率曲线图

莎巧木组为灰岩、砂岩、板岩，从砂岩粒度分析可看出，其平均值为 0.053～0.595mm，属于粉砂—中砂级；标准偏差为 0.59～0.70，分选较好；偏度为 0.97～2.12，为极正偏；尖度为 5.61～14.28，为极窄型。在累积概率曲线上(图 2-52)，跳跃、悬浮总体发育，牵引总体多不发育，表明沉积物搬运相对较近。

捷布曲组为以灰岩为主，夹砂岩，从砂岩粒度分析可以看出，其平均值为 0.063～0.210mm，属于粉砂—细砂级；标准偏差为 0.74，分选较好；偏度为 1.399，为极正偏；尖度为 7.69，为极窄型。在累计概率曲线上(图 2-52)，跳跃、悬浮、牵引总体均发育，表明沉积物搬运相对较近。

木嘎岗日岩组为以砂岩、板岩，夹砾岩、灰岩，砂岩以粉砂—细砂级，未作砂岩粒度分析。

3）沉积构造

色哇组见有砂纹层理、粒序层理，局部见有槽模沉积构造，但保存不好。

莎巧木组为块状层、粒序层理、砂纹层理。

捷布曲组以块状层为主。

木嘎岗日岩组见有粒序层理、水平层理、砂纹层理，叠瓦构造(测得产状为 351°∠59°、355°∠59°、35°∠50°、340°∠60°，因数据较少，未作古水流恢复)，见有少量槽模、沟模(保存不好)。

4）古生物特征

色哇组多未采获化石，在局部采获小海娥螺未定种 *Nerinella* sp.，高壁珊瑚 *Montlivaltia*。

莎巧木组化石较丰富，但化石多呈碎片，保存不完整，保存较好的化石多为海百合茎，鉴定意义不大，星圆茎 *Pentagonocyclicus* sp.，剑鞘珊瑚 *Thecosmilia*，歧心蛤 *Anisocardia* sp.，花蛤 *Astarte* sp.，假小锉蛤 *Pseudolimea* sp.，线齿蚶 *Grammatodon* sp.。

捷布曲组化石丰富，但多为化石碎片，难以鉴定，已鉴定的化石有斜锉蛤 *Plagiostoma* sp.，等称海百合 *Isocrinus* sp.。

木嘎岗日岩组采获高壁珊瑚 *Montlivalitia* 和刺毛海绵碎片 *Chaetetid sponges*。

2. 化学分析

1）微量元素

从微量元素含量表(表 2-30)中可以看出，色哇组 Zn、Cr、Ni、Li、Rb、Mo、Sr、Sc、Nb、Zr 含量高于地球丰度值，其余元素均低于或略高于地球丰度值；莎巧木组 Li、Rb、Mo、Sr、Nb、Zr 含量高于地球丰度值，其余元素均低于或略高于地球丰度值；捷布曲组 Pb、Ni、Li、Rb、Mo、Sr、Nb、Zr 含量高于地球丰度值，其余元素均低于或略高于地球丰度值；木嘎岗日岩组 Cu、Zn、Ni、Li、Rb、Sr、Sc、Nb、Zr 含量高于地球丰度值，Pb、Mo 约高于地球丰度值，其余元素均低于地球丰度值。

表 2-30　侏罗纪微量元素含量表

组合	样号	岩性	微量元素含量($\times10^{-6}$)																			
			Cu	Pb	Zn	Cr	Ni	Co	Li	Rb	W	Mo	Sb	Bi	Hg	Sr	Ba	Sc	Nb	Ta	Zr	Hf
木嘎岗日岩组	P4GP4	岩屑砂岩	54.6	11.6	71.4	351	290	35.7	21.1	29.2	1.88	0.60	0.66	0.083	0.065	160	172	25.0	13.2	0.95	130	4.08
	P4GP6	变粉砂岩	43.2	19.2	77.3	116	90.2	22.6	27.3	78.4	1.68	1.29	0.81	0.23	0.074	96.5	419	15.1	14.0	1.08	206	6.69
	P4GP7	石英砂岩	49.0	16.0	72.1	231	166	24.4	25.6	33.5	1.95	1.38	0.76	0.13	0.058	71.2	232	16.9	11.9	1.03	189	5.65
	P12GP3	岩屑石英砂岩	18.0	10.0	44.5	63.1	20.7	9.50	31.9	31.5	1.89	2.44	0.44	0.14	0.040	52.6	155	4.52	8.48	<0.5	181	5.49
	P12GP5	岩屑石英砂岩	11.2	11.0	43.4	73.2	24.1	8.50	24.3	51.9	1.81	2.34	1.00	0.14	0.040	61.3	236	5.40	8.97	<0.5	165	5.25

续表 2-30

组合	样号	岩性	微量元素含量(×10⁻⁶)																			
			Cu	Pb	Zn	Cr	Ni	Co	Li	Rb	W	Mo	Sb	Bi	Hg	Sr	Ba	Sc	Nb	Ta	Zr	Hf
木嘎岗日岩组	P12GP6	岩屑石英砂岩	49.4	15.0	68.8	95.4	41.2	16.2	29.4	12.0	1.08	1.52	0.20	0.10	0.053	1540	370	13.5	11.0	1.08	116	3.78
	P12GP9	岩屑石英砂岩	12.0	22.0	65.6	44.3	28.7	14.4	35.1	25.1	2.28	1.91	0.19	0.16	0.042	130	157	5.60	7.49	0.53	117	3.84
	P12GP12	岩屑石英砂岩	14.8	14.0	48.8	53.5	17.7	10.9	29.5	77.7	2.28	2.62	0.29	0.19	0.072	72.3	371	5.60	9.43	<0.5	160	4.88
	MGP1	石英砂岩	19.3	9.00	51.4	56.7	20.7	9.00	7.00	20.9	1.81	1.91	0.64	0.13	0.12	54.5	284	5.97	7.23	0.78	169	5.02
	MGP2	石英砂岩	14.4	11.0	43.6	61.1	26.2	9.20	28.7	51.0	1.98	4.32	0.71	0.15	0.062	39.7	290	6.05	8.44	0.97	159	5.16
	MGP5	石英砂岩	43.3	3.00	147	9.60	23.8	29.8	30.4	19.0	0.67	1.74	0.029	0.076	0.038	130	221	19.6	52.2	2.82	377	11.0
色哇组	P15GP3	变石英砂岩	13.6	20.5	38.6	67.0	25.2	9.00	18.8	40.4	1.31	2.28	0.17	0.12	0.042	55.0	247	7.37	9.70	1.57	256	7.46
	P15GP4	变粉砂岩	15.8	13.0	38.4	62.7	26.1	11.9	16.5	48.3	0.37	3.00	0.27	0.13	0.039	331	179	7.53	10.3	<0.5	159	4.85
	P15GP8	变砂岩	13.1	10.0	42.8	35.3	22.7	9.90	23.7	39.3	1.57	1.76	0.13	0.15	0.047	33	13	4.96	7.06	<0.5	149	4.84
莎巧木组	P11GP13	砂质微晶灰岩	10.2	10.0	22.0	31.9	13.3	7.60	25.1	56.3	0.64	2.32	0.78	0.17	0.043	343	141	5.43	7.56	<0.5	136	4.03
	P11GP17	石英砂岩	7.70	<1	23.0	34.7	12.2	9.80	28.1	21.0	2.02	2.90	0.28	0.13	0.038	74.3	76.9	3.32	7.21	0.51	405	12.5
	P11GP19	石英砂岩	11.8	15.0	22.7	27.7	22.1	9.70	35.8	31.6	2.06	2.57	0.33	0.15	0.040	59.6	227	3.38	4.35	<0.5	77.2	2.10
	RG(21)GP	细砂岩	8.10	10.0	33.4	38.2	14.4	8.35	27.0	33.5	1.38	1.91	0.27	0.12	0.054	259	204	4.72	4.50	<0.5	127	3.81
	RG(34)GP	细砂岩	6.90	1.00	46.2	27.9	9.50	8.00	11.0	31.2	1.46	2.72	0.12	0.086	0.074	215	216	5.72	5.29	<0.5	186	5.47
	RG(35)GSP	变石英砂岩	16.7	4.00	13.2	38.7	10.3	9.50	23.4	22.4	1.04	1.91	0.38	0.098	0.064	76.1	120	2.99	3.07	<0.5	66.8	2.21
捷布曲组	RG(12)GP	细粒砂岩	9.50	19.0	22.2	25.7	9.70	5.00	12.1	29.2	1.46	1.74	0.31	0.13	0.024	393	123	2.61	3.44	<0.5	136	3.85
涂和费(1962)		砂岩	X	7	15	35	0.3	60	0.n	1.6	1	0.n	20	X0	1	0.*n*	220	3.9	0.00*n*	0.45	1.7	0.0*n*
		页岩	45	20	95	90	19	140	5	1.8	13	1.5	300	580	13	6	160	2.8	0.00*n*	3.7	12	0.8

2）常量元素

从常量元素分析表(表 2-31、表 2-32)中可看出，其分析结果及特征参数反映出其物质来源较为分散，四种物源均有，均较集中于被动大陆边缘。在化学成分构造环境判别图解(图 2-53)中，色哇组、莎巧木组、捷布曲组投点多介于被动大陆边缘和安第斯型大陆边缘；木嘎岗日岩组投点分散，四种环境均有，较集中于被动大陆边缘。

表 2-31 侏罗纪化学成分及特征参数(一)

组合	样号	岩性	SiO_2	Al_2O_3	Fe_2O_3	FeO	CaO	MgO	K_2O	Na_2O	TiO_2	P_2O_5	MnO	Fe_2O_3+MgO	Al_2O_3/SiO_2	K_2O/Na_2O	Al_2O_3/(Na_2O+CaO)
木嘎岗日岩组	P4GS4	岩屑砂岩	52.73	10.22	2.77	5.61	13.69	8.38	0.91	1.76	1.83	0.16	0.22	11.15	0.19	0.54	0.66
	P4GS6	变粉砂岩	68.36	12.55	1.27	4.08	2.94	4.43	2.34	2.41	0.88	0.15	0.10	5.70	0.18	0.97	2.34
	P4GS7	石英砂岩	74.49	8.54	1.60	3.09	3.42	4.25	1.15	1.93	0.87	0.14	0.11	5.85	0.11	0.60	1.60
	P12GS3	岩屑石英砂岩	83.42	7.69	0.71	1.76	1.69	0.75	0.97	1.87	0.59	0.13	0.03	1.46	0.09	0.52	2.16
	P12GS5	岩屑石英砂岩	83.59	7.75	0.96	1.34	1.56	1.02	0.97	1.77	0.55	0.12	0.04	1.98	0.09	0.55	2.33
	P12GS6	岩屑石英砂岩	78.07	9.21	0.81	2.63	3.15	0.94	0.73	3.00	0.55	0.10	0.18	1.75	0.12	0.24	1.50
	P12GS9	岩屑石英砂岩	83.33	7.90	0.62	1.74	1.95	0.46	0.97	1.94	0.61	0.10	0.03	1.08	0.09	0.50	2.03
	P12GS12	岩屑石英砂岩	74.43	13.20	1.29	2.13	0.64	1.20	1.78	2.83	0.59	0.12	0.03	2.49	0.17	0.63	3.80
	MGS1	石英砂岩	83.09	9.05	2.18	0.33	0.64	1.39	1.09	0.80	0.55	0.12	0.04	3.57	0.11	1.36	6.28
	MGS2	石英砂岩	82.70	9.15	1.69	0.59	0.64	1.11	1.22	2.40	0.48	0.13	0.03	2.80	0.11	0.51	3.01
	MGS5	石英砂岩	81.96	9.40	1.69	0.68	0.77	1.02	1.22	2.58	0.56	0.13	0.03	2.71	0.11	0.47	2.81
	平均值		76.92	9.51	1.42	2.18	2.83	2.27	1.21	2.12	0.73	0.13	0.08	3.69	0.12	0.63	2.59
大洋岛弧		(杂)砂岩(Bhatia,1983)	58.8	17.1	1.95	5.52	5.83	3.65	1.60	4.10	1.06	0.26	0.15	11.73	0.29	0.39	1.72
大陆岛弧			70.7	14.0	1.43	3.05	2.68	1.97	1.89	3.12	0.64	0.16	0.10	6.79	0.20	0.61	2.42
活动大陆边缘			73.9	12.9	1.30	1.58	2.48	1.23	2.90	2.77	0.46	0.09	0.10	4.63	0.18	0.99	2.56
被动大陆边缘			82.0	8.4	1.32	1.76	1.89	1.39	1.71	1.07	0.49	0.12	0.05	2.89	0.10	1.60	4.15

表 2-32 侏罗纪化学成分及特征参数(二)

组合	样号	岩性	SiO_2	Al_2O_3	Fe_2O_3	FeO	CaO	MgO	K_2O	Na_2O	TiO_2	P_2O_5	MnO	Fe_2O_3+MgO	Al_2O_3/SiO_2	K_2O/Na_2O	Al_2O_3/(Na_2O+CaO)
色哇组	P15GS3	变石英砂岩	78.77	8.06	0.77	1.80	4.32	2.29	1.03	1.93	0.61	0.14	0.08	3.06	0.10	0.53	1.29
	P15GS4	变粉砂岩	73.20	7.90	1.21	2.03	6.86	0.97	0.95	1.84	0.86	0.14	0.24	2.18	0.11	0.52	0.91
	P15GS8	变砂岩	81.74	7.18	0.54	2.06	3.51	1.06	0.55	2.23	0.34	0.19	0.10	1.60	0.09	0.25	1.25
	平均值		77.90	7.71	0.84	1.96	4.90	1.44	0.84	2.00	0.60	0.16	0.14	2.28	0.10	0.43	1.15

续表 2-32

组合	样号	岩性	SiO₂	Al₂O₃	Fe₂O₃	FeO	CaO	MgO	K₂O	Na₂O	TiO₂	P₂O₅	MnO	Fe₂O₃+MgO	Al₂O₃/SiO₂	K₂O/Na₂O	Al₂O₃/(Na₂O+CaO)
莎巧木组	P11GS13	砂质微晶灰岩	52.57	5.04	1.23	3.32	28.97	5.75	1.20	2.63	0.30	0.09	0.21	6.98	0.10	0.46	0.16
	P11GS17	石英砂岩	85.21	6.28	0.58	2.92	0.89	1.45	0.66	1.21	0.49	0.09	0.07	2.03	0.07	0.55	2.99
	P11GS19	石英砂岩	88.16	5.64	0.50	0.53	0.33	0.47	0.81	1.07	0.30	0.08	0.02	0.97	0.06	0.77	4.03
	RG(21)GS	细砂岩	67.03	5.32	1.16	1.86	20.87	1.30	0.91	1.08	0.30	0.11	0.24	2.46	0.08	0.84	0.24
	RG(34)GS	细砂岩	60.26	6.99	3.18	5.14	15.72	4.76	0.93	2.40	0.33	0.15	0.44	7.94	0.12	0.39	0.39
	RG(35)GS	变石英砂岩	88.72	5.07	0.84	0.23	0.89	0.18	0.46	1.74	0.24	0.09	0.04	1.02	0.06	0.26	1.91
	平均值		73.66	5.73	1.25	2.33	11.28	2.32	0.83	1.69	0.33	0.10	0.17	3.57	0.08	0.55	1.62
捷布曲组	RG(12)GS	细粒砂岩	75.39	4.81	1.59	2.01	11.26	2.25	0.79	1.58	0.28	0.91	0.15	3.84	0.06	0.50	0.37
大洋岛弧		(杂)砂岩	58.8	17.1	1.95	5.52	5.83	3.65	1.60	4.10	1.06	0.26	0.15	11.73	0.29	0.39	1.72
大陆岛弧			70.7	14.0	1.43	3.05	2.68	1.97	1.89	3.12	0.64	0.16	0.10	6.79	0.20	0.61	2.42
活动大陆边缘	(Bhatia,1983)		73.9	12.9	1.30	1.58	2.48	1.23	2.90	2.77	0.46	0.09	0.10	4.63	0.18	0.99	2.56
被动大陆边缘			82.0	8.4	1.32	1.76	1.89	1.39	1.71	1.07	0.49	0.12	0.05	2.89	0.10	1.60	4.15

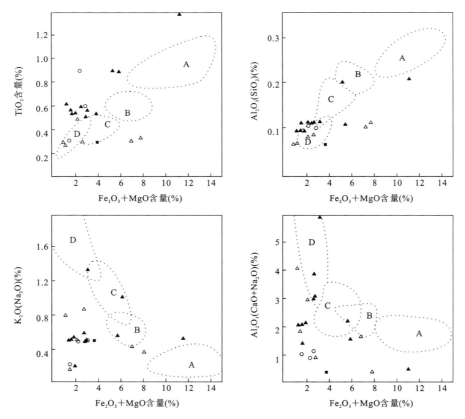

图 2-53 侏罗纪砂岩主要化学成分的构造环境判别图解

A：大洋岛弧；B：大陆岛弧；C：安第斯型大陆边缘；D：被动大陆边缘；

▲木嘎岗日岩组化学样品；○色哇组化学样品；△莎巧木组化学样品；■捷布曲组化学样品

3）稀土元素

在稀土元素含量及特征参数表（表 2-33、表 2-34、表 2-35）中，其各项件样品平均值与特征参数值比较，色哇组倾向于大陆岛弧环境；莎巧木组倾向于大陆岛弧；捷布曲组倾向于大洋岛弧；木嘎岗日岩组倾向于大陆岛弧。在稀土配分曲线（图 2-54）上倾向于被动大陆边缘和安第斯型活动边缘。

表 2-33　侏罗纪稀土元素含量及特征值（一）

组名	木嘎岗日岩组										
样号	P4 XT4	P4 XT6	P4 XT7	P12 XT3	P12 XT5	P12 XT6	P12 XT9	P12 XT12	MXT1	MXT2	MXT5
岩性	岩屑砂岩	变粉砂岩	石英砂岩	岩屑石英砂岩	岩屑石英砂岩	岩屑石英砂岩	岩屑石英砂岩	岩屑石英砂岩	石英砂岩	石英砂岩	石英砂岩
原始数据（$\times 10^{-6}$）											
La	22.6	26.1	33.4	26.0	29.1	33.6	24.4	36.0	33.9	31.0	41.0
Ce	38.4	47.6	54.1	42.5	46.8	55.8	39.8	54.8	76.2	3.6	82.0
Pr	4.25	4.59	4.66	4.78	4.21	5.68	4.85	5.11	6.30	5.90	6.95
Nd	20.4	19.8	20.3	19.3	20.4	23.8	20.2	26.1	23.6	22.8	29.7
Sm	4.10	4.07	4.04	3.73	3.77	5.08	4.66	4.72	5.28	4.65	6.75
Eu	1.28	0.86	0.99	0.70	0.71	0.93	0.90	0.80	0.87	0.85	1.08
Gd	4.08	4.01	3.94	3.42	3.38	4.42	3.97	4.23	4.03	3.85	4.99
Tb	0.66	0.66	0.62	0.57	0.57	0.72	0.61	0.73	0.68	0.57	0.85
Dy	3.89	3.76	3.04	3.63	3.47	4.43	3.63	4.31	3.18	3.47	4.35
Ho	0.69	0.60	0.57	0.62	0.63	0.86	0.63	0.87	0.53	0.72	0.87
Er	1.84	1.78	1.69	1.80	1.82	2.50	1.59	2.34	1.73	2.10	2.51
Tm	0.24	028	0.22	0.28	0.24	0.36	0.25	0.36	0.25	0.32	0.40
Yb	1.43	1.71	1.56	1.67	1.65	2.20	1.46	1.79	1.63	1.94	2.38
Lu	0.19	0.21	0.21	0.22	0.25	0.34	0.19	0.25	0.19	0.27	0.31
标准化值（$\times 10^{-6}$）											
La	59.8	69.0	88.4	68.8	77.0	88.9	64.6	95.2	89.7	82.0	108
Ce	39.3	48.8	55.4	43.5	48.0	57.2	40.8	56.1	78.1	65.2	84.0
Pr	30.8	33.3	33.8	34.6	30.5	41.2	35.1	37.0	45.7	42.8	50.4
Nd	28.5	27.7	28.4	27.0	28.5	33.2	28.2	36.5	33.0	31.8	41.5
Sm	17.8	17.7	17.6	16.2	16.4	22.1	20.3	20.5	23.0	20.2	29.3
Eu	14.8	9.93	11.4	8.08	8.20	10.7	10.4	9.24	10.0	9.82	12.5
Gd	13.1	12.9	12.7	11.0	10.9	14.2	12.8	13.6	13.0	12.4	16.0
Tb	11.6	11.6	10.9	10.0	10.0	12.7	10.7	12.9	12.0	10.0	15.0
Dy	9.97	9.64	7.79	9.31	8.90	11.4	9.31	11.1	8.15	8.90	11.2
Ho	7.95	6.91	6.57	7.14	7.26	9.91	7.26	10.0	6.11	8.30	10.0
Er	7.22	6.98	6.63	7.06	7.14	9.80	6.24	9.18	6.78	8.24	9.84
Tm	6.02	7.02	5.51	7.02	6.02	9.02	6.27	9.02	6.27	8.02	10.0
Yb	5.74	6.87	6.27	6.71	6.63	8.84	5.86	7.19	6.55	7.79	9.56

续表 2-33

组名	木嘎岗日岩组										
样号	P4 XT4	P4 XT6	P4 XT7	P12 XT3	P12 XT5	P12 XT6	P12 XT9	P12 XT12	MXT1	MXT2	MXT5
岩性	岩屑砂岩	变粉砂岩	石英砂岩	岩屑石英砂岩	岩屑石英砂岩	岩屑石英砂岩	岩屑石英砂岩	岩屑石英砂岩	石英砂岩	石英砂岩	石英砂岩
Lu	4.91	5.43	5.43	5.68	6.46	8.79	4.91	6.46	4.91	6.98	8.01
ΣREE	104.05	116.03	129.34	109.22	117.00	140.52	107.14	142.41	158.37	142.04	184.14
La/Yb	15.81	15.26	21.41	15.67	17.64	15.27	16.71	20.11	20.8	15.98	17.23
$(La/Yb)_N$	10.42	10.04	14.10	10.25	11.61	10.06	11.02	13.24	13.69	10.53	11.30
LREE/HREE	2.54	3.17	5.01	3.26	3.53	3.22	1.41	3.36	4.58	3.80	3.84
Eu/Eu*	6.09	4.13	4.78	3.75	3.78	3.70	3.94	3.41	3.44	3.76	3.41

注：①ΣREE 为稀土元素的原始数据总和，La/Yb 为原始数据比值，其余用标准化值；②LREE/HREE 为样品中轻稀土(La—Sm)总量与重稀土(Gd—Yb)总量之比；③Eu/Eu* =(Eu/0.073)/[(Sm/0.20+Gd/0.31)/2]。

表 2-34 侏罗纪稀土元素含量及特征值(二)

组名	色哇组			莎巧木组						捷布曲组
样号	P15 XT3	P15 XT4	P15 XT8	P11 XT13	P11 XT17	P11 XT19	RG(21)XT	RG(34) XT	RG(35) XT	RG(12)XT
岩性	变石英砂岩	变粉砂岩	变砂岩	砂质微晶灰岩	石英砂岩	石英砂岩	细砂岩	细砂岩	变石英砂岩	细粒砂岩
原始数据($\times10^{-6}$)										
La	27.9	24.7	17.6	20.3	30.3	14.6	24.8	2.7	19.8	12.2
Ce	50.1	49.6	36.9	46.7	63.5	29.0	46.8	58.1	41.1	27.5
Pr	5.72	4.79	3.40	4.14	7.10	2.79	4.76	4.43	4.12	3.05
Nd	24.0	20.3	16.3	14.0	24.6	11.3	17.6	19.6	14.2	10.1
Sm	5.26	4.72	4.10	2.56	3.85	2.14	4.80	4.62	3.78	2.87
Eu	0.92	0.90	0.72	0.51	0.82	0.42	0.85	0.76	0.56	0.52
Gd	3.66	3.41	3.15	2.37	3.89	1.78	4.22	3.78	2.47	3.14
Tb	0.58	0.57	0.49	0.43	0.60	0.28	0.65	0.54	0.40	0.53
Dy	3.83	3.60	3.24	2.09	4.16	1.78	3.92	3.41	1.82	2.10
Ho	0.66	0.63	0.60	0.38	0.85	0.30	0.71	0.69	0.37	0.35
Er	2.11	1.87	1.84	1.27	2.51	1.02	1.97	1.79	1.02	0.94
Tm	0.31	0.27	0.26	0.20	0.38	0.12	0.28	0.28	0.17	0.16
Yb	1.91	1.79	1.67	1.25	2.36	0.88	1.64	1.67	0.89	1.00
Lu	0.24	0.24	0.26	0.18	0.31	0.12	0.20	0.19	0.13	0.19
标准化值($\times10^{-6}$)										
La	73.8	65.3	46.6	53.7	80.2	38.2	65.6	73.3	52.4	32.3
Ce	51.3	50.8	37.8	47.8	65.1	29.7	48.0	59.5	42.1	28.2
Pr	41.4	34.7	24.6	30.0	51.4	20.2	34.5	32.1	29.9	22.1

续表 2-34

组名	色哇组			莎巧木组						捷布曲组
样号	P15 XT3	P15 XT4	P15 XT8	P11 XT13	P11 XT17	P11 XT19	RG(21)XT	RG(34) XT	RG(35) XT	RG(12)XT
岩性	变石英砂岩	变粉砂岩	变砂岩	砂质微晶灰岩	石英砂岩	石英砂岩	细砂岩	细砂岩	变石英砂岩	细粒砂岩
Nd	33.5	28.4	22.8	19.6	34.4	15.8	24.6	27.4	19.8	14.1
Sm	22.9	20.5	17.8	11.1	16.7	9.30	20.9	20.1	16.4	12.5
Eu	10.6	10.4	8.31	5.89	9.47	4.85	9.82	8.78	6.47	6.00
Gd	11.8	11.0	10.1	7.62	12.5	5.72	13.6	12.2	7.94	10.1
Tb	10.2	10.0	8.63	7.57	10.6	4.93	11.4	9.51	7.04	9.33
Dy	9.82	9.23	8.31	5.36	10.7	4.56	10.1	8.74	4.67	5.38
Ho	7.60	7.26	6.91	4.38	9.79	3.46	8.18	7.95	4.26	4.03
Er	8.27	7.33	7.22	4.98	9.84	4.00	7.73	7.02	4.00	3.69
Tm	7.77	7.02	6.52	5.01	9.52	3.01	7.02	7.02	4.26	4.01
Yb	7.67	7.19	6.71	5.02	9.48	3.53	6.59	6.71	3.57	4.02
Lu	6.20	6.20	6.72	4.65	8.01	3.10	5.17	4.91	3.36	4.91
ΣREE	127.2	117.39	90.53	96.38	145.23	66.53	113.20	127.56	90.83	64.65
La/Yb	14.61	13.80	10.54	16.24	12.84	16.59	15.12	16.59	22.25	12.2
(La/Yb)$_N$	9.62	9.08	6.94	10.70	8.46	10.93	9.95	10.92	14.68	8.03
LREE/HREE	3.53	3.38	2.75	4.06	3.42	3.89	3.00	3.59	4.49	2.69
Eu/Eu*	3.76	4.07	3.69	3.98	4.13	4.04	3.58	3.39	3.25	3.41

注：①ΣREE 为稀土元素的原始数据总和，La/Yb 为原始数据比值，其余用标准化值；②LREE/HREE 为样品中轻稀土(La—Sm)总量与重稀土(Gd—Yb)总量之比；③Eu/Eu* =(Eu/0.073)/[(Sm/0.20+Gd/0.31)/2]。

表 2-35　侏罗纪不同构造背景砂岩稀土元素特征参数

构造背景	源区类型	特征参数						
		La	Ce	ΣREE	La/Yb	(La/Yb)$_N$	LREE/HREE	Eu/Eu*
大洋岛弧	未切割岩浆弧	8±1.7	19±39	58±10	4.2±1.3	2.8±0.9	3.8±0.9	1.04±0.11
大陆岛弧	切割岩浆弧	27±4.5	59±8.2	146±20	11.0±3.6	7.5±2.5	7.7±1.7	0.78±0.13
安第斯型大陆边缘	基底隆起	37	78	186	12.5	8.5	9.1	0.60
被动边缘	克拉通内构造高地	39	85	210	15.9	10.8	8.5	0.56
木嘎岗日岩组(11件)		30.65	49.24	131.84	9.59	6.31	3.43	4.02
色哇组(3件)		23.4	45.53	111.71	12.98	8.55	3.22	3.84
莎巧木组(6件)		18.75	52.12	106.62	16.55	10.94	3.74	3.73
沙木罗组(1件)		12.2	27.5	64.65	12.2	8.03	2.69	3.41

注：①La、Ce、ΣREE 单位为 10^{-6}；②La、Ce、ΣREE、La/Yb 用原始值计算，其余用标准化值计算；③特征参数引自 Bhatia(1985)。

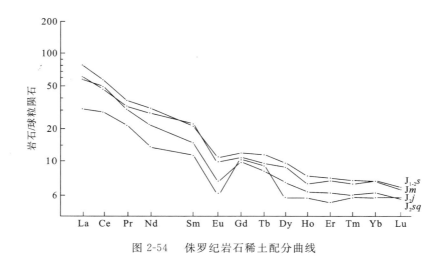

图 2-54 侏罗纪岩石稀土配分曲线

3. 层序分析

木嘎岗日岩组为大无序、小有序的构造地层体,不作层序分析。

从岩石组合及基本层序组合看,色哇组为退积型组合,见有少量槽模沉积构造,具有深水浊积特点;莎巧木组为退积、加积型组合;捷布曲组为进积、加积组合。在区域上色哇组与其上地层为整合关系,本区调中,因露头原因二者界线总体为整合关系,但从上下岩石组合看应为Ⅱ型不整合。即莎巧木组和捷布曲组组成一个完整的沉积序列。

4.（砂岩）碎屑模型分析

通过砂岩样品作成分统计(表2-36)投点(图2-55):色哇组、莎巧木组、捷布曲组在 Dickinson 图解中物质来源于再循环造山带物源区和稳定克拉通;Cook 图解中来源于稳定陆壳区和次稳定前陆盆地区;Valloni 和 Maynard 图解中来源于稳定克拉通陆海盆地和裂谷及断阶盆地。

表 2-36 侏罗纪岩石样品成分统计表

编号	地层名称	岩石名称	Qt(Q)		F		L		Lt	颗粒	R	胶结物
			Qm	Qp	K	P	Lv	Ls	L+Qp			
P4b4	木嘎岗日岩组	岩屑砂岩	<10	/	/	少	78	少	80	90	80	10
P4b7		细石英砂岩	85	/	/	少	2	3	5	90	5	<10
P4b11		细石英砂岩	85	/	/	少	/	<5	5	90	5	<10
P12b1		岩屑石英砂岩	75	/	少	>3	/	15	15	93	17	5~6
P12b3		岩屑石英砂岩	<75	极少	/	2~3	/	<15	15	93	19	5
P12b5		岩屑石英砂岩	75	极少	/	3	/	10	10	88	15	5~8
P12b6		岩屑石英砂岩	75	/	/	3	/	10~15	10~15	93	17	5
P12b9		岩屑石英砂岩	<75	极少	/	2	/	15	15	92	17	6~8
P12b12		岩屑石英砂岩	<75	极少	1	4	/	15	15	95	17	5~6
P12b13		含岩屑石英砂岩	>80	/	/	3	/	<5	5	88	7	5~10
Mb1		细石英砂岩	85	/	/	少	5	5	90	5	<10
Mb2		细石英砂岩	85	/	/	少	/	5	5	90	5	10
Mb5		细石英砂岩	80	/	/	少	/	<10	10	90	10	<10

续表 2-36

编号	地层名称	岩石名称	Qt(Q)		F		L		Lt	颗粒	R	胶结物
			Qm	Qp	K	P	Lv	Ls	L+Qp			
2283b1	木嘎岗日岩组	变石英砂岩	76	4	/	2	/	3	7	85	7	11
1450b1		岩屑石英砂岩	72	4	/	4	/	8	12	88	17	7
4242b1		变岩屑砂岩	65	/	/	少	/	25	25	90	25	10
4252b1		变砂岩	<70	/	/	少	/	5	5	75	5	25
3051b		变岩屑砂岩	<40	/	/	/	/	55	55	95	55	5
3463b		变岩屑砂岩	60	/	/	少	/	25	25	85	25	<15
P15b3	色哇组	变石英砂岩	95	/	/	少	/	/	/	95	5	/
P15b4		变粉砂岩	60	/	/	/	/	/	/	60	/	40
P15b5		变砂岩	65	/	/	/	/	/	/	65	10	25
P15b8		变石英砂岩	88	/	/	少	/	/	/	88	/	12
0808b1		细粒石英砂岩	78	6	/	3	/	4	10	91	15	4
0908b4		细粒石英砂岩	62	8	/	/	/	5	13	75	19	19
0908b7		岩屑石英粉砂岩	60	/	/	1	/	15	15	76	16	23
0908b8		岩屑石英粉砂岩	57	/	/	/	/	17	17	74	25	16
0909b1		岩屑石英砂岩	62	/	/	3	/	15	15	80	25	10
2263b		变长石石英砂岩	63	/	/	10	/	/	/	73	3	24
2023b1		变长石石英砂岩	74	/	/	8	/	5	5	87	8	10
2314b1		岩屑石英粉砂岩	58	/	/	/	/	20	20	78	35	7
4326b1		变岩屑石英砂岩	>73	/	/	/	/	>25	25	98	25	<2
3470b1		变石英砂岩	>90	/	/	/	/	<10	10	100	10	/
3473b		变岩屑砂岩	70	/	/	少	/	25	25	95	25	5
P11b7	莎巧木组	钙质细石英砂岩	75	/	/	少	/	少	/	75	/	25
P11b17		细粒石英砂岩	87	/	/	少	/	<5	5	92	5	<8
P11b19		细粒石英砂岩	80	/	/	少	/	>10	10	90	10	<10
P11b22		细石英砂岩	>80	/	/	少	/	<10	10	90	10	<10
RG(20)b		石英砂岩	85	/	/	少	/	10	10	95	10	5
RG(24)b		石英砂岩	80	/	/	少	/	<10	10	90	10	<10
RG(21)b		钙质细砂岩	70	/	/	/	/	5	5	75	5	25
RG(29)b		含岩屑石英砂岩	83	/	/	<2	少	>10	10	95	10	<5
RG(32)b		细粒石英砂岩	88	/	/	少	/	<5	5	93	5	7
RG(34)b		细石英砂岩	65	/	/	少	/	<5	5	70	5	30
RG(35)b		含岩屑石英砂岩	85	/	/	<2	/	10	10	97	10	<3
1025		变细粒石英砂岩	76	/	/	2	/	5	5	83	14	8
RG(9)b2	捷布曲组	钙质细砂岩	65	/	/	少	/	<10	10	75	10	25
RG(12)b		钙质细砂岩	75	/	/	少	/	少	/	75	/	25

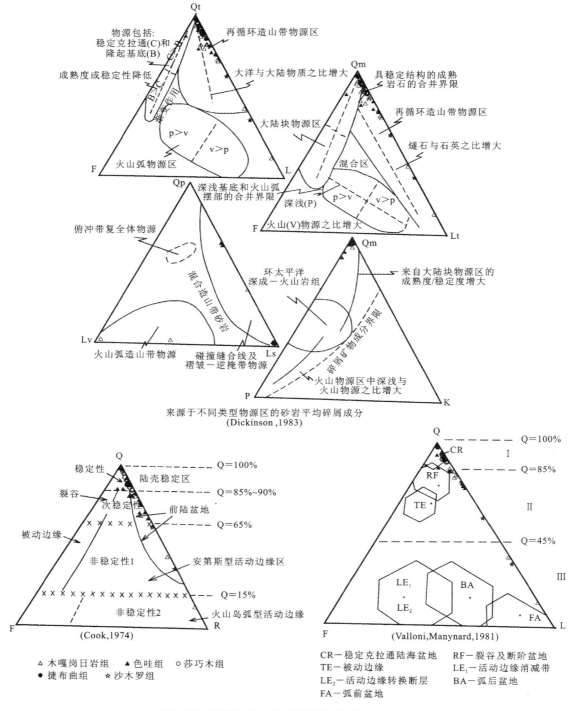

图 2-55 侏罗纪砂岩碎屑模型分析不同三角图解

木嘎岗日岩组在 Dickinson 图解中主要来源于再循环造山带物源区,少部分来源于稳定区和火山弧造山带物源区;Cook 图解中来源于稳定陆壳区和次稳定前陆盆地区及火山岛弧型活动边缘;Valloni 和 Maynard 图解中来源于稳定克拉通陆海盆地和裂谷、断阶盆地及弧前盆地。

5. 沉积环境分析

通过以上综合分析,色哇组物质来源于再循环造山带物源区和稳定克拉通,其沉积环境为大陆边缘相对深水盆地;莎巧木组物质来源于再循环造山带物源区和稳定克拉通,其沉积环境为浅海近滨和碳酸盐岩台地，氧气、阳光充足环境，局部形成礁，但浪击作用较强，使得其中生物保存均较差，在横向上反映为东部水体较浅，向西变深的趋势；捷布曲组物质来源于再循环造山带物源区和稳定克拉通，其沉积环境为浅海碳酸盐岩台地，氧气、阳光充足环境，多形成生物灰岩和礁灰岩，但浪击作用较强，使得其中生物保存均较差；木嘎岗日岩组物质来源于再循环造山带物源区及火山岛弧型活动边缘，其沉积环境为次深海沉积盆地，并伴有海底深切河谷环境，具有浊积沉积特点。整个侏罗纪（木嘎岗日岩组→色哇组→莎巧木组→捷布曲组）构成一个从大洋洋底至大陆边缘的沉积体系。

（四）晚侏罗世—白垩纪沉积盆地

晚侏罗世—白垩纪沉积盆地包含班公错-怒江地层区的沙木罗组和班戈-八宿地层分区的则弄群。

沙木罗组为以灰、浅灰色中层、中薄层状钙质石英砂岩、钙屑砂岩为主，夹含生屑铁质钙质粉砂岩，深灰色钙质板岩，灰色中厚层状砾岩。成分以石英、岩屑（沉积岩和变质岩岩屑）钙质、粘土质为主，少量云母。砾石以砂岩、硅质岩、灰岩砾石为主，少量板岩砾石。粒度为粉砂—细砂、砾石级。沉积构造以粒序层理、砂纹层理、块状层理为主。古生物为坛螺未定种 *Ampullina* sp.，瘤结螺未定种 *Tylostoma* sp.，海娥螺未定种 *Nerinea* sp.。超微化石 *Lotharingius contractus* Bown and Cooper, 1989a, *Cyclagelosphaera margerelii* Noel, 1965, 珊瑚碎片 *Scleractinia*。通过砂岩成分统计（表2-37）投点（图2-55），在Dichinson图解中来源于再循环造山带物源区；在Cook图解上来源于前陆盆地；在Valloni和Maynard图解上投点未落入任何区域，但靠近弧后盆地。综合来源，沙木罗组物质来源于再循环造山带物源区，沉积环境为水体较浅的残余盆地。

表2-37 侏罗纪—白垩纪岩石样品成分统计表

编号	地层名称	岩石名称	Qt(Q)		F		L		Lt	颗粒	R	胶结物
			Qm	Qp	K	P	Lv	Ls	L+Qp			
2210b	沙木罗组	钙质石英岩屑砂岩	30	2	/	/	/	55	57	87	57	12
2211b		钙质白云质石英砂岩	78	/	/	/	/	2	2	80	3	19
2213b		钙质岩屑石英砂岩	56	/	/	/	/	33	33	89	34	10

则弄群为集块岩、火山角砾岩、含角砾晶屑凝灰熔岩、蚀变安山岩、辉石安山岩、英安岩、凝灰质砂岩及薄层状细晶灰岩、砂岩、含砾砂岩沉积夹层。其中沉积岩较少，且多为火山物质，其环境及物质来源根据火山岩章节有关分析，其来源于岛弧裂谷背景，具有双峰式火山特点。

（五）白垩纪沉积盆地

白垩纪沉积盆地包括班公错-怒江地层区的去申拉组、竞柱山组和班戈-八宿地层分区的郎山组。

去申拉组为灰色凝灰质火山角砾岩，强蚀变流纹英安岩，紫红色富铁安山岩、灰绿色晶屑凝灰岩、全蚀变安山岩，以熔岩为主，反映为中酸性火山岩。其环境及物质来源根据火山岩章节有关分析，其来源于洋壳俯冲消减过程中形成的岛弧。

竞柱山组为紫红色巨砾岩、粗砾岩、细砾岩、中细粒岩屑石英砂岩，局部夹紫红色中薄层状砂质灰岩，以砾岩为主，砂岩较少。砂岩成分为石英、岩屑（砂岩、板岩岩屑）等，粒级为0.088～0.35mm，为细砂级，标准差为0.77，分选较好，偏度为2.24，属极正偏，尖度为10.54，属极窄型。在累计概率曲线上（图2-56），跳跃总体和悬浮总体发育，不发育牵引总体，反映出物质搬运较远，其中的砾石磨圆度较好。反映其物源来自稳定区，环境为海陆交互的三角洲相磨拉石建造。

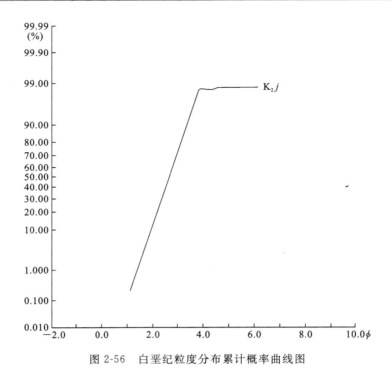

图 2-56 白垩纪粒度分布累计概率曲线图

郎山组一段为深灰色块层状、厚层状生物碎屑灰岩,中厚层状瘤状灰岩,薄层状泥灰岩,钙质页岩,二段为灰白色块状层白云质细晶灰岩,岩性较单一。成分以方解石为主,少量白云石和泥质。粒度为碳酸盐级,沉积构造以块状层为主。古生物丰富,计有中圆笠虫(未定种)*Mesorbitolina* sp.,假砂圆虫(未定种)*Pseudocyclammina* sp.,透镜古圆笠虫 *Palorbitolina* cf. *lenticularis* (Blumenbach),楔形虫(未定种)*Cuneolina* sp.,坎氏楔形虫 *Cuneolina camposaurii* Sartoni et Crescenti,达克斯虫(未定种)*Daxia* sp.,双齿蛎 *Amphidonte* sp.,牡蛎类 Ostreacea gen. et sp. indet,固着蛤 *Rudiste*。该套地层在该区内与周围地层多为断层接触,顶部局部为新地层不整合覆盖,结合区域资料(下伏为多尼组碎屑岩)该套地层应为进积、加积型组合,为高水位体系域。根据区域资料综合分析,表现为残余海盆碳酸盐岩台地环境。

(六)古近纪沉积盆地

在测区范围内古近纪沉积盆地包含纳丁错组和美苏组。

纳丁错组为杂色安山质火山角砾岩,含火山角砾安山质晶屑凝灰岩,橄榄玄武岩、玄武岩、安山岩、波基(角闪)安山岩、辉石安山岩、辉石玄武岩、玄武岩等,为一套中基性火山岩。其物质来源和环境分析参见火山岩有关章节分析,从所获同位素年龄看,反映出晚白垩世—古近系时期羌南地区一直有陆缘火山弧活动。

美苏组为英安质(流纹质)晶屑岩屑凝灰岩、火山岩砾岩、安山岩、凝灰质砂岩,面上还见有辉石安山岩、玄武安山岩、玄武岩、流纹岩、英安岩等,为一套中基性—酸性火山岩,其物质来源和环境参见火山岩有关章节分析,为陆内碰撞造山陆缘火山弧产物。

(七)新近纪沉积盆地

新近纪沉积盆地沉积为康托组,为紫红色粗砾岩、中砾岩、细砾岩夹紫红色、浅灰色、灰黑色粗砂岩、含砾砂岩、细砂岩、长石石英砂岩、长石岩屑砂岩、粉砂岩、粉砂质泥岩等,局部地段夹有数层灰白色英安岩、黑云母英安岩或灰绿色玄武岩、辉橄玄武岩,暗紫红色辉橄玄武岩。其砂岩成分为石英、长石、岩屑(各种岩屑成分均有)等,砾岩砾石成分复杂,根据所处地段不同而有所不同,砾石来源于所处周围的地质体。砂岩粒级为 0.031～0.420mm,属粉砂—细砂级,标准差为 0.67～1.29,为分选较好—分选中等,偏度为 1.01～1.40,属负偏—极正偏,尖度为 2.68～5.91,属很窄—极窄型。在粒度分布累计概率曲线上(图 2-57),牵引总体、跳跃总体、悬浮总体均有一定发育,反映其物质来源较近。沉积构造有斜层理、交错层理、粒序层理、块状层理等。其物质来源于板内隆起碰撞造山带,其环境为山间磨拉石建造。

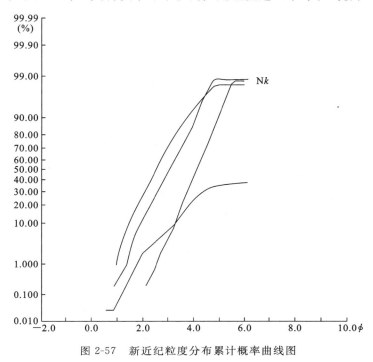

图 2-57　新近纪粒度分布累计概率曲线图

(八) 第四纪沉积盆地

测区第四纪沉积盆地沉积有湖积、湖沼积、冲积、洪积、冲洪积、冰碛、残坡积,表现较明显的有湖积(更新统和全新统)湖沼积和冲洪积,其他成因类型沉积有表现但不明显或较难圈定。

区内的湖泊沉积为砂、砾、砂土、化学沉积,从所获 ESR 测年资料,反映出在区内从 43.0 万年以来一直存在湖相沉积。区域上资料反映藏北湖泊曾经历过多次的干旱和潮湿,寒和暖的气候变化,区内资料反映出湖泊有升降的记录。从地形图(绘制于 20 世纪 70 年代)和卫片图(摄于 20 世纪 90 年代)上反映出在近 20 年时间内,区内湖泊除依布茶卡湖面扩大外,其他湖泊湖面基本无变化,该现象为因依布茶卡北侧有冰雪大量融化造成,而其他湖区周围无冰川消融补给。

湖沼积为砂、砂土、腐殖土、红土和化学沉积,为湖泊退缩后形成的沼泽地带产物。

冲洪积为砂、砾石、砂土,为沟谷中常流水和季节性洪水共同作用形成。

三、沉积盆地演化

测区沉积盆地演化是在泛非历史(前奥陶纪)陆壳结晶基底上发展演化而来,测区地处羌塘大陆和冈底斯大陆之间及内部,经历了不同的构造环境及沉积演化历程,沉积地层从前奥陶系—第四系均有不同的发育,其发展、发育经历了古特提斯洋到新特提斯洋再到碰撞造山及陆内发展过程,前奥陶纪吉塘岩群由于为结晶基底,非沉积基底,故沉积盆地演化分析中不涉及,盆地演化及其大地构造背景见图 2-58。

(一) 奥陶纪(古大洋时期)

在奥陶纪初期,Rodinia 解体古大洋开始形成。该区在印度大陆基础上发生、发展,并形成活动陆

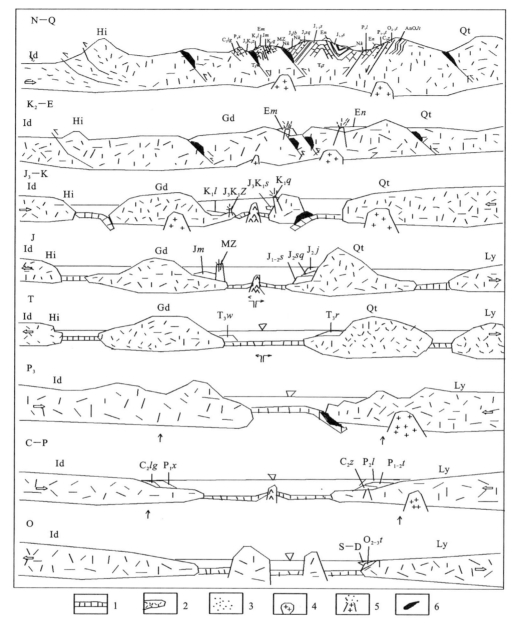

图 2-58　盆地演化及其大地构造背景示意图

1. 洋壳；2. 陆壳；3. 碎悄岩；4. 花岗岩；5. 火山喷发；6. 蛇绿岩及基性岩脉；Id：印度大陆；Hi：喜马拉雅；Gd：冈底斯板片；Qt：羌塘板片；Ly：劳亚大陆；AnQJt：吉塘岩群；$Q_{2-3}t$：塔石山组；C_2z：展金组；C_2lg：拉嘎组；$P_{1-2}t$：吞龙共巴组；P_1x：下拉组；P_2l：龙格组；T_3r：日干配错组；T_3w：巫嘎线；$J_{1-2}s$：色哇组；J_2sq：莎巧木组；J_2j：捷布曲组；Jm：木嘎岗日岩组；J_3K_1s：沙木罗组；J_3K_1Z：则弄群；K_1q：去申拉组；K_1l 郎山组；K_2j：竞柱山组；En：纳丁错组；Em：美苏组；Nk：康托组；MZ：仲岗洋岛岩片

缘，在此阶段沉积塔石山组以活动物源和稳定陆缘混合的地质体，并在此基础上发育志留纪—泥盆纪稳定大陆边缘沉积地层（测区内未见到，但在北侧已有显示），到石炭纪—早、中二叠世时期，古大洋消减转化为弧后盆地发展阶段，沉积石炭纪、二叠纪地层及相关大洋沉积物。

（二）石炭纪—二叠纪（广阔边缘海时期）

在石炭纪—二叠纪，随着古大洋的消减，即北侧华夏-扬子古陆向南侧印度-羌南被动大陆的俯冲碰撞和地幔柱的活动，导致南侧大陆的变形与撕裂破碎，形成了南侧大陆北部的弧后盆地，即石炭纪、二叠纪的类复理石—基性火山岩—碳酸盐岩组合及与之同时代的蛇绿岩组合，即包括展金组、吞龙共巴组、龙格组和蛇绿岩。与此同时，在南侧大陆南部，则是一些被撕裂的零星的台块，也是以碎屑岩＋基性火山岩＋碳酸盐岩为主，并构成一个广阔边缘海。到晚二叠世至三叠纪时期，古特提斯洋（弧后盆地）碰撞闭合，形成北侧蛇绿岩岩片及蓝片岩，在碰撞带北部形成火山岩浆弧（即开心岭—竹卡火山弧）。在碰撞带南部形成晚三叠世巫嘎组前陆盆地。

（三）三叠纪（新特提斯洋拉张形成期）

继古特提斯洋消失以及晚三叠世前陆盆地形成后，到三叠纪末期转化为新特提斯洋。在此时期，冈瓦纳大陆在该区分解出羌塘地体和冈底斯地体，其后的沉积演化均在该两地体之间发展。在晚三叠世末期，随着羌塘地体和冈底斯地体的左行拉分伸展分离，导致了前陆盆地的撕裂破碎，形成北侧日干配错组从浅水到深水的台地碳酸盐岩相—杂礁相—碳酸盐浊积岩组合；南侧则是物质来源复杂的前陆盆地巫嘎组的南迁与变形。

（四）早—中侏罗世（新特提斯洋扩张成熟期）

到侏罗纪早、中期，新特提斯洋在该区表现为进一步扩张成熟，除形成洞错蛇绿岩组合外，在北侧沉积色哇组泥质岩组合，莎巧木组碎屑岩—碳酸盐岩组合，捷布曲组碳酸盐岩组合（其间，除海平面有相对变化外，从莎巧木组岩性横向变化看，东侧碎屑岩多，西侧碳酸盐岩多，水体有东浅西深的趋势，也反映出海水退出时有向西退出的趋势）。在南侧沉积来源较复杂的木嘎岗日岩组碎屑岩，并伴有深切河谷沉积产物。在侏罗纪中晚期，该地区还发育了一套洋岛沉积组合，以洋岛玄武岩及其裙积的碎屑岩和碳酸盐岩为主。

（五）晚侏罗世—白垩纪（新特提斯洋俯冲期）

到中晚侏罗世时期，新特提斯洋早期在该区表现为羌塘地体向冈底斯地体俯冲，在羌塘一侧表现为沉积间断和蛇绿岩岩片向北仰冲。而在南侧形成接奴群中火山弧。后期，新特提斯洋向北俯冲，后缘拉开，并形成双峰式火山岩——则弄群及拉果错蛇绿岩，班-怒洋消减后，沉积较局限的残余盆地晚侏罗世—早白垩世沙木罗组碎屑岩；并在消减过程中形成火山弧物质去申拉组；到白垩纪中期，随着区内拉果错局限洋盆的消减，形成了白垩纪中期残留海盆，即碳酸盐岩台地相郎山组。

（六）晚白垩世—古近纪（碰撞闭合期）

继白垩纪新特提斯洋俯冲以来，区内海水几乎退出该区，最早碰撞形成前陆盆地竞柱山组。到晚白垩世晚期—古近纪，新特提斯洋碰撞闭合，在区内产生大量火山岩浆弧，在北侧形成纳丁错组以中基性为主的火山弧，并伴有小型花岗岩侵入，同时发育一些基性岩脉，在南侧形成美苏组中基性—酸性火山弧，并有花岗岩侵入和基性岩脉侵入。至此，该区碰撞闭合基本完成。

（七）新近纪（碰撞造山期）

继古近纪碰撞闭合以来，区内开始碰撞造山，并形成大规模造山运动，沉积大面积的山间磨拉石建造康托组红层，受碰撞造山的影响，不同程度地有小规模火山喷发，北侧表现为基性活山活动，南侧表现为酸性火山活动。至此，基本形成现今的地质构造格局。

（八）第四纪（造山后期及基本稳定期）

到第四纪以来，区域上还有不同程度的构造运动和岩浆喷发，但在区内表现为湖泊的不同发展期及河流相沉积。

第三章 岩 浆 岩

第一节 概 述

测区地处青藏高原北部,著名的班公错-怒江结合带位于测区的中、南部。具有独特的岩石圈结构和丰富的火成岩石记录,既有地质历史中地幔演化的深成镁铁、超镁铁岩和岩浆分异喷发的火山岩,又有造山作用过程中陆壳生长的侵入岩及火山岩(图3-1)。深成侵入活动总体看相对较弱,岩石类型相对较简单,分布范围较局限,岩石类型主要为辉长岩、石英闪长岩、花岗闪长岩、花岗岩等,定位于不同构造岩浆旋回的不同构造环境中。火山活动海相、陆相皆具,火山岩广为分布,与构造环境紧密相关。综合来看,测区岩浆岩具有鲜明的特点:时间上的多期性,空间上的分带性,岩石类型的复杂性以及形成环境的多样性。

一、岩浆岩形成时代的多期性

地质现象和同位素年龄资料表明,测区的岩浆岩,无论是基性—超基性岩、中酸性侵入岩,还是火山岩,都是多期形成的。基性—超基性岩的侵位时代主要集中在燕山早期,形成了测区以洞错蛇绿岩及拉果错蛇绿岩为代表的两条基性—超基性岩带。中酸性侵入岩的侵入时代主要可划分为燕山晚期和喜马拉雅早期二期,尤其是以燕山晚期活动稍强烈些。火山岩的喷发时代可划分为燕山早期、燕山晚期、喜马拉雅早期等,其中以喜马拉雅早期火山活动最为活跃,形成了大面积分布的火山岩系,构成了南北两条规模较大的火山岩带。由上述可以看出,测区岩浆岩绝大部分是在中—新生代形成的,它们构成了测区岩浆岩带的基本格架。

二、岩浆岩在空间上的分带性

测区的侵入岩分布面积较小,全部呈较小的岩株、岩枝等产状产出,而无较大的岩体,其成带性表现不清,但从空间分布位置上看,大致可划分为三个带,南部的拉果错构造岩浆岩带,分布于拉果错蛇绿岩一带;中部的穷模-比扎构造岩浆岩带,多分布在班-怒结合带的北缘;北部的拉嘎拉构造岩浆岩带。测区火山岩成带性分布明显,从其空间展布位置来看大致可划分三个火山岩带:①北部(羌南)火山岩带,主要火山层位赋存于纳丁错组中;②中部(班公错-怒江结合带)火山岩带,主要火山层位为仲岗洋岛岩组、洞错蛇绿岩中的玄武岩成分及去申拉组,在班-怒结合带的南侧展布一条NWW-SEE向规模相对较大的火山岩带,主要层位为美苏组;③南部(拉果错)火山岩带,主要火山层位为则弄群及与拉果错蛇绿岩有关,为洋底扩张喷发与蛇绿岩带配套的火山岩,主要赋存与拉果错蛇绿岩中。

三、岩石类型的复杂性

测区岩浆岩的类型齐全,在岩性上有超基性岩、基性岩、中性岩、中酸性岩、酸性岩和少量的碱性岩,在产状上有深成岩和喷出岩。根据岩浆岩时空共生关系和它们成因上的联系,可以划分如下三种岩石构造组合。

第三章 岩浆岩

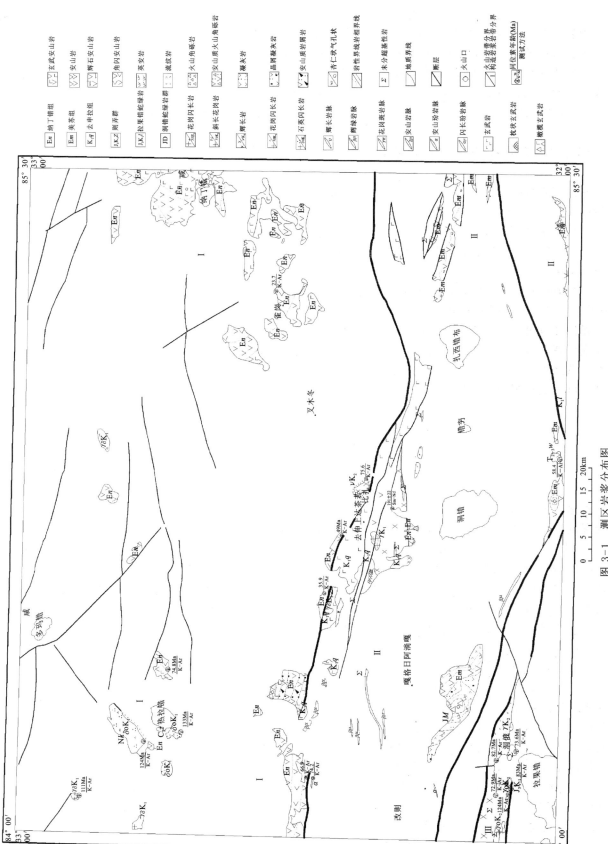

图 3-1 测区岩浆分布图

（1）蛇绿岩组合：包括变质橄榄岩、超基性岩、堆晶岩、均质辉长岩、堆晶辉长岩、席状辉绿岩墙和玄武质熔岩。变质橄榄岩可以进一步细分为变质方辉辉橄岩、变质方辉橄榄岩、变质二辉橄榄岩和变质纯橄岩等。玄武质熔岩包括洋中脊拉斑玄武岩，岛弧拉斑玄武岩等。

（2）岛弧型组合：包括以安山质和英安质为主的玄武岩—安山岩—英安岩及其火山碎屑岩的钙碱性火山岩套，由石英闪长岩、花岗闪长岩等组成的Ⅰ型花岗岩类，此外还有少量的辉长岩。

（3）碰撞型组合：包括钙碱性岩套和玄武岩—安山岩—流纹岩组成的陆相型火山岩。

四、岩石形成环境的多样性

测区岩石类型的复杂性反映了它们形成环境的多样性。上述不同岩石构造类型，分别形成在下列环境中。

（1）蛇绿岩组合形成在班公错-怒江边缘海的扩张脊的张性环境中或次级扩张环境中。

（2）岛弧型组合形成在新特提斯洋，班公错-怒江边缘海盆地洋壳俯冲带以上的岛弧和大陆边缘的挤压环境中。

（3）碰撞型组合形成在新特提斯洋封闭过程导致的陆-陆碰撞以及班公错-怒江边缘海封闭导致的陆-弧碰撞造成的挤压环境中。

根据任务书设计要求，在对区内火山岩、侵入岩进行统一分类命名的基础上，依据岩浆岩的宏观、微观和成分特征以及时空关系等资料，经综合研究，建立侵入岩、火山岩的时序及演化关系，并将岩浆活动置于青藏高原地质构造演化总的时空框架内加以分析。结合区域地质资料探讨岩浆作用的构造环境及岩浆岩形成演化规律，建立岩浆作用与构造事件同步演化的动力学模式。

第二节　蛇　绿　岩

蛇绿岩最初源自希腊语"Ophi"和Ophis"，用来表达带亮绿色的斑状外貌的岩石，Ophiolite最初是比较混淆缺乏定义性的术语，许多学者从不同的方面来使用它。

20世纪初，Steinmann提出三位一体的概念，于1927年指出："作为蛇绿岩，人们必须唯一赋予它以主要的是(蛇纹石化)超镁铁质岩，次要的是辉长岩、辉绿岩、细碧岩或苏长岩及相关岩石的同源岩石组合特征。命名蛇绿岩不允许用于那些仅是由成分和构造上十分相似的类辉绿岩构成的岩石组。"他描述了同源火成作用的演化，强调了被蛇绿岩侵位或贯入的深水沉积物，包括放射虫燧石岩，远洋沉积和含几丁虫的灰岩。这样，蛇绿岩就是指相关的一套岩石组合。

20世纪50—60年代有关蛇绿岩的研究有了重要的发展。Moores(1982)指出：下部变质构造橄榄岩，上部超镁铁质火成岩或堆晶岩。因而橄榄岩有火成的、变质的和构造侵位的，代表洋壳和地幔残体。

Gass总结了1982年前蛇绿岩研究的新成果后指出：①蛇绿岩是异地生成的，后被构造作用带到与相邻岩石的接触处；②东地中海，特别是Tkoodos蛇绿岩的内部构造与原地地槽成因不符，只能用在形成新洋壳的洋中脊或洋隆成因来解释；③东地中海的每一个蛇绿岩中同样的岩石层序均可识别出来并可同地球物理推论的洋底岩层相比；④蛇绿岩的岩石类型类似于从洋底打捞到的岩石。因此，蛇绿岩被认为是洋壳和地幔残体，代表大洋盆地关闭后在地壳中的遗迹。

自20世纪60年代以来，海底打捞，DSDP和ODP获得了大量的洋壳样品，这些研究同海洋地质学、地球物理学、模拟地幔作用的实验岩石学结合在一起，产生了板块构造学说。随着板块构造理论的发展，蛇绿岩被看作是离散板块在海底扩张过程中在洋中脊形成的洋壳增生，通过俯冲(消减)大部分重新进入地幔，而小部分被仰冲到大陆上，形成蛇绿岩。因此，大陆造山带中的蛇绿岩就是外来古洋壳残留的碎片，它也就标志着俯冲碰撞带、板块边界的位置。后来，蛇绿混杂岩、高压变质带(或双变质带)也与蛇绿岩、板块构造紧密联系在一起，大大地推动了蛇绿岩研究的进展。这样，板块运动就是地幔对流、洋壳增生和海底扩张的表现,而蛇绿岩就是板块边界重要的物质基础和历史记录。从而赋予了蛇绿岩板块构造的含义,成为板块构造学说的一部分。1972年彭罗斯会议将蛇绿岩定义为"是一种特殊的镁铁质至超镁铁质岩石组合,它不能用作一个岩石名称或填图岩性单元"。在一个发育完整的蛇绿岩中,从底向上依次出现:①超镁铁质杂岩;②辉长岩质杂岩;③镁铁质席状岩墙杂岩;④镁铁质火山杂岩;⑤典型的上覆沉积岩系为带状燧石岩(放射虫硅质岩),薄层页岩和少量灰岩(有时三者合一,俗称硅灰泥)。在辉长质杂岩中常侵入有斜长花岗岩和钠长花岗岩,岩墙杂岩也侵入其中。地幔岩、洋壳岩和上覆洋盆硅灰泥沉积岩组成三位一体的蛇绿岩套。随后在很长一段时期内,蛇绿岩被当作板块结合带存在的标志加以广泛套用,并且认为它只能是洋中脊环境形成,是地史时期的大洋关闭(消亡)后在大陆地壳中的遗迹。

20世纪80年代以来,随着世界各地蛇绿岩研究的不断深入,蛇绿岩的概念日趋完善。张旗(1996)根据近年来国内外,特别是国内已取得的蛇绿岩新资料,对蛇绿岩的概念进行了较好的概括:蛇绿岩是一个岩石组合术语,它包括洋壳和上地幔的一系列岩石;它来自洋内增生板块边缘;洋壳变化厚度大,可有或无层序;蛇绿岩代表古代已消失的大洋岩石圈碎片,但并非"正常"的大洋岩石圈;它绝少来自广阔的大洋扩张脊,而更多的是形成于与现代岛弧、弧前、弧后盆地、转换断层以及小洋盆类似的环境。据此可以看出,蛇绿岩形成的环境可以是多种多样的;蛇绿岩是可有或无完整层序的。它可能是受形成时的大地构造背景、板块扩张速率及其形成发育时间所控制的;后期构造的解是蛇绿岩发育不完整的另一个重要原因。

测区地质调查程度较低,对蛇绿岩的研究缺乏较系统的实际资料。1974—1979年西藏地质局综合普查大队开展的1:100万拉萨幅区域地质(矿产)调查涵盖测区,为测区较系统的可提供参考资料。在此前后,有关单位曾先后多次在测区部分地段进行过有针对性的专题研究,并有相应的论文及著作在有关刊物上公开发表。对蛇绿岩研究较深入的为1981—1982年中法联合考察队蛇绿岩组在藏北洞错地区进行的考察,取得了丰富的地质资料,并著有《西藏蛇绿岩》等专著。从而将蛇绿岩的研究推向了一个新的时期。

由于前人的调查研究工作受当时地学理论、技术、方法及工作精度所限,因此,对蛇绿岩的形成环境、形成时代及就位机制存在较大的分歧。归纳起来主要有三种不同的认识:第一种观点是以鲍佩生等为代表的认为洞错一带的蛇绿岩为侏罗纪在陆壳基底上张裂的初始洋盆低速扩张环境中形成的洋壳残体;第二种观点认为班公错-怒江结合带的蛇绿岩是中特提斯洋关闭后在地壳中的遗迹,是中特提斯洋洋底扩张的产物;第三种观点认为兹格塘错断裂和东巧断裂间狭窄地带的蛇绿岩代表班公错-怒江结合带,其南的蛇绿岩是弧后洋盆闭合的产物,因而存在两种不同性质的蛇绿岩。导致这些分歧的主要原因可能是不同的研究者只从某一专业角度,偏重某些研究所致。正确的结论来源于扎实的基础资料,对蛇绿岩形成环境的判断,决不可只靠岩石地球化学分析资料投图来解决,而要结合野外地质调查,综合考虑地质构造环境、岩石组合、岩石变质作用、岩石结构构造特征,时代关系及岩石地球化学特征等,对其进行综合分析,才能得出可靠的结论。

本次研究工作中,按照中国地质调查局的有关规范要求,对研究区的地层、构造、岩石,特别是与蛇绿岩相关的岩石进行了系统的野外地质调查并辅以相应的各类测试分析样品,获得了丰富的地质资料。根据蛇绿岩的地质特征、岩石学特征、岩石化学特征及地球化学特征,结合区域沉积建造、变形及变质作用特征,进行综合分析与研究,论述测区蛇绿岩的形成时代、形成环境及就位机制,进一步反演测区造山带的形成演化历史。

测区位于班公错-怒江结合带中西段,蛇绿岩较为发育,如著名的洞错蛇绿岩位于区内,总体呈现出面状分布的特点。

一、洞错蛇绿岩(组)

洞错蛇绿岩(组)主要出露洞错以北,去申拉以南,总体走向北西西,延伸约100多千米,断续出露。蛇绿岩形态呈不规则状、长条状、透镜状等,侵位于侏罗纪木嘎岗日岩组中。岩石多数由于构造作用,破碎强烈,洞错蛇绿岩宏观组合层序比较完整。本次工作在洞错蛇绿岩出露区设置了重点解剖区,进行了详细的地质调查工作,勾绘出蛇绿岩的真正出露形态(图3-2)。

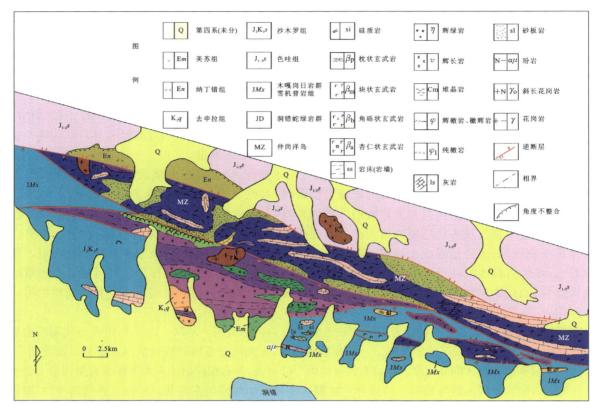

图 3-2 西藏洞错地区蛇绿岩地质图

(一) 洞错蛇绿岩(组)剖面介绍

西藏改则县洞错乡舍拉玛沟蛇绿岩实测剖面位于改则县洞错乡北侧舍拉玛沟中。起点坐标：N 32°19′55″，E 84°44′17″，H 4886m。终点坐标：N 32°17′66″，E 84°43′16.3″，H 4660m。剖面露头良好，洞错乡舍拉玛沟蛇绿岩实测剖面如图 3-3 所示。

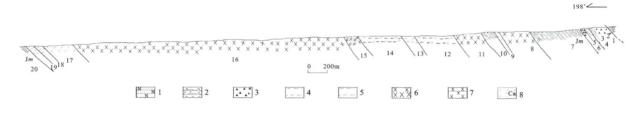

图 3-3 西藏改则县洞错乡舍拉玛洞错蛇绿岩实测剖面图
1.长石粉砂岩；2.粉砂质板岩；3.纯橄榄岩；4.橄榄辉石岩；5.辉石橄榄岩；6.均质辉长岩；7.堆晶辉长岩；8.碳酸盐化超基性岩

20. 木嘎岗日岩组(Jm)：深灰色粉砂质板岩及青灰色长石细砂岩		>50m
══════════════════ 断层 ══════════════════		
19. 深灰绿色辉橄岩。岩石一般较破碎，沿破裂面常附有厚 0.1～0.4m 的蛇纹石膜壳		100m
18. 土黄色碳酸盐化超基性岩。岩石次生蚀变主要有硅化、白云石化		100m
17. 深灰绿色全蛇纹石化(含辉)纯橄榄岩。岩石已全部蛇纹石化，具网格结构，残余自形—半自形粒状结构。副矿物有铬尖晶石		300m
16. 深灰色中细粒均质辉长岩。岩石具中细粒辉长结构，局部具"含长结构"，粒径一般为 0.5～3mm，岩石主要由拉长石、普通辉石等矿物组成，拉长石 Np′∧(010)=31°～35°，Ab37～45，An55～63，岩石一般坚硬，节理发育，并多发育有石英脉，为后期充填		3050m

15. 深灰色中细粒堆晶辉长岩。岩石具中细粒辉长结构,粒径一般为1~3mm,主要由拉长石、普通辉石、普通角闪石等矿物组成。岩石分异明显,呈条带状,带宽约1~3cm不等　　　　150m
14. 灰绿色橄榄斜方辉石岩。岩石具中等的蛇纹石化　　　　450m
13. 土黄色碳酸盐化超基性岩。岩石次生蚀变强烈,主要为白云石化、硅化,原生矿物全部蚀变分解,残留有铬尖晶石　　　　4m
12. 灰绿色块状橄榄斜方辉石岩。岩石具中细粒半自形粒状结构,主要由橄榄石、顽火辉石等矿物组成,副矿物为铬尖晶石。岩石具轻微的蛇纹石化和碳酸盐化　　　　360m
11. 深灰绿色辉长岩。岩石具中度蛇纹石化和弱碳酸盐化　　　　340m

============ 断层 ============

10. 木嘎岗日岩组:浅灰绿色薄层状长石细砂岩及浅灰色粉砂质板岩。产状为30°∠40°　　　　260m
9. 灰绿色糜棱岩化、弱蛇纹石化二辉辉橄岩。岩石具糜棱构造、碎粒构造,局部具网格结构,主要由顽火辉石、普通辉石、橄榄石、蛇纹石等矿物组成。副矿物主要为铬尖晶石,粒径一般为0.1~0.5mm,有一定程度错碎,半透明、棕褐色　　　　60m
8. 灰绿色片理化辉长岩　　　　380m
7. 木嘎岗日岩组:浅灰色中薄层状长石细砂岩、浅灰绿色粉砂质板岩及钙质板岩砂岩中发育平行层理,含有黄铁矿颗粒　　　　600m
6. 深灰绿色全蛇纹石化含斜辉纯橄榄岩　　　　50m
5. 灰黄色强烈碳酸盐化超基性岩　　　　50m
4. 木嘎岗日岩组、浅灰绿色中层状长石细砂岩　　　　50m
3. 灰黄色强烈碳酸盐化超基性岩。岩石次生蚀变强烈,残留有铬尖晶石矿物　　　　5m
2. 深灰绿色全蛇纹石化含斜辉纯橄榄岩,岩石具假斑结构、网格结构,岩石全部蛇纹石化,斜方辉石蚀变为绢石,橄榄石蚀变为网格状蛇纹石。副矿物为铬尖晶石　　　　145m

============ 断层 ============

1. 侏罗纪木嘎岗日岩组　深灰色粉砂质板岩夹浅灰色中—薄层状长石细砂岩,二者比例5:1~10:1　　　　100m

(二) 洞错蛇绿岩(组)地质及岩相学特征

测区洞错蛇绿岩(组)主要由地幔橄榄岩、堆晶岩、枕状熔岩、岩墙(群)斜长岩及放射虫硅质岩的构造单元组成,多已被构造肢解,经过本次的详细地质调查,基本查明了其岩石特征及其分布状况,恢复的综合柱状图如图3-4所示。

1. 地幔橄榄岩

地幔橄榄岩(图版Ⅲ,2)为蛇绿岩中的主要构成部分,可单独产出,通常与一两个其他蛇绿岩单元共存,在洞错地区地幔橄榄岩中主要以蛇纹岩和斜辉橄榄岩为主。

蛇纹岩　岩石多呈墨绿色,网状结构、假象结构、块状构造,几乎全由蛇纹石组成,原岩组构及矿物成分基本消失,原岩中的橄榄石全部由蛇纹石替代,仅有橄榄石的假象,蛇纹石多呈叶片状、纤维状,构成网状结构,据其推测原岩应为纯橄岩,在岩石中还少见有铬尖晶石,呈暗红色,半透明。

全蚀变(碳酸盐化)超基性岩　岩石具鳞片状、粒状变晶结构,已全部蚀变。蚀变矿物成分:白云石含量60%~65%,半自形—他形粒状变晶;绢云母含量20%~25%,呈微鳞片状,分布于白云石的粒间,总体上有一定的方向性;石英含量小于10%,呈粒状集合体状或细叶片状聚集体出现;方解石含量小于5%,呈微粒状集合体或细脉状分布于白云石中。岩

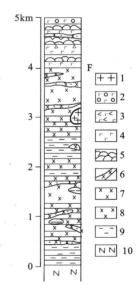

图3-4　洞错蛇绿岩综合柱状图
1.斜长花岗岩;2.杏仁玄武岩;
3.角砾玄武岩;4.块状玄武岩;
5.枕状玄武岩;6.辉绿岩岩墙(床);
7.均质辉长岩;8.层状辉长岩;
9.橄长岩;10.地幔橄榄岩

石中含有金属矿物铬尖晶石，一般为半自形晶，有的为四边形、三边形，褐红色，半透明，其边缘常具暗红色。该类岩石一般是由于气液作用，产生极强的碳酸盐化，以致碳酸盐全部替代了橄榄石或辉石，成为碳酸盐交代岩，然后由于构造作用，主要为定向碎裂，形成了许多定向的裂隙或空隙，然后再次发生硅化——微粒状的硅质沿裂隙或空隙充填，形成了定向的石英脉。

强蛇纹石化斜辉橄榄岩 假斑结构、网格结构。岩石遭受强烈的蛇纹石化，多数斜方辉石蚀变为绢石，橄榄石全部蚀变为网格状蛇纹石。岩石主要由纤维状蛇纹石组成网格，网眼中心分布叶蛇纹石。绢石为残余斜方辉石，呈假斑，不均匀分布于岩石之中，形状多呈他形、不规则形状，粒径一般为 1～5mm。铬尖晶石呈自形、半自形，粒径 0.3～0.5mm，中心部位半透明，棕褐色，不均匀星散分布。

地幔橄榄岩中一些特征矿物特征如下：

橄榄石，半自形—他形粒状，粒径在 1～5mm 之间，含量在 80%～90%之间。橄榄石多数发生了蛇纹石化，在晶体核部仍保留有残留的橄榄石，呈卵斑状产出。在橄榄石之间的空隙中，局部地方充填结晶有辉石，岩石结构类似于堆晶岩。

斜方辉石，他形粒状，淡粉色多色性，最高干涉色一级橙，平行消光，常在橄榄石粒间结晶，并发生了一定程度的绢石化，含量在 5%左右。镜下可见包橄结构。

单斜辉石，他形粒状，无色，最高干涉色二级黄，斜消光，常在橄榄石粒间结晶，并发生了一定程度的绢石化，含量在 5%左右。

地幔橄榄岩中还普遍发育了地幔岩特有的组构，如原粒结构、后成和晶结构，熔融残构，不一致熔融相转变结构等，这也是它们熔融残余的标志。

2. 堆晶岩

在洞错的舍拉玛沟及拉它沟中均保留由较好堆晶岩（图版Ⅲ，3），其中舍拉玛沟的堆晶岩可达 3km，拉它沟中厚度近 1000m。下伏为变橄榄岩，中下部堆晶岩发育，其中多有辉绿岩岩墙侵入。这些堆晶岩由一套含长的超镁铁岩—含长纯橄岩—长橄岩—橄长岩—含长橄榄岩—镁铁堆晶岩—层状辉长岩组成。具明显的层状构造，但缺失韵律，均质辉长岩较常见，此类型堆晶岩属地幔橄榄岩（P）—橄长岩（T）—橄榄辉长岩（G）系列（即 PTG 系列），在扎西错等地堆晶岩厚达 1000m 以上，由单辉橄榄岩、二辉辉石岩和辉长岩等组成，属地幔橄榄岩（P）—辉石岩（异剥橄榄岩）（P）—辉长岩（G）系列（即 PPG 系列）。在去申拉西侧即拉它沟中可见高层位的浅色分异体斜长岩。

蚀变单辉橄榄岩 岩石呈深灰色，半自形粒状结构，交代结构，块状构造。主要由橄榄石、单斜辉石和斜长石组成。橄榄石含量 60%～65%，呈自形半自形粒状，大小一般为 2～4mm，部分 1～2mm，常被蛇纹石、闪石、包林皂石等交代，大部分呈假象产出，析出镁铁矿呈网状分布，少量残者是平行消光；辉石为单斜辉石，他形粒状，填隙状分布，大小一般为 2～6mm，局部被滑石、方解石和透闪石交代，含量 20%～25%；斜长石半自形—他形粒状，零星分布，其边部多有黝帘石交代，含量约 10%；副矿物主要为镁铁矿、磷灰石；次生矿物有透闪石、方解石，包林皂石、滑石、绿泥石、黝帘石等。

辉长岩 岩石呈灰色，半自形粒状结构，辉长结构。矿物成分：基性斜长石含量约 55%～60%，多为半自形晶粒状，常有卡氏双晶—卡钠双晶，还有肖钠双晶，双晶纹较宽，粒径 2～4mm；单斜辉石含量约 40%～45%，为半自形—他形粒状，一般与基性斜长石呈镶嵌状，有的辉石包裹有小长板柱状—斜长石自形晶，在与斜长石镶嵌的同时，辉石边缘有枝杈状形态填于斜长石的粒间隙中，或有单独的枝杈状、他形状辉石填于斜长石粒间，辉石的消光角 $C \wedge Ng$ 为 40°左右，许多辉石中有沿其解理析出的细条斜长石、平行排列。岩石中还含有少量的磁铁矿和榍石等副矿物。宏观特征见图版（图版Ⅲ，4、5）。

橄榄辉长岩 岩石呈半自形粒状，块状构造。主要由橄榄石、辉石和斜长石组成。橄榄石呈自形粒状，大小 2～4mm，常被蛇纹岩、包林皂石和透闪石交代，网状裂纹发育，部分呈假象产出，含量约 25%；辉石主要为单斜辉石，大小一般为 2～5mm，镶嵌状分布，局部斜方辉石呈包体状分布于单斜辉石中，局部呈条纹状分布于单斜辉石内，辉石含量 25%～30%；斜长石呈半自形板状，含量 45%～50%；副矿物主要为镁铁矿。

斜长岩 与辉长岩相伴出现,呈灰白色,半自形粒状结构,块状构造。岩石主要由斜长石和少量辉石组成。斜长石半自形板状,大小一般为2～5mm,定向分布,卡钠复合双晶发育,部分呈波状消光,含量90%～95%;辉石以单斜辉石为主,半自形—他形粒状,多呈填隙状分布,常被透闪石、绿帘石等交代,含量5%～10%;副矿物镁铁矿和磷灰石。

3. 枕状熔岩及基性熔岩

枕状熔岩主要分布于洞错乡西北尼龙普一带,具典型的枕状构造,由于第四系覆盖,未见顶底,可见厚度大于300m。由多个岩流单元组成,每一个岩流底部枕状体少,但枕体较大,多呈长椭圆形,长轴一般40～60cm,大者达1～1.2m,枕状体之间碎角砾岩不甚发育,岩石总体结晶较差;中部多为块状玄武岩,岩石结晶程度较好;顶部枕状玄武岩枕状体发育,但枕体较小,多成近圆形,直径一般为10～30cm,枕状体之间淬碎角砾岩十分发育。枕状熔岩呈灰绿色,少斑结构,斑晶为自形—半自形板状斜长石,均已钠黝帘石化,呈假象产出,含量1%～2%;基质结构在岩流单元,甚至在枕状体的不同部位差异较大,枕状体边缘主要为隐晶质、间隐结构,枕体中心和岩流单元中部为似间粒和微晶结构,主要由斜长石和辉石组成。斜长石呈自形—半自形细小长板条状,均已钠黝帘石化,含量约45%～50%;辉石均呈假象产出,被次闪石、绿泥石交代,多呈纤维状分布,含量40%～45%;副矿物为镁铁矿和磷灰石。岩石已蚀变成细碧岩。淬碎角砾岩分布于枕状体之间,角砾成近等轴棱角状,含量60%～70%,由水化学沉淀物硅质和少量钙质胶结。

基性熔岩主要见有玄武岩(细碧岩)和粗玄岩。

玄武岩(细碧岩) 斑状结构、基质羽毛状结构、束状结构。斑晶成分主要为暗色矿物,含量约5%,粒径0.3～1mm,自形,大部蚀变,蚀变为方解石、白云石,根据假象,推测可能为橄榄石。基质成分:钠长石纤维含量约47%,方解石、白云石3%±,雏晶辉石40%、绿泥石5%±。基质大多呈毛状、束状。岩石中有后期方解石、绿泥石细脉穿插分布,脉宽0.1～0.2mm。

粗玄岩 岩石呈灰色,间粒—间隐结构,块状构造。矿物成分:基性斜长石≥45%,单斜辉石含量<40%,玻璃质>10%,磁铁矿<5%。基性辉石含量<40%,玻璃质>10%,磁铁矿<5%。基性斜长石呈细长板柱状,长宽比一般为(6～8):1,更长石为(10～12):1,其卡钠双晶不发育,常为简单双晶,常杂乱分布,构成格架状,在格架空隙或粒间隙中充填有辉石、磁铁矿。辉石为他形粒状,填于斜长石间隙中,一般为单独填隙。玻璃质一般为独立填隙,或与磁铁矿在一起填隙。岩石中还有晚期的绿帘石脉和碳酸盐脉穿插。

4. 席状岩墙群

主要分布于舍拉玛沟及拉它沟。岩性有辉长辉绿岩、辉绿岩等。岩墙群出露宽度为100～500m,两侧均被第四系覆盖,呈近东西向展布,单个岩墙厚度一般为30～60cm,岩墙有冷凝边,部分地段发育不对称冷凝边。岩性主要为辉绿岩、辉长辉绿岩。岩石具斑状结构,斑晶主要为单斜辉岩,自形—半自形粒状,大小一般为2～3mm,被改造岩石交代,多呈假象产出,含量10%～15%。斜长石斑晶少量;基质为辉长辉绿结构,局部有含长结构及粒玄结构,由斜长石(25%～30%)和辉石(55%～60%)组成。斜长石呈自形—半自形板条状,被黝帘石和绢云母交代,呈假象产出,少量残留;辉石主要为单斜辉石,呈半自形—他形粒状,粒径为0.5～1mm,内部常有半自形斜长石包体,多被透闪石交代为假象,少量残留;副矿物有镁铁矿、磷灰石和钛铁矿。另外在岩墙群中还可见一群与席状岩墙大角度斜交的辉绿色岩墙,岩石中辉石均被透闪石交代,呈假象产出,含量约70%。斜长石几乎全部黝帘石化,偶见残余的半自形板状斜长石,含量约30%。

5. 放射虫硅质岩

放射虫硅质岩、泥硅质岩、页岩为远洋沉积物,实际上它并不是蛇绿岩的组成端元,而是蛇绿岩的上覆岩系(张旗,1997c)蛇绿岩的上覆岩系位于洋壳的顶部,由于洋壳的俯冲而被仰冲上来,呈混杂堆积分布在蛇绿岩中,或单独产出。如果在一个造山带中识别出上覆岩系的端元,也能代表古洋盆的封闭位置。因此，蛇绿岩上覆岩系与蛇绿岩一样具有重要的研究意义。硅质岩及其伴生岩系在鉴别有无洋盆存在方面具有较大的地质意义。

区内硅质岩主要分布于洞错拉他、舍拉玛等地。岩性为灰—蛋青色薄层硅质岩夹灰黑色极薄层泥岩。可见两种沉积韵律：一种为灰色薄层含放射虫硅质岩（3～5cm）—灰色中薄层泥硅质岩（10～15cm）—黑色页岩（1～3cm）组成韵律；另一种为灰色薄硅质岩（1.2m）与灰黑色薄层页岩（10～15cm）组成。硅质岩单层厚一般为 3～8cm，个别达 10～15cm，致密坚硬，生屑隐晶结构，层状、缝合线和块状构造，主要由生屑（放射虫及骨针，10%～40%）和硅质（50%～90%）组成；黑色泥岩由粘土矿物（80%）和隐晶硅质（5%～10%）组成。

（三）洞错蛇绿岩（组）岩石化学及地球化学特征

测区蛇绿岩经历了多次构造事件，遭受了不同程度蚀变和变质，尤其是超基性岩多被蛇纹石化。因而尽量选择蚀变弱、变质程度较低的样品测试，前人样品在本带采集很不系统，大多数只有主量元素，没有微量元素。其分析项目与本项目的分析有些差异，本书只采用自己的分析结果。

1. 岩石化学特征

测区洞错蛇绿岩地幔橄榄岩及堆晶岩岩石化学分析结果见表 3-1。其 CIPW 标准矿物计算结果及特征参数见表 3-2。

表 3-1　测区洞错蛇绿岩地幔橄榄岩及堆晶岩岩石化学分析结果表

序号	样号	岩石名称	地质单元	氧化物含量（$\times10^{-2}$）												
				SiO_2	Al_2O_3	Fe_2O_3	FeO	CaO	MgO	K_2O	Na_2O	TiO_2	P_2O_5	MnO	Loss	Toal
1	1239GS2	斜辉橄榄岩	地幔橄榄岩	41.48	1.96	2.9	4.71	2.10	38.08	0.023	0.24	0.055	0.0073	0.17	7.74	99.47
2	SP2GS1	斜辉橄榄岩		42.26	1.97	2.32	5.96	2.13	39.50	0.022	0.18	0.028	0.0074	0.12	4.98	99.48
3	SP17GS1	纯橄榄岩		37.78	1.92	6.74	1.81	0.15	37.52	0.005	0.022	0.032	0.041	0.087	12.50	98.61
4	4275GS1	纯橄榄岩		39.8	0.65	6.07	0.56	0.33	38.62	0.12	0.13	0.08	0.02	0.10	13.06	99.54
平均				40.33	1.63	4.51	3.26	1.18	38.43	0.04	0.14	0.05	0.02	0.12	9.57	99.27
5	DCGS1	全蚀变纯橄榄岩	地幔橄榄岩	0.62	0.68	4.93	0.33	29.36	19.00	0.12	0.50	0.03	0.06	0.17	44.36	100.16
6	DCGS2	全蚀变纯橄榄岩		2.00	0.68	8.01	0.26	27.72	18.29	0.12	0.45	0.03	0.04	0.12	42.41	100.13
7	2432GS1	碳酸盐化超基性岩		52.89	0.51	0.083	3.30	0.65	19.32	0.013	0.016	0.008	0.003	0.08	22.65	99.52
8	SP3GS1	碳酸盐化超基性岩		38.14	0.33	0.77	4.90	0.59	24.74	0.013	0.014	0.01	0.011	0.12	29.32	98.96
9	SP13GS1	碳酸盐化超基性岩		28.8	0.22	3.23	2.71	0.57	30.31	0.01	0.026	0.013	0.041	0.086	33.72	99.74
平均				24.49	0.48	3.40	2.30	11.78	22.33	0.06	0.20	0.02	0.03	0.12	34.49	99.70
10	SP9GS1	二辉辉橄岩	堆晶岩类	41.27	0.72	1.95	5.12	1.23	41.89	0.0085	0.047	0.035	0.039	0.12	5.78	98.21
11	SP12GS1	橄榄斜方辉石岩		45.18	2.97	1.86	5.75	2.74	37.33	0.042	0.45	0.049	0.068	0.13	2.72	99.29
平均				43.23	1.85	1.91	5.44	1.99	39.61	0.03	0.25	0.04	0.05	0.13	4.25	98.75
12	SP15GS1	辉长岩	堆晶岩类	49.18	16.97	1.35	3.05	18.14	8.16	0.11	1.67	0.23	0.032	0.098	1.04	100.03
13	4275GS2	辉长岩		46.92	17.59	1.74	5.23	13.19	10.26	0.12	0.78	0.23	0.02	0.15	3.60	99.83
14	SP16GS1	辉长岩		48.08	16.27	1.71	4.58	15.45	10.12	0.11	1.63	0.24	0.043	0.12	1.06	99.41
15	SP16GS2	角闪辉石辉长岩		49.46	15.9	3.68	4.2	14.36	10.05	0.058	1.54	0.35	0.034	0.14	0.36	100.13
16	SB-GS1	辉长岩		47.58	18.71	1.11	3.05	19.37	6.91	0.18	1.20	0.30	0.02	0.13	1.40	99.96
17	SB-GS2	辉长岩		47.56	16.68	1.70	3.15	18.73	9.10	0.12	0.90	0.30	0.03	0.13	1.55	99.95
平均				48.13	17.02	1.88	3.88	16.54	9.10	0.12	1.29	0.28	0.03	0.13	1.50	99.89

表 3-2 测区洞错蛇绿岩地幔橄榄岩及堆晶岩 CIPW 标准矿物及特征参数表

序号	样号	岩石名称	地质单元	CIPW 标准矿物含量($\times10^{-2}$)															特征参数					
				Q	An	Ab	Or	Ne	Kp	C	Di	Hy	Ol	Cs	Ac	Ns	Il	Mt	$Mg^{\#}$	DI	A/CNK	SI	AR	σ_{43}
1	1239GS2	斜辉橄榄岩	地幔橄榄岩	0	4.59	2.22	0.15	0	0	0	5.29	21.4	63.26	0	0	0.11	2.97	0.02	91.60	6.95	0.462	83.05	1.14	0.04
2	SP2GS1	斜辉橄榄岩		0	4.77	1.61	0.14	0	0	0	5.01	20.11	65.11	0	0	0.06	3.19	0.02	91.15	6.52	0.47	82.36	1.1	0.03
3	SP17GS1	纯橄榄岩		0	0.56	0.22	0.03	0	0	1.99	0	28.71	65.18	0	0	0.07	3.13	0.11	90.90	0.8	6.108	82.27	1.03	0
4	4275GS1	纯橄榄岩		0	0.97	1.28	0.82	0	0	0	0.61	29.78	63.78	0	0	0.18	2.52	0.05	93.08	3.07	0.689	85.74	1.68	0.03
平均				0.00	2.72	1.33	0.29	0.00	0.00	0.50	2.73	25.00	64.33	0.00	0.00	0.11	2.95	0.05	91.68	4.34	1.93	83.36	1.24	0.03
5	DCGS1	全蚀变纯橄榄岩	地幔橄榄岩	0	0	0	0	2.77	0.73	0	0	0	71.55	81.24	2.17	0.1	0	0.25	89.32	3.5	0.013	77.78	1.04	−0.03
6	DCGS2	全蚀变纯橄榄岩		0	0	0	0	2.69	0.71	0	0	0	72.87	74.56	1.51	0.1	0.99	0.16	83.70	3.4	0.013	69.29	1.04	−0.03
7	2432GS1	碳酸盐化超基性岩		26.26	1.67	0.18	0.1	0	0	0	1.97	69.64	0	0	0	0.02	0.16	0.01	92.31	28.2	0.417	84.99	1.05	0
8	SP3GS1	碳酸盐化超基性岩		0	1.15	0.17	0.11	0	0	0	2.33	82.08	12.5	0	0	0.03	1.6	0.04	90.27	1.43	0.297	81.28	1.06	0
9	SP13GS1	碳酸盐化超基性岩		0	0.69	0.33	0.09	0	0	0	2.52	17.55	76.22	0	0	0.04	2.42	0.14	91.88	1.11	0.202	84.02	1.1	0
平均				5.25	0.70	0.14	0.06	1.09	0.29	0.00	1.36				0.74	0.06	1.03	0.12	89.72	7.53	0.19	79.47	1.06	
10	SP9GS1	二辉辉橄岩	堆晶岩类	0	1.87	0.43	0.05	0	0	0	3.5	21.06	70.21	0	0	0.07	2.7	0.1	92.74	2.35	0.31	85.5	1.06	0
11	SP12GS1	橄榄斜方辉石岩		0	6.17	3.94	0.26	0	0	0	5.85	26.81	53.91	0	0	0.1	2.79	0.16	91.34	10.37	0.515	82.17	1.19	0.07
平均				0.00	4.02	2.19	0.16	0.00	0.00	0.00	4.68	24	62	0.00	0.00	0.09	2.75	0.13	92.08	6.36	0.41	83.84	1.13	0.04
12	SP15GS1	辉长岩	堆晶岩类	0	38.88	11.51	0.66	1.5	0	0	41.15	0	3.82	0	0	0.44	1.98	0.07	80.05	52.55	0.473	56.9	1.11	0.48
13	4275GS2	辉长岩		0	45.87	6.86	0.74	0	0	0	17.6	24.01	1.8	0	0	0.45	2.62	0.05	76.00	53.47	0.693	56.59	1.06	0.15
14	SP16GS1	辉长岩		0	37.37	14.02	0.66	0	0	0	32.13	1.34	11.4	0	0	0.46	2.52	0.1	77.62	52.05	0.527	55.76	1.12	0.53
15	SP16GS2	角闪辉石辉长岩		0	36.43	13.08	0.34	0	0	0	27.85	14.77	3.25	0	0	0.67	3.53	0.08	73.72	49.85	0.554	51.8	1.11	0.39
16	SB-GS1	辉长岩		0	45.79	5.41	1.08	2.65	0	0	41.1	0	1.71	0	0	0.58	1.63	0.05	78.16	54.93	0.5	55.5	1.08	0.37
17	SB-GS2	辉长岩		0	41.8	6.63	0.72	0.6	0	0	41.67	0	5.86	0	0	0.58	2.08	0.07	80.31	49.75	0.468	60.91	1.06	0.2
平均				0.00	41.0	9.59	0.70	0.79	0.00	0.00	33.6	6.69	4.64	0.00	0.00	0.53	2.39	0.07	77.41	52.10	0.54	56.24	1.09	0.35

1）地幔橄榄岩

SiO_2含量变化于37.78%～42.26%，平均为40.33%，MgO含量变化于37.52%～39.5%，平均为38.62%，TiO_2含量在0.028%～0.08%之间，平均为0.05%，Al_2O_3含量较低，变化于0.65%～1.97%，平均为1.63%，K_2O含量较低，变化于0.005%～0.12%，平均为0.04%。与世界其他地区的地幔橄榄岩相比，总体上以贫K_2O、TiO_2，富MgO为特征。$Mg^{\#}$变化于90.90～93.08，平均为91.68，数值较高，为镁质橄榄岩，反映了源区为幔源物质。CIPW标准矿物无Q、C，表明SiO_2、Al_2O_3为不饱和状态，出现大量的橄榄石分子Ol，含量变化于63.26%～65.18%，其标准矿物组合为An+Ab+Or+Ol+Di+Hy。与阿尔卑斯型地幔橄榄岩相似，本书认为地幔橄榄岩代表了具有较高熔融程度的地幔熔融残余物质。

2）堆晶岩类

主要分为两类，一类为斜方辉石(橄)岩，另一类为辉长岩类，前者SiO_2含量平均为43.23%，Al_2O_3含量变化于0.72%～2.97%，平均为1.85%，MgO变化于37.33%～41.89%，平均为39.61%，TiO_2平均为0.042%，K_2O平均为0.025%，FeO平均为5.44%，总体看以贫Al_2O_3、K_2O、TiO_2、FeO，富MgO为特征，$Mg^{\#}$平均为92.08，这些特征与世界地幔橄榄岩的特征相似，说明堆晶岩中的这部分岩石是在地幔橄榄岩部分熔融形成的岩浆，而后经岩浆结晶分异所形成的。其源区也显示为幔源的特征。辉长岩类地球化学特征，SiO_2含量变化于46.92%～49.46%，平均为48.13%；MgO变化于6.91%～10.12%，平均为9.1%；CaO含量变化于13.19%～19.37%，平均为16.54%，TiO_2变化于0.23%～0.35%，平均为0.30%，K_2O变化于0.06%～0.18%，平均为0.12%，总体上看，岩石具高CaO，中等MgO，低TiO_2、K_2O的特点。辉长岩CIPW标准矿物全部样品没有出现石英，说明SiO_2处于饱和状态，辉长岩中所有样品都没有出现刚玉分子C，说明Al_2O_3不饱和。岩石所有样品都出现了橄榄岩(Ol)，透辉石(Di)，紫苏辉石(Hy)，从中可以看出辉长岩的CIPW标准矿物组合为An+Ab+Or+Ol+Di+Hy。辉长岩$Mg^{\#}$变化于73.72～80.31之间，平均为52.1，表明分异程度中等。固结指数SI平均为56.24，一般来看，基性岩中的固结指数要高于40，本区样品特征数值与典型样品也是吻合的。过铝指数A/CNK变化于0.44～0.69，平均为0.54值较低，也暗示了物质来源是幔源的。里特曼指数σ变化于0.15～0.48，平均为0.35，σ值较小，属于钙碱性。

3）玄武岩

测区洞错蛇绿岩中玄武岩岩石化学成分分析结果见表3-3。其中CIPW标准矿物及特征参数见表3-4。

表3-3　测区洞错蛇绿岩中玄武岩及岩墙岩石化学分析结果表

序号	样号	岩石名称	氧化物含量($\times10^{-2}$)												
			SiO_2	Al_2O_3	Fe_2O_3	FeO	CaO	MgO	K_2O	Na_2O	TiO_2	P_2O_5	MnO	Loss	Toal
1	ZXGS5	玄武岩	49.84	13.35	7.68	4.43	8.23	4.46	0.95	4.58	3.05	0.23	0.16	2.67	99.63
2	ZXGS6	玄武岩	49.83	11.88	6.17	3.99	11.90	6.37	0.46	4.00	2.65	0.13	0.23	2.90	100.06
3	ZXGS7	玄武岩	48.26	12.02	8.17	3.99	9.62	8.01	1.07	3.37	2.70	0.12	0.19	2.78	100.30
4	ZXGS9	玄武岩	47.28	13.35	5.63	6.09	8.35	8.28	0.18	4.35	2.60	0.13	0.19	3.64	100.07
5	ZXGS11	玄武岩	41.74	12.40	5.09	5.50	14.30	8.91	2.51	1.97	2.65	0.12	0.20	4.47	99.86
平均			47.30	12.60	6.55	4.80	10.48	7.21	1.03	3.65	2.73	0.15	0.19	3.29	99.98
6	2431GS1	辉绿岩(岩墙)	52.85	13.20	0.99	8.68	5.76	3.74	0.057	3.86	1.68	0.12	0.22	7.18	98.34

表3-4　测区洞错蛇绿岩中玄武岩及岩墙CIPW标准矿物及特征参数表(岩石名称同表3-3)

序号	样号	CIPW标准矿物含量($\times10^{-2}$)														特征参数				
		Q	An	Ab	Or	Ne	Lc	Di	Hy	Ol	Cs	Il	Mt	Hm	Ap	DI	A/CNK	SI	AR	σ_{43}
1	ZXGS5	0	13.51	40.09	5.81	0	0	21.86	4.08	1.01	0	5.99	7.11	0	0.55	59.41	0.57	20.45	1.69	3.82
2	ZXGS6	0	13.52	31.21	2.80	2.01	0	37.12	0	2.26	0	5.19	5.57	0	0.31	49.54	0.41	30.71	1.46	2.66

续表 3-4

序号	样号	CIPW 标准矿物含量($\times10^{-2}$)														特征参数				
		Q	An	Ab	Or	Ne	Lc	Di	Hy	Ol	Cs	Il	Mt	Hm	Ap	DI	A/CNK	SI	AR	σ_{43}
3	ZXGS7	0	14.94	29.36	6.51	0	0	26.68	1.72	8.72	0	5.28	6.51	0	0.29	50.80	0.50	33.06	1.52	3.13
4	ZXGS9	0	17	35.61	1.10	1.42	0	20.08	0	12.93	0	5.13	6.42	0	0.31	55.13	0.59	33.94	1.53	3.63
5	ZXGS11	0	18.46	0	0	9.48	12.21	40	0	7.26	1.55	5.28	5.47	0	0.29	40.15	0.39	37.39	1.40	26.78
平均		0.00	15.49	27.25	3.24	2.58	2.44	29.15	1.16	6.44	0.31	5.37	6.22	0.00	0.35	51.01	0.49	31.11	1.52	8.00
6	2431GS1	9.65	20.32	35.83	0.37	0	0	8.50	19.96	0	0	3.50	1.57	0	0.31	66.17	0.78	21.58	1.52	1.23

从表 3-3 可以看出，洞错蛇绿岩中的玄武岩 SiO_2 含量变化于 41.74%～49.84%，平均为 47.30%；Al_2O_3 含量变化于 11.88%～13.35%，CaO 含量变化于 8.23%～14.30%，平均为 10.48%；MgO 平均为 7.21%；TiO_2 平均为 2.73%；全碱含量变化于 4.44～5.52，平均为 4.69%，大部分样品 K_2O/Na_2O 比值小于 0.4，说明岩石钾质含量低。总体看玄武岩具有中等 Al_2O_3。中等高钛镁钙，低钾的特点，具有与洋中脊玄武岩相类似的地球化学特征。

CIPW 标准矿物，所有样品均未出现刚玉分子 C，出现了橄榄石 Ol，大部分样品还出现了霞石分子 Ne，表明为不饱和状态。CIPW 标准矿物组合为 An＋Ab＋Or＋Ol＋Ne。

分异指数 DI 变化于 40.15～59.41，平均为 51.01，分异程度中等。SI 变化于 20.45～37.39，平均为 31.11。碱度率（AR）变化于 1.4～1.69，平均为 1.52。过铝指数 A/CNK 变化于 0.39～0.59，平均为 0.49，暗示了岩浆源区为幔源的特点。

在 TAS 图解中（图 3-5），全部样品落入玄武岩区，同时也落到 R 区，属碱性系列岩，这些与上述地球化学特征也是一致的。

4）岩墙群

洞错蛇绿岩中岩墙群样品较少，其岩石化学成分分析结果及 CIPW 标准矿物列于表 3-3、表 3-4。SiO_2 为 52.85%，FeO 较高，低 K_2O 和 P_2O_5，K_2O 为 0.057%，K_2O/Na_2O 为 0.01，P_2O_5 含量为 0.12%。CIPW 标准矿物中出现石英，处于过饱和状态，没有出现刚玉分子 C，属贫铝系列，标准矿物组合为 Q＋An＋Ab＋Or＋Di＋Hy。分异指数 DI 为 66.17，固结指数 SI 为 21.58，σ 为 1.23，属钙碱性系列。综合来看，岩墙为贫铝钠质钙碱性岩石。

2. 稀土元素特征

1）地幔橄榄岩

地幔橄榄岩稀土元素丰度见表 3-5。岩石稀土总量（$\sum$REE）普遍较低，变化于（5.15～7.57）×10^{-6}，平均为 5.91×10^{-6}，LREE/HREE 平均为 2.75。δEu 变化于 0.76～1.37，有的具正异常，有的具负异常。在其稀土配分图中（图 3-6），配分曲线右倾，轻稀土分馏程度好，轻稀土富集，重稀土表现多个锯齿状，可能是由于实验时误差所致。大部分样品具有弱的铕异常，说明源区存在有斜长石。从以上看地幔橄榄岩的稀土含量甚低，本书认为可能是地幔交代的结果。

本次工作还获得了几个碳酸盐化超基性岩的地球化学数据，经野外实地考证，认为是地幔橄榄岩经蚀变而成的。其稀土配分曲线（图 3-7），不具规律性，总体表现出多个锯齿状。对变质橄榄岩来讲，一般认为在样品测试结果可信的情况下，造成曲线的不规则，或轻稀土富集，可能是变质交代、蚀变的结果（Frey，1984），加上本区变质橄榄岩已强烈蚀变、揉皱变形等，认为轻稀土是变质、交代；蚀变的结果。根据最新资料，地幔橄榄岩稀土元素轻稀土富集，可能指示地幔橄榄岩先经历了强的部分熔融，后经历了俯冲消减过程中流体交代。综合以上所述及前人研究成果认为本地区地幔橄榄岩的轻稀土富集是由于在岩浆部分熔融后期经俯冲消减有流体参与了交代所致。

2）堆晶岩

堆晶岩稀土元素丰度见表 3-5，辉石（橄）岩平均稀土元素总量为 3.36×10^{-6}，LREE/HREE 为 1.54。

表 3-5　测区洞错蛇绿岩地幔橄榄岩及堆晶岩稀土元素分析结果及特征参数表

序号	样号	岩石名称	地质单元	稀土元素($\times10^{-6}$)															特征参数		
				La	Ce	Pr	Nd	Sm	Eu	Gd	Tb	Dy	Ho	Er	Tm	Yb	Lu	Y	ΣREE	LREE/HREE	δEu
1	1239GS2	斜辉橄榄岩	地幔橄榄岩	2.18	2.81	0.19	0.58	0.10	0.041	0.17	0.028	0.19	0.035	0.085	0.012	0.10	0.015	1.03	7.57	3.54	0.95
2	SP2GS1	斜辉橄榄岩		0.77	0.84	0.10	0.48	0.11	0.047	0.095	0.019	0.20	0.04	0.077	0.01	0.071	0.01	2.28	5.15	0.84	1.37
3	SP17GS1	纯橄榄岩		1.56	1.57	0.18	0.72	0.12	0.048	0.20	0.028	0.13	0.01	0.019	0.01	0.029	0.01	0.90	5.53	3.14	0.94
4	4275GS1	纯橄榄岩		1.11	2.19	0.14	0.55	0.16	0.039	0.15	0.028	0.20	0.042	0.10	0.016	0.072	0.013	0.58	5.39	3.49	0.76
平均				1.41	1.85	0.15	0.58	0.12	0.04	0.15	0.03	0.18	0.03	0.07	0.01	0.07	0.01	1.20	5.91	2.75	1.01
5	DCGS1	全蚀变纯橄榄岩	地幔橄榄岩	3.50	7.35	0.59	1.45	0.46	0.053	0.39	0.038	0.062	0.017	0.051	0.010	0.096	0.019	0.75	14.84	9.35	0.37
6	DCGS2	全蚀变纯橄榄岩		0.69	1.11	0.14	0.53	0.16	0.037	0.17	0.028	0.20	0.034	0.10	0.011	0.071	0.016	0.52	3.82	2.32	0.68
7	2432GS1	碳酸盐化超基性岩		1.10	2.05	0.28	1.02	0.35	0.12	0.48	0.10	0.65	0.14	0.43	0.066	0.43	0.069	1.23	8.52	1.37	0.90
8	SP3GS1	碳酸盐化超基性岩		1.59	1.47	0.15	0.80	0.10	0.037	0.10	0.011	0.092	0.01	0.073	0.01	0.05	0.01	0.24	4.74	6.96	1.12
9	SP13GS1	碳酸盐化超基性岩		1.20	1.83	0.11	0.46	0.01	0.028	0.028	0.01	0.056	0.01	0.014	0.01	0.01	0.01	0.21	4.00	10.16	4.79
平均				1.62	2.76	0.25	0.85	0.22	0.06	0.23	0.04	0.21	0.04	0.13	0.02	0.13	0.02	0.59	7.18	6.03	1.57
10	SP9GS1	二辉辉橄岩	堆晶岩类	0.21	0.58	0.066	0.29	0.059	0.03	0.12	0.017	0.11	0.01	0.025	0.01	0.01	0.01	0.42	1.97	1.69	1.07
11	SP12GS1	橄榄斜方辉石岩		1.16	0.98	0.11	0.37	0.11	0.031	0.15	0.034	0.24	0.059	0.14	0.02	0.13	0.01	1.2	4.74	1.39	0.74
平均				0.69	0.78	0.09	0.33	0.08	0.03	0.14	0.03	0.18	0.03	0.08	0.02	0.07	0.01	0.81	3.36	1.54	0.90
12	SP15GS1	辉长岩	堆晶岩类	1.05	1.96	0.28	1.82	0.71	0.31	1	0.19	1.51	0.29	0.92	0.16	0.78	0.11	7.30	18.39	0.50	1.12
13	4275GS2	辉长岩		0.30	0.59	0.070	0.40	0.34	0.33	0.79	0.11	1.22	0.21	0.83	0.11	0.59	0.085	5.15	11.13	0.22	1.88
14	SP16GS1	辉长岩		1.15	1.86	0.36	1.87	0.56	0.36	1.01	0.23	1.71	0.40	1.09	0.16	0.83	0.11	7.99	19.69	0.46	1.45
15	SP16GS2	角闪辉石辉长岩		1.50	2.94	0.47	2.35	0.64	0.38	1.11	0.23	1.77	0.41	1.29	0.19	0.98	0.13	8.56	22.95	0.56	1.37
16	SB-GS1	辉长岩		2.83	4.10	0.48	2.10	0.62	0.28	1.02	0.18	1.20	0.24	0.79	0.11	0.61	0.095	5.60	20.26	1.06	1.07
17	SB-GS2	辉长岩		3.50	4.82	0.55	2.07	0.65	0.22	0.65	0.11	0.66	0.13	0.35	0.052	0.31	0.060	2.29	16.42	2.56	1.02
平均				1.72	2.71	0.37	1.77	0.59	0.31	0.93	0.18	1.35	0.28	0.88	0.13	0.68	0.10	6.15	18.14	0.89	1.32

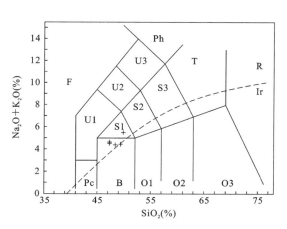

图 3-5 测区洞错蛇绿岩中玄武岩 TAS 图解

（据 LeBos 等，1986；IUGS，1989）

B：玄武岩；O1：玄武安山岩；O2：安山岩；O3：英安岩；
S1：粗面玄武岩；S2：玄武质粗面安山岩；S3：粗面安山岩；
T：粗面岩和粗面英安岩；R：流纹岩；U1：碱玄岩或碧玄岩；
U2：响岩质碱玄岩；U3：碱玄质响岩；Ph：响岩；Pc：苦橄玄武岩

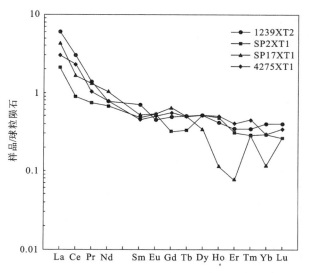

图 3-6 洞错蛇绿岩地幔橄榄岩稀土元素球粒陨石标准化分布型式图

辉长岩稀土总量为$(11.13\sim22.95)\times10^{-6}$，平均为$18.14\times10^{-6}$，稀土元素总量依旧很低；LREE/HREE 变化于 0.22～2.56，变化幅度较大，这可能是由于岩石中不同程度的矿物含量不同所造成的；δEu 变化于 1.02～1.88，皆大于 1，具有铕不同程度的正异常。在稀土元素球粒陨石标准化图中(图 3-8)，堆晶辉石(橄)岩的曲线位于辉长岩曲线下方，说明其稀土总量要低于辉长岩的稀土总量，随着岩浆分离结晶的程度在逐渐加强。总体看，曲线显示出近平坦型，轻重稀土分馏都不明显，部分样品 LREE 表现轻微富集，部分样品表现轻微亏损。

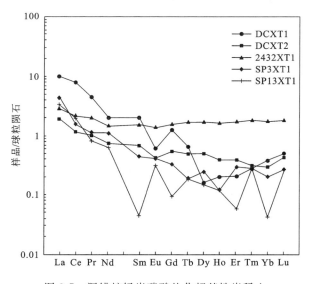

图 3-7 洞错蛇绿岩碳酸盐化超基性岩稀土元素球粒陨石标准化分布型式图

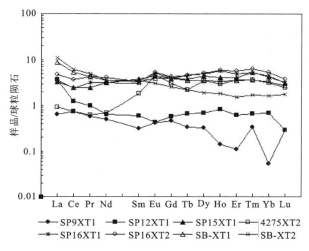

图 3-8 洞错蛇绿岩中堆晶岩稀土元素球粒陨石标准化分布型式图

3) 玄武岩

玄武岩稀土元素丰度见表 3-6，稀土总量(∑REE)变化于$(113.37\sim174.49)\times10^{-6}$，平均为$143.28\times10^{-6}$；轻、重稀土比值 LREE/HREE 变化于 1.99～2.71，平均为 2.36，表明属轻稀土富集型。δEu 都趋

近于1,变化于0.90~1.09,表明 Eu 基本正常,铕异常不明显,源区无或者含有少量的斜长石,在稀土配分图曲线中(图3-9),曲线大至呈30°角向右倾斜,轻、重稀土分馏明显,轻稀土富集。与 P 型洋中脊玄武岩相似,反映了其源区物质来自于富集地幔。

表 3-6 测区洞错蛇绿岩中玄武岩及岩墙稀土元素分析结果及特征参数表

序号	样号	岩石名称	稀土元素(10^{-6})															特征参数		
			La	Ce	Pr	Nd	Sm	Eu	Gd	Tb	Dy	Ho	Er	Tm	Yb	Lu	Y	ΣREE	LREE/HREE	δEu
1	ZXGS5	玄武岩	27.1	50.7	6.11	29.9	7.20	2.32	7.72	1.27	6.82	1.15	3.16	0.43	2.46	0.35	27.8	174.49	2.41	0.95
2	ZXGS6	玄武岩	16.2	33.0	4.30	21.0	5.66	1.74	5.34	0.88	4.85	0.86	2.30	0.31	1.70	0.23	18.8	117.17	2.32	0.95
3	ZXGS7	玄武岩	26.2	47.5	5.91	26.6	7.28	2.16	7.14	1.09	6.26	1.12	3.11	0.47	2.54	0.37	26.6	164.35	2.37	0.90
4	ZXGS9	玄武岩	14.1	30.2	4.21	19.5	5.72	1.78	5.75	0.95	4.97	0.81	2.54	0.32	1.93	0.29	20.3	113.37	1.99	0.94
5	ZXGS11	玄武岩	23.4	46.0	5.26	24.6	5.96	2.12	5.79	0.81	5.19	0.88	2.58	0.38	1.88	0.25	21.9	147.00	2.71	1.09
	平均		21.40	41.48	5.16	24.32	6.36	2.02	6.35	1.00	5.62	0.96	2.74	0.38	2.10	0.30	23.08	143.28	2.36	0.97
6	2431GS1	辉绿岩(岩墙)	5.53	13.3	1.93	11.2	3.46	1.19	5.15	0.94	7	1.5	4.73	0.72	4.33	0.66	32.6	94.24	0.64	0.86

4)岩墙

岩墙稀土元素丰度见表3-6。稀土总量(ΣREE)为18.44×10^{-6},轻、重稀土比值为0.89,轻、重稀土分馏程度相当,δEu 为1.32,具 Eu 的正异常,可能是岩浆房堆晶作用晚期的产物。在稀土配分图中(图3-10),曲线接近呈一条直线,稀土分馏不明显。

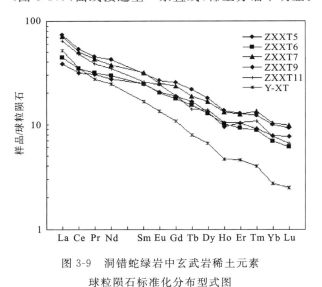

图 3-9 洞错蛇绿岩中玄武岩稀土元素球粒陨石标准化分布型式图

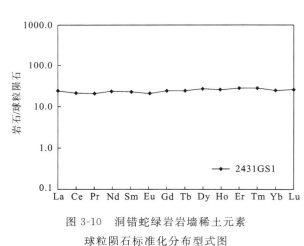

图 3-10 洞错蛇绿岩岩墙稀土元素球粒陨石标准化分布型式图

3. 微量元素特征

1)地幔橄榄岩

微量元素丰度见表3-7。在微量元素原始地幔蛛网图中(图3-11),放射性能生热元素 Th,非活动性元素 Ta;不相容元素 Zr、Hf 明显富集,大离子亲石元素 Ba,非活动性元素 Nb 明显亏损;大离子亲石元素 Sr 富集亏损各半。

表 3-7 测区洞错蛇绿岩地幔橄榄岩及堆晶岩微量元素分析结果表

序号	样号	岩石名称	地质单元	微量元素含量($\times10^{-6}$)														
				F^-	Cu	Pb	Zn	Cr	Ni	Co	Li	Rb	W	Mo	Sb	Bi	Hg	Sr
1	1239GS2	斜辉橄榄岩	地幔橄榄岩					1970	2450.00	87.60	5.15	7.20			0.12		0.07	1.54
2	SP2GS1	斜辉橄榄岩	地幔橄榄岩					2050	2190.00	82.00	9.05	7.60			0.22		0.07	3.37
3	SP17GS1	纯橄榄岩	地幔橄榄岩					1300	1430.00		2.85	7.50			0.14		0.33	<1
4	4275GS1	纯橄榄岩	地幔橄榄岩	38.8	5.90	<1	74.2	2200	2420	88.8	4.35	<0.1	1.86	0.49	1.34	0.076	0.28	<0.1
平均				9.70	1.48		18.55	1880	2122.50	64.60	5.35		0.47	0.12	0.46	0.02	0.19	
5	DCGS1	全蚀变纯橄榄岩	地幔橄榄岩	54.3	62.5	23.5	135	1180	1670	66.0	5.00	<0.1	1.81	1.97	2.38	0.030	0.11	291
6	DCGS2	全蚀变纯橄榄岩	地幔橄榄岩	89.8	11.7	50.4	222	1500	1480	80.0	6.65	0.600	1.68	1.00	6.56	0.054	0.36	473
7	2432GS1	碳酸盐化超基性岩	地幔橄榄岩					338	1090	39.20	26.10	8.10			0.69		0.06	5.34
8	SP3GS1	碳酸盐化超基性岩	地幔橄榄岩					1140	1520	48.40	39.60	7.75			2.20		3.96	51.50
9	SP13GS1	碳酸盐化超基性岩	地幔橄榄岩					863	1440	60.20	6.75	7.30			4.03		0.08	2.96
平均				28.82	14.84	14.78	71.40	1004	1440	58.76	16.82		0.70	0.59	3.17	0.02	0.91	
10	SP9GS1	二辉辉橄岩	堆晶岩类															
11	SP12GS1	橄榄斜方辉石岩	堆晶岩类					1270	2470	91.50	4.05	7.70			0.14		0.04	<1
平均				0.00	0.00	0.00	0.00	635	1235	45.75	2.03	3.85	0.00	0.00	0.07	0.00	0.02	
12	SP15GS1	辉长岩	堆晶岩类					2260	2130	84.20	4.45	5.70			0.34		0.10	<1
13	4275GS2	辉长岩	堆晶岩类					107	39.70	25.80	3.15	7.30			0.17		0.03	144.00
14	SP16GS1	辉长岩	堆晶岩类	43.3	80.3	34.4	67.6	700	110	39.0	6.30	<0.1	1.94	0.42	0.97	0.11	0.036	130
15	SP16GS2	角闪辉石辉长岩	堆晶岩类					363	93.80	31.50	2.35	8.80			0.14		0.04	120.00
16	SB-GS1	辉长岩	堆晶岩类					216	101.00	39.30	11.50	8.15			0.25		0.04	88.00
17	SB-GS2	辉长岩	堆晶岩类	39.1	30.5	33.6	68.6	95.2	44.4	25.7	3.80	<0.1	0.80	0.62	0.42	0.040	0.020	170
平均				13.73	18.47	11.33	22.70	624		40.92	5.26		0.46	0.17	0.38	0.03	0.04	

续表 3-7

序号	样号	岩石名称	地质单元	微量元素含量(×10⁻⁶)														
				Ba	V	Sc	Nb	Ta	Zr	Hf	Be	B	Ga	Sn	Au	Ag	Th	P
1	1239GS2	斜辉橄榄岩	地幔橄榄岩	<5	38.90	9.75	<1	<0.5	44.90	1.12	1.02		7.98		0.65	0.03	4.37	
2	SP2GS1	斜辉橄榄岩		<5	51.30	12.70	1.00	<0.5	68.40	2.10	1.00		7.69		0.75	0.02	0.97	
3	SP17GS1	纯橄榄岩		<5	17.00	6.96	1.00	0.64	47.90	1.68	1.29		12.90		1.60	0.01	0.60	
4	4275GS1	纯橄榄岩		<5	22.0	7.18	1.36	<0.5	28.7	1.21	0.58	164	7.62	1.30	0.45	0.028	1.73	124
平均					32.30	9.15			47.48	1.53	0.97	41.00	9.05	0.33	0.86	0.02	1.92	31.00
5	DCGS1	全蚀变纯橄榄岩	地幔橄榄岩	<5	19.0	6.06	<1	<0.5	49.8	1.95	<0.2	8.25	6.53	0.60	1.65	0.015	2.08	128
6	DCGS2	全蚀变纯橄榄岩		<5	16.9	4.51	1.30	<0.5	54.7	1.78	<0.2	10.0	6.30	1.30	1.18	0.0058	1.20	141
7	2432GS1	碳酸盐化超基性岩		5.65	5.78	2.77	<1	<0.5	14.60	<0.5	0.89		3.51		<0.3	0.13	1.37	
8	SP3GS1	碳酸盐化超基性岩		7.59	9.18	4.25	<1	<0.5	42.40	1.25	0.86		6.76		15.70	0.03	0.73	
9	SP13GS1	碳酸盐化超基性岩		<5	9.51	4.26	<1	<0.5	29.10	1.06	1.22		4.88		1.30	0.02	0.83	
平均					12.07	4.37			38.12			3.65	5.60	0.38		0.04	1.24	53.80
10	SP9GS1	二辉辉橄岩	堆晶岩类															
11	SP12GS1	橄榄斜方辉石岩		<5	28.30	9.51	<1	<0.5	48.00	1.52	1.32		10.10		0.40	0.01	1.16	
平均					14.15	4.76			24.00	0.76	0.66	0.00	5.05	0.00	0.20	0.00	0.58	0.00
12	SP15GS1	辉长岩	堆晶岩类	<5	60.90	13.90	1.07	<0.5	44.70	1.64	1.49		11.80		1.20	0.01	1.16	
13	4275GS2	辉长岩		128.00	146.00	64.00	1.06	<0.5	54.80	1.57	1.95		14.80		1.00	0.01	0.75	
14	SP16GS1	辉长岩		<5	138	44.9	1.12	<0.5	49.3	1.46	1.20	44.70	18.5	1.50	0.60	0.072	1.53	159
15	SP16GS2	角闪辉石辉长岩		87.30	128.00	53.00	<1	<0.5	56.90	1.91	1.91		17.80		0.70	0.01	0.62	
16	SB-GS1	辉长岩		15.40	193.00	47.00	1.21	1.24	85.60	2.89	2.26		19.70		8.40	0.03	0.62	
17	SB-GS2	辉长岩		<5	166	71.6	1.13	<0.5	38.9	1.19	0.40	35.6	16.0	2.35	1.42	0.0130	0.85	73.8
平均					139	49.07			55.03	1.78	1.54	13.38	16.43	0.64	2.22	0.02	0.92	38.80

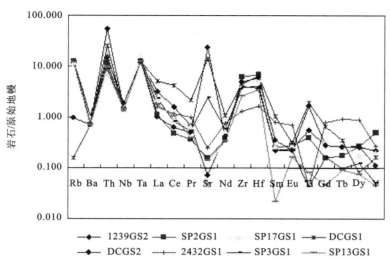

图 3-11　洞错蛇绿岩地幔橄榄岩微量元素原始地幔蛛网图

2）堆晶岩类

微量元素丰度见表 3-7，堆晶岩辉石（橄）岩 Rb/Sr 比值为 5.7～7.7，Zr/Y 比值为 37.25～114.29。堆晶辉长岩 Zr/Nb 比值为 34.42～70.74，平均为 50.09，Zr/Y 比值为 6.95～17.95。Rb/Sr 比值平均为 0.03。由表及参数比值可知，大多数元素的丰度与洋脊玄武岩接近。在微量元素原始地幔蛛网图中（图 3-12），堆晶辉石（橄）岩放射性生热元素 Th，非活动性元素 Ta，不相容元素 Zr、Hf 明显富集；非活动性元素 Nb；大离子亲石元素 Sr 明显亏损。堆晶辉长岩放射性能生热元素 Th、非活动性元素 Ta、不相容元素 Zr、Hf 明显富集，非活动性元素 Nb 明显亏损。以上信息指示，岩浆房中岩浆的分离结晶可能混染有大陆地壳物质的成分。

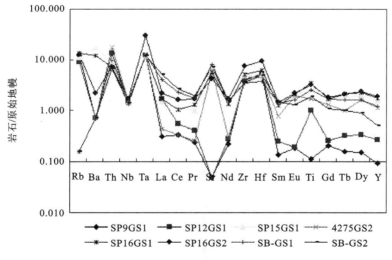

图 3-12　洞错蛇绿岩堆晶岩微量元素原始地幔蛛网图

3）玄武岩

微量元素丰度见表 3-8。Rb/Sr 比值为 0.01～0.21，Zr/Nb 比值为 6.29～9.43，平均为 7.56，Zr/Y 比值为 5.54～6.44，平均为 5.92。在其微量元素原始地幔蛛网图中（图 3-13），总体表现为平坦型，Ti 有弱的亏损，说明岩浆源区贫钛性质。曲线与富集地幔 MORB 曲线类似。暗示了测区蛇绿岩的物源区来自富集地幔，这与 ΣREE 的配分形式判别也是一致的。

表 3-8　测区洞错蛇绿岩中玄武岩及岩墙微量元素分析结果表

序号	样号	岩石名称	微量元素含量($\times10^{-6}$)														
			F^-	Cu	Pb	Zn	Cr	Ni	Co	Li	Rb	W	Mo	Sb	Bi	Hg	Sr
1	ZXGS5	玄武岩	294	84.5	<1	114	217	75.2	38.1	5.60	24.9	0.73	1.53	0.060	0.058	0.078	144
2	ZXGS6	玄武岩	238	14.4	10.3	85.8	541	214	39.9	8.10	11.5	0.66	1.23	0.18	0.073	0.076	372
3	ZXGS7	玄武岩	297	34.8	<1	93.8	390	162	44.9	7.40	33.5	0.18	1.38	0.050	0.068	0.018	162
4	ZXGS9	玄武岩	271	27.9	<1	96.3	276	95.3	37.6	12.3	1.50	1.41	1.23	0.70	0.076	0.026	225
5	ZXGS11	玄武岩	274	156	5.00	102	301	142	38.9	10.2	29.2	0.52	0.93	0.42	0.080	0.014	504
平均			274.80	63.52		98.38	345	137.70	39.88	8.72	20.12	0.70	1.26	0.28	0.07	0.04	281.40
6	2431GS1	辉绿岩（岩墙）					<1	<1	26.40	66.80	8.80			0.19		0.02	125.00
序号	样号	岩石名称	Ba	V	Sc	Nb	Ta	Zr	Hf	Be	B	Ga	Sn	Au	Ag	Th	P
1	ZXGS5	玄武岩	98.3	234	34.9	20.1	1.12	154	4.99	2.32	33.2	28.2	13.0	0.90	0.030	2.89	1400
2	ZXGS6	玄武岩	102	234	31.2	15.1	1.14	121	3.58	2.14	24.0	32.4	26.5	0.70	0.045	2.29	1160
3	ZXGS7	玄武岩	102	266	33.4	17.4	1.34	164	4.81	1.93	30.1	30.7	4.00	0.95	0.028	3.06	1280
4	ZXGS9	玄武岩	42.0	280	36.0	18.4	1.34	122	3.74	2.39	31.0	35.4	1.60	0.35	0.032	1.76	1270
5	ZXGS11	玄武岩	340	290	29.4	19.4	0.99	122	3.73	2.41	21.4	32.1	3.00	0.85	0.080	15.0	1220
平均			136.86	260.80	32.98	18.08	1.19	136.60	4.17	2.24	27.94	31.76	9.62	0.75	0.04	5.00	1266.00
6	2431GS1	辉绿岩（岩墙）	81.90	316.00	32.90	2.18	<0.5	95.20	2.66	1.22		8.40		0.85	0.02	1.81	

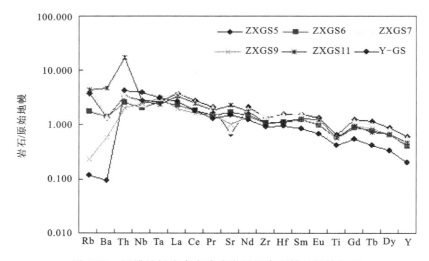

图 3-13　洞错蛇绿岩中玄武岩微量元素原始地幔蛛网图

Le Roex 等(1983)通过研究印度洋中脊玄武岩认为 Nb、Zr 和 Y 的丰度值直接反映了地幔源的类型，富集地幔具有低于 18 的 Zr/Y 比值，而亏损地幔具有大于 18 的 Zr/Nb 比值的特征。洞错蛇绿岩中玄武岩的 Zr/Y 比值在 5.54～6.44，平均为 5.29，Zr/Nb 比值在 6.29～9.43 之间，明显具有富集地幔的特征。

综上所述，研究区玄武岩来源于富集地幔，稀土元素和微量元素的特征与洋中脊玄武岩一致，这也表明本地区玄武岩的形成环境为富集地幔的洋中脊环境。

4）岩墙

微量元素丰度见表 3-8。在其微量元素蛛网图中(图 3-14)，曲线在 Th 处具有正异常。Nb 处具有负异常,其余元素都较正常,呈一平坦型曲线。放射性生热元素 Th、非活动性元素 Nb 亏损,从而表明岩浆可能有地壳物质的参与。

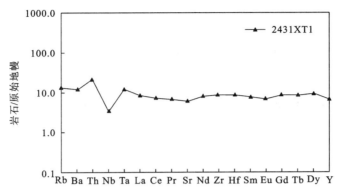

图 3-14　洞错蛇绿岩中岩墙微量元素原始地幔蛛网图

4. 锶同位素

根据邓万明等(1987)资料,对洞错蛇绿岩中的 $^{87}Sr/^{86}Sr$(初始值)进行了测定(表 3-9)。$^{87}Sr/^{86}Sr$ 比值地幔橄榄岩为 0.706 46,堆晶岩为 0.705 74,辉绿岩为 0.705 63,比现代洋海拉斑玄武岩的 $^{87}Sr/^{86}Sr$ 平均值(0.7020~0.7035)要高得多,而且也比藏南雅鲁藏布江蛇绿岩的玄武岩比值要高(邓万明,1982)。本区蛇绿岩的 Sr 同位素与 Sr 的丰度值有着正相关关系,这表明过度富集 Sr 的蛇绿岩(主要指基性岩类)的生成环境有别于典型的大洋扩张环境。

表 3-9　拉果错蛇绿岩初始 $^{87}Sr/^{86}Sr$ 比值

产地	样品数	岩性	$^{87}Sr/^{86}Sr$	误差
洞错蛇绿岩	1	地幔橄榄岩	0.706 40	±0.0002
	1	堆晶岩	0.705 74	±0.0001
	2	辉绿岩	0.705 63	±0.005

(四) 洞错蛇绿岩(组)形成时代

确定蛇绿岩时代最可靠的方法是硅质岩中放射虫时代的测定,并可以结合蛇绿岩单元中同位素测定年代,蛇绿岩套之上沉积盖层的时代也可提供蛇绿岩形成的上限。

洞错蛇绿岩的放射虫硅质岩发育程度总体较低,但多呈夹层产于基性熔岩中,并沿岩带断续出落,本次工作在洞错舍拉玛沟及拉它沟中均发现了放射虫硅质岩,样品分析送香港大学完成初步的分析结果,硅质岩放射虫的时代为侏罗纪。此外,根据前人的研究,在研究区及相邻地区的硅质岩中发现有放射虫化石,据《1:100 万日土幅区域地质调查报告》(西藏自治区地质矿产局,1987)。在测区西侧日土县西侧董吉日及巴尔穷等地,夹于基性熔岩中的硅质岩富含放射虫,但未提及其时代,改则县达布乌如和班公错南岸蛇绿岩中硅质岩的放射虫为侏罗纪。根据郭铁鹰等(1992)采自日土县曲囊蛇绿岩中硅质岩的放射虫为 *Canelipsis*,*Lithamitro*,在其附近相应地层中含珊瑚 *Diplaraea* sp. 和固着蛤 *Toucoria* sp. 等,认为其形成时代为早白垩世(K_1),并指出班-怒结合带西段蛇绿岩为晚白垩世(K_2)不整合覆盖。故推测其侵位时代为 K_1 末。

据夏斌资料,在洞错去申拉,不整合于蛇绿岩之上的火山岩的全岩 K-Ar 同位素年龄为 141Ma。日土及洞错一带的蛇绿岩均侵位于侏罗系木嘎岗日岩组中。木嘎岗日岩组为一套砂板组合为主的复理石建造,蛇绿岩赋存在基质就是木嘎岗日岩组。木嘎岗日岩组受后期构造改造严重,变形较强,目前展示的是一套有层无序的构造地层体系，本次工作在此套地层中仍获得了部分双壳类化石。其时代为侏罗纪，说明木嘎岗日岩组属侏罗纪无疑。在测区的西部康托南侧加查村一带，类复理石沉积的沙木罗组(J_3s)角度整合覆于木嘎岗日岩组之上，在沙木罗组中采到晚侏罗世的化石，说明木嘎岗日岩组的形成时代不晚于晚侏罗世。

邱瑞照等(2002)在洞错北侧舍拉玛沟中层状辉长岩获得 Sm－Nb 法同位素，其分析结果见表 3-10 和图 3-15。

表 3-10　洞错蛇绿岩舍拉玛沟辉长岩 Sm－Nb 年龄测定结果

样号	测定对象	$Sm/10^{-6}$	$Nd/10^{-6}$	$^{147}Sm/^{144}Nd$	$^{143}Nd/^{144}Nd$	2σ	εNd
04-1	角闪石	2.627	7.238	0.2196	0.513 017	12	6.84
04-1	石榴石	1.195	1.074	0.6727	0.513 547	10	6.19
04-1	全岩	3.406	10.23	0.2012	0.512 625	9	6.10
04-2a	全岩	3.299	9.643	0.207	0.513 053	11	7.10
04-2b	全岩	4.749	19.77	0.1453	0.512 956	8	5.38

注：Sm－Nb 等时线年龄采用伯克利年代学中心 Ludwing K 博士提供的 ISOPLOT 程序(2.31 版)计算，输入参数为：误差 1σ，$^{147}Sm/^{144}Nd$误差 0.002%；^{147}Sm 衰变常数 $6.54\times10^{-12}a^{-1}$，平均球粒陨石$^{143}Nd/^{144}Nd=0.512\ 638$，$^{147}Sm/^{144}Nd=0.1967$。

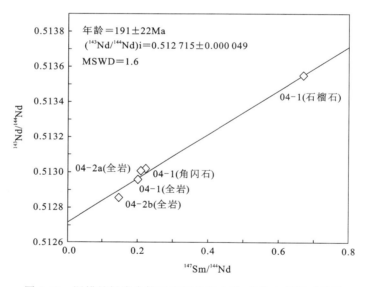

图 3-15　洞错蛇绿岩舍拉玛沟辉长岩全岩-矿物内部等时线图

可以看出，全岩矿物内部等时线年龄为 191±22 Ma；对同一样品进行 K-Ar 法测定，获得两个年龄分别为 140±4.07Ma 和 152.30±3.60Ma。邱瑞照等(2002)认为，对同一样品进行的测定，K-Ar 和 Sm-Nd 两种方法的结果相差 40～50Ma，可能代表了不同的地质意义。舍拉玛沟辉长岩的 Sm－Nd 内部等时线年龄为 191±22 Ma。

本次工作，我们在舍拉玛沟和去申拉等地分别采集了蛇绿岩中辉长岩样品，找选其中锆石，利用 SHRIMP 进行测试，分析结果见表 3-11、表 3-12 和图 3-16、图 3-17。

从表和图中可看出，几组年龄误差范围内基本谐和，锆石测试结果基本一致，大致在 221.6±2.1Ma～190.8±2.7Ma 之间，时代为 T_3—J_1，代表蛇绿岩形成的年龄。

综上可知，洞错蛇绿岩形成于晚三叠世—中侏罗世，于晚侏罗世前发生构造侵位。

表 3-11 去申拉辉长岩锆石 SHRIMP U-Pb 数据

Spot	$^{206}Pb_c$ (%)	U ($\times10^{-6}$)	Th ($\times10^{-6}$)	$^{232}Th/^{238}U$	$^{206}Pb^*$ ($\times10^{-6}$)	(1)	(2)	(3)	(1)	(1)	Dis	Total $^{238}U/^{206}Pb$ ±%	Total $^{207}Pb/^{206}Pb$ ±%	$^{238}U/^{206}Pb^*$ ±%	$^{207}Pb^*/^{206}Pb^*$ ±%	$^{207}Pb^*/^{235}U$ ±%	$^{206}Pb^*/^{238}U$ ±%	err corr	$^{238}U/^{206}Pb^*$ ±%	$^{207}Pb^*/^{206}Pb^*$ ±%	$^{207}Pb^*/^{235}U$ ±%	$^{206}Pb^*/^{238}U$ ±%	err corr
GS-13-1.1	0.47	353	232	0.68	10.7	221.9 ±1.9	222.2 ±1.9	221.3 ±2.2	163 ±77	227.5 ±5.7	−36	28.42 0.85	0.0531 2.6	28.56 0.85	0.0493 3.3	0.2381 3.4	0.035 02 0.85	0.251	28.64 0.85	0.0469 2.9	0.2257 3.0	0.034 92 0.85	0.279
GS-13-2.1	1.14	388	232	0.62	11.8	221.7 ±1.8	221.3 ±1.8	222.5 ±2.0	293 ±110	214.0 ±7.8	24	28.25 0.80	0.0613 2.2	28.58 0.84	0.0522 4.6	0.252 4.7	0.034 99 0.84	0.178	28.48 0.80	0.0549 2.5	0.2659 2.7	0.035 11 0.80	0.301
GS-13-3.1	0.14	217	275	1.31	71.2	2082 ±12	2078 ±14	2092 ±14	2106 ±13	2026 ±19	1	2.619 0.66	0.131 86 0.68	2.623 0.66	0.130 59 0.72	6.864 0.98	0.3812 0.66	0.675	2.609 0.66	0.134 72 0.66	7.120 0.93	0.3833 0.66	0.707
GS-13-4.1	0.59	336	196	0.60	10.1	221.2 ±1.9	220.8 ±2.0	222.2 ±2.2	282 ±91	211.0 ±5.0	21	28.48 0.88	0.0567 3.6	28.65 0.88	0.0519 4.0	0.250 4.1	0.034 90 0.88	0.216	28.52 0.88	0.0556 3.6	0.269 3.7	0.035 07 0.88	0.236
GS-13-5.1	0.19	212	65	0.32	50.7	1579 ±18	1551 ±19	1573 ±19	1852 ±25	1719 ±36	15	3.597 1.3	0.1148 1.3	3.603 1.3	0.1132 1.4	4.332 1.9	0.2775 1.3	0.681	3.618 1.3	0.1104 1.4	4.207 1.9	0.2764 1.3	0.678
GS-13-6.1	0.38	806	3340	4.28	17.1	156.58 ±0.95	156.32 ±0.97	174.0 ±6.2	217 ±52	147.0 ±1.5	28	40.52 0.61	0.0535 1.9	40.67 0.62	0.0505 2.3	0.1711 2.3	0.024 59 0.62	0.263	36.55 0.61	0.1330 1.0	0.5017 1.2	0.027 36 0.61	0.521
GS-13-8.1	0.92	851	893	1.08	19.2	165.9 ±1.0	166.42 ±0.97	166.2 ±1.2	52 ±110	164.6 ±3.2	−219	38.00 0.58	0.054 41 1.7	38.35 0.62	0.0471 4.5	0.1692 4.5	0.026 08 0.62	0.137	38.29 0.58	0.048 18 2.0	0.1735 2.1	0.026 12 0.58	0.278
GS-13-7.1	2.59	866	984	1.17	20.0	166.5 ±1.2	167.3 ±1.0	167.8 ±1.4	−47 ±180	160.1 ±4.7	456	37.24 0.59	0.0659 1.6	38.23 0.71	0.0452 7.5	0.163 7.6	0.026 16 0.71	0.094	37.91 0.59	0.0515 2.1	0.1874 2.2	0.026 38 0.59	0.267

Errors are 1-sigma; Pb_c and Pb^* indicate the common and radiogenic portions, respectively.

Error in Standard calibration was 0.58% (not included in above errors but required when comparing data from different mounts).

(1) Common Pb corrected using measured ^{204}Pb.

(2) Common Pb corrected by assuming $^{206}Pb/^{238}U$-$^{207}Pb/^{235}U$ age-concordance

(3) Common Pb corrected by assuming $^{206}Pb/^{238}U$-$^{208}Pb/^{232}Th$ age-concordance

表 3-12 舍拉玛沟辉长岩锆石 SHRIMP U-Pb 数据

Spot	$^{206}Pb_c$ (%)	U $(\times 10^{-6})$	Th $(\times 10^{-6})$	$^{232}Th/^{238}U$	$^{206}Pb^*$ $(\times 10^{-6})$	(1)	(2)	(3)	(1)	(1)	Dis	Total $^{238}U/^{206}Pb$ ±%	Total $^{207}Pb/^{206}Pb$ ±%	$^{238}U/^{206}Pb^*$ ±%	$^{207}Pb^*/^{206}Pb^*$ ±%	$^{207}Pb^*/^{235}U$ ±%	$^{206}Pb^*/^{238}U$ ±%	err corr	$^{238}U/^{206}Pb^*$ ±%	$^{207}Pb^*/^{206}Pb^*$ ±%	$^{207}Pb^*/^{235}U$ ±%	$^{206}Pb^*/^{238}U$ ±%	err corr
LGS2-2 -1.1	7.19	74	25	0.35	1.98	185 ±12	184.0 ±4.5	183.1 ±7.4	380 ±2100	221 ±220	51	31.87 2.4	0.1112 4.3	34.3 6.7	0.054 92	0.22 92	0.0291 6.7	0.072	34.72 2.4	0.0440 12	0.175 12	0.028 80 2.4	0.192
LGS2-2 -2.1	4.04	80	29	0.38	2.13	189.2 ±5.4	187.3 ±4.3	188.7 ±4.8	529 ±600	199 ±64	64	32.21 2.2	0.0899 6.2	33.57 2.9	0.058 27	0.238 27	0.029 79 2.9	0.105	33.67 2.2	0.0548 11	0.224 11	0.029 70 2.2	0.202
LGS2-2 -3.1	1.07	95	44	0.48	2.45	188.1 ±3.7	181.7 ±3.8	181.4 ±3.9	1,124 ±290	274 ±27	83	33.42 1.8	0.0853 10	33.78 2.0	0.077 15	0.315 15	0.029 60 2.0	0.135	35.05 1.8	0.0474 20	0.186 20	0.028 53 1.8	0.091
LGS2-2 -4.1	1.93	492	221	0.46	21.4	313.0 ±4.2	314.0 ±4.0	315.0 ±4.3	202 ±210	286 ±26	−55	19.71 1.3	0.0657 2.3	20.10 1.4	0.0501 8.9	0.344 9.0	0.049 76 1.4	0.152	19.97 1.3	0.0552 2.8	0.381 3.1	0.050 07 1.3	0.414
LGS2-2 -5.1	3.26	94	33	0.37	1.96	149.8 ±3.5	149.3 ±3.0	151.0 ±3.5	281 ±520	129 ±41	47	41.15 1.9	0.0778 5.4	42.5 2.4	0.052 23	0.168 23	0.023 51 2.4	0.103	42.18 1.9	0.0580 7.5	0.189 7.7	0.023 71 1.9	0.249
LGS2-2 -6.1	2.31	155	69	0.46	4.07	189.4 ±4.7	189.7 ±3.1	189.4 ±3.3	138 ±790	189 ±55	−37	32.76 1.6	0.0673 5.2	33.53 2.5	0.049 33	0.201 34	0.029 82 2.5	0.076	33.53 1.6	0.0485 7.5	0.200 7.6	0.029 82 1.6	0.206
LGS2-2 -7.1	0.82	782	970	1.28	21.4	200.9 ±2.7	201.3 ±2.7	202.6 ±3.4	122 ±97	193.9 ±4.0	−65	31.33 1.3	0.055 00 1.8	31.59 1.3	0.0485 4.1	0.2115 4.3	0.031 66 1.3	0.310	31.32 1.3	0.055 16 1.8	0.2428 2.2	0.031 92 1.3	0.594
LGS2-2 -8.1	1.82	270	175	0.67	6.89	185.2 ±2.8	186.8 ±2.7	187.8 ±3.1	−180 ±310	162 ±14	203	33.68 1.4	0.0574 4.6	34.31 1.5	0.0428 12	0.172 12	0.029 15 1.5	0.121	33.82 1.4	0.0540 4.9	0.220 5.1	0.029 57 1.4	0.273
LGS2-2 -9.1	0.28	1200	1388	1.19	32.1	197.2 ±2.4	196.8 ±2.4	196.9 ±3.0	267 ±63	198.5 ±3.2	26	32.11 1.2	0.0538 2.2	32.20 1.2	0.0516 2.7	0.2209 3.0	0.031 06 1.2	0.407	32.25 1.2	0.0503 2.3	0.2150 2.6	0.031 01 1.2	0.461
LGS2-2 -10.1	5.68	72	25	0.36	1.95	189.7 ±6.0	187.7 ±3.9	190.3 ±4.3	555 ±780	181 ±90	66	31.57 1.9	0.1035 6.0	33.5 3.2	0.059 36	0.242 36	0.029 87 3.2	0.089	33.38 1.9	0.0599 11	0.248 11	0.029 96 1.9	0.174
LGS2-2 -11.1	6.87	111	43	0.40	3.03	188.7 ±5.7	194.6 ±4.2	195.7 ±4.7	−1,810 ±3000	80 ±75	110	31.35 2.0	0.0812 8.4	33.7 3.0	0.025 83	0.101 83	0.029 71 3.0	0.037	32.44 2.0	0.0540 13	0.229 13	0.030 83 2.0	0.149
LGS2-2 -12.1	1.30	85	35	0.42	2.27	194.3 ±7.5	187.0 ±4.5	188.8 ±4.9	1,204 ±640	275 ±99	84	32.26 2.2	0.0902 8.4	32.7 3.9	0.080 32	0.34 33	0.0306 3.9	0.120	33.65 2.2	0.0569 14	0.233 14	0.029 72 2.2	0.155

Errors are 1-sigma; Pbc and Pb* indicate the common and radiogenic portions, respectively.
Error in Standard calibration was 0.42% (not included in above errors but required when comparing data from different mounts).
(1) Common Pb corrected using measured ^{204}Pb.
(2) Common Pb corrected by assuming $^{206}Pb/^{238}U-^{207}Pb/^{235}U$ age-concordance
(3) Common Pb corrected by assuming $^{206}Pb/^{238}U-^{208}Pb/^{232}Th$ age-concordance

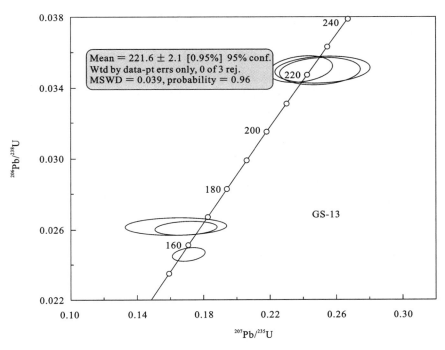

图 3-16 去申拉辉长岩锆石 SHRIMP U-Pb 谐和图

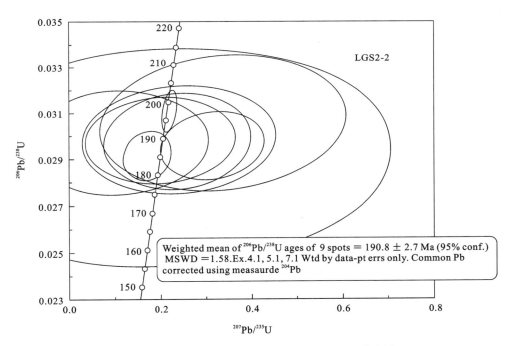

图 3-17 舍拉玛沟辉长岩锆石 SHRIMP U-Pb 谐和图

（五）洞错蛇绿岩形成的大地构造环境

以往人们多运用蛇绿岩及其中的玄武岩来判断是否存在过洋盆，或者洋盆有多大。然而，近年的研究认为蛇绿岩形成的环境具有多样性，人们普遍发现大陆造山带中大多数蛇绿岩不是在大洋中脊中生成的，弧前盆地、岛弧、大陆被动陆缘或小洋盆等各种构造环境中都可以形成蛇绿岩。因此，蛇绿岩形成环境的确定，对研究造山带的演化具有十分重要的意义。充分利用玄武岩地球化学数据来判断玄武岩构造环境是确定蛇绿岩形成的大地构造背景的关键。洞错蛇绿岩处在班公错-怒江结合带的西段，对整个班-怒结合带的构造演化乃至青藏高原的隆升机制的研究都有着重要的意义。因此对洞错蛇绿岩构造判别就显得格外重要。

尽管目前对班公错-怒江缝合带中蛇绿岩成因、形成时间、所代表的地质构造意义等尚存在不同的看法,但更多学者持多岛弧-多洋盆的观点,认为特提斯洋的基本格局是由若干洋盆所构成,洋盆的消亡和造山带的形成是通过"软碰撞"和"多旋回"演化来实现(殷鸿福等,1998;李兴振等,1995);古岛弧的存在,就意味着有大洋盆地的存在,班公错-怒江洋盆则代表了特提斯大洋的主域,班公错-怒江板块结合带是特提斯大洋盆地最终闭合消亡的主缝合线。冈底斯复杂碰撞造山带的形成与弧-盆系演化中的弧-弧或弧-陆碰撞作用有关(潘桂棠等,1996,1997;李兴振等,1995)。

洞错蛇绿岩处在班-怒结合带的西段,构造复杂多样,并且发生过多次构造的叠加作用。洞错地区玄武岩主要发育为一套碱性玄武岩,主量元素具有中等 Al_2O_3、MgO、CaO,高的 TiO_2(平均为 2.73%),低钾的特点;在 TAS 图上(图 3-5),主要为碱性玄武岩,少数为拉斑玄武岩;REE 配分型式为轻稀土富集型(图 3-9),与 P 型洋中脊玄武岩 REE 配分曲线相似;微量元素具有较低 Zr/Y 的比值(平均为 5.92),其微量元素蛛网图(图 3-13)曲线近平坦型,Ti 有弱的亏损,曲线与富集地幔 MORB 曲线类似。从以上玄武岩地球化学方面特征表明玄武岩岩浆源来自于富集地幔的特征,其形成环境为类似洋中脊的构造环境。

在洞错地区,玄武岩和硅质岩、火山碎屑岩及少量复理岩相沉积的变砂岩、板岩共生,局部可见保留完整的鲍马序列的浊积岩。浊积岩 C 段、D 段和 E 段较发育,单段厚度较小,多在 1~3cm 之间,这也反映了它是深海沉积物。玄武岩枕状构造发育,冷凝边、扭动构造和流动构造较发育,局部玄武岩还保留有较好的骸晶结构,这些特征都说明玄武岩是岩浆水下喷发的产物。

构造判别图解是判断玄武岩形成构造环境的重要手段。玄武岩在不同构造玄武岩 Nb-Zr-Y 判别图解(图 3-18),玄武岩全部样品点落入板内碱性玄武岩区;在不同构造玄武岩 Zr/Y-Zr 图中(图 3-19),样品全部落入板内玄武岩区(A 区),从以上的图可以看出,洞错蛇绿岩中玄武岩具有板内碱性玄武岩的特点。在不同构造玄武岩的 Hf-Th-Ta 图解中(图 3-20),全部样品落入 B 区,为 P-MORB 构造环境;在 TiO_2-MnO-P_2O_5 图解中(图 3-21)除一个样品落入 OIT,其余全部落入 MORB 区,属洋中脊玄武区,结合这两个图解我们认为洞错蛇绿岩中玄武岩形成于洋中脊的构造环境。结合已有的基性侵入岩(辉长岩)的资料,在图 3-22 中,绝大部分样品落入 B 区,个别样品落入 C 区或在区外,但都比较靠近 B 区,说明具有 P-MORB 的特征;在图 3-23 中,全部样品落入 D 区或靠近 D 区。

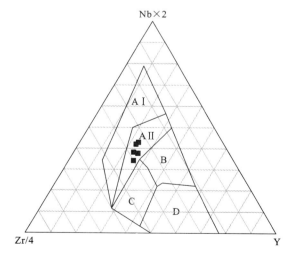

图 3-18 洞错蛇绿岩中玄武岩不同
构造玄武岩的 Nb-Zr-Y 判别图

AⅠ和 AⅡ:板内碱性玄武岩;AⅡ和 C:板内拉斑玄武岩;
B:P-MORB;D:N-MORB;C 和 D:火山弧玄武岩

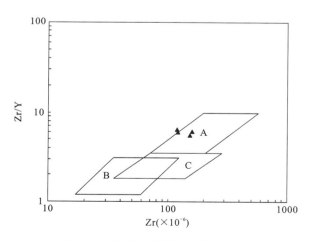

图 3-19 洞错蛇绿岩中玄武岩不同
构造玄武岩的 Zr/Y-Zr 判别图

A:板内玄武岩;B:岛弧玄武岩;C:洋中脊玄武岩

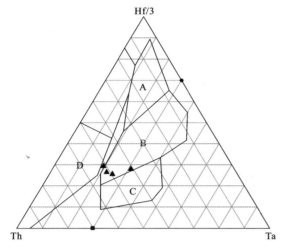

图 3-20 洞错蛇绿岩中玄武岩不同
构造玄武岩的 Hf-Th-Ta 判别图
（据 Wood,1979）
A:M-MORB;B:P-MORB;C:板内碱性玄武岩及分异产物；
D:岛弧拉斑玄武岩及分异产物

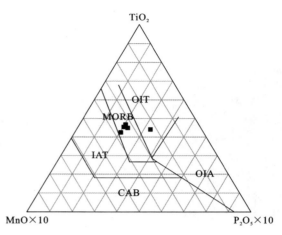

图 3-21 洞错蛇绿岩中玄武岩不同
构造环境玄武岩的 TiO_2-MnO-P_2O_5 判别图
（据 Mullen,1983）
OIT:洋岛拉斑玄武岩；OIA:洋岛碱性玄武岩
MORB:洋中脊玄武岩；IAT:岛弧拉斑玄武岩
CAB:钙碱性玄武岩

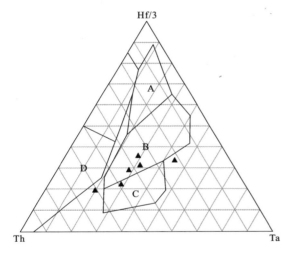

图 3-22 洞错蛇绿岩中辉长岩
不同构造玄武岩的 Hf-Th-Ta 判别图
（据 Wood,1979）
A:M-MORB;B:P-MORB;C:板内碱性玄武岩及分异产物；
D:岛弧拉斑玄武岩及分异产物

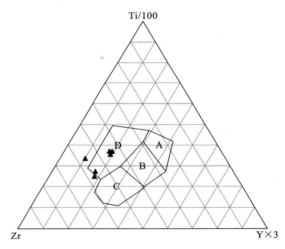

图 3-23 洞错蛇绿岩中辉长岩
不同构造玄武岩的 Ti-Zr-Y 判别图
（据 Pearce,1973）
A:低钾拉斑玄武岩；B:洋中脊玄武岩；
C:钙碱性玄武岩；D:洋岛和板内玄武岩

综合以上玄武岩及辉长岩构造环境判别图解，结合洞错玄武岩的大洋玄武岩属性，本书认为洞错蛇绿岩物源区来自于富集地幔，形成于与初始拉张洋盆有关的类似洋中脊的构造环境，碱性玄武岩可能是较深地幔源岩石低度部分熔融作用的产物。

二、拉果错蛇绿岩

拉果错蛇绿岩位于西藏改则县南 30km 拉果错一带，属于狮泉河-申扎-嘉黎结合带的组成部分。区内延伸约 30km，宽 3～6km，出露面积约 120km²，总体呈东西向展布。向西与古昌蛇绿岩相连，在平面上呈不规则透镜状产出，南缘、北缘皆与下白垩统郎山组灰岩呈断层接触，南侧局部与晚侏罗世—早白垩世则弄群火山岩呈断层接触,北边界表现为右行走滑性质,断面北倾,倾角 45°～50°。岩石多数由于构造作用,破碎强烈,拉果错蛇绿岩层序比较完整。本次工作在拉果错蛇绿岩出露区设置了重点解剖区,进行了详细的地质调查工作,勾绘出蛇绿岩的真正出露形态(图 3-24)。

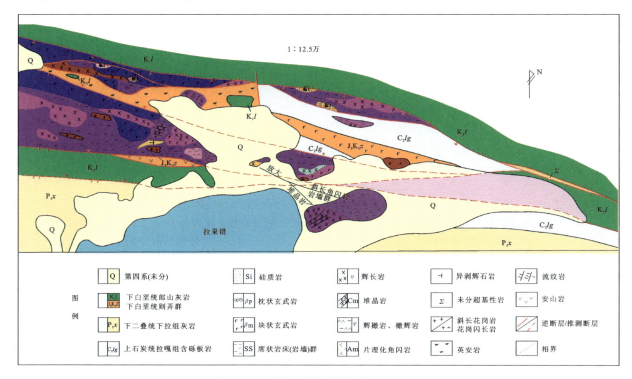

图 3-24　西藏改则拉果错蛇绿岩地质图

(一)拉果错蛇绿岩(组)剖面介绍

1.西藏改则县拉果错蛇绿岩路线剖面

西藏改则县拉果错蛇绿岩路线剖面位于改则县拉果错北侧。起点坐标:N 32°05′04.8″,E 84°06′03.6″,H 4750m。终点坐标:N 32°07′52.4″,E 84°06′15.6″,H 4860m。剖面露头良好,西藏改则县拉果错蛇绿岩路线剖面如图 3-25 所示。

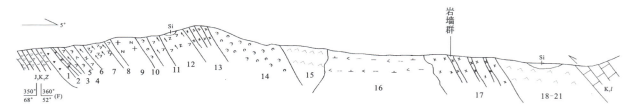

图 3-25　西藏改则县拉果错蛇绿岩路线剖面图

下白垩统郎山组(K_1l)　灰白色厚—块层状白云质灰岩

══════ 断层 ══════

21. 灰黑色硅质岩透镜体,展布方向为 100°～280°	300m
20. 灰绿色蚀变玄武岩,基岩出露一般	800m
19. 灰黑色硅质岩透镜体,含有放射虫	300m
18. 灰绿色蚀变玄武岩。基岩出露较差,为第四系残坡积物覆盖	2000m

17. 浅灰绿色细粒次闪石化辉长岩。岩石具纤状粒状变晶结构、残余半自形粒状结构，主要由基性斜长石、次闪石集合体等矿物组成，副矿物有白钛石、榍石等　　　　　　　　　　　300m
16. 浅灰绿色中细粒黑云角闪闪长岩。岩石具半自形粒状结构，矿物粒径约1～3mm，主要由更长石、普通角闪石、黑云母、石英等矿物组成；副矿物有磷灰石及一些金属矿物。岩石中多有后期石英脉、葡萄石脉穿插，脉宽0.2～0.5mm　　　　　　　　　　　　　　　　　　　400m
15. 浅灰—灰绿色蚀变玄武岩。岩石具斑状结构，斑晶粒径为0.5～2mm，成分主要为绢云母化斜长石和透辉石。基质粒径为0.05～0.2mm，成分由绢云母化更长石、透辉石、绿泥石等矿物呈晶粒结构组成。岩石中常含有气孔，呈不规则形状充填有绿泥石、热液石英。岩石中也多见有后期无规则状充填的石英细脉，脉宽一般几毫米　　　　　　　　　　　　　　　　200m
14. 黄褐—灰红色白云石化超基性岩　　　　　　　　　　　　　　　　　　　　　　310m
13. 灰黑—墨绿色堆晶辉长岩。呈条带状宽2～5cm　　　　　　　　　　　　　　　100m
12. 灰黑色弱蛇纹石化，次闪石化橄榄斜方辉石岩。风化后呈褐黄色，半自形粒状结构，主要由橄榄石、顽火辉石、蛇纹石等矿物组成。岩石具轻微的蛇纹石化　　　　　　　　100m
11. 墨绿—灰黑色白云石化、蛇纹石化辉橄岩　　　　　　　　　　　　　　　　　　50m
10. 黄褐—灰红色白云石化超基性岩　　　　　　　　　　　　　　　　　　　　　　50m
9. 灰白色细粒斜长花岗岩。岩石具中细粒花岗结构，主要由粒径一般在0.5～2.5mm之间的石英、更长石、少量次闪石化角闪石等矿物不均匀分布而组成。副矿物主要有磷灰石、榍石等　　　　　　　　　　　　　　　　　　　　　　　　　　　　　　　　　　100m
8. 墨绿—灰黑色全蛇纹石化斜方辉橄岩　　　　　　　　　　　　　　　　　　　　30m
7. 灰绿—灰黑色弱蛇纹石化斜长二辉橄榄岩。岩石具假斑结构、网格结构，主要由橄榄石残晶、网状纤维蛇纹石、顽火辉石、普通辉石、黝帘石化基性斜长石等矿物组成。副矿物有铬尖晶石　　　　　　　　　　　　　　　　　　　　　　　　　　　　　　　　　　80m
6. 墨绿—灰黑色全蛇纹石化斜长辉橄岩　　　　　　　　　　　　　　　　　　　　40m
5. 灰红—黄褐色白云石化超基性岩　　　　　　　　　　　　　　　　　　　　　　50m
4. 墨绿—灰黑色白云母石化蛇纹石化辉橄岩。岩石具假斑结构、网格结构，遭受了强烈白云石化、蛇纹石化，斜方辉石蚀变为绢石、橄榄石蚀变为蛇纹石、白云石。岩石中纤维蛇纹石细脉组成网格，网眼中心分布蛇纹石、白云石等矿物。副矿物有铬尖晶石
3. 墨绿—灰黑色全蛇纹石化斜长方辉橄岩。岩石全部蛇纹石化　　　　　　　　　15m
2. 浅灰色细粒次闪石化葡萄石化辉长岩。岩石具残余辉长结构，纤状粒状变晶结构岩石主要由粒径一般在1～3mm之间的葡萄石化斜长石（细粒葡萄石集合体）和纤柱状次闪石集合体不均匀分布组成
1. 墨绿色—灰黑色中粒白云石化、蛇纹石化纯橄榄岩。岩石中发育S-C组构，网格状，菱形状构造，剪切变形。岩石具网格结构，局部具"叶片结构"，主要由纤维蛇纹石细脉组成网格，网眼中心分布胶蛇纹石、磁铁矿、白云石等矿物，局部由叶蛇纹石呈叶片结构组成。副矿物有铬尖晶石，呈自形—半自形粒状，粒径0.5～1.5mm，中心半透明、棕褐色　　　　　　　　　40m

========= 断层 =========

上侏罗统—下白垩统则弄群(J_3K_1Z)　　浅灰—灰白色火山角砾岩

2. 西藏改则县拉果错西拉果错蛇绿岩（组）路线剖面

西藏改则县拉果错西拉果错蛇绿岩路线剖面位于改则县拉果错西北侧，图幅的西边部。起点坐标：N $32°05'26.9''$，E $84°01'29.9''$，H 5060m。终点坐标：N $32°06'04.1''$，E $84°01'39.4''$，H 4770m。剖面露头较好，西藏改则县拉果错西拉果错蛇绿岩路线剖面如图3-26所示。

（未见顶）

9. 灰白色中细粒二长花岗岩。岩石具似斑状结构，不等粒粒状结构，矿物粒径0.1～0.5mm，主要由石英、钠-更长石、钾长石、黑云母等矿物组成，副矿物有磁铁矿等。为晚期侵入产物　　280m

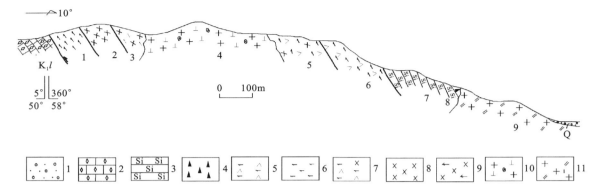

图 3-26　西藏改则县拉果错西拉果错蛇绿岩路线剖面图

1.砂砾石;2.含生物碎屑微晶灰岩;3.硅质岩;4.纯橄榄岩;5.橄辉岩;6.辉石岩;
7.含橄含长辉石岩;8.辉长岩;9.异剥辉长岩;10.花岗闪长岩及闪长岩包体;11.二长花岗岩

8. 黑绿色全蛇纹石化纯橄岩。岩石已全蛇纹石化，具网环结构。一般网格由纤维蛇纹石组成，网眼中由叶蛇纹石和利蛇纹石(均质蛇纹石)组成。岩石中含有微量铬尖晶石，呈正方形、八面体形态　30m
7. 浅灰色硅质岩。岩石具微晶—隐晶质结构　220m
6. 灰绿色强蛇纹石化橄辉岩。岩石具网环结构，主要由橄榄石假象(多已为蛇纹石替代)和单斜辉石等矿物组成　200m
5. 浅灰色蚀变含橄含长辉石岩。岩石具强绿帘石化、次生闪石化。岩石具粒状结构、填隙结构。矿物成分主要由单斜辉石、少量斜长石、微量橄榄石等组成　170m
4. 灰白色粗粒花岗闪长岩。岩石具半自形粒状结构，矿物成分由更-中长石、石英、普通角闪石组成。长石 $Np' \wedge (010) < 20°$。岩石中还含有石英闪长岩异离体　390m
3. 灰绿色异剥辉长岩。岩石具辉长结构，半自形粒状结构。岩石主要由透辉石、异剥辉石、基性斜长石、纤闪石等矿物组成。岩石风化后多呈黄褐色，具轻微的蛇纹石化　110m
2. 深灰色细粒强蚀变辉长岩。岩石具轻微的蛇纹石化，强纤闪石化，具纤状变晶结构，矿物成分由单斜辉石、纤闪石(单斜辉石假象)、拉长石、普通角闪石等组成。岩石中节理较发育
1. 灰绿色蛇纹石化滑石化二辉辉石岩。岩石具半自形粒状结构。粒径一般为0.2～0.4mm，可见辉石的包橄嵌晶结构。岩石主要由斜方辉石、单斜辉石、橄榄石等矿物组成。副矿物有铬尖晶石，呈半自形状　100m

═══════ 断层 ═══════

下白垩统郎山组(K_1l)　浅灰—深灰色块层状含生物碎屑细晶灰岩

(二) 拉果错蛇绿岩(组)地质及岩相学特征

测区拉果错蛇绿岩主要由地幔橄榄岩、堆晶岩、枕状熔岩、岩墙(群)斜长岩及放射虫硅质岩的构造单元组成，多已被构造肢解，经过本次的详细地质调查，基本查明了其岩石特征及其分布状况，恢复的综合柱状图如图 3-27 所示。

图 3-27　拉果错蛇绿岩综合柱状图

1.硅质岩;2.斜长花岗岩;3.玄武岩;4.枕状玄武岩;5.辉绿岩墙;6.均质辉长岩;7.堆晶辉长岩;8.辉石岩;9.辉橄岩;10.纯橄榄岩

拉果错蛇绿岩由地幔橄榄岩[纯橄岩、二辉橄榄岩、斜方(辉)辉橄岩、辉石岩、碳酸盐化超基性岩(已全部蛇纹石化、菱镁矿化)]，块状辉长岩、堆晶辉长岩及枕状玄武岩、放射虫硅质岩、斜长花岗岩等岩石组成，局部被后期的花岗岩体吞噬。

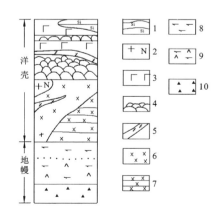

1. 地幔橄榄岩

蛇纹岩 岩石多呈墨绿色，网状结构、假象结构，块状构造，几乎全由蛇纹石组成，原岩组构及矿物成分基本消失，原岩中的橄榄石全部由蛇纹石替代，仅有橄榄石的假象，蛇纹石多呈叶片状、纤维状，构成网状结构，据其推测原岩应为纯橄岩，在岩石中还少见有铬尖晶石，呈暗红色，半透明。

全蚀变（碳酸盐化）超基性岩 岩石具鳞片状、粒状变晶结构，已全部蚀变。蚀变矿物成分：白云石含量60%～65%，半自形—他形粒状变晶；绢云母含量20%～25%，呈微鳞片状，分布于白云石的粒间，总体上有一定的方向性；石英含量小于10%，呈粒状集合体状或细叶片状聚集体出现；方解石含量小于5%，呈微粒状集合体或细脉状分布于白云石中。岩石中含有金属矿物铬尖晶石，一般为半自形晶，有的为四边形、三边形，褐红色，半透明，其边缘常具暗红色。该类岩石一般是由于气液作用，产生极强的碳酸盐化，以致碳酸盐全部替代了橄榄石或辉石，成为碳酸盐交代岩，然后由于构造作用，主要为定向碎裂，形成了许多定向的裂隙或空隙，然后再次发生硅化——微粒状的硅质沿裂隙或空隙充填，形成了定向的石英脉。

全蛇纹石化纯橄岩 岩石已全部蛇纹石化，具网环结构。矿物成分主要由具橄榄石假象的蛇纹石组成，一般网络由纤维蛇纹石、网眼由叶蛇纹石（均质蛇方石）组成。纤维蛇纹石和叶蛇纹石，为平行消光，干涉色低，I级灰—I级黄；利蛇纹石一般呈均质，折光率更低，无定形态。岩石中一般含有铬尖晶石，自形晶，呈正方形、八面体等，粒径在0.5～1.5mm之间，中心半透明，棕褐色，常不均匀星散分布，见图版（Ⅲ，5），图版（Ⅳ，1）。

斜长二辉橄榄岩 岩石具弱蛇纹石化，假斑结构、网格结构，岩石主要由纤维蛇纹组成网格，网眼中心分布橄榄石残晶，呈网格结构组成，磁铁矿尘点系橄榄石蛇纹石化过程中的析出物，常沿纤维蛇纹石网脉星点分布。顽火辉石、普通辉石，呈他形粒状，粒径一般在1～4mm之间，呈假斑不均匀分布；黝帘石化基性斜长石呈他形—不规则形状，粒径一般为0.5～1mm；铬尖晶石呈自形—半自形，粒径一般为0.1～0.3mm，不均匀星点分布。

（斜辉）橄辉岩 岩石普遍遭受强烈的蛇纹石化现象，岩石一般具网环结构，单辉石呈半自形柱粒结构。岩石中矿物成分主要为橄榄石，含量约45%，大多已全蛇纹石化，蛇纹石由纤维蛇纹石、叶蛇纹石组成，构成网环结构，残留极少量新鲜橄榄石，具高突起，高级干涉色，裂纹发育，大多析出大量铁质；单斜辉石含量约50%，呈板状，一般具一组密集解理（或裂理），沿解理或裂纹弱蛇纹石化，一般具中等消光角。个别薄片中含有绢石假斑，不均匀分布于岩石之中，形状多呈他形—半自形，粒径一般在1～2mm之间。

二辉辉石岩 岩石呈灰绿色，具半自形粒状结构（相当补堆积结构），有些可见辉石的包橄嵌晶结构。矿物粒径一般为0.2～0.4mm。矿物成分：单斜辉石含量约40%，短柱状、板状，遭受不同程度强蛇纹石化、滑石化、干涉色达二级顶部，中等倾斜消光；斜方辉石含量约50%，短柱状板状，一般滑石化较强，干涉色相对较低，一般含少量全蛇纹石化橄榄石嵌晶，有的具柱状双锥；两种辉石沿柱状解理大都析出大量铁质微粒，解理纹较密集，有的铁质沿裂纹分布，呈网脉状；铬尖晶石、较自形，具裂纹，边缘呈红棕色，微透明。个别薄片中局部可见纤维，为叶蛇纹石较集中的部分，推测为橄榄石集合体。岩石蚀变类型主要表现为强蛇纹石化、滑石化。

堆晶岩类 在拉果错北侧的一个低矮的山包处保留较好，中间被第四系覆盖，若两侧相连，堆晶岩出露宽度可达3km。其中多见有辉绿岩岩墙侵入。这些堆晶岩主要为一套堆晶辉长岩或由一套含长的超镁铁岩—含长纯橄岩—长橄岩—橄长岩—层状辉长岩组成，具明显的层状构造，但缺失韵律，均质辉长岩较常见。现选择几种常见的岩石类型描述如下。

辉长岩 岩石普遍呈深灰色、纤状变晶结构、变余辉长结构，块状构造。岩石具强纤闪石化。矿物粒径一般为1～3mm。矿物成分主要有：单斜辉石，强纤闪石化，假象外形为柱状，短柱状，残存的新鲜单斜辉石为不规则柱状，有的具一组密集裂理，已变为异剥辉石，光性特征为无色略带褐色，$C \wedge Ng' < 30°$，有的辉石部分绿泥石化，保存辉石外形，呈叶片—纤维状集合体；基性斜长石，为拉长石，呈柱状、板

状,轻度纤闪石化、绢云母化、绿泥石化,有的为不规则状,可见钠长石律双晶;普通角闪石,呈不规则状、长柱状、淡绿色,多见菱形横切面,常含细小铁质析出物。个别岩石遭受强烈葡萄石化、次闪石化。见图版(Ⅲ,7、9),图版(Ⅳ,2)。

异剥辉长岩 岩石呈灰绿色,半自形粒状结构、辉长结构、块状构造。矿物成分:透辉石含量50%～60%,呈柱状、长柱状,深绿色、草绿色、灰绿色,纵切面上透辉石最大消光角,$C \wedge Ng' = 30°\pm$,常因纤闪石化而呈纤柱状变晶集合体,偶见辉石正方形横切面,有些透辉石(100)面裂理发育变为异剥辉石;基性斜长石含量35%～40%,呈长柱状,钠长石双晶和卡-钠联晶发育,部分绿泥石化、次生闪石化,测得$Np' \wedge (010) = 30°\pm$;碳酸盐、绿泥石含量3%～5%,呈填隙状分布于斜长石、辉石粒间,主要为斜长石次生蚀变而来。见图版(Ⅳ,3)。

含橄含长辉石岩 岩石呈柱粒状结构、填隙结构,块状构造。矿物成分主要为:单斜辉石含量大于90%,呈柱状、长柱状,除部分较新鲜具完整外形外,大多已次生闪石化,有的仅保存辉石假象外形,具正中突起,干涉色为二级中顶部,中等消光角(一般大于30°);斜长石含量5%～10%,在辉石中呈填隙状,半自形—他形晶,因铁染多呈深灰色,可见钠长石双晶纹;橄榄石含量1%～2%,大多已蛇纹石化,新鲜残留较少,具高突起,鲜艳干涉色,裂纹发育。副矿物主要有榍石、磁铁矿等。

枕状玄武岩及基性熔岩的特征如下所示。

枕状熔岩 主要分布于拉果错北侧色利日穷勒沟南侧,具典型的枕状构造,由于后期构造的影响,枕状玄武岩一般都较破碎,但枕体还依稀可见,有的还受球状风化影响,未见顶底,两侧未构造接触,可见厚度约200m。由多个岩流单元组成,每一个岩流底部枕状体少,但枕体较大,多呈长椭圆形,长轴一般20～50cm,大者达0.8～1m,小者有10～20cm,枕状体之间碎角砾岩不甚发育,岩石总体结晶较差;中部多为块状玄武岩,岩石结晶程度较好;顶部枕状玄武岩枕状体发育,但枕体较小,多呈近圆形,直径一般为10～30cm,枕状体之间淬碎角砾岩十分发育。枕状熔岩呈灰绿色,少斑结构,斑晶为自形—半自形板状斜长石,均已钠黝帘石化,呈假象产出,含量1%～2%;基质结构在岩流单元、甚至在枕状体的不同部位差异较大,枕状体边缘主要为隐晶质,间隐结构,枕体中心和岩流单元中部为似间粒和微晶结构,主要由斜长石和辉石组成。斜长石呈自形—半自形细小长板条状,均已钠黝帘石化,含量45%～50%;辉石均呈假象产出,被次闪石、绿泥石交代,多呈纤维状分布,含量40%～45%;副矿物为镁铁矿和磷灰石。岩石已蚀变成细碧岩。淬碎角砾岩分布于枕状体之间,角砾成近等轴棱角状,含量60%～70%,由水化学沉淀物硅质和少量钙质胶结。

基性熔岩主要有玄武岩。

玄武岩 斑状结构,基质具微晶结构,块状构造、枕状构造,个别岩石呈气孔构造。斑晶成分由粒径一般在0.5～2mm之间的斜长石、透辉石、暗色矿物组成,斜长石强烈绢云母化;暗色矿物多蚀变分解为绿泥石,根据假象推测可能原来是橄榄石、辉石。基质成分由粒径一般在0.05～0.2mm之间的绢云母化更长石、透辉石、绿泥石等矿物呈晶粒结构组成。个别岩石具有气孔,呈不规则形状,充填有绿泥石、热液石英等。

岩墙 主要分布于拉果错北侧色利日穷勒沟南侧,岩性有辉长辉绿岩、辉绿岩等,围岩多为斜长角闪岩(可能为基性岩变质而成)。岩墙群出露宽度为50～300m,总体呈近东西向展布,单个岩墙厚度一般为30～60cm,岩墙有冷凝边,部分地段发育不对称冷凝边。岩性主要为辉绿岩、辉长辉绿岩。岩石具斑状结构,斑晶主要为单斜辉岩,自形—半自形粒状,大小一般为2～3mm,被改造岩石交代,多呈假象产出,含量10%～15%。斜长石斑晶少量;基质为辉长辉绿结构,局部有含长结构及粒玄结构,由斜长石(25%～30%)和辉石(55%～60%)组成。斜长石呈自形—半自形板条状,被黝帘石和绢云母交代,呈假象产出,少量残留;辉石主要为单斜辉石,呈半自形—他形粒状,粒径为0.5～1mm,大都内部常有半自形斜长石包体,多被透闪石交代为假象,少量残留;副矿物有镁铁矿、磷灰石和钛铁矿。

另外在岩墙群中还可见一群与席状岩墙相似的晚期的浅色岩墙,野外认定为灰白色斜长岩或斜长花岗岩,尚正在分析中。

2. 斜长花岗岩

斜长花岗岩呈脉状产于超基性岩中，脉体宽度一般为几十厘米到上百厘米不等，围岩主要为橄辉岩、堆晶岩，与围岩呈明显的侵入接触关系。

斜长花岗岩呈灰白色，中细粒花岗结构，块状构造，粒径 0.5～3.5mm 不等。主要矿物成分为：中长石 50%～65%，半自形—自形粒状，聚片双晶多不发育，常见到简单双晶或无双晶，一般具明显的环带构造，略蚀变，周围常分布有黝帘石集合体和极细绢云母鳞片；石英 25%～30%，他形粒状，常为斜长石晶体间的填隙物，有的局部见有粗大的单晶体；角闪石 2%～5%，大部分经不同程度次闪石化，大多数蚀变为绿泥石、绿帘石等矿物。副矿物主要见有磷灰石、榍石，呈不均匀星散分布于岩石之中。

3. (放射虫)硅质岩

硅质岩主要见有紫红色和灰黑色两种颜色，岩石具微晶—隐晶质结构，块状构造，个别薄片呈层纹—条带状构造。矿物成分：石英含量约 30%，呈他形微粒状，有的呈细小扁豆状、透镜状，可能为后期应力作用所致，粒径一般为 0.02～0.06mm，少数大于 0.06mm；隐晶硅质含量 60%～65%，局部可见呈十字消光；氧化铁含量 3%～5%，呈棕色、暗棕色，细脉状—网脉状；粘泥质含量约 3%，大部已蚀变成绢云母。个别薄片中含有放射虫，含量约 5%，星点分布，放射虫呈圆形、椭圆形，直径约 0.3mm，大部被玉髓集合体充填。

(三) 拉果错蛇绿岩(组)岩石化学及地球化学特征

1. 岩石化学特征

测区拉果错蛇绿岩分析结果见表 3-13，其 CIPW 标准矿物计算结果及特征参数见表 3-14。

表 3-13 测区拉果错蛇绿岩岩石化学分析结果表

序号	样号	岩石名称	地质单元	氧化物含量($\times10^{-2}$)												
				SiO_2	Al_2O_3	Fe_2O_3	FeO	CaO	MgO	K_2O	Na_2O	TiO_2	P_2O_5	MnO	Loss	Toal
1	2102GS1	纯橄榄岩	地幔橄榄岩	39.16	0.28	6.99	2.28	0.69	36.65	0.004	0.011	0.0099	0.003	0.046	12.78	98.90
2	2102GS3	斜方辉橄岩		38.36	1.04	8.50	1.87	0.14	37.54	0.003	0.022	0.022	0.0079	0.059	12.30	99.86
3	2102GS4	斜辉辉橄岩		36.52	0.94	5.57	1.55	5.37	33.91	0.004	0.01	0.016	0.0061	0.067	15.36	99.32
平均				38.01	0.75	7.02	1.90	2.07	36.03	0.00	0.01	0.02	0.01	0.06	13.48	99.36
4	LGCGS6	橄辉岩		48.42	1.38	2.61	3.50	13.80	23.93	0.20	0.40	0.13	0.07	0.17	5.61	100.22
5	2068GS2	橄榄斜方辉石岩		52.12	1.07	4.17	5.98	2.86	29.83	0.005	0.045	0.072	0.0062	0.25	2.09	98.50
6	2102GS8	橄榄斜方辉石岩		45.06	0.91	3.64	8.58	1.23	33.74	0.004	0.051	0.068	0.0062	0.18	5.08	98.55
平均				48.53	1.12	3.47	6.02	5.96	29.17	0.07	0.17	0.09	0.03	0.20	4.26	99.09
7	2102GS12	斜长辉石岩	堆晶岩类	49.46	13.15	0.90	6.59	12.28	12.72	0.12	1.47	0.25	0.015	0.14	1.50	98.60
8	LGCGS5	含橄含长辉石岩		44.48	15.09	1.41	5.48	16.20	11.01	0.20	0.50	0.30	0.04	0.18	5.07	99.96
9	LGCGS1	二辉辉石岩		48.10	1.24	4.14	2.57	5.32	30.39	0.20	0.30	0.10	0.07	0.19	7.29	99.91
平均				47.35	9.83	2.15	4.88	11.27	18.04	0.17	0.76	0.22	0.04	0.17	4.62	99.49
10	2102GS2	辉长岩		46.24	14.99	0.27	3.48	19.52	10.66	0.03	0.20	0.073	0.0064	0.11	3.98	99.56
11	2102GS11	辉长岩		55.48	16.02	2.23	7.96	4.38	3.60	0.54	4.88	1.10	0.24	0.22	2.10	98.75
12	2067GS1	辉长岩		53.2	17.35	2.16	6.06	9.09	5.24	0.19	2.36	0.57	0.041	0.18	2.31	98.75

续表 3-13

序号	样号	岩石名称	地质单元	氧化物含量($\times 10^{-2}$)												
				SiO_2	Al_2O_3	Fe_2O_3	FeO	CaO	MgO	K_2O	Na_2O	TiO_2	P_2O_5	MnO	Loss	Toal
13	LGCGS2	辉长岩	堆晶岩类	44.40	16.72	1.45	5.62	9.11	15.47	0.30	1.43	0.18	0.06	0.23	4.63	99.60
14	LGCGS3	异剥辉长岩		48.08	16.12	1.59	4.15	13.67	11.19	0.30	1.43	0.10	0.03	0.13	2.82	99.61
15	LGCGS11	角闪辉长岩		51.88	15.56	2.37	6.51	5.06	9.01	0.40	4.74	0.58	0.08	0.20	3.50	99.89
	平均			49.88	16.13	1.68	5.63	10.14	9.20	0.29	2.51	0.43	0.08	0.18	3.22	99.36
17	2102GS7	斜长花岗岩	斜长花岗岩类	74.74	13.61	0.12	1.19	1.06	0.97	0.26	6.34	0.30	0.016	0.022	0.61	99.24
18	LGCGS7	硅质岩	硅质岩	63.26	15.62	0.85	3.10	3.67	3.37	3.70	3.15	0.23	0.13	0.08	2.37	99.53
19	LGCGS10	硅质岩		76.82	10.44	0.18	1.91	1.14	2.27	0.79	3.77	0.20	0.07	0.10	2.03	99.72
20	2070GS2	含放射虫硅质岩		92.34	2.47	0.78	0.47	0.33	0.63	0.58	0.34	0.08	0.05	0.17	1.10	99.34

表 3-14 测区拉果错蛇绿岩 CIPW 标准矿物及特征参数表（岩石名称同表 3-13）

序号	样号	CIPW 标准矿物含量($\times 10^{-2}$)											特征参数					
		Q	An	Ab	Or	Ne	C	Di	Hy	Ol	Il	Mt	Ap	$Mg^{\#}$	AR	SI	DI	A/CNK	σ_{43}
1	2102GS1	0	0.82	0.11	0.03	0	0	2.48	32.61	60.43	0.02	3.49	0.01	89.97	1.03	79.79	0.96	0.219	0
2	2102GS3	0	0.74	0.21	0.02	0	0.88	0	28.6	65.72	0.05	3.77	0.02	89.21	1.04	78.32	0.97	3.538	0
3	2102GS4	0	3	0.1	0.03	0	0	22.67	1.49	70.05	0.04	2.61	0.02	91.55	1.00	82.62	3.13	0.096	0
	平均	0.00	1.52	0.14	0.03	0.00	0.29	8.38	20.90	65.40	0.04	3.29	0.02	90.24	1.03	80.24	1.69	1.28	0.00
4	LGCGS6	0	1.46	3.58	1.25	0	0	55.48	13.82	21.33	0.26	2.65	0.17	89.56	1.08	78.10	6.29	0.053	0.05
5	2068GS2	0	2.81	0.40	0.03	0	0	9.39	79.58	3.27	0.14	4.38	0.01	86.54	1.03	74.52	3.23	0.203	0
6	2102GS8	0	2.4	0.46	0.03	0	0	3.23	52.51	36.3	0.14	4.92	0.02	85.65	1.05	73.32	2.89	0.391	0
	平均	0.00	2.22	1.48	0.44	0.00	0.00	22.70	48.64	20.30	0.18	3.98	0.07	87.25	1.05	75.31	4.14	0.22	0.02
7	2102GS12	0	29.79	12.81	0.73	0	0	26.36	20.52	7.92	0.49	1.34	0.04	78.28	1.13	58.35	43.33	0.529	0.34
8	LGCGS5	0	40.4	4.46	1.25	0	0	35.24	1.94	13.87	0.60	2.15	0.10	77.38	1.05	59.19	46.11	0.495	0.14
9	LGCGS1	0	1.57	2.75	1.28	0	0	20.83	47.05	23.26	0.21	2.88	0.18	91.01	1.17	80.82	5.59	0.119	0.03
	平均	0.00	23.92	6.67	1.09	0.00	0.00	27.48	23.17	15.02	0.43	2.12	0.11	82.23	1.11	66.12	31.68	0.38	0.17
10	2102GS2	0	41.76	1.60	0.19	0.09	0	47.35	0	8.44	0.15	0.41	0.02	85.72	1.01	72.82	43.64	0.418	0.01
11	2102GS11	5.98	20.86	42.72	3.30	0	0.02	0	21.04	0	2.16	3.35	0.58	43.10	1.72	18.74	72.86	0.966	2.18
12	2067GS1	9.81	37.52	20.71	1.16	0	0	7.32	19.02	0	1.12	3.25	0.10	57.86	1.21	32.73	69.2	0.842	0.57
13	LGCGS2	0	40.35	12.74	1.87	0	0	5.44	9.76	27.14	0.36	2.21	0.15	82.41	1.14	63.74	54.96	0.869	0.88
14	LGCGS3	0	37.90	12.5	1.83	0	0	25.42	10.67	9.03	0.20	2.38	0.07	80.79	1.12	59.97	52.23	0.586	0.48
15	LGCGS11	0	20.75	41.61	2.45	0	0	3.83	14.17	12.30	1.14	3.56	0.19	68.61	1.66	39.12	64.81	0.893	2.63
	平均	2.63	33.19	21.98	1.80	0.02	0.00	14.89	12.44	9.49	0.86	2.53	0.19	69.75	1.31	47.85	59.62	0.76	1.13
17	2102GS7	32.9	5.23	54.39	1.56	0	1.02	0	4.10	0	0.58	0.18	0.04	61.02	2.64	10.92	94.08	1.077	1.37
18	LGCGS7	16.56	17.86	27.43	22.50	0	0.07	0	13.54	0	0.45	1.27	0.31	64.65	2.10	23.78	84.36	0.985	2.25
19	LGCGS10	45.83	5.32	32.65	4.78	0	1.51	0	9.08	0	0.39	0.27	0.17	69.68	2.30	25.45	88.59	1.144	0.61
20	2070GS2	87.8	1.33	2.93	3.49	0	0.82	0	2.49	0	0.15	0.87	0.12	52.99	1.98	22.50	95.55	1.382	0.002

1）地幔橄榄岩

地幔橄榄岩主要由纯橄榄岩及橄辉岩类组成，纯橄榄岩 SiO_2 含量变化于 36.52%～39.16%，平均为 38.01%；Al_2O_3 含量平均为 0.75%；CaO 平均为 2.07%；Fe_2O_3 含量平均为 7.02%，FeO 平均为 1.90%；岩石中普遍具有较低的全碱含量，总量仅为 0.02%，K_2O/Na_2O 比值平均为 0.26；TiO_2 平均为 0.02%；MgO 含量较高，变化于 33.91%～37.54%，平均为 36.03%；从以上各氧化物含量情况来看，纯橄榄岩具有 SiO_2、MgO、Fe_2O_3 偏高，Al_2O_3、CaO、TiO_2、K_2O、FeO 偏低的特点，反映了基性程度稍偏低的特征。橄辉岩类 SiO_2 平均含量为 48.53%，Al_2O_3 含量平均为 1.12%，Fe_2O_3 平均为 3.47%，FeO 平均为 6.02%，CaO 平均为 5.96%，全碱平均为 0.24%，TiO_2 平均为 0.09%，MgO 平均为 29.17%。从纯橄榄岩到橄辉岩随着 SiO_2 含量的增高，Al_2O_3、CaO、FeO、全碱、TiO_2 等氧化物与之成正相关关系，MgO、Fe_2O_3 呈负相关关系。从而表明岩石的氧化程度随着岩石向基性程度发展变化而逐渐减小，这也可能说明了超基性岩为何容易遭受蚀变。

在表 3-14 中，纯橄榄岩的 CIPW 标准矿物组合为 An＋Ab＋Or＋Di＋Hy＋Ol，橄榄石 Ol 的含量变化于 60.43%～70.05%，平均为 70.05%。橄辉岩 CIPW 标准矿物组合为 An＋Ab＋Or＋Di＋Hy＋Ol，与纯橄岩具有相同的矿物组合，但矿物间的含量已发生了较大变化，从纯橄岩到橄辉岩变化，An、Ab、Or、Di、Hy 在逐渐增高，Ol 逐渐降低，矿物含量所反映出来的现象与氧化物含量是一致的。

特征参数 $Mg^{\#}$ 纯橄岩平均为 90.24，橄辉岩为 87.25，数值都比较大，为镁质橄榄岩，反映了其源区较深，可能为幔源的特点，A/CNK 普遍较低，变化于 0.096～0.391 之间，也反映了物源为幔源的特点，分异指数(DI)纯橄岩平均为 1.69，橄辉岩平均为 4.14；固结指数(SI)纯橄岩平均为 81.15，橄辉岩为 75.49，随着基性程度的增高，岩浆的分异程度增大。

2）堆晶岩类

拉果错蛇绿岩堆晶岩类的岩石化学特征反映了从超镁铁质岩—镁铁质岩的连续分晶过程，其重力结晶分异韵律底部一般为堆晶含长辉石岩、含橄含长辉石岩、橄辉岩等，上部主要为堆晶辉长岩、层状辉长岩。本书从底部的含橄含长辉石岩及上部的辉长岩两部分来探讨其特征。

辉石岩 SiO_2 含量平均为 47.35%，Al_2O_3 平均为 9.83%，CaO 平均为 11.27%，MgO 平均为 18.04%，K_2O 平均为 0.17%，全碱含量平均为 0.93%，TiO_2 平均为 0.22%，P_2O_5 平均为 0.07%，总体具高 MgO、CaO，中等 Al_2O_3、贫碱、TiO_2、P_2O_5 的特点。辉长岩 SiO_2 平均为 49.88%，Al_2O_3 平均为 16.13%，CaO 平均为 10.14%，MgO 平均为 9.2%，K_2O 平均为 0.29%，全碱含量平均为 2.8%，TiO_2 平均为 0.43%，P_2O_5 平均为 0.08%，总体具有富 Al_2O_3，贫 K_2O、TiO_2、P_2O_5 的特点。但从堆晶岩类的底部到上部，具有 CaO、MgO 降低的趋势，SiO_2、Al_2O_3、K_2O、TiO_2、P_2O_5 等氧化物逐渐增高的趋势。

CIPW 标准矿物辉石岩没有出现 Q 和 C，说明 SiO_2 和 Al_2O_3 皆处于不饱和状态，其标准矿物组合为 An＋Ab＋Or＋Di＋Hy＋Ol，Ol 的含量平均为 15.02%。辉长岩个别岩石已出现 Q 或 C，但样品数不多，表明辉长岩从 SiO_2、Al_2O_3 不饱和状态逐渐过渡到饱和状态。SiO_2、Al_2O_3 不饱和岩石的标准矿物组合为 An＋Ab＋Or＋Di＋Hy＋Ol，SiO_2、Al_2O_3 饱和岩石的标准矿物组合为 Q＋An＋Ab＋Or＋ Hy＋C。

特征参数特征：$Mg^{\#}$ 辉石岩平均为 82.23，辉长岩平均为 69.75，两者皆大于 60，说明源区物质仍比较深，属深源的地幔源区。A/CNK 两者变化于 0.12～0.97 之间，皆小于 1.1，反映了物源来自于幔源区的特征。分异指数(DI)堆晶辉石岩为 31.68，堆晶辉长岩为 59.62；固结指数(SI)堆晶辉石岩为 66.29，堆晶辉长岩为 47.85，反映了从底部的堆晶辉石岩到上部的堆晶辉长岩分异指数逐渐增高，固结指数逐渐降低，岩浆的结晶分异程度逐渐增高的特点。辉长岩里特曼指数变化于 0.01～2.63 之间，变化范围较大，平均为 1.13，皆小于 3.3，属钙碱性系列岩。

3）玄武岩

测区拉果错蛇绿岩中玄武岩岩石化学分析结果见表 3-15，其 CIPW 标准矿物及特征参数见表 3-16。

表 3-15　测区拉果错蛇绿岩中玄武岩岩石化学分析结果表

序号	样号	岩石名称	氧化物含量($\times10^{-2}$)											
			SiO_2	Al_2O_3	CaO	TFe_2O_3	K_2O	MgO	MnO	Na_2O	P_2O_5	TiO_2	LOI	Total
1	LGC-04-07	玄武岩	52.57	18.12	6.88	9.12	0.08	5.30	0.16	5.12	0.02	0.60	2.62	100.57
2	LGC-04-08	玄武岩	49.59	17.55	9.99	8.21	2.55	5.67	0.16	2.63	0.03	0.68	3.48	100.55
3	LGC-04-10	玄武岩	55.17	14.90	6.19	9.16	0.14	5.72	0.13	5.67	0.03	0.67	2.51	100.30
4	LGC-04-11	玄武岩	56.08	14.91	5.29	8.40	0.60	6.19	0.17	5.40	0.04	0.78	2.34	100.21
5	LGC-04-12	玄武岩	58.52	14.37	4.36	5.91	0.13	6.82	0.10	6.52	0.03	0.52	2.03	99.31
6	LGC-04-13	玄武岩	52.59	12.04	6.22	8.81	0.80	11.61	0.17	3.33	0.03	0.49	3.16	99.36
7	LGC-04-14	玄武岩	54.42	14.67	4.07	8.69	0.27	6.87	0.10	5.41	0.06	1.00	4.11	99.66
平均			54.13	15.22	6.14	8.33	0.65	6.88	0.14	4.87	0.03	0.68	2.89	99.99

表 3-16　测区拉果错蛇绿岩中玄武岩 CIPW 标准矿物及特征参数表(岩石各称同表 3-15)

序号	样号	CIPW 标准矿物含量($\times10^{-2}$)														特征参数				
		Q	Or	Ab	An	Ne	Di (FS)	Di (MS)	Hy (MS)	Hy (FS)	Ol (MS)	Ol (FS)	Mt	Il	Ap	DI	$Mg^{\#}$	SI	AR	σ
1	LGC-04-07	0.00	0.46	44.61	27.05	0.00	2.78	3.79	4.63	3.90	5.05	4.68	1.84	1.17	0.04	45.07	57.89	28.34	1.52	2.82
2	LGC-04-08	0.00	15.67	20.90	29.68	1.19	6.64	11.01	0.00	0.00	6.71	5.12	1.67	1.35	0.08	37.75	62.05	31.10	1.46	4.07
3	LGC-04-10	0.00	0.88	49.50	15.27	0.00	5.35	7.97	7.44	5.73	2.51	2.13	1.85	1.31	0.07	50.38	59.65	28.94	1.76	2.77
4	LGC-04-11	0.00	3.68	47.13	15.10	0.00	3.41	6.10	12.66	8.12	0.28	0.20	1.69	1.52	0.10	50.81	63.57	31.34	1.85	2.76
5	LGC-04-12	0.11	0.76	57.04	9.90	0.00	2.59	7.25	14.22	5.82	0.00	0.00	1.20	1.02	0.08	57.91	73.19	36.32	2.10	2.84
6	LGC-04-13	0.00	4.98	29.61	16.32	0.00	3.16	9.61	20.16	7.61	4.03	1.68	1.81	0.97	0.07	34.58	75.70	49.03	1.59	1.78
7	LGC-04-14	0.00	1.71	48.33	15.79	0.00	1.39	2.79	16.10	9.19	0.48	0.30	1.80	2.00	0.13	50.03	65.16	33.73	1.87	2.83
	平均	0.02	4.02	42.44	18.44	0.17	3.62	6.93	10.74	5.77	2.72	2.02	1.69	1.34	0.08	46.65	65.32	34.11	1.74	2.84

从表 3-15 中可以看出,拉果错蛇绿岩中玄武岩 SiO_2 含量变化于 49.59%～58.52%,平均为 54.13%,Al_2O_3含量变化于 12.04%～18.12%,平均为 15.22%,CaO 含量变化于 4.07%～9.99%,平均为 6.14%,K_2O 含量绝大部分变化于 0.13%～0.80%之间,TiO_2 含量变化于 0.52%～1.00%之间,平均为 0.68%,Na_2O 含量普遍较高,变化于 3.63%～5.41%,平均为 4.87%,Na_2O 含量减去 2 之后仍大于 K_2O 的含量,表明岩石属钠质系列,可能与海底细碧岩化有关。P_2O_5 含量甚低,变化于 0.02%～0.06%之间,平均为 0.03%。综合以上各氧化物含量来看,本区玄武岩具有 SiO_2、Al_2O_3 偏高,K_2O、TiO_2、P_2O_5 偏低的特点,表现出非大洋中脊玄武岩和洋岛玄武岩的特点。

在 TAS 图解(图 3-28)中,全部样品落入 Ir 区,属亚碱性岩系列,对亚碱性岩系列采用 AFM 图解(图 3-29),全部样品落入钙碱性玄武岩区,从而指示本区的玄武岩为钙碱性玄武岩,可能为拉张事件岩浆活动的产物。从 Al_2O_3 质量分数偏高来看,又具有高铝玄武岩的特征,而高铝玄武岩正是消减带典型的岩石类型;上述岩石化学特征反映本区玄武岩具有消减带上局部伸展构造区的特点。

CIPW 标准矿物绝大部分样品未出现石英 Q,出现了橄榄石分子 Ol,表明岩浆为 SiO_2 不饱和状态,所有样品都出现了 Di,可以判定本区玄武岩的标准矿物组合为 An+Ab+Or+ Ol +Di+Hy。

各种参数特征:分异指数 DI 变化于 34.58～50.38,平均为 46.65;固结指数 SI 变化于 28.34～49.03,平均为 34.11,表明本区玄武岩的岩浆分异程度为中等。碱度率 AR 变化于 1.46～2.10,平均为 1.74,数值不大,岩石偏钙碱性。绝大部分样品里特曼指数变化于 1.78～2.84 之间,皆小于 3.3,属于中等钙碱性岩系,与太平洋型类似。$Mg^{\#}$ 变化于 57.89～75.70,平均为 65.32,绝大部分大于 60,也暗示了岩浆源区来源于较深的地幔。

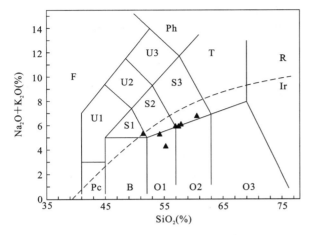

图 3-28 拉果错蛇绿岩中玄武岩 TAS 图解
(据 LeBos 等,1986;IUGS,1989)

B:玄武岩;O1:玄武安山岩;O2:安山岩;O3:英安岩;
S1:粗面玄武岩;S2:玄武质粗面安山岩;S3:粗面安山岩;
T:粗面岩和粗面英安岩;R:流纹岩;U1:碱玄岩或碧玄岩;
U2:响岩质碱玄岩;U3:碱玄质响岩;Ph:响岩;Pc:苦橄玄武岩

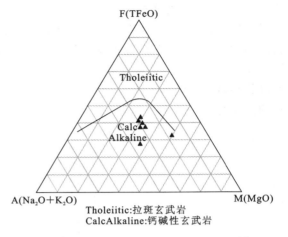

图 3-29 拉果错蛇绿岩中玄武岩 AFM 图解

Tholeiitic:拉斑玄武岩
CalcAlkaline:钙碱性玄武岩

4) 斜长花岗岩

本区的斜长花岗岩呈脉状产于超基性岩中,认为是岩浆房结晶分异晚期形成的浅色岩系。样品数量较少,只有一件,不论是野外地质特征、岩相学特征还是地球化学特征,都可证明它是蛇绿岩的一员。从表 3-13 中可以看出,SiO_2 含量为 74.74%,Al_2O_3 为 13.61%,K_2O 为 0.26%,明显低于大陆同类岩石,TiO_2 为 0.3%,P_2O_5 为 0.016%,明显具有高 SiO_2,中等 Al_2O_3,低 K_2O、TiO_2、P_2O_5 的特点,与大洋斜长花岗岩相似。在以 SiO_2 和 K_2O 为轴的半对数坐标图上,本区斜长花岗岩投点于大洋斜长花岗岩。

CIPW 标准矿物中(表 3-14),岩石中出现了较多的石英(Q)(含量为 32.9%)和 C,表明 SiO_2、Al_2O_3 都处于过饱和状态,其标准矿物组合为:Q+An+Ab+Or+C+Hy。

分异指数 DI 较高,为 94.08,固结指数 SI 为 10.92,表明岩浆的结晶分异较透彻,里特曼指数 σ 为 1.37,属钙碱性系列岩。过铝指数 A/CNK 为 1.077,接近 1.1,表明岩浆源区可能为幔源,并有壳源物质的混染;$Mg^\#$ 为 61.02,值较大,反映了幔源的特征。

综上所述,本区的斜长花岗岩属大洋斜长花岗岩,属钙碱性系列岩,其物源来自较深的地幔。

5) 放射虫硅质岩

从表 3-13 中可以看出,(放射虫)硅质岩 SiO_2 变化于 63.26%~92.34%,范围变化较大。从硅质岩的岩石化学来看,其 SiO_2 应大于 90%,而本次工作区的三个样品中的两件样品都小于 80%,室内岩矿鉴定与岩石化学成分出入较大,可信度低。现仅以 2070GS2 这个样品来讨论分析硅质岩的地球化学特征。SiO_2 含量为 92.34%,Al_2O_3 为 2.47%,CaO 为 0.33%,Al_2O_3 质量分数略偏高,反映有一定陆源物质参与,非远洋硅质岩,Fe_2O_3/FeO 比值为 1.66,SiO_2/Al_2O_3 比值为 37.38,SiO_2/MgO 为 146.57,SiO_2/(K_2O+Na_2O)为 100.37,近于火山沉积硅质岩的比值特征,并有向生物沉积硅质岩过渡的特点。本区的硅质岩含有丰富的放射虫,并呈透镜体状产于玄武岩中。本书认为硅质岩的特点反映了本区硅质岩所代表的沉积环境为相对较深但规模较小的洋盆。

2. 稀土元素特征

1) 地幔橄榄岩

地幔橄榄岩稀土元素丰度见表 3-17。纯橄榄岩稀土总量(ΣREE)普遍较低,变化于 $(4.07\sim4.55)\times10^{-6}$,平均为 4.31×10^{-6},LREE/HREE 平均为 2.74,δEu 变化于 0.56~1.16 之间,变化范围较大,有的具有正铕异常,有的具有负铕异常。橄辉岩稀土总量两个样品为 $(11.63\sim18.69)\times10^{-6}$,一个样品

为 2.90×10^{-6},与纯橄榄岩相似,δEu 变化于 $0.43 \sim 0.86$,具铕负异常。总体来看,地幔橄榄岩的稀土总量较低,可能是由于地幔橄榄岩低度部分熔融而后经地幔交代作用所致。在其球粒陨石标准化分布型式图中(图 3-30),曲线规律性不明显,显示比较杂乱,但总体上还可以看出,地幔橄榄岩轻稀土的分馏程度比重稀土的分馏程度要高,橄辉岩的曲线位于纯橄榄岩曲线的上方,表明其稀土总量要高,曲线右倾趋势显示为轻稀土富集,从而指示地幔橄榄岩可能先经历了较强的部分熔融,后经历了俯冲消减过程的流体交代。

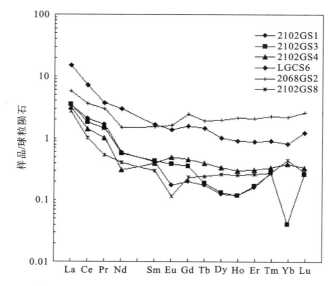

图 3-30　拉果错蛇绿岩地幔橄榄岩稀土元素球粒陨石标准化分布型式图

2) 堆晶岩类

堆晶岩类稀土元素丰度见表 3-17。堆晶辉(石)岩稀土总量(ΣREE)变化于 $(10.83 \sim 22.83) \times 10^{-6}$,平均为 15.54×10^{-6};LREE/HREE 变化于 $0.44 \sim 7.9$,变化幅度较大,δEu 变化于 $0.68 \sim 1.22$,部分具铕正异常,部分具铕负异常。堆晶辉长岩类稀土总量平均为 44.38×10^{-6},LREE/HREE 大部分样品大于 1,部分样品小于 1,δEu 主体变化在 $0.85 \sim 1.28$ 之间,说明 Eu 的正、负异常不明显。在标准化配分图中(图 3-31)可以看出,总体堆晶岩类的配分曲线特征表现为接近平坦型,轻、重稀土分馏都不明显,部分样品还显示 LREE 略亏损的倾向。总体,堆晶岩的稀土总量要高于地幔橄榄岩的稀土总量。

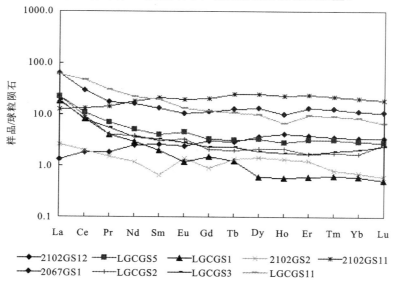

图 3-31　拉果错蛇绿岩堆晶岩稀土元素球粒陨石标准化分布型式图

表 3-17 测区拉果错蛇绿岩稀土元素分析结果表

序号	样号	岩石名称	地质单元	稀土元素(×10⁻⁶) La	Ce	Pr	Nd	Sm	Eu	Gd	Tb	Dy	Ho	Er	Tm	Yb	Lu	Y	特征参数 ΣREE	LREE/HREE	δEu
1	2102GS1	纯橄榄岩	地幔橄榄岩	1.24	1.98	0.23	0.42	0.097	0.015	0.061	0.01	0.048	0.01	0.04	0.01	0.01	0.01	0.23	4.41	0.05	0.56
2	2102GS3	斜方辉橄岩		1.27	1.73	0.20	0.40	0.10	0.034	0.11	0.011	0.051	0.01	0.042	0.01	0.01	0.01	0.46	4.45	0.10	0.99
3	2102GS4	斜辉辉橄岩		1.15	1.34	0.14	0.22	0.092	0.043	0.14	0.023	0.13	0.026	0.077	0.012	0.097	0.013	0.57	4.07	0.14	1.16
平均				1.22	1.68	0.19	0.35	0.10	0.03	0.10	0.01	0.08	0.02	0.05	0.01	0.04	0.01	0.42	4.31	0.10	0.90
4	LGCGS6	橄辉岩		5.52	6.82	0.50	2.12	0.38	0.12	0.48	0.085	0.39	0.078	0.22	0.032	0.20	0.047	1.70	18.69	0.09	0.86
5	2068GS2	橄榄斜方辉石岩		2.11	3.47	0.41	1.06	0.35	0.14	0.74	0.11	0.75	0.18	0.51	0.08	0.54	0.099	1.08	11.63	0.09	0.82
6	2102GS8	橄榄斜方辉石岩		1	0.98	0.074	0.29	0.069	0.01	0.073	0.014	0.10	0.022	0.065	0.01	0.11	0.011	0.07	2.90	0.02	0.43
平均				2.88	3.76	0.33	1.16	0.27	0.09	0.43	0.07	0.41	0.09	0.27	0.04	0.28	0.05	0.95	11.07	0.07	0.70
7	2102GS12	斜长辉石岩	堆晶岩类	0.31	1.13	0.17	1.17	0.40	0.14	0.63	0.11	0.96	0.24	0.63	0.092	0.58	0.087	4.18	10.83	0.39	0.85
8	LGCGS5	含橄含长辉石岩		5.14	6.55	0.66	2.35	0.62	0.26	0.68	0.12	0.84	0.16	0.52	0.080	0.49	0.071	4.29	22.83	0.19	1.22
9	LGCGS1	二辉辉石岩		4.31	5.10	0.38	1.35	0.30	0.067	0.30	0.045	0.15	0.033	0.10	0.016	0.10	0.013	0.70	12.96	0.05	0.68
平均				3.25	4.26	0.40	1.62	0.44	0.16	0.54	0.09	0.65	0.14	0.42	0.06	0.39	0.06	3.06	15.54	0.21	0.91
10	2102GS2	辉长岩		0.61	1.19	0.14	0.55	0.10	0.081	0.18	0.05	0.36	0.074	0.20	0.02	0.12	0.015	3.32	7.01	0.47	1.83
11	2102GS11	辉长岩		2.99	7.99	1.38	8.55	3.22	1.12	4.14	0.95	6.37	1.30	3.94	0.56	3.45	0.48	26.70	73.14	0.37	0.94
12	2067GS1	辉长岩		15	18.20	1.65	7.58	2.01	0.60	2.33	0.48	3.31	0.56	2.16	0.32	1.94	0.28	15.20	71.62	0.21	0.85
13	LGCGS2	辉长岩		5.15	5.74	0.38	1.81	0.47	0.19	0.42	0.074	0.53	0.12	0.28	0.044	0.28	0.066	1.91	17.46	0.11	1.28
14	LGCGS3	异剥辉长岩		4.52	4.76	0.52	1.65	0.51	0.16	0.48	0.085	0.47	0.10	0.28	0.048	0.35	0.061	2.77	16.76	0.17	0.97
15	LGCGS11	角闪辉长岩		14.10	29.3	2.89	10.40	3.03	0.78	2.41	0.41	2.55	0.38	1.60	0.24	1.43	0.17	10.6	80.29	0.13	0.85
平均				7.06	11.20	1.16	5.09	1.56	0.49	1.66	0.34	2.27	0.42	1.41	0.21	1.26	0.18	10.08	44.38	0.24	1.12
17	2102GS7	斜长花岗岩	斜长花岗岩类	5.15	15	2.07	11.20	3.06	0.72	3.69	0.67	5.34	1.10	3.46	0.44	3.35	0.50	25.20	80.95	0.31	0.65
18	LGCGS7	硅质岩	硅质岩	37.20	66.40	7.61	32.00	6.05	0.89	5.28	0.85	6.03	1.24	3.48	0.48	3.09	0.41	19.90	190.90	0.10	0.47
19	LGCGS10	硅质岩		20.90	36.20	3.15	12.20	2.66	0.54	2.30	0.38	2.07	0.32	1.23	0.22	1.45	0.24	9.72	93.58	0.10	0.65
20	2070GS2	含放射虫硅质岩		11.50	17.80	2.00	8.11	1.81	0.32	1.40	0.24	1.36	0.24	0.88	0.13	0.70	0.098	7.32	53.91	0.14	0.59

3）玄武岩

玄武岩稀土元素丰度见表 3-18。玄武岩的稀土总量变化于(26.65～49.72)$\times10^{-6}$，平均为 38.07$\times10^{-6}$，轻、重稀土比值变化于 0.68～1.18，平均为 0.82，表明玄武岩轻、重稀土分馏程度相当，轻、重稀土分馏不明显。δEu 都趋近于 1，变化于 0.94～1.18，平均为 1.05，表明 Eu 异常不显著，源区无或含有微量的斜长石。$(La/Yb)_N$变化于 0.98～1.99 之间，平均为 1.41，表明属洋中脊与地幔柱型之间的过渡型玄武岩类型。在稀土配分曲线中(图 3-32)，玄武岩稀土配分曲线呈平坦型，轻、重稀土分馏不明显。

表 3-18　测区拉果错蛇绿岩中玄武岩稀土元素分析结果表

序号	样号(均为玄武岩)	稀土元素($\times10^{-6}$)															特征参数			
		La	Ce	Pr	Nd	Sm	Eu	Gd	Tb	Dy	Ho	Er	Tm	Yb	Lu	Y	ΣREE	LREE/HREE	δEu	$(La/Yb)_N$
1	LGC-04-07	3.68	7.34	1.05	4.55	1.34	0.47	1.72	0.30	2.07	0.46	1.30	0.21	1.45	0.22	11.73	37.88	0.95	0.94	1.81
2	LGC-04-08	2.68	6.06	0.98	4.66	1.54	0.70	2.14	0.39	2.53	0.59	1.60	0.25	1.75	0.27	15.01	41.14	0.68	1.17	1.10
3	LGC-04-10	4.03	8.52	1.16	5.35	1.49	0.64	1.83	0.33	2.01	0.47	1.32	0.20	1.46	0.23	12.24	41.28	1.06	1.18	1.99
4	LGC-04-11	2.71	6.48	1.03	4.94	1.64	0.59	2.15	0.36	2.41	0.53	1.51	0.24	1.58	0.24	13.85	40.26	0.76	0.96	1.23
5	LGC-04-12	2.44	5.23	0.80	3.78	1.13	0.45	1.46	0.27	1.70	0.41	1.13	0.19	1.25	0.20	10.13	30.56	0.83	1.08	1.41
6	LGC-04-13	1.57	3.86	0.61	2.82	0.98	0.37	1.36	0.25	1.63	0.36	1.06	0.16	1.15	0.17	9.30	25.65	0.66	0.98	0.98
7	LGC-04-14	3.45	8.59	1.29	6.48	1.99	0.76	2.64	0.45	2.88	0.63	1.78	0.27	1.84	0.28	16.38	49.72	0.83	1.01	1.35
平均		2.94	6.58	0.99	4.65	1.45	0.57	1.90	0.33	2.17	0.49	1.38	0.22	1.50	0.23	12.66	38.07	0.82	1.05	1.41

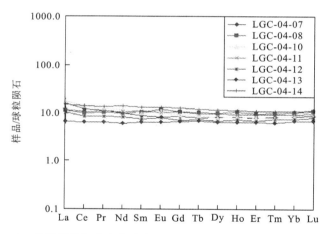

图 3-32　拉果错蛇绿岩中玄武岩稀土元素球粒陨石标准化分布型式图

4）斜长花岗岩

斜长花岗岩稀土元素丰度见表 3-17。稀土总量为 80.95$\times10^{-6}$，轻、重稀土比值为 0.85，δEu 为 0.65，具铕的负异常，表明源区有斜长石的存在。在稀土配分图(图 3-33)中可以看出，曲线近于平坦型，具有铕的负异常，轻、重稀土分馏不明显。

从上述堆晶岩—玄武岩—辉长岩的稀土元素变化情况来看，总体表现出一种趋势：稀土总量逐渐增高，岩浆房由早期的轻稀土微富集到晚期的轻重稀土分馏不明显，轻、重稀土都不富集的特点，斜长花岗岩与玄武岩稀土配分曲线基本一致，更进一步证明了斜长花岗岩是属于蛇绿岩套的成员。

5）硅质岩

硅质岩稀土元素丰度见表 3-17。稀土总量变化于(53.91～190.91)$\times10^{-6}$，变化幅度较大，LREE/HREE 变化于 3.36～4.21，轻稀土相对富集。在稀土配分图(图 3-33)中，曲线显示具右倾特征，Eu 具有负异常，亏损；重稀土大致呈一宽“U”型，在 Ho 处出现负异常。

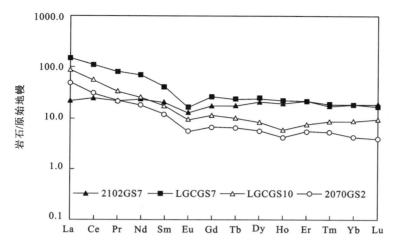

图 3-33 拉果错蛇绿岩中斜长花岗岩及硅质岩稀土元素球粒陨石标准化分布型式图

3. 微量元素特征

1) 地幔橄榄岩

地幔橄榄岩微量元素丰度见表 3-19。地幔橄榄岩 Rb/Sr 比值变化为 0.25～8.05，Zr/Nb 比值变化于 18.00～60.00，Zr/Y 比值普遍变化于 105.26～190.87。在微量元素原始地幔蛛网图（图 3-34）中，放射性生热元素 Th、非活动性元素 Ta、Zr、Hf 明显富集；大离子亲石元素 Ba、Sr 及非活动性元素 Nb 明显亏损。与岛弧玄武岩最突出的地球化学性质接近。

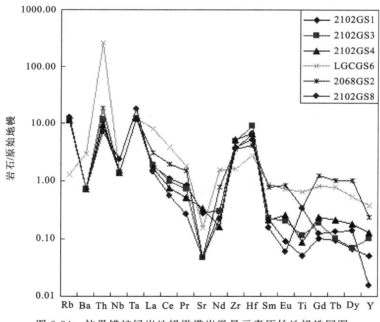

图 3-34 拉果错蛇绿岩地幔橄榄岩微量元素原始地幔蛛网图

2) 堆晶岩类

堆晶岩类微量元素丰度见表 3-19。堆晶辉石岩 Rb/Sr 比值为 0.03～0.59，平均为 0.22；Zr/Nb 比值为 19.73～48.22，平均为 32.70；Zr/Y 比值为 9.21～14.88，平均为 18.36。堆晶辉长岩 Rb/Sr 比值平均为 0.29，Zr/Nb 平均为 36.12，Zr/Y 比值平均为 8.20。从堆晶辉石岩到堆晶辉长岩，Rb/Sr、Zr/Nb 变化不大，Zr/Y 逐渐减小。在微量元素原始地幔蛛网图中（图 3-35），放射性生热元素 Th、非活动性元素 Ta 及大离子亲石元素 Sr 都具有不同程度的富集。总体大离子亲石元素 Ba 及非活动性元素 Nb 具有不同程度的亏损。指示岩浆在分离结晶中可能混染有大陆地壳物质的成分。

表 3-19　测区拉果错蛇绿岩微量元素分析结果及特征参数表

序号	样号	岩石名称	地质单元	微量元素含量($\times10^{-6}$)																
				F^-	Cu	Pb	Zn	Cr	Ni	Co	Li	Rb	W	Mo	Sb	Bi	Hg	Sr	Ba	V
1	2102GS1	纯橄榄岩	地幔橄榄岩					391	2210	98.10	13.50	7.80			0.16		0.15	5.78	<5	5.08
2	2102GS3	斜方辉橄岩						1600	1280	76.50	1.55	6.90			0.22		0.20	1.00	<5	18.60
3	2102GS4	斜辉辉橄岩						1720	2370	99.30	3.85	7.30			0.19		0.08	7.14	<5	16.50
	平均			0.00	0.00	0.00	0.00	1237	1953	91.30	6.30	7.33	0.00	0.00	0.19	0.00	0.14	4.64		13.39
4	LGCGS6	橄辉岩		40.00	2.80	9.00	30.30	3100	569	56.20	3.30	0.80	0.46	0.62	0.66	0.076	0.038	3.22	20.80	109
5	2068GS2	橄榄斜方辉石岩						2790	907	77.40	1.25	7.70			0.16		0.01	1.00	<5	83.40
6	2102GS8	橄榄斜方辉石岩						2620	886	87.50	3.90	8.05			0.21		0.12	1.00	<5	52.90
	平均			13.33	0.93	3.00	10.10	2837	787	73.70	2.82	5.52	0.15	0.21	0.34	0.03	0.05	1.74		81.77
7	2102GS12	斜长辉石岩	堆晶岩类					941	174	42.80	3.45	7.80			0.16		0.04	272.00	19.50	171.00
8	LGCGS5	含橄含长辉石岩		43.7	5.30	6.00	62.50	587	118	36.00	9.50	7.80	0.46	0.65	0.70	0.068	0.045	154	71.90	165
9	LGCGS1	二辉辉石岩		60.60	14.00	9.00	44.80	3400	486	60.30	3.60	0.80	0.63	0.51	0.68	0.065	0.046	1.36	9.82	23.20
	平均			34.77	6.43	5.00	35.77	1643	259.30	46.37	5.52	5.47	0.36	0.39	0.51	0.04	0.04	142.45	33.74	119.73
10	2102GS2	辉长岩						188	148.00	28.60	9.45	8.10			0.22		0.13	7.77	7.38	77.00
11	2102GS11	辉长岩						9.60	8.90	31.30	13.60	17.40			0.21		0.05	76.70	49.10	285.00
12	2067GS1	辉长岩						20.60	11.40	14.50	8.85	8.90			0.17		0.01	141.00	276.00	266.00
13	LGCGS2	辉长岩		60.10	575	1.00	139	115	377	53.20	13.70	3.30	0.46	0.58	0.71	0.21	0.062	82.90	69.80	100
14	LGCGS3	异剥辉长岩		42.30	7.40	8.00	47.60	215	136	34.70	57.30	65.60	0.46	0.58	0.66	0.070	0.087	208	66.20	148
15	LGCGS11	角闪辉长岩		132	46.40	10.00	70.90	179	67.80	45.80	12.90	2.80	0.46	1.58	0.084	0.092	0.0095	100	69.60	418
	平均			39.07	104.80	3.17	42.92	121.20	124.85	34.68	19.30	17.68	0.23	0.46	0.34	0.06	0.06	102.73	89.68	215.67
17	2102GS7	斜长花岗岩	斜长花岗岩类					10.60	69.80	9.00	6.85	12.60			0.38		0.04	66.10	68.50	17.30
18	LGCGS7	硅质岩	硅质岩	360	15.60	11.00	65.40	105	52.70	13.90	7.00	36.70	0.79	1.01	0.81	0.16	0.052	97.30	635	114
19	LGCGS10	硅质岩		70.50	33.20	5.00	53.00	35.20	15.80	7.75	9.65	26.50	0.67	1.56	0.24	0.12	0.025	56.00	369	30.00
20	2070GS2	含放射虫硅质岩		142	36.60	10.70	32.40	28.20	24.80	15.40	19.50	33.20	5.35	1.54	0.23	0.12	0.058	14.80	42.60	20.80

第三章 岩 浆 岩 · 119 ·

续表 3-19

序号	样号	岩石名称	地质单元	微量元素含量(×10⁻⁶)													特征参数		
				Sc	Nb	Ta	Zr	Hf	Be	B	Ga	Sn	Au	Ag	Th	P	Rb/Sr	Zr/Nb	Zr/Y
1	2102GS1	纯橄榄岩	地幔橄榄岩	4.02	1.00	0.51	43.90	1.63	1.19		9.13		0.80	0.01	0.93		1.35	43.90	190.87
2	2102GS3	斜方辉橄岩		6.80	1.00	<0.50	55.30	2.78	1.31		14.20		<0.30	0.01	1.01		6.90	55.30	120.22
3	2102GS4	斜辉辉橄岩		6.50	1.00	<0.50	60.00	2.11	1.25		11.90		0.95	0.02	0.81		1.02	60.00	105.26
平均				5.77	1.00		53.07	2.17	1.25	0.00	11.74	0.00		0.01	0.92	0.00	1.58	53.07	126.35
4	LGCGS6	橄辉岩		43.90	1.00	<0.50	18.00	0.87	0.61	22.2	9.75	4.00	0.20	0.010	22.60	31.30	0.25	18.00	10.59
5	2068GS2	橄榄斜方辉石岩		28.60	1.00	<0.50	40.00	1.31	1.18		9.45		0.75	0.01	1.62		7.70	40.00	37.04
6	2102GS8	橄榄斜方辉石岩		25.60	1.68	0.76	40.50	2.05	1.52		20.30		0.55	0.02	0.62		8.05	24.11	578.57
平均				32.70	1.23		32.83	1.41	1.10	7.40	13.17	1.33	0.50	0.01	8.28	10.43	3.17	26.77	34.56
7	2102GS12	斜长辉石岩	堆晶岩类	2.97	1.29	<0.50	62.20	1.82	2.27		20.30		22.60	0.06	0.60		0.03	48.22	14.88
8	LGCGS5	含橄含长辉石岩		40.30	1.31	<0.50	39.50	1.06	1.03	23.30	12.90	2.00	<0.10	0.0083	4.56	67.10	0.05	30.15	9.21
9	LGCGS1	二辉辉石岩		9.17	1.10	<0.50	21.70	0.84	0.25	18.60	10.30	1.80	0.15	0.022	4.74	24.40	0.59	19.73	31.00
平均				17.48	1.23		41.13	1.24	1.18	13.97	14.50	1.27		0.03	3.30	30.50	0.22	32.70	18.36
10	2102GS2	辉长岩		37.20	1.05	<0.50	22.90	1.05	1.64		13.10		1.80	0.02	0.60		1.04	21.81	6.90
11	2102GS11	辉长岩		0.86	2.80	0.72	91.40	3.44	2.81		33.80		<0.30	0.02	1.12		0.23	32.64	3.42
12	2067GS1	辉长岩		38.10	1.18	<0.50	86.30	2.51	1.95		21.40		<0.30	0.03	1.66		0.06	73.14	5.68
13	LGCGS2	辉长岩		29.00	1.00	<0.50	44.10	0.98	0.45	15.40	18.00	2.50	5.75	0.21	4.39	35.90	0.04	44.10	23.09
14	LGCGS3	异剥辉长岩		42.90	1.00	<0.50	15.00	0.67	0.96	28.40	14.60	1.80	0.35	0.020	2.20	37.40	0.32	15.00	5.42
15	LGCGS11	角闪辉长岩		35.00	1.65	<0.50	49.60	1.67	2.75	19.00	17.80	2.70	0.20	0.018	6.55	334	0.03	30.06	4.68
平均				30.51	1.45		51.55	1.72	1.76	10.47	19.78	1.17		0.05	2.75	67.88	0.29	36.12	8.20
17	2102GS7	斜长花岗岩	斜长花岗岩类	12.50	2.43	0.83	143.00	5.13	1.51		14.00		<0.30	0.01	2.45		0.19	58.85	5.67
18	LGCGS7	硅质岩	硅质岩	15.80	13.80	0.75	129	4.27	1.62	8.83	18.80	3.80	1.25	0.028	28.20	619	0.38	9.35	6.48
19	LGCGS10	硅质岩		5.85	4.16	<0.50	112	3.88	0.64	8.44	11.90	1.65	0.58	0.028	9.22	314	0.47	26.92	11.52
20	2070GS2	含放射虫硅质岩		3.60	2.82	<0.50	41.20	1.31	0.82	28.20	10.30	2.00	1.32	0.038	2.44	279	2.24	14.61	5.63

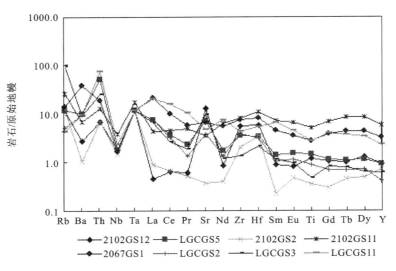

图 3-35 拉果错蛇绿岩堆晶岩微量元素原始地幔蛛网图

3) 玄武岩

玄武岩微量元素丰度见表 3-20。在其微量元素原始地幔蛛网图(图 3-36)中,各元素含量明显高于球粒陨石值,放射性生热元素 U 轻微富集,大离子亲石元素 Sr 及 Pb 元素明显富集,表现为突出的正异常。非活动性元素 Nb 具有轻微的负异常,具弱亏损。

表 3-20 测区拉果错蛇绿岩中玄武岩微量元素分析结果表($\times 10^{-6}$)

序号	1	2	3	4	5	6	7
样号	LGC-04-07	LGC-04-08	LGC-04-10	LGC-04-11	LGC-04-12	LGC-04-13	LGC-04-14
岩石名称	玄武岩	玄武岩	玄武岩	玄武岩	玄武岩	玄武岩	玄武岩
Sc	45.81	43.25	32.50	35.58	31.72	35.09	35.13
Ti	3490.80	4335.50	3891.70	4414.30	3078.80	2653.50	5360.00
V	304.90	287.40	329.20	259.60	231.30	218.90	284.80
Cr	19.74	85.40	69.79	23.87	56.49	570.70	35.03
Mn	1286.60	1289.10	1065.60	1313.00	727.70	1352.60	715.60
Co	33.87	30.42	30.05	35.59	28.33	46.28	33.54
Ni	16.11	20.98	50.71	30.63	51.97	205.70	39.49
Cu	4.13	25.25	35.58	186.20	5.97	295.60	6.33
Zn	86.10	92.06	39.53	43.49	29.60	68.97	30.84
Ga	13.32	15.36	16.01	12.21	11.14	9.141	13.62
Ge	0.993	1.379	1.897	1.335	1.223	1.138	1.107
Rb	2.238	62.75	3.276	13.83	2.162	11.69	5.662
Sr	227.70	374.60	263.40	221.80	96.49	122.80	158
Y	11.73	15.01	12.24	13.85	10.13	9.299	16.38
Zr	34.97	30.87	42.22	41.64	32.57	23.62	50.76
Nb	0.857	0.792	2.796	2.222	2.355	1.117	2.614
Cs	1.769	0.562	0.739	1.07	0.333	0.681	1.788

续表 3-20

序号	1	2	3	4	5	6	7
样号	LGC-04-07	LGC-04-08	LGC-04-10	LGC-04-11	LGC-04-12	LGC-04-13	LGC-04-14
岩石名称	玄武岩	玄武岩	玄武岩	玄武岩	玄武岩	玄武岩	玄武岩
Ba	57.87	91.01	11.04	61.65	13.09	73.44	20.97
Hf	1.155	1.083	1.247	1.249	1.004	0.776	1.537
Ta	0.07	0.064	0.202	0.158	0.163	0.083	0.196
Pb	1.736	2.004	1.083	1.074	1.055	2.148	0.72
Th	0.962	0.595	0.607	0.423	0.466	0.229	0.376
U	0.278	0.141	0.233	0.172	0.122	0.11	0.118

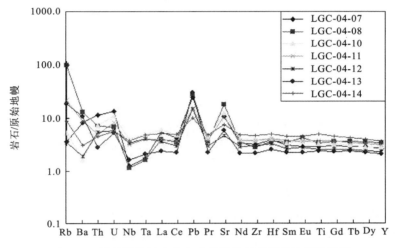

图 3-36　拉果错蛇绿岩中玄武岩微量元素原始地幔蛛网图

在微量元素 N-MORB 蛛网图（图 3-37）中，微量元素 Nb、Ta、Nd、Zr、Hf 及 REE 等丰度较 N-MORB 丰度值要低，大离子亲石元素 Sr 及 Pb 元素具较高的正异常，显示富集；非活动性元素 Nd 有轻微亏损，指示其可能混染有地壳物质成分，岩浆房中含有斜长石矿物。表明岩浆的物质来源可能来自富集地幔与亏损地幔之间的过渡地带。

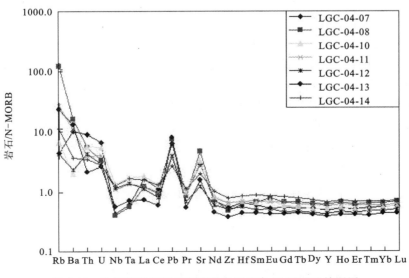

图 3-37　拉果错蛇绿岩中玄武岩微量元素 N-MORB 蛛网图

4) 斜长花岗岩

微量元素丰度见表3-19。Rb/Sr比值为019，Zr/Nb比值为58.85，Zr/Y比值为5.67，结合LeRoex等(1983)的研究，综合以上岩石化学及稀土元素特征，可能来源于富集地幔与亏损地幔的过渡位置。在微量元素原始地幔蛛网图(图3-38)中，放射性生热元素Th、非活动性元素Ta、Zr、Hf皆有不同程度的富集。大离子亲石元素Ba、非活动性元素Nb及过渡元素Ti有不同程度的亏损。

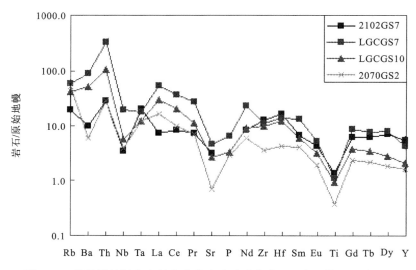

图3-38 拉果错蛇绿岩中斜长花岗岩及硅质岩微量元素原始地幔蛛网图

5) 硅质岩

微量元素丰度见表3-19。本区放射虫硅质岩与沉积岩(粘土岩、页岩)的克拉克值相比较，Cu、Pb、Zn、Co较为接近，Cr偏高，Ni、V、Ba、B、Sr偏低，仅为克拉克值的1/3～1/10。多数元素远低于沉积岩克拉克值，可能说明本区硅质岩距陆较远，物源补给匮乏，海水相对较深。在微量元素原始地幔蛛网图(图3-38)中，放射性生热元素Th、稀土元素La和Nd都有不同程度的富集，非活动性元素Nb、大离子亲石元素Sr及过渡元素Ti有不同程度的亏损，呈现出谷状。

(四) 拉果错蛇绿岩(组)的形成时代

本次工作在拉果错蛇绿岩中采获到较丰富的放射虫硅质岩，放射虫硅质岩的鉴定工作由香港大学完成，获得拉果错蛇绿岩中放射虫硅质岩中放射虫形成时代主要为晚侏罗世，也有早白垩世放射虫分子。表明拉果错洋盆的发育时代主体在晚侏罗世，在早白垩世可能闭合。

本次工作在斜长花岗岩中采获锆石SHRIMP和K-Ar全岩稀释法同位素年龄。K-Ar法样品新鲜，重约2kg(样品分析由原宜昌地质矿产研究所完成)。测定结果见表3-21，年龄值为124Ma，确定其形成时代为早白垩世，考虑本区斜长花岗岩与拉果错蛇绿岩形成演化的密切共生关系，认为其代表了拉果错蛇绿岩的形成时代，故大量采集了样品，挑选锆石，做SHRIMP谐和年龄，测试数据及谐和图见表3-22，图3-39。从图和表结果显示，几个年龄在误差范围基本谐和，锆石年龄为183.4 ± 8.4Ma～155.3 ± 2.6Ma之间，时代为侏罗纪，因此可以推定拉果错蛇绿岩的形成时代为晚侏罗世—早白垩世。这个年龄与放射虫的时代也是一致的。

表3-21 斜长花岗岩钾氩同位素年龄测定结果

样号	样品名称	$W(K)/10^{-2}$	$W(^{40}Ar)/10^{-6}$	$^{40}Ar/^{40}K$	年龄(Ma)	ϕ(空氩)/10^{-2}
2102TW7	全岩	0.252	0.002 239	0.007 448	124	71.7

结合硅质岩放射虫及斜长花岗岩同位素年龄资料，我们认为拉果错蛇绿岩形成于晚侏罗世，于早白垩世时发生构造侵位。

表 3-22　拉果错辉长岩锆石 SMRIMP U-Pb 数据

Spot	$^{206}Pb_c$ (%)	U (×10⁻⁶)	Th (×10⁻⁶)	$^{232}Th/^{238}U$	$^{206}Pb^*$ (×10⁻⁶)	(1)	(2)	(3)	(1)	(1)	Dis	Total $^{238}U/^{206}Pb$ ±%	Total $^{207}Pb/^{206}Pb$ ±%	$^{238}U/^{206}Pb^*$ ±%	$^{207}Pb^*/^{206}Pb^*$ ±%	$^{207}Pb^*/^{235}U$ ±%	$^{206}Pb^*/^{238}U$ ±%	err corr	$^{238}U/^{206}Pb^*$ ±%	$^{207}Pb^*/^{206}Pb^*$ ±%	$^{207}Pb^*/^{235}U$ ±%	$^{206}Pb^*/^{238}U$ ±%	err corr
LDC2-17-1.1	18.90	41	0	0.00	1.02	148.1 ±9.5	164.8 ± 5.4	167.4 ± 7.8				34.9 2.9	0.126 9.2	43.0 6.5			0.0232 6.5		38.0 2.9			0.026 31 2.9	
LDC2-17-2.1	0.46	120	52	0.45	14.7	858 ±12	858 ±12	861 ±12	865 ±59	810 30	1	6.99 1.4	0.0717 1.9	7.02 1.5	0.0679 2.9	1.332 3.2	0.1424 1.5	0.454	7.00 1.4	0.0711 1.9	1.401 2.4	0.1429 1.4	0.60
LDC2-17-3.1	0.15	469	115	0.25	98.5	1,408 ±16	1,394 ±17	1,406 ±16	1,583 ±13	1,461 54	11	4.091 1.2	0.099 07 0.62	4.097 1.2	0.097 83 0.71	3.292 1.4	0.2441 1.2	0.869	4.103 1.2	0.096 90 0.64	3.256 1.4	0.2437 1.2	0.89
LDC2-17-4.1	0.12	647	520	0.83	73.3	797 ±10	798 ±11	796 ±12	768 ±23	800 13	−4	7.59 1.4	0.065 79 0.91	7.60 1.4	0.064 79 1.1	1.175 1.8	0.1315 1.4	0.792	7.61 1.4	0.064 41 0.93	1.168 1.7	0.1315 1.4	0.83
LDC2-17-5.1	0.31	707	379	0.55	106	1,030 ±13	1,029 ±13	1,031 ±14	1,053 ±20	1,008 18	2	5.757 1.3	0.076 99 0.72	5.774 1.3	0.074 42 1.0	1.777 1.7	0.1732 1.3	0.797	5.764 1.3	0.075 97 0.73	1.817 1.5	0.1735 1.3	0.88
LDC2-17-6.1	0.10	847	359	0.44	104	858 ±11	855 ±11	854 ±12	950 ±18	929 15	10	7.017 1.4	0.07153 0.80	7.024 1.4	0.070 74 0.90	1.389 1.6	0.1424 1.4	0.833	7.064 1.4	0.066 29 0.88	1.294 1.6	0.1416 1.4	0.84
LDC2-17-7.1	0.79	756	975	1.33	18.5	179.4 ±3.4	179.7 ±3.5	181.8 ±4.5	111 ±98	169.6 4.6	−62	35.16 1.9	0.0545 2.0	35.44 1.9	0.0482 4.1	0.1876 4.6	0.028 22 1.9	0.426	34.96 1.9	0.0592 1.8	0.2336 2.7	0.028 61 1.9	0.76
LDC2-17-8.1	0.21	1544	1018	0.68	38.5	184.2 ±2.2	184.2 ±2.3	184.6 ±2.5	179 ±42	180.5 3.1	−3	34.43 1.2	0.051 30 1.4	34.50 1.2	0.049 66 1.8	0.1985 2.2	0.028 98 1.2	0.567	34.42 1.2	0.051 52 1.4	0.2064 1.8	0.029 05 1.2	0.67
LDC2-17-9.1	0.71	144	136	0.97	7.72	386.8 ±5.9	387.5 ±6.1	387.9 ±7.2	327 ±87	381 10	−18	16.05 1.6	0.0587 2.9	16.17 1.6	0.0530 3.8	0.452 4.2	0.061 84 1.6	0.381	16.13 1.6	0.0552 3.1	0.472 3.5	0.062 01 1.6	0.46
LDC2-17-10.1	0.32	856	654	0.79	55.7	469.2 ±6.1	470.5 ±6.2	470.6 ±6.9	381 ±37	458.5 7.9	−23	13.20 1.3	0.056 82 1.1	13.24 1.3	0.054 23 1.6	0.565 2.1	0.0755 1.3	0.635	13.20 1.3	0.056 70 1.1	0.592 1.7	0.0757 1.3	0.77
LDC2-17-11.1	0.57	600	37	0.06	12.5	154.1 ±2.2	154.0 ±2.2	154.1 ±2.2	175 ±83	148 24	12	41.11 1.4	0.0541 2.7	41.34 1.4	0.0496 3.6	0.1653 3.8	0.02419 1.4	0.369	41.33 1.4	0.0498 3.0	0.1661 3.3	0.024 20 1.4	0.43

续表 3-22

Spot	$^{206}Pb_c$ (%)	U (×10⁻⁶)	Th (×10⁻⁶)	^{232}Th /^{238}U	$^{206}Pb^*$ (×10⁻⁶)	(1)	(2)	(3)	(1)	(1)	Dis	Total ^{238}U/^{206}Pb ±%	Total ^{207}Pb/^{206}Pb ±%	^{238}U/$^{206}Pb^*$ ±%	$^{207}Pb^*$/$^{206}Pb^*$ ±%	$^{207}Pb^*$/^{235}U ±%	$^{206}Pb^*$/^{238}U ±%	err corr	^{238}U/$^{206}Pb^*$ ±%	$^{207}Pb^*$/$^{206}Pb^*$ ±%	$^{207}Pb^*$/^{235}U ±%	$^{206}Pb^*$/^{238}U ±%	err corr
LDC2-17-12.1	0.33	187	70	0.39	22.6	846 ±11	850 ±12	849 ±12	693 ±38	784 21	−22	7.11 1.4	0.0653 1.6	7.13 1.4	0.0625 1.8	1.209 2.3	0.1402 1.4	0.624	7.10 1.4	0.0661 1.6	1.283 2.1	0.1408 1.4	0.67
LDC2-17-13.1	3.95	97	56	0.59	3.63	264.9 ±5.7	268.5 ±5.0	269.6 ±6.0	−322 ±640	217 39	182	22.89 1.8	0.0726 5.0	23.84 2.2	0.040 25	0.234 25	0.041 95 2.2	0.087	23.42 1.8	0.0545 6.8	0.321 7.1	0.042 70 1.8	0.26
LDC2-17-14.1	3.27	95	54	0.59	2.51	188.4 ±5.0	189.1 ±4.0	190.1 ±4.5	42 ±780	171 40	−348	32.62 2.0	0.0731 6.6	33.73 2.7	0.047 33	0.192 33	0.029 65 2.7	0.083	33.42 2.0	0.0538 9.2	0.222 9.4	0.029 92 2.0	0.22
LDC2-17-15.1	0.99	516	0	0.00	10.9	154.6 ±2.2	154.9 ±2.2	155.2 ±2.2	75 ±120	−5,260 3700	−107	40.80 1.4	0.0554 2.6	41.21 1.4	0.0475 5.0	0.1590 5.2	0.024 27 1.4	0.275	41.04 1.4	0.0506 2.8	0.1699 3.2	0.024 37 1.4	0.45
LDC2-17-16.1	2.90	257	4	0.02	5.66	158.4 ±2.8	160.7 ±2.6	160.7 ±2.6	−526 ±540	−713 540	130	39.03 1.6	0.0609 5.3	40.20 1.8	0.0374 20	0.128 20	0.024 88 1.8	0.089	39.62 1.6	0.0487 6.8	0.170 7.0	0.025 24 1.6	0.23
LDC2-17-17.1	0.26	676	228	0.35	45.5	484.6 ±5.8	484.5 ±5.9	485.6 ±6.2	490 ±39	465 12	1	12.78 1.2	0.059 04 1.2	12.81 1.2	0.0570 1.8	0.613 2.2	0.078 07 1.2	0.576	12.78 1.2	0.058 79 1.2	0.634 1.7	0.078 24 1.2	0.72
LDC2-17-18.1	0.05	582	546	0.97	64.2	778.3 ±9.3	778.0 ±9.6	779 ±11	789 ±21	771 11	1	7.789 1.3	0.065 85 10	7.793 1.3	0.065 45 1.0	1.158 1.6	0.1283 1.3	0.780	7.781 1.3	0.066 70 0.98	1.182 1.6	0.1285 1.3	0.79

Errors are 1-sigma; Pb_c and Pb^* indicate the common and radiogenic portions, respectively.

Error in Standard calibration was 0.42% (not included in above errors but required when comparing data from different mounts).

(1) Common Pb corrected using measured ^{204}Pb;

(2) Common Pb corrected by assuming $^{206}Pb/^{238}U$-$^{207}Pb/^{235}U$ age-concordance;

(3) Common Pb corrected by assuming $^{206}Pb/^{238}U$-$^{208}Pb/^{232}Th$ age-concordance.

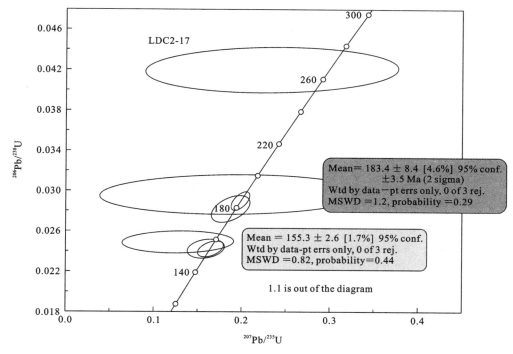

图 3-39 拉果错辉长岩锆石 SHRIMP U-Pb 谐和图

(五) 拉果错蛇绿岩(组)形成的大地构造环境

岩石地球化学特征虽然不是确定火山岩形成的大地构造环境的唯一特征,但却是很重要的依据。为探讨拉果错一带蛇绿岩形成的构造环境,需要重点研究蛇绿岩中基性熔岩与典型地区同类岩石之间的共性与个性,着重分析该区蛇绿岩中不活动元素(Ti、P)、稀土元素、高场强元素(Nb、Ta、Zr、Hf、Th)、强相容元素(Cr、Ni、Y、Yb)、大离子亲石元素(Rb、Sr、Ba、K)等提供的信息,从而厘定拉果错蛇绿岩的大地构造环境。

拉果错蛇绿岩中玄武岩主量元素 TiO_2 多介于 0.49%～1.00%之间,平均为 0.77%,TiO_2 含量较低,明显低于洋脊玄武岩 TiO_2 的平均值 1.5%,表明其以 Ti 含量低为特征;P_2O_5 变化于 0.02%～0.06%,平均为 0.04%,与洋脊玄武岩的 P_2O_5 的平均含量 0.14%相差甚远,具有低 P 的特征,二者暗示了此玄武岩非大洋中脊玄武岩和洋岛玄武岩的特点。稀土配分模式呈现平坦型曲线,微量元素大离子亲石元素 Sr、Pb 及放射性生热元素 Th 富集,显示出具有岛弧玄武岩的特征。

测区拉果错蛇绿岩中玄武岩在不同构造玄武岩的 Nb-Zr-Y 判别图解中(图 3-40),玄武岩样品投影点全部落在岛弧拉斑玄武岩区,在图 3-41 中,绝大部分样品落入 D 区,为岛弧拉斑玄武岩区。在 Ti-Zr-Sr 图解(图 3-42)中,样品投影点全部落入 A 区,属岛弧拉斑玄武岩区,与 Nb-Zr-Y 图解及 Hf-Th-Ta 图解的结果是一致的。在不同构造玄武岩的 Ti-Zr 判别图中(图 3-43),全部样品投影点在 A 和 B 区,属岛弧拉斑玄武岩。

在 Ti-V 图中(图 3-44)同样绝大部分样品投影到 IAT 岛弧拉斑玄武岩区。以上五种不同的图解(全部利用的是稳定元素、非活动性元素)所显示的结果是一致的,从而表明测区拉果错蛇绿岩中玄武岩的大地构造环境为岛弧环境。

测区拉果错蛇绿岩中斜长花岗岩是蛇绿岩套的成员,其与蛇绿岩有着密切共生的关系,斜长花岗岩形成的构造环境也能够指示蛇绿岩的形成环境。在 R-Y+Nb 图解(图 3-45)中,样品投影到 VAG,属火山弧花岗岩,表明本区斜长花岗岩属火山弧花岗岩。从而也指示了蛇绿岩形成于岛弧的环境。

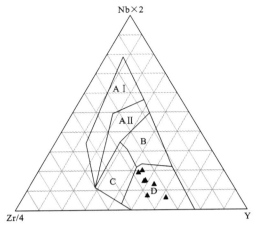

图 3-40 拉果错蛇绿岩中玄武岩不同
构造玄武岩的 Nb-Zr-Y 判别图

AⅠ和 AⅡ:板内碱性玄武岩;AⅡ和 C,板内拉斑玄武岩;
B:P-MORB;D:N-MORB;C 和 D:火山弧玄武岩

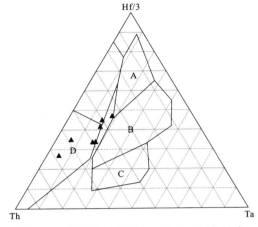

图 3-41 拉果错蛇绿岩中玄武岩不同构造玄
武岩的 Hf-Th-Ta 判别图
(据 Wood,1979)

A:M-MORB;B:P-MORB;C:板内碱性玄武岩及分异产物;
D:岛弧拉斑玄武岩及分异产物

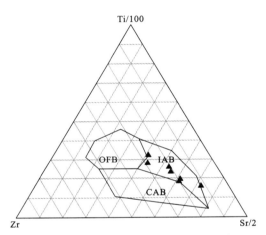

图 3-42 拉果错蛇绿岩中玄武岩不同
构造环境玄武岩的 Ti-Zr-Sr 图解
(据 Pearce,1973)

IAB:岛弧拉斑玄武岩;OFB:洋脊拉斑玄武岩;CAB:钙碱性玄武岩

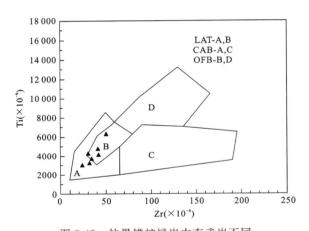

图 3-43 拉果错蛇绿岩中玄武岩不同
构造玄武岩的 Ti-Zr 判别图

LAT:低钾拉斑玄武岩;CAB:钙碱性玄武岩;OFB:洋脊拉斑玄武岩

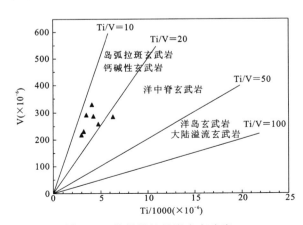

图 3-44 拉果错蛇绿岩中玄武岩
各种构造玄武岩的 Ti-V 判别图

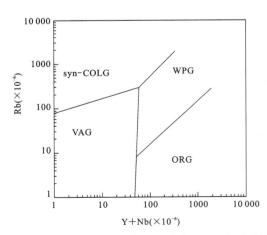

图 3-45 拉果错蛇绿岩中斜长花岗岩 Rb-Y+Nb 图解

syn-COLG:同碰撞花岗岩;WPG:板内花岗岩;
VAG:火山弧花岗岩;ORG:洋中脊花岗岩

综上所述，晚侏罗世—早白垩世本区所处构造环境为发育于班-怒结合带消减带南缘的规模较小，深度较大，发育时间短暂的初始小洋盆，结合区域大地构造背景，本区处于两个岩浆弧之间（测区这两个岩浆弧不发育，向东向西都较发育，测区处于岩浆弧发育较窄地段），因此构造环境可准确地确定为弧间盆地，源区来自于幔源。

第三节 火山岩

测区火山活动强烈，而且与构造活动时间密切相关，从中生代—新生代均有火山喷发，火山岩分布面积约 3100km²，约占测区总面积的 10%。平面上多呈条带状、团块状展布，与区域构造线一致，其成带性分布明显，由北往南大致可划分为三个火山岩带：①北部（羌南）火山岩带，主要火山层位赋存于纳丁错组中；②中部（班公错-怒江结合带）火山岩带，主要火山层位为仲岗洋岛岩组、洞错蛇绿岩组中的玄武岩成分及去申拉组；在班-怒结合带的南侧展布一条 NWW - SEE 向规模相对较大的火山岩带，主要层位为美苏组；③南部（拉果错）火山岩带，主要火山层位为则弄群及与拉果错蛇绿岩有关，为洋底扩张喷发与蛇绿带配套的火山岩，主要赋存与拉果错蛇绿岩组中。尤其以纳丁错组火山岩为代表的北部（羌南）火山岩带和以美苏组为代表的中部火山岩带最为发育，构成测区南北两条最明显、最具特色的火山岩带。

测区火山岩调查研究工作，以原地质矿产部颁布的《火山岩地区区域地质调查方法指南》(1987)国际地质科学联合会（IUGS）推荐的《国际火山岩分类图》(1989)为指导，岩石化学定量分析成果采用 CIPW 标准矿物计算方法计算、对比、研究，从而查明测区的火山岩地质特征。

一、北部（羌南）火山岩带

北部（羌南）火山岩带主要分布在测区的北部，分布在热那错、康托、雀岗、纳丁错等地，整体呈近东西向断续展布，主要层位为纳丁错组（E*n*）。不整合于晚三叠世日干配错组（T_3r）及早—中侏罗世色哇组（$J_{1-2}s$）中侏罗世捷布曲组（J_2j）之上。本次工作在改则县康托附近获得安山岩 K-Ar 法同位素年龄值为 74.2Ma、66.9Ma，在去申拉北部一带获得安山岩 K-Ar 法同位素年龄值 35.9Ma、49Ma，在雀岗一带安山岩中获得 K-Ar 法同位素年龄值 23.7Ma，1∶100 万改则幅在纳丁错获得安山岩 K-Ar 法年龄值为 31.1Ma，结合野外产状、地质特征及相互接触关系，本书把纳丁错组的形成时代厘定为古近纪。

（一）岩石学特征

纳丁错组（E*n*）依据岩石类型可划分为火山碎屑岩类、熔岩类，主要为一套基性—中性—酸性并偏碱性的火山岩系。现择其典型岩类描述如下。

1. 火山碎屑岩类

含火山角砾安山质岩屑凝灰岩 岩石多呈紫红色，含火山角砾岩屑凝灰结构，块状构造。火山角砾含量约 10%，砾径 2～3mm，呈次棱角状，不规则形状，成分为安山岩；岩屑含量约 70%，成分简单，均由蚀变安山岩屑组成，多呈次棱角状，不规则形状，安山岩主要由更长石和分布于更长石间隙之间的褐铁矿呈残余火山结构组成，部分碳酸盐化、硅化。胶结物主要由方解石、热液石英、褐铁矿等组成。褐铁矿为次生淋滤产物。

蚀变基性晶屑、岩屑、玻屑凝灰岩 岩石呈凝灰结构，块状构造。火山碎屑成分：普通辉石晶屑 5%±，蚀变基性玻屑 65%±，蚀变基性岩屑 15%±。充填物及胶结物：白钛石 3%±，绿泥石 5%±，热液石英 7%±。粒径一般在 0.5～1.5mm 之间。普通辉石晶屑多呈棱角状，少数呈自形粒状；蚀变基性玻屑多呈不规则棱角状、火焰状；蚀变基性火山岩多呈不规则熔蚀状。岩石中有后期热液石英细脉分布。

2. 熔岩类

橄榄玄武岩 斑状结构、间粒结构，块状构造，斑晶成分：橄榄石含量约10%±，自形—半自形，粒径0.5～1.5mm，沿裂隙常分布褐铁矿；透辉石含量约0.5%±，自形—半自形。基质成分主要有拉长石板条，含量60%～65%，透辉石20%±，橄榄石1%±，粒径0.15～0.03mm。拉长石板条大致沿一定方向无规则分布，其间隙充填普通辉石、橄榄石等，拉长石板条Np′∧(010)=30°，Ab47、An53。副矿物主要为磁铁矿等金属矿物，粒径0.1～0.2mm。不均匀星散分布。

安山岩 岩石呈紫红色、灰绿色，多具不等粒斑状结构，基质微晶微粒结构，块状构造。斑晶矿物总量35%～40%，主要为中长石，呈自形—半自形晶，隐约可见环带构造，晶体为方形或长方形（长宽比为2:1），总的呈短板柱状，且不等粒，大的粒径1.5～2.0mm，中等的小于1mm，小的约小于0.5mm；其次为角闪石、黑云母，由于强氧化，常有暗化边，并常全暗化；黑云母成磁铁矿条条；普通角闪石呈长柱状，大部分已被磁铁矿占据；偶见石英斑晶，具强熔蚀状。基质以中长石微晶为主，其间隙被微粒状—尘点状磁铁矿充填。岩石普遍遭受蚀变，蚀变类型主要有强绿帘石化、绿泥石化、碳酸盐化。

蚀变角闪安山岩 岩石呈斑状结构，基质具交织结构。斑晶成分：更长石（分布绢云母鳞片），含量25%～30%，粒径1～5mm；蚀变角闪石，含量约10%，粒径0.5～2mm，矿物边缘常分布一圈金属矿物而保留假象，中心部位被硅质物、方解石所代替；石英含量约1%，粒径1.5mm±，呈熔蚀状。基质由细小更长石及角闪石、方解石组成，板条无规则分布，其间隙充填褐铁矿金属矿物，粒径0.1mm±。副矿物主要有磷灰石、锆石等。

辉石安山岩 岩石呈灰色、浅红色，斑状结构，基质微晶微粒状结构，块状构造。斑晶含量5%～10%，成分主要为中-拉长石，呈自形—半自形晶，规则板柱状，单斑为主，也有联斑，聚片双晶纹清晰，大小1～3mm，有的具清晰的环带构造；其次为单斜辉石，呈自形—半自形，规则短柱状，粒状或呈八边形，部分破碎，一般较细小，边缘常有暗化边（由磁铁矿组成，有强暗化现象，几乎整个晶体全被磁铁矿占据）；黑云母较少，大部已绿泥石化。基质成分中长石含量75%～80%，磁铁矿、钛铁矿10%～12%，黑云母2%～4%，辉石少量；中长石为微晶状定向—半定向紧密排列，有的杂乱分布，其间隙由尘点状磁铁矿充填，黑云母呈微细鳞片状。

流纹英安岩 岩石具变余斑状结构、假象结构、基质隐晶质结构。岩石普遍具强烈蚀变，长石全被富铁碳酸盐交代。斑晶含量约10%，成分主要为长石，呈方形—长方形的框状，内部已全为碳酸盐；其次为石英，大多具强熔蚀。基质为长英质矿物。岩石中还多见有稠密浸染状或脉状—网脉状的碳酸盐化。

（二）喷发韵律及旋回

火山活动过程中，物质成分、喷发方式及喷发强度往往呈规律性变化，这些变化有的具周期性，有的则有方向性。火山喷发韵律及旋回的划分与描述，就是反映了这种规律性的变化。一个喷发旋回总是由两个或若干个韵律构成的。构成喷发韵律和喷发旋回的物质基础就是各种类型的喷发岩及火山碎屑沉积岩类。

纳丁错（En）火山岩喷发韵律及喷发旋回比较清楚，该组在测区内区域上总体划分为一个旋回，我们称为纳丁错旋回。现在以改则县康托纳丁错组路线剖面为例，探讨测区纳丁错组的喷发韵律旋回。

康托纳丁错组路线剖面在测区较具代表性，其喷发韵律旋回较清楚，从图3-46中可以看出，大致可划分为5个韵律：第一韵律由①—②层组成，第二个韵律由③—④层组成，第三个韵律由⑤—⑥层组成，第⑦层组成第四个韵律，第五个韵律由⑧—⑩层组成。每个韵律的岩石组合为火山碎屑岩—熔岩，熔岩大多由基性熔岩向中性熔岩过渡的特征，反映了火山活动爆发相—喷溢相的喷发过程，由基性向中性演化的特点。尤其是在第五个韵律中还具有红顶绿底的特点，反映了陆相喷发的环境。总体来看，本剖面缺少区域上纳丁错组的酸性岩及偏碱性岩石成分。结合区域特征及纳丁错组岩石组合特征，本书认为纳丁错具有由基性—中性—酸性—偏碱性演化的特点。

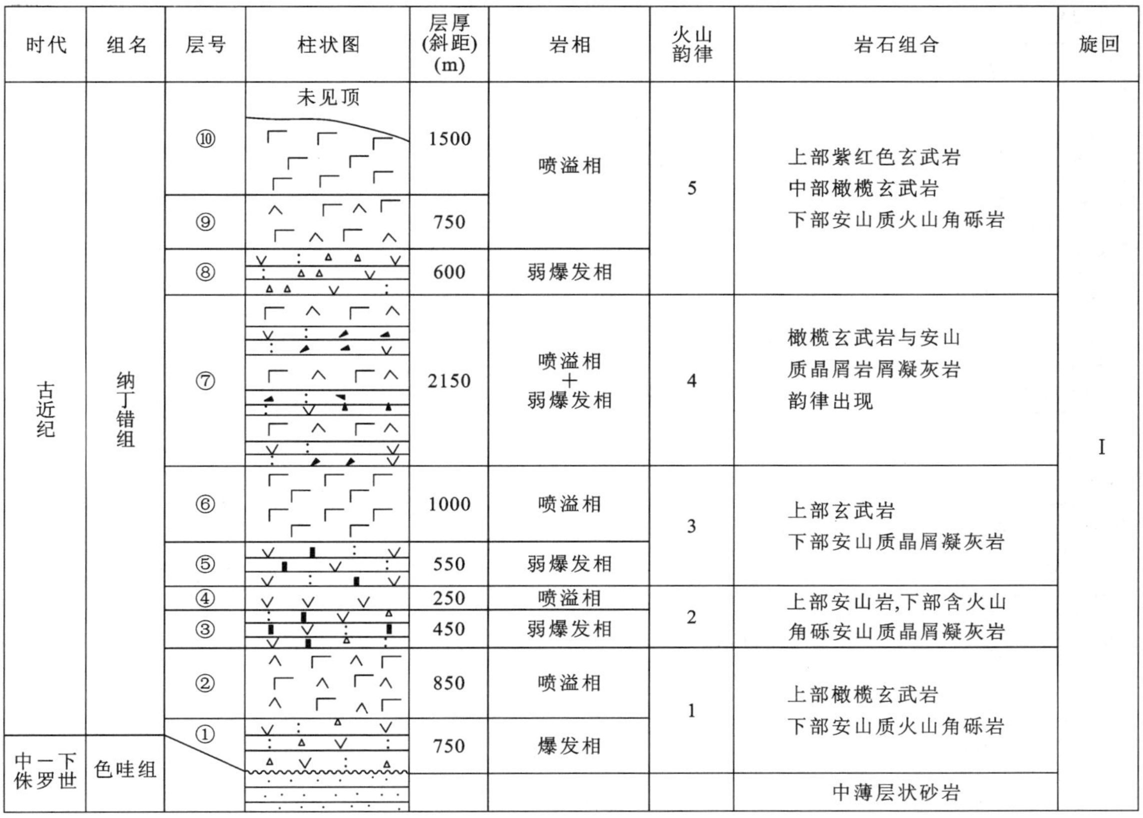

时代
组名
层号
柱状图
层厚(斜距)(m)
岩相
火山韵律
岩石组合
旋回
未见顶
⑩ 1500
⑨ 750
喷溢相
⑧ 600 弱爆发相
5
上部紫红色玄武岩
中部橄榄玄武岩
下部安山质火山角砾岩
⑦ 2150
喷溢相
弱爆发相
4
橄榄玄武岩与安山
质晶屑岩屑凝灰岩
韵律出现
⑥ 1000 喷溢相
⑤ 550 弱爆发相
3
上部玄武岩
下部安山质晶屑凝灰岩
④ 250 喷溢相
③ 450 弱爆发相
2
上部安山岩,下部含火山
角砾安山质晶屑凝灰岩
② 850 喷溢相
① 750 爆发相
1
上部橄榄玄武岩
下部安山质火山角砾岩
古近纪
纳丁错组
I
中一下侏罗世
色哇组
中薄层状砂岩

图 3-46 西藏改则县康托纳丁错组(E*n*)火山喷发韵律、旋回图

(三)岩石化学特征

对火山岩石化学资料综合研究、分析,对确定岩石类型、岩石定名、分类、岩石系列及形成环境、活动演化等有着重要作用。

测区纳丁错组火山岩岩石化学成分见表 3-23,从表中可以看出,原始数据中有些样品的灼失量过大,甚至几个样品可达 11.7%～14.12%,如果直接采用这些数据进行计算投图,势必会导致计算结果跨岩类或跨系列,因此,对分析结果必须进行校正,将分析数据中的分析项目灼失量剔除之后,重新换算成 100%。本书对于岩浆岩的所有数据均采用此方法进行校正,用校正后的结果去进行 CIPW 标准矿物计算和投图。纳丁错组火山岩 CIPW 标准计算及特征参数见表 3-24。

表 3-23 测区纳丁错组火山岩岩石化学分析结果表

序号	样号	岩石名称	采样位置	氧化物含量($\times10^{-2}$)												
				SiO_2	Al_2O_3	Fe_2O_3	FeO	CaO	MgO	K_2O	Na_2O	TiO_2	P_2O_5	MnO	Loss	Toal
1	2286GS	玄武岩	拉甲茹	50.24	15.82	7.41	0.30	9.99	2.6	0.49	3.45	0.62	0.48	0.15	5.91	97.46
2	DCGS6	玄武岩	洞错	45.12	15.28	5.39	4.69	11.90	5.73	0.29	3.27	0.98	0.07	0.20	6.80	99.72
3	P7GS0	杏仁状玄武岩	绒玛	40.12	12.79	7.78	2.80	16.46	1.72	0.99	1.57	3.40	0.12	0.09	11.77	99.61
4	1248GS1	橄榄玄武岩	热那错	48.74	14.88	2.40	6.44	8.57	9.34	1.27	3.27	1.46	0.45	0.22	2.09	99.13
5	2441GS1	橄榄玄武岩	热那错	47.86	14.37	2.85	5.51	10.95	9.92	0.96	2.96	1.31	0.38	0.22	1.39	98.68
6	1268GS2	橄榄玄武岩	康托	48.24	14.02	4.60	5.08	10.09	10.25	0.73	3.11	1.38	0.38	0.22	0.30	98.40
7	DCGS8	玄武岩	洞错	49.74	15.47	2.79	5.95	10.13	6.91	0.24	3.07	0.83	0.08	0.20	4.88	100.29
平均				47.15	14.66	4.75	4.40	11.16	6.64	0.71	2.96	1.43	0.28	0.19	4.73	99.04

续表 3-23

序号	样号	岩石名称	采样位置	氧化物含量($\times 10^{-2}$)												
				SiO_2	Al_2O_3	Fe_2O_3	FeO	CaO	MgO	K_2O	Na_2O	TiO_2	P_2O_5	MnO	Loss	Toal
8	1268GS6	安山岩	康托	53	16.27	6.16	1.90	7.38	2.41	1	3.74	1.98	0.61	0.12	4.72	99.29
9	1243GS1	安山岩	改则	54.08	12.89	4.86	2.07	8.81	1.77	0.20	5.94	1.20	0.34	0.19	7.28	99.63
10	1024GS1	角闪安山岩	洞错	57.42	6.04	5.88	1.61	4.86	0.79	0.91	6.96	1.01	0.41	0.091	3.30	89.28
11	4340GS1	辉石安山岩	座倾错	56.62	16.46	6.23	0.21	6.98	1.25	2.88	4.00	1.33	0.43	0.07	2.88	99.34
12	1268GS7	安山岩	康托	55.96	15.61	5.55	2.28	3.08	3.29	1.01	5.93	1.54	0.32	0.11	4.46	99.14
13	0010GS6	黑云角闪安山岩	雀岗	64.84	14.50	1.80	2.32	2.70	1.67	4.87	3.60	0.71	0.33	0.097	1.96	99.40
	平均			56.99	13.63	5.08	1.73	5.64	1.86	1.81	5.03	1.30	0.41	0.11	4.10	97.68
14	DCGS7	英安岩	洞错	69.10	14.67	3.52	0.16	1.65	0.73	2.16	5.65	0.45	0.14	0.04	1.24	99.51
15	1249GS1	英安岩	热那错	69.02	15.1	2.31	0.52	2.67	0.59	3.22	3.72	0.30	0.10	0.048	1.79	99.39
	平均			69.06	14.885	2.915	0.34	2.16	0.66	2.69	4.685	0.375	0.12	0.044	1.515	99.449
16	1243GS2	含火山角砾流纹岩	改则	70.70	14.62	5.07	0.58	1.22	0.16	0.16	0.057	0.78	0.29	0.041	5.99	99.67
17	1268GS9	强硅化中酸性火山角砾岩	康托	74.62	13.14	4.21	0.43	0.50	0.18	0.16	0.062	0.67	0.25	0.034	5.02	99.28
18	1268GS3	含火山角砾安山质晶屑凝灰岩	康托	68.10	13.52	9.38	0.30	0.94	0.076	0.058	0.04	1.09	0.32	0.007	5.92	99.75
19	1268GS8	安山质晶屑岩屑火山角砾岩	康托	37.84	11.31	5.26	0.68	18.70	3.17	0.73	3.43	1.10	0.25	0.22	14.12	96.81
20	1268GS5	安山质岩屑凝灰岩	康托	58.18	13.57	9.01	1.09	3.72	2.33	2.49	4.22	0.66	0.20	0.12	4.04	99.63
21	1268GS5-1	安山质岩屑凝灰岩	康托	57.28	14.36	1.87	2.60	4.96	3.96	2.49	4.86	0.64	0.26	0.10	5.78	99.16

表 3-24 测区纳丁错组火山岩 CIPW 标准矿物及特征参数表

序号	样号	CIPW 标准矿物含量($\times 10^{-2}$)														特征参数			
		Q	An	Ab	Or	Ne	C	Di	Hy	Wo	Ol	Ac	Ns	Il	Mt	Ap	DI	A/CNK	SI	AR	σ_{43}
1	2286GS	6.86	28.8	32.05	3.18	0	0	18.24	4.12	0	0	0	0	1.29	4.24	1.22	70.9	0.649	18.87	1.36	1.54
2	DCGS6	0	28.21	23.01	1.85	3.7	0	28.4	0	0	7.43	0	0	2.01	5.22	0.17	56.77	0.559	29.9	1.3	2.6
3	P7GS0	0	28.53	13.78	6.7	0.77	0	21.71	0	15.85	0	0	0	7.39	4.94	0.32	49.79	0.381	11.96	1.19	2.94
4	1248GS1	0	22.85	28.51	7.73	0	0	14.38	3.29	0	15.73	0	0	2.86	3.59	1.07	59.09	0.666	41.11	1.48	3.03
5	2441GS1	0	23.73	23.32	5.83	1.31	0	23.53	0	0	14.57	0	0	2.56	4.25	0.9	54.19	0.557	44.68	1.37	2.62
6	1268GS2	0	22.59	26.86	4.4	0	0	20.69	1.48	0	15.35	0	0	2.67	5.05	0.9	53.85	0.578	43.34	1.38	2.46
7	DCGS8	0.49	29.06	27.23	1.49	0	0	18.62	17.04	0	0	0	0	1.65	4.24	0.19	58.26	0.652	36.45	1.3	1.32
	平均	1.05	26.3	25.0	4.45	0.83	0.00	20.8	3.70	2.26	7.58	0.00	0.00	2.92	4.50	0.68	57.6	0.58	32.3	1.34	2.36
8	1268GS6	10.7	26.15	33.57	6.27	0	0	6.85	6.23	0	0	0	0	3.99	4.73	1.5	76.7	0.788	16.17	1.5	1.91
9	1243GS1	4.44	8.59	54.54	1.28	0	0	16.42	0	6.82	0	0	0	2.47	4.58	0.85	68.85	0.496	12.09	1.79	2.83

续表 3-24

序号	样号	CIPW 标准矿物含量(×10⁻²)													特征参数				
		Q	An	Ab	Or	Ne	C	Di	Hy	Wo	Ol	Ac	Ns	Il	Mt	Ap	DI	A/CNK	SI	AR	σ_{43}
10	1024GS1	23.42	0	30.32	6.27	0	0	16.73	0	2.27	0	11.85	5.8	2.24	0	1.11	60.01	0.284	4.96	6.19	3.52
11	4340GS1	9.21	19.20	35.21	17.71	0	0	10.27	0	0.52	0	0	0	2.63	4.22	1.04	81.33	0.735	8.79	1.83	3.22
12	1268GS7	6.31	13.75	53.11	6.32	0	0	0.17	11.10	0	0	0	0	3.10	5.36	0.78	79.49	0.949	18.43	2.18	3.32
13	0010GS6	18.05	9.26	31.26	29.54	0	0	1.84	5.21	0	0	0	0	1.38	2.68	0.78	88.11	0.900	11.71	2.94	3.21
	平均	12.02	12.83	39.67	11.23	0.00	0.00	8.71	3.76	1.60	0.00	1.98	0.97	2.64	3.60	1.01	75.75	0.690	12.03	2.74	3.00
14	DCGS7	23.82	7.41	48.73	13.01	0	0.38	0	2.68	0	0	0	0	0.87	2.76	0.33	92.97	1.003	6.06	2.84	2.31
15	1249GS1	29.06	12.91	32.28	19.52	0	0.90	0	2.42	0	0	0	0	0.58	2.09	0.24	93.78	1.044	5.75	2.28	1.82
	平均	26.44	10.16	40.51	16.27	0	0.64	0	2.55	0	0	0	0	0.725	2.425	0.285	93.38	1.024	5.905	2.56	2.065
16	1243GS2	70.92	4.45	0.52	1.01	0	13.74	0	3.97	0	0	0	0	1.59	3.08	0.72	76.90	5.883	2.80	1.03	0
17	1268GS9	76.47	0.90	0.56	1.01	0	13.35	0	3.11	0	0	0	0	1.35	2.63	0.62	78.94	11.1	3.76	1.03	0
18	1268GS3	68.22	2.76	0.36	0.37	0	13.35	0	6.87	0	0	0	0	2.22	5.05	0.80	71.71	7.357	0.82	1.01	0
19	1268GS8	0	16.16	0	1.02	19.09	0	30.03	0	23.99	0	0	0	2.54	3.16	0.70	39.58	0.280	24.53	1.32	8.64
20	1268GS5	12.97	11.28	37.53	15.47	0	0	5.55	8.60	0	0	0	0	1.32	6.79	0.49	77.25	0.827	12.47	2.27	2.74
21	1268GS5-1	5.78	10.72	44.04	15.76	0	0	10.99	7.86	0	0	0	0	1.30	2.90	0.65	76.30	0.729	25.10	2.23	3.38

火山岩形成条件决定了其结晶程度及结构类型的特殊性,利用实际矿物成分很难进行准确的命名,据野外岩石的外表特征、斑晶成分,结合薄片鉴定通常只能确定岩石的大类,因此必须借助于化学成分的分析并按照 TAS 分类准则进行系统分类命名,以便对比研究。图 3-47 为纳丁错组火山岩 TAS 分类图,可以看出纳丁错组主要为一套玄武岩、玄武安山岩、粗面安山岩、流纹岩组成,与室内鉴定名称大致吻合,从而可以认定纳丁错组是一套基性岩—中性岩—酸性岩并偏碱性的火山岩系。

在图 3-47 中全部样品落入亚碱性区(Ir),说明测区北部(羌南)火山岩带纳丁错组属于亚碱性系列,对于此系列,还要进一步划分它们是拉斑玄武岩系列,还是钙碱性系列。本书采用 AFM 图解,在图 3-48 中,纳丁错组绝大部分样品落入了钙碱性系列区,有几个样品 TFeO 的含量偏高,应为后期氧化所致,可信度较低。综合以上所述,纳丁错组岩石系列属于钙碱性系列岩。

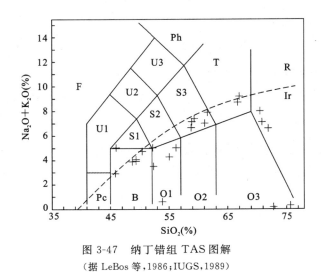

图 3-47 纳丁错组 TAS 图解
(据 LeBos 等,1986;IUGS,1989)
B:玄武岩;O1:玄武安山岩;O2:安山岩;O3:英安岩;
S1:粗面玄武岩;S2:玄武质粗面安山岩;S3:粗面安山岩;
T:粗面岩和粗面英安岩;R:流纹岩;U1:碱玄岩或碧玄岩;
U2:响岩质碱玄岩;U3:碱玄质响岩;Ph:响岩;Pc:苦橄玄武岩

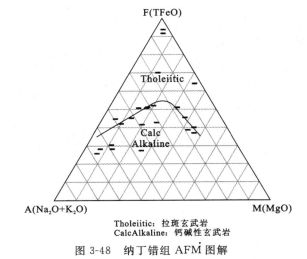

Tholeiitic:拉斑玄武岩
CalcAlkaline:钙碱性玄武岩
图 3-48 纳丁错组 AFM 图解

纳丁错组岩石化学特征如表3-23所示。

(1) 纳丁错组中玄武岩SiO_2含量变化于45.12%～50.24%，平均为47.15%，属于基性岩范畴，Na_2O普遍高于K_2O，全碱含量变化于2.56%～3.94%，CaO变化于8.57%～16.46%，MgO含量变化较大，为1.72%～10.25%，Al_2O_3含量变化于12.97%～15.82%。安山岩类SiO_2含量变化于53%～64.84%之间，平均为56.99%，属于中性岩范畴，Na_2O也普遍高于K_2O，全碱含量变化于4.74%～8.47%，CaO变化于2.7%～8.81%，MgO变化于0.77%～3.29%，Al_2O_3平均为13.63%。流纹岩类SiO_2的含量平均为69.06%，Na_2O大于K_2O，全碱平均含量为6.84%，CaO平均为3.64%，MgO平均为1.86%，Al_2O_3平均为14.9%。从纳丁错组的各类岩石来看，从基性岩—中性岩—酸性岩的变化，随着SiO_2含量的增高，CaO、MgO逐渐降低，全碱及Al_2O_3逐渐增高，所有岩系中Na_2O含量减去2之后，大多仍大于K_2O，表明纳丁错组火山岩属钠质系列。

(2) CIPW标准矿物(表3-24)中显示，纳丁错组火山岩中玄武岩类、安山岩类均未出现刚玉分子，表明SiO_2、Al_2O_3为饱和状态，个别岩石还出现霞石分子(Ne)，更进一步证明了硅酸不饱和状态。部分样品出现了Di而无C，属SiO_2过饱和正常岩石类型，玄武岩的标准矿物组合为An+Ab+Or+Di，流纹岩的标准矿物组合为Q+An+Ab+Or+Dr+Hy。分异指数(DI)玄武岩平均为57.6，安山岩平均为75.75，流纹岩平均为93.38，从而也反映了岩浆分异演化的规律，随着分异演化越彻底，酸性程度越高。

(3) 化学成分各种指数特征：里特曼指数从基性岩—中性岩—酸性岩，皆小于3.3，属于钙碱性岩，这与AFM图解的结果是一致的。固结指数(SI)，玄武岩为32.3，安山岩为12.03，流纹岩为5.91，从基性岩到酸性岩，固结度由大到小，说明从基性岩到中酸性岩浆分异程度是逐渐增高的。碱度率(AR)玄武岩平均为1.34，安山岩平均为2.74，流纹岩平均为2.56，由此看来，岩石偏碱性。过铝指数(A/CNK)玄武岩、安山岩类及流纹岩类皆小于1.1。

综上所述岩石化学特征来看，测区北部(羌南)火山岩带纳丁错组火山岩的岩石组合为一套基性岩—中性岩—酸性岩并偏碱性的火山岩系，属钠质钙碱性系列岩。其火山岩可能是由上地幔及少量下地壳物质混合熔融而成。

(四) 地球化学特征

测区纳丁错组火山岩稀土元素及特征参数见表3-25，从表中可以看出，稀土元素总量(∑REE)玄武岩平均为147×10^{-6}，安山岩类平均为218.5×10^{-6}，流纹岩平均为91.62×10^{-6}。LREE/HREE由基性岩—中性岩—酸性岩呈现2.54—5.05—5.35变化，呈逐渐减少趋势，轻、重稀土分馏程度越来越好，δEu全部小于1，具Eu亏损。由玄武岩—安山岩—流纹岩呈现0.9—0.89—0.77变化，表明随着火山岩演化进行，Eu越亏损，表明岩浆房中斜长石分离结晶较好，致使残余熔体形成火山岩浆则具铕亏损。

纳丁错组玄武岩稀土元素标准化模式曲线向右倾斜(图3-49)。LREE富集，LREE、HREE分馏明显，属LREE富集型。安山岩—流纹岩稀土配分曲线(图3-50)向右倾斜，安山岩曲线位于流纹岩曲线的上部，说明安山岩的稀土总量要高，曲线倾斜度较一致，表明源自同一岩浆房，具岩浆的亲缘性。大部分样品都具有不同程度的Eu负异常，属LREE富集型。纳丁错组5个火山碎屑岩的样品稀土配分曲线如图3-51所示，曲线右倾，LREE富集，个别样品具Eu负异常，大部分正常，总体火山碎屑岩在火山爆发就位时会携带和混杂其他围岩的成分，其地球化学成分必然会导致混染，不能代表岩浆房的原始物质状态。因此，利用火山碎屑岩分析要结合熔岩资料，综合纳丁错组的稀土配分曲线，可以认为火山岩

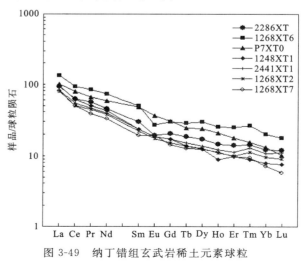

图3-49 纳丁错组玄武岩稀土元素球粒陨石标准化分布型式图

表 3-25 测区纳丁错组火山岩稀土元素分析结果及特征参数表

序号	样号	岩石名称	稀土元素(×10⁻⁶)															特征参数				
			La	Ce	Pr	Nd	Sm	Eu	Gd	Tb	Dy	Ho	Er	Tm	Yb	Lu	Y	ΣREE	LREE	HREE	LREE/HREE	δEu
1	2286XT	玄武岩	34.4	59.9	7.86	32.4	6.95	1.69	6.27	1.08	6.62	1.25	3.53	0.51	3.06	0.46	29.1	195.1	143.2	51.88	2.76	0.77
2	DCXT6	玄武岩	5.98	9.85	1.25	5.45	1.70	0.61	2.15	0.42	2.79	0.61	1.94	0.28	1.51	0.25	15.4	50.19	24.84	25.35	0.98	0.98
3	P7XT0	杏仁状玄武岩	37.4	76.2	9.13	42.1	11.2	3.18	9.34	1.43	9.19	1.79	4.50	0.55	3.30	0.39	34.2	243.9	179.2	64.69	2.77	0.92
4	1248XT1	橄榄玄武岩	35	59.3	6.97	30.6	5.47	1.63	5.27	0.8	4.74	0.76	2.44	0.32	1.95	0.29	19.1	174.6	139	35.67	3.90	0.92
5	2441XT1	橄榄玄武岩	30.3	52.8	6.41	28.1	5.51	1.61	5.32	0.89	5.31	1.04	2.82	0.46	2.73	0.42	22.3	166	124.7	41.29	3.02	0.90
6	1268XT2	橄榄玄武岩	29.3	48.3	6.15	26.9	5.18	1.52	4.71	0.81	4.89	0.95	2.53	0.4	2.4	0.35	18.5	152.9	117.4	35.54	3.30	0.92
7	DCXT8	富铁安山岩	5.10	10.1	1.27	6.08	1.81	0.56	2.13	0.38	2.68	0.61	1.84	0.28	1.62	0.23	13.9	48.59	24.92	23.67	1.05	0.87
平均			25.4	45.2	5.6	24.5	5.4	1.5	5.0	0.8	5.2	1.0	2.8	0.4	2.4	0.3	21.8	147	108	39.7	2.54	0.9
8	1268XT6	玄武岩	48.8	89	11.6	52.1	11.7	2.37	9.27	1.68	11.4	2.19	6.32	0.96	5.04	0.68	43.7	296.8	215.6	81.24	2.65	0.67
9	1243XT1	安山岩	28.1	45.9	5.68	23.4	4.53	1.55	4.38	0.73	4.48	0.76	2.41	0.32	1.75	0.24	19.3	143.5	109.2	34.37	3.18	1.05
10	1024XT1	角闪安山岩	32.7	54.1	6.45	27.6	5.12	1.48	4.83	0.86	4.57	0.85	2.55	0.37	2.26	0.36	17.9	162	127.5	34.55	3.69	0.90
11	4340XT1	辉石安山岩	70.5	109	10.2	45.9	8.24	1.92	5.29	0.64	3.54	0.68	1.67	0.21	1.16	0.14	12.9	272	245.8	26.23	9.37	0.83
12	1268XT7	橄榄玄武岩	29.6	48	5.32	23.7	4.45	1.69	4.4	0.74	4.8	0.96	2.46	0.34	1.78	0.22	18.9	147.4	112.8	34.6	3.26	1.15
13	0010XT6	黑云角闪安山岩	78.5	117	11.2	46.6	7.89	1.55	4.58	0.62	3.39	0.51	1.59	0.24	1.3	0.18	14	289.2	262.7	26.41	9.95	0.72
平均			48.03	77.17	8.41	36.55	6.99	1.76	5.46	0.88	5.36	0.99	2.83	0.41	2.22	0.30	21.12	218.5	178.9	39.57	5.35	0.89
14	·DCXT7	安山岩	25.2	39.0	3.56	16.0	3.14	0.75	3.10	0.51	2.66	0.52	1.46	0.20	1.29	0.18	11.9	109.5	87.65	21.82	4.02	0.73
15	1249XT1	玻基角闪安山岩	19.7	26.8	2.49	11.6	2.24	0.52	1.55	0.23	1.36	0.25	0.62	0.096	0.63	0.096	5.59	73.77	63.35	10.422	6.08	0.81
平均			22.45	32.9	3.025	13.8	2.69	0.635	2.325	0.37	2.01	0.385	1.04	0.148	0.96	0.138	8.745	91.62	75.5	16.12	5.05	0.767
16	1268XT9	强硅化中酸性火山角砾岩	60.1	104	10.4	46.6	9.38	1.21	6.99	1.13	6.82	1.22	3.69	0.52	3.15	0.43	26.5	282.1	231.7	50.45	4.59	0.44
17	1268XT3	含火山角砾安山质晶屑凝灰岩	30.6	45.2	5.36	22.6	4.26	1.17	3.4	0.6	3.28	0.64	1.87	0.29	1.89	0.29	11.9	133.4	109.2	24.16	4.52	0.91
18	1268XT8	安山质晶屑岩屑火山角砾岩	23.9	42.1	5.51	22.4	5.16	1.26	4.43	0.74	4.94	0.95	2.6	0.4	2.27	0.28	19.5	136.4	100.3	36.11	2.78	0.79
19	1268XT5	安山质岩屑凝灰岩	24.8	40.5	4.86	19.3	3.49	0.9	2.73	0.46	2.75	0.52	1.41	0.24	1.58	0.25	9.3	113.1	93.85	19.24	4.88	0.86
20	1268XT5-1	安山质岩屑凝灰岩	30.5	51.4	5.82	23.6	4.69	1.08	3.51	0.58	3.68	0.76	1.99	0.28	1.62	0.21	14.6	144.3	117.1	27.23	4.30	0.78

浆属于轻稀土富集型,轻稀土分馏较明显,反映岩石为低度部分熔融或分异作用较弱的岩浆产物。

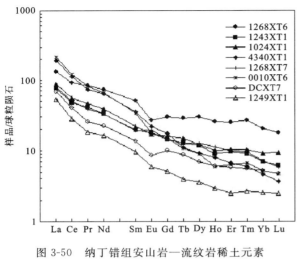

图 3-50 纳丁错组安山岩—流纹岩稀土元素球粒陨石标准化分布型式图

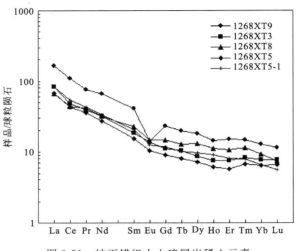

图 3-51 纳丁错组火山碎屑岩稀土元素球粒陨石标准化分布型式图

纳丁错组微量元素分析结果见表3-26。玄武岩在微量元素原始地幔蛛网图中(图3-52),放射性生热元素 Th 明显富集,但非活动性元素 Nb 亏损,具负异常。安山岩—流纹岩在微量元素原始地幔蛛网图中(图3-53),亲岩浆元素 La、放射性生热元素 Th 明显富集,不相容元素 Hf 轻微富集,并具明显的 Ti 负异常。在火山碎屑岩、微量元素蛛网图中(3-54),具有大致同安山岩—流纹岩相似的特征,具有 Th、La 正异常,Ti 负异常。纳丁错组总体分布型式具造山带钙碱性中酸性火山岩的特点。

表 3-26 测区纳丁错组火山岩微量元素分析结果表

序号	样品名称	岩石名称	微量元素含量($\times 10^{-6}$)													
			F⁻	Cu	Pb	Zn	Cr	Ni	Co	Li	Rb	W	Mo	Sb	Bi	Hg	Sr
1	2286XT	玄武岩					67.1	57.4	24.8	23.2	12.6			0.57		0.019	539
2	DCXT6	玄武岩	99.1	90.9	9.40	78.1	110	59.3	37.7	15.7	1.20	1.95	3.52	1.27	0.070	0.23	156
3	P7XT0	杏仁状玄武岩	406	143	13.0	316	14.8	25.2	39.8	8.00	4.20	0.73	1.81	0.69	0.095	0.039	220
4	1248XT1	橄榄玄武岩					273	177	30.5	17.5	33.8			0.17		0.006	1050
5	2441XT1	橄榄玄武岩					376	170	35.9	22.9	29.1			0.19		0.005	561
6	1268XT2	橄榄玄武岩					436	200	40.1	18.7	12.6			0.23		0.0075	589
7	DCXT8	富铁安山岩	94.6	138	14.3	75.9	108	64.8	32.2	20.6	3.60	1.54	0.62	1.48	0.032	0.28	147
	平均		85.67	53.13	5.24	67.14	197.8	107.7	34.43	18.09	13.87	0.60	0.85	0.66	0.03	0.08	466.0
8	1268XT6	玄武岩					14.6	22.1	21.5	21.3	52.7			0.46		0.031	293
9	1243XT1	安山岩					43.7	20	12.2	9.05	11.6			0.28		0.014	193
10	1024XT1	角闪安山岩					12.3	2	11.5	12	75.4			0.38		0.034	844
11	4340XT1	辉石安山岩	1740	40.4	28.5	90.1	59.6	43.2	10.2	18.9	74.4	3.64	2.09	0.31	0.022	0.016	931
12	1268XT7	橄榄玄武岩					55.6	19.5	14.1	8.65	11.8			0.23		0.022	174
13	0010XT6	黑云角闪安山岩					15.3	<1	9.5	30.5	157			0.22		0.008	742
	平均		290.00	6.73	4.75	15.02	33.52		13.17	16.73	63.82	0.61	0.35	0.31	0.00	0.02	529.50
14	DCXT7	安山岩	190	24.5	18.9	32.2	30.2	9.60	6.05	22.9	58.4	2.60	2.26	1.20	0.070	0.12	344

续表3-26

序号	样品名称	岩石名称	微量元素含量（$\times 10^{-6}$）													
			F⁻	Cu	Pb	Zn	Cr	Ni	Co	Li	Rb	W	Mo	Sb	Bi	Hg	Sr
15	1249XT1	玻基角闪安山岩					11.4	<1	7.95	24.7	105			0.18		0.027	360
	平均		95	12.25	9.45	16.1	20.8		7	23.8	81.7	1.3	1.13	0.69	0.035	0.0735	352
17	1268XT9	强硅化中酸性火山角砾岩					23	3.9	6.55	60	14.2			0.32		0.028	262
18	1268XT3	含火山角砾安山质晶屑凝灰岩					332	32.6	4.7	46.8	10.2			3.88		0.019	1840
19	1268XT8	安山质晶屑岩屑火山角砾岩					24.2	28.5	22.6	20.1	27.7			0.26		0.019	191
20	1268XT5	安山质岩屑凝灰岩					114	21.2	11.4	16.7	77.2			0.28		0.025	465
21	1268XT5-1	安山质岩屑凝灰岩					107	30.2	18.1	31.6	54			0.24		0.029	427

序号	样品名称	岩石名称	微量元素含量（$\times 10^{-6}$）													
			Ba	V	Sc	Nb	Ta	Zr	Hf	Be	B	Ga	Sn	Au	Ag	Th	P
1	2286XT	玄武岩	383	157	21.3	21	1.39	285	7.53	1.98		21.1		0.92	0.02	12.5	
2	DCXT6	玄武岩	13.6	286	43.7	1.25	<0.5	71.2	2.37	1.01	39.7	26.5	2.40	1.30	0.053	0.85	296
3	P7XT0	杏仁状玄武岩	393	329	22.7	30.0	1.91	196	6.05	2.20	19.0	25.0	2.00	0.15	0.033	8.16	1650
4	1248XT1	橄榄玄武岩	569	210	22.8	21.7	2	163	4.36	1.99		20.1		0.6	0.05	11.8	
5	2441XT1	橄榄玄武岩	621	210	28.1	10.8	<0.5	128	3.38	1.12		5.17		0.4	0.03	5.46	
6	1268XT2	橄榄玄武岩	276	235	31.9	5.65	<0.5	72.1	1.47	1.76		19.4		3.2	0.05	5.26	
7	DCXT8	富铁安山岩	25.2	245	46.1	1.21	<0.5	54.9	1.89	0.76	33.2	19.3	5.10	1.30	0.028	0.64	325
	平均		325.8	238.9	30.94	13.09		138.6	3.86	1.55	13.13	19.51	1.36	1.12	0.04	6.38	324.4
8	1268XT6	玄武岩	268	162	17.2	22.6	1.61	334	8.94	2.34		19.2		0.3	0.05	8.42	
9	1243XT1	安山岩	664	118	14.4	11	1.53	185	4.84	1.43		13.5		<0.3	0.02	7.37	
10	1024XT1	角闪安山岩	678	183	12.3	10.3	<0.5	137	3.87	1.73		19.8		<0.3	0.11	7.63	
11	4340XT1	辉石安山岩	724	97.3	11.3	25.3	1.22	284	6.83	2.08	25.3	25.5	2.30	0.60	0.080	14.7	2560
12	1268XT7	橄榄玄武岩	346	120	15.7	10.6	<0.5	177	5.26	1.3		12.8		0.85	0.01	4.73	
13	0010XT6	黑云角闪安山岩	942	55.8	5.12	25.9	2.64	242	6.4	4.37		17.7		0.4	0.06	19.2	
	平均		603.67	122.68	12.67	17.62		226.50	6.02	2.21	4.22	18.08	0.38		0.06	10.34	426.67
14	DCXT7	安山岩	774	57.4	10.4	6.60	0.60	147	4.69	0.68	268	16.8	3.15	1.28	0.0420	7.80	738
15	1249XT1	玻基角闪安山岩	868	22.6	3.46	3.76	<0.5	71.2	2.17	1.55		12.2		1.1	0.04	8.34	
	平均		821	40	6.93	5.18		109.1	3.43	1.115	134	14.5	1.575	1.19	0.041	8.07	369
17	1268XT9	强硅化中酸性火山角砾岩	18	21.6	7.66	15.4	1.04	142	4.3	1.74		18.5		0.6	0.03	19.45	
18	1268XT3	含火山角砾安山质晶屑凝灰岩	152	104	5.25	9.03	<0.5	108	2.98	1.25		17.8		1.7	0.17	4.69	
19	1268XT8	安山质晶屑岩屑火山角砾岩	79.1	109	16.5	12.3	0.57	219	6.24	1.61		15.9		<0.3	0.03	4.73	
20	1268XT5	安山质岩屑凝灰岩	536	128	14.2	9.02	<0.5	115	3.6	1.88		16		0.3	0.02	7.23	
21	1268XT5-1	安山质岩屑凝灰岩	280	124	17.5	10	<0.5	130	4.08	1.2		11.6		0.8	0.04	8.33	

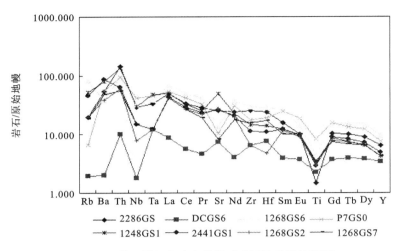

图 3-52 纳丁错组玄武岩微量元素原始地幔蛛网图

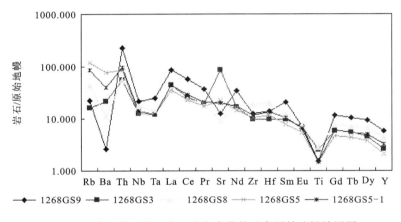

图 3-53 纳丁错组安山岩—流纹岩微量元素原始地幔蛛网图

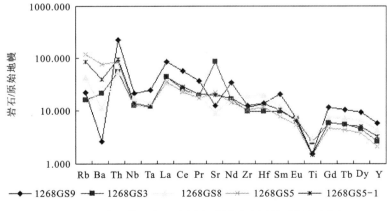

图 3-54 纳丁错组火山碎屑岩微量元素原始地幔蛛网图

（五）构造环境分析

测区火山岩形成环境分析，充分利用野外实地考察和室内综合研究，对其形成环境作出科学的分析。该火山岩带纳丁错组主要为一套基性岩—中性岩—酸性岩并偏碱性的火山岩系，喷发不整合覆于日干配错组（T_3r）、色哇组（$J_{1-2}s$）及捷布曲组（J_2j）之上。在玄武岩构造环境判别图 Nb-Zr-Y 图解中（图

3-55),纳丁错组火山岩大部分样品落入板内碱性玄武岩区;在 Ti-Zr-Sr 图解中(图 3-56),样品落入钙碱性玄武岩区或其附近,而不是岛弧拉斑玄武岩和洋脊玄武岩区;在 Ti-Zr-Y 图解中(图 3-57),大多数火山岩也同样落在钙碱性玄武岩区或在其附近。表明纳丁错组为一套板内钙碱性玄武岩。以 lgσ 为横坐标,lgτ 为纵坐标作图解(图 3-58),测区所有样品全部落入 B 区,属于造山带地区的火山岩。综合以上的图解,本书认为测区北部(羌南)火山岩带纳丁错组是属于造山带环境的板内钙碱性玄武岩,为一套以陆相条件下喷发的熔岩为主,火山碎屑岩为辅的钙碱性玄武岩,此时大地构造环境测区正处于陆-陆碰撞造山阶段,受其陆-陆碰撞造山作用的陆内汇聚支配,造就了测区北部的这条火山岩带。

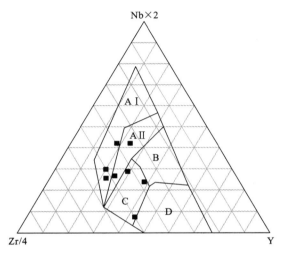

图 3-55 纳丁错组不同构造玄武岩的 Nb-Zr-Y 判别图

AⅠ和AⅡ:板内碱性玄武央;AⅡ和 C:板内拉斑玄武岩;
B:P-MORB;D:N-MORB;C 和 D:火山弧玄武岩

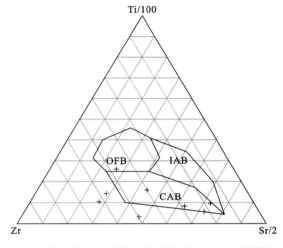

图 3-56 纳丁错组不同构造玄武岩的 Ti-Zr-Sr 判别图

(据 Pearce,1973)

IAB:岛弧拉斑玄武岩;OFB:洋脊拉斑玄武岩;
CAB:钙碱性玄武岩

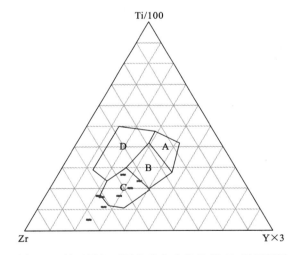

图3-57 纳丁错组不同构造玄武岩的 Ti-Zr-Y 判别图

(据 Pearce,1973)

A:低钾拉斑玄武岩;B:洋中脊玄武岩
C:钙碱性玄武岩;D:洋岛和板内玄武岩

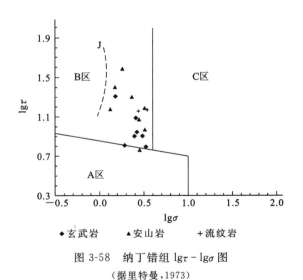

图 3-58 纳丁错组 lgτ - lgσ 图

(据里特曼,1973)

A区:非造山带地区火山岩;B区:造山带地区火山岩;
C区:A区、B区派生出的碱性、富碱岩;J:日本火山岩

(六)岩相特征及火山构造

1. 岩相特征

测区北部(羌南)火山岩带主要表现为新生代以来火山活动强烈,根据火山喷发类型、火山物质搬运

方式和定位环境,本火山岩带主要存在爆发相和喷溢相两大类型。

1) 爆发相

根据火山碎屑物质的搬运和堆积方式不同,进一步划分为涌流堆积和空落堆积。

(1) 涌流堆积:测区内常与火山碎屑堆积相伴生出现,于一个冷却单元的底部层位。

分布测区各火山机构中心(火山口)附近,范围小,主要岩性有火山角砾岩、含火山角砾安山质岩屑凝灰岩、凝灰岩等。碎屑物粒径范围大,火山灰—砂—火山角砾均可出现,近火山口可见集块,角砾常具塑变现象,是测区涌流堆积的一个重要特征。

(2) 空落堆积:测区各旋回火山机构有出露,分布在火山斜坡及远火山地段,常与火山碎屑岩流堆积相伴出现,位于一个喷发单元或一个冷却单元的上部,主要岩性为晶屑凝灰岩、岩屑凝灰岩、玻屑凝灰岩等,岩石碎屑物为晶屑、玻屑、岩屑为主,偶见含角砾,粒径由内向处逐渐变小,主要为火山砂—火山尘级。一个岩相单元碎屑物粒度是下部粗、上部细,形成正粒序层理构造,火山碎屑一般呈撕裂状、弧面多角状、云状等刚性状态,但处在火山口处的有时可见塑性变形。

2) 喷溢相

在纳丁错组中较为发育,岩性主要有玄武岩、安山岩、流纹岩等,呈岩流状分布于火机构周围或呈舌状分布于火山口附近。该岩相常分布于一个喷发韵律的顶部,与爆发相岩石伴生产生。中基性岩石气孔构造、杏仁状构造发育,酸性、碱性岩石中见有柱状解理,柱状与岩层顶底面相垂直,柱体断面呈多边形,以六边形、四边形较多。岩石流动构造发育,不同的流动单元具有明显的侵位特征,气孔和杏仁体拉长定向分布,与流动方向一致,在流纹岩、英安岩中常形成涡流状流动构造。

2. 火山构造

火山构造泛指火山作用形成的构造的总称。火山活动往往受一定的基底(或区域)构造控制,火山机构常成群成带分布,从而在更大范围内构成了更高级的、规模更大的火山构造,所以火山构造既包括了火山机构本身,也包括了火山群、火山盆地及火山带更高一级的火山构造单元,同时要考虑火山作用的特征及大地构造背景。

测区纳丁错组就构成了测区北部(羌南)火山岩带,在测区分布范围较大,厚度也较大,岩石类型复杂,岩石组合清楚,岩相特征明显,属造山带的板内碱性玄武岩,其形成严格受区域控制,属陆相线状裂隙或兼中心式喷发的基性—中性—酸性并偏碱性岩系。

测区内保存较好的古火山机构,主要分布在康托东侧,经本次1:25万地质填图和剖面实测工作,查明了其火山岩性岩相特征,现以其为例分析纳丁错组的火山岩相特征。

康托纳丁错组古火山机构位于改则县康托东侧,呈不规则东西向延伸的长条状,角度不整合覆于色哇组($J_{1-2}s$)之上,局部被后期康托组(Nk)所掩盖,其岩石类型、岩相特征还较清楚(图3-59)。

爆发相:分布于沟口处,近东西向椭圆状,长轴方向与区域构造线、地层走向基本一致,主要由火山角砾岩、安山质火山角砾岩组成,还有弱爆发相的安山质岩屑凝灰岩、安山质晶屑凝灰岩、凝灰岩等,角砾形态多为透镜状、棱角状、次棱角状、不规则状,偶见等轴状、纺锤状。角砾一般为(1~2)cm×(3~5)cm,小者一般为0.5cm×1cm不等。角砾成分有玄武岩、安山岩、流纹岩、砂岩、硅质岩、板岩及灰岩等,火山角砾岩均环绕火山口附近分布,火山岩层具围斜内倾斜特点,自中心向外,倾角由陡变缓,火山角砾岩由多变少,由大变小。

喷溢相:火山岩南侧较发育,北侧已基本上被康托组(Nk)覆盖,南侧呈似环状分布于爆发相的外围或与爆发相间隔出现构成一喷发韵律,呈围斜外倾,火山口塌陷后喷溢的火山构造,岩性主要为玄武岩、安山岩类。

综合来看,本火山机构从内到外,组成相序为爆发相—喷溢相。各岩性岩相围绕火山中心围斜外倾,反映火山活动由爆发—喷溢相交替进行。

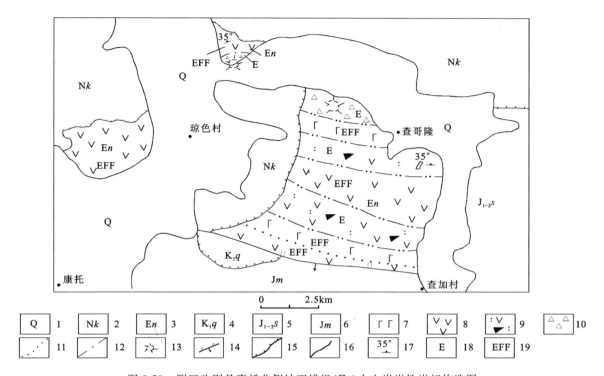

图 3-59 测区改则县康托北侧纳丁错组(En)火山岩岩性岩相构造图

1.第四系;2.康托组;3.纳丁错组;4.去申拉组;5.色哇组;6.木嘎岗日岩组;
7.玄武岩;8.安山岩;9.安山质岩屑晶屑凝灰岩;10.火山角砾岩;11.岩性界线;12.岩相界线;
13.推测火山口;14.断层;15.角度不整合界线;16.地质界线;17.流面产状;18.爆发相;19.喷发沉积相

二、中部(班公错-怒江结合带)火山岩带

中部火山岩带主要分布在测区的中部,班公错-怒江结合带内。主要分布在去申拉、洞错、仲岗、扪档勒、沙角、布坦纠奴玛、中仓乡等地。主要火山层位为仲岗洋岛岩组、洞错蛇绿岩组中的玄武岩成分、去申拉组及班-怒结合带南侧展布的一条 NWW-SEE 向规模相对较大的美苏组火山岩带。

(一)仲岗洋岛岩组

仲岗洋岛岩组主要分布在改则县洞错乡北侧仲岗一带(图版Ⅳ,3、4),呈一长条状近东西向展布,下部为玄武岩,上部是与玄武岩伴生的灰岩,呈整合接触,只是局部表现为灰岩与玄武岩呈相互夹层出现。此套火山岩可能是班-怒洋消减闭合时,在残余洋盆内发生的伸展事件中一次火山喷发活动。主要岩性为玄武岩,在此玄武岩中采获锆石 U-Pb 法同位素年龄结果未成等时线。本书结合邻区图幅野外产状、地质特征及其构造环境,把其形成时代暂时厘定为晚侏罗世至早白垩世。

1. 岩石学特征

仲岗洋岛岩组岩性主要为一套玄武岩。岩石大多呈灰绿色,大多经受了后期的构造改造和变形的影响,岩石大部遭受糜棱岩化,在镜下清楚可见糜棱岩化的微观特征。岩石多呈斑状结构,基质具微晶结构,块状构造。斑晶成分由粒径一般在 0.5～2mm 之间的斜长石、透辉石、暗色矿物组成,斜长石强烈绢云母化;暗色矿物多蚀变分解为绿泥石,根据假象推测可能原来是橄榄石、辉石。基质成分由粒径一般在 0.05～0.2mm 之间的绢云母化更长石、透辉石、绿泥石等矿物呈晶粒结构组成。

2. 岩石化学特征

测区仲岗洋岛岩组岩石化学成分见表 3-27，从整体来看，岩石灼失量普遍过大，7 个样品最低为 7.00%，最高可达 21.24%，平均为 14.23%，从测试分析结果看，样品很不新鲜，遭受了强烈蚀变，故此主量元素分析结果的可信度较低，只能作为参考。用其校正的结果进行 CIPW 标准矿物来计算，其结果列于表 3-28。仲岗洋岛岩组的标准矿物组合为 An＋Ne＋Di＋Ol。出现了霞石及橄榄石分子，均未出现刚玉 C，属铝不饱和玄武岩。

表 3-27　测区仲岗洋岛岩组岩石化学成分分析结果表

序号	样号	岩石名称	采样位置	氧化物含量（$\times 10^{-2}$）												
				SiO_2	Al_2O_3	Fe_2O_3	FeO	CaO	MgO	K_2O	Na_2O	TiO_2	P_2O_5	MnO	Loss	Toal
1	ZXGS1	杏仁状玄武岩	扎西错布	43.96	13.15	6.13	4.38	11.39	3.73	2.00	4.58	2.70	0.58	0.22	7.00	99.82
2	ZXGS2	糜棱岩化玄武岩	扎西错布	25.04	6.88	1.87	4.53	31.01	3.55	0.41	2.20	1.90	0.23	0.16	21.24	99.02
3	ZXGS3	糜棱岩化玄武岩	扎西错布	31.14	8.75	3.02	5.74	22.89	5.95	0.58	2.71	2.65	0.26	0.18	16.88	100.75
4	ZXGS12	杏仁状玄武岩	扎西错布	40.02	10.90	4.03	4.74	19.11	1.73	3.47	2.12	2.95	0.14	0.15	10.53	99.89
5	ZXGS13	玄武岩	扎西错布	38.26	10.42	7.66	1.66	22.53	0.73	0.58	3.17	1.85	0.16	0.19	13.06	100.27
6	ZXGS4	糜棱状玄武质火山角砾岩	扎西错布	30.74	9.75	2.43	6.18	23.42	4.46	0.58	2.89	2.70	0.24	0.19	16.67	100.25
平均				34.86	9.98	4.19	4.54	21.73	3.36	1.27	2.95	2.46	0.27	0.18	14.23	100.00

表 3-28　测区仲岗洋岛岩组火山岩 CIPW 标准矿物及特征参数表

序号	样号	CIPW 标准矿物含量（$\times 10^{-2}$）														特征参数				
		An	Ab	Or	Ne	Lc	Kp	C	Di	Wo	Ol	Cs	Il	Mt	Ap	DI	A/CNK	SI	AR	σ_{43}
1	ZXGS1	10.17	15.7	12.76	14.16	0	0	0	29.59	4.19	0	0	5.54	6.45	1.45	52.78	0.432	18.09	1.73	11.31
2	ZXGS2	9.89	0	0	12.97	0	1.77	0	0	0	12.84	57.60	4.64	2.76	0.69	24.63	0.114	28.35	1.15	−1.04
3	ZXGS3	11.93	0	0	14.82	3.21	0	0	15	0	12.36	31.85	6.01	4.11	0.72	29.96	0.187	33.17	1.23	−2.64
4	ZXGS12	11.18	0	3.52	10.89	15.26	0	0	16.74	30.70	0	0	6.28	5.09	0.36	40.85	0.26	10.81	1.46	21.43
5	ZXGS13	14.40	0	0.72	16.76	2.54	0	0	17.86	38.63	0	0	4.05	4.62	0.43	34.42	0.223	5.48	1.26	16.71
6	ZXGS4	14.26	0	0	15.85	3.22	0	0	12.86	0	9.79	33.12	6.14	4.11	0.67	33.33	0.203	26.97	1.23	−2.77
平均		12.00	2.62	2.83	14.20	4.04	0.30	0.00	15.30	12.30	5.80	20.40	5.40	4.50	0.70	36.00	0.20	20.50	1.34	7.17

由于岩石普遍受到蚀变作用，造成 Na_2O 含量偏高，加之灼失量过高，使岩石 SiO_2、CaO 含量发生明显的变化，这些样品主量元素方面不具代表性。蚀变对于微量元素影响较小，岩石的一切判别均采用稳定的微量元素。

3. 地球化学特征

测区仲岗洋岛岩组玄武岩稀土元素及特征参数列于表 3-29。稀土总量（ΣREE）变化于 137.5×10^{-6}～43×10^{-6}，平均为 211.16×10^{-6}，稀土总量偏高。LREE/HREE 变化于 2.78～4.43 之间，平均为 3.38，LREE、HREE 分馏程度较明显。δEu 趋近于 1，变化于 0.80～1.01，平均为 0.91，显示岩石铕异常不显著。在球粒陨石标准化图上（图 3-60），曲线右倾，轻稀土富集。

表 3-29 测区仲岗洋岛岩组火山岩稀土分析结果及特征参数表

序号	样号	岩石名称	稀土元素(×10⁻⁶)															特征参数		
			La	Ce	Pr	Nd	Sm	Eu	Gd	Tb	Dy	Ho	Er	Tm	Yb	Lu	Y	ΣREE	LREE/HREE	δEu
1	ZXXT1	杏仁状玄武岩	72.0	148	19.1	78.2	16.2	4.60	13.8	2.05	11.1	1.94	4.79	0.60	3.39	0.46	38.2	414	4.43	0.92
2	ZXXT2	糜棱岩化玄武岩	29.3	50.5	6.15	26.7	6.63	1.99	5.93	0.85	5.05	0.77	2.26	0.33	1.64	0.22	18.4	157	3.42	0.95
3	ZXXT3	糜棱岩化玄武岩	34.1	63.7	8.95	36.5	7.98	2.66	7.92	1.13	6.92	1.20	3.07	0.41	2.16	0.29	25.5	202	3.17	1.01
4	ZXXT12	杏仁状玄武岩	27.2	53.4	6.39	28.9	7.47	1.89	6.70	0.85	4.83	0.72	1.99	0.28	1.47	0.24	19.1	161	3.46	0.80
5	ZXXT13	玄武岩	25.3	44.7	4.82	21.4	4.99	1.57	5.28	0.91	4.18	0.64	2.08	0.32	1.77	0.29	18.9	137	2.99	0.93
6	ZXXT4	糜棱状玄武质火山角砾岩	32.0	58.9	7.12	34.8	8.09	2.33	7.89	1.22	6.87	1.26	3.18	0.44	2.50	0.31	27.8	195	2.78	0.88
平均			36.7	69.9	8.76	37.8	8.56	2.51	7.92	1.17	6.49	1.09	2.90	0.40	2.16	0.3	24.7	211	3.38	0.915

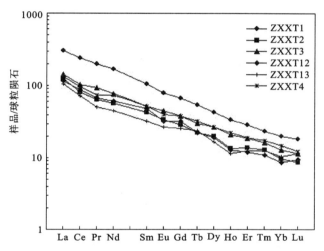

图 3-60 测区仲岗地区玄武岩稀土元素球粒陨石标准化分布型式图

测区仲岗洋岛玄武岩微量元素分析结果列于表 3-30。在其微量元素原始地幔蛛网图中(图 3-61),放射性生热元素 Th 明显富集,稀土元素 La、Nd、Gd,大离子亲石元素 Rb、Sr 明显亏损,Ti 具负异常。从其特征来看,玄武岩浆可能源自富集地幔区。

表 3-30 测区仲岗洋岛岩组火山岩微量元素分析结果表

序号	样号	岩石名称	微量元素含量(×10⁻⁶)														
			F⁻	Cu	Pb	Zn	Cr	Ni	Co	Li	Rb	W	Mo	Sb	Bi	Hg	Sr
1	ZXXT1	杏仁状玄武岩	720	11.8	<1	114	5.80	11.8	22.3	6.80	22.2	0.80	1.08	0.62	0.072	0.068	436
2	ZXXT2	糜棱岩化玄武岩	513	52.8	6.20	70.4	148	89.4	22.4	12.0	4.90	0.86	0.93	0.030	0.072	0.084	517
3	ZXXT3	糜棱岩化玄武岩	461	70.1	<1	89.2	168	130	32.8	15.3	10.1	1.13	0.62	0.10	0.068	0.078	361
4	ZXXT12	杏仁状玄武岩	407	39.4	4.10	85.4	155	92.2	29.6	6.00	32.8	1.13	2.40	2.89	0.097	0.012	294
5	ZXXT13	玄武岩	359	48.9	1.20	68.4	302	139	36.4	27.1	8.50	1.26	1.29	0.33	0.080	0.0095	149
6	ZXXT4	糜棱状玄武质火山角砾岩	453	61.8	<1	86.2	152	70.6	27.1	10.3	8.50	1.27	6.34	0.060	0.059	0.072	421

续表 3-30

序号	样号	岩石名称	微量元素含量($\times10^{-6}$)														
			Ba	V	Sc	Nb	Ta	Zr	Hf	Be	B	Ga	Sn	Au	Ag	Th	P
1	ZXXT1	杏仁状玄武岩	727	126	11.1	57.8	2.76	329	9.48	1.32	12.4	27.6	5.45	1.30	0.0500	7.33	3590
2	ZXXT2	糜棱岩化玄武岩	161	160	16.3	19.7	0.94	110	3.08	1.55	12.4	17.1	0.50	1.35	0.043	2.78	1140
3	ZXXT3	糜棱岩化玄武岩	142	224	21.3	27.5	1.70	170	4.62	1.97	24.2	30.7	4.60	1.85	0.043	3.87	1290
4	ZXXT12	杏仁状玄武岩	428	232	18.0	26.4	2.11	173	4.98	1.62	14.4	18.8	3.00	0.45	0.050	20.8	1640
5	ZXXT13	玄武岩	124	168	23.0	29.3	2.09	132	3.46	1.78	27.8	22.4	3.00	0.45	0.030	12.1	1600
6	ZXXT4	糜棱状玄武质火山角砾岩	115	227	19.8	26.4	1.60	149	4.71	1.88	25.4	27.1	0.50	1.35	0.023	3.98	1480

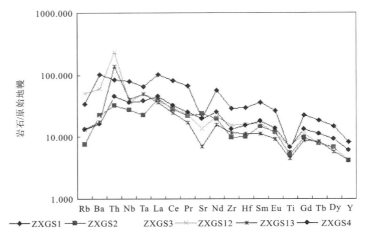

图 3-61　测区仲岗玄武岩微量元素原始地幔蛛网图

4. 构造环境判别

仲岗洋岛岩组主要为一套单一玄武岩，在 Nb-Zr-Y 图解(图 3-62)中，全部样品落入 A 区，为板内碱性玄武岩，在 Ti-Zr-Sr 图解(图 3-63)中，全部样品落入 CAB 区，属钙碱性玄武岩；在 TiO_2-MnO-P_2O_5 图解(图 3-64)中，大多数样品落入洋岛玄武岩区，极个别样品落入洋中脊玄武岩。结合测区仲岗一带所处的大地构造位置和产出环境，认为此套玄武岩属于钙碱性玄武岩，产于洋岛环境，可能是由富集地幔的玄武质岩浆低度部分熔融作用形成的。

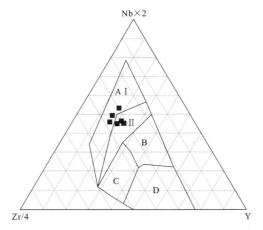

图 3-62　仲岗一带不同构造玄武岩的 Nb-Zr-Y 判别图

AⅠ和 AⅡ：板内碱性玄武岩；AⅡ和 C：板内拉斑玄武岩；B：P-MORB；D：N-MORB；C 和 D：火山弧玄武岩

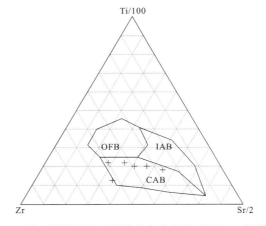

图 3-63　测区仲岗地区不同构造玄武岩的 Ti-Zr-Sr 判别图

(据 Pearce，1973)

IAB：岛弧拉斑玄武岩；OFB：洋脊拉斑玄武岩；CAB：钙碱性玄武岩

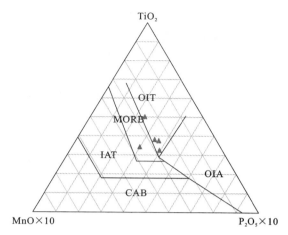

图 3-64　测区仲岗地区不同构造玄武岩的 TiO_2-MnO-P_2O_5 判别图
（据 Mullen,1983）
OIT:洋岛拉斑玄武岩;OIA:洋岛碱性玄武岩
MORB:洋中脊玄武岩;IAT:岛弧拉斑玄武岩;CAB:钙碱性玄武岩

（二）洞错蛇绿岩组中的玄武岩

洞错蛇绿岩中的玄武岩已在本章第二节洞错蛇绿岩一节中作了较为详细的叙述,这里不再赘述。洞错蛇绿岩中的玄武岩也是测区中部火山岩带的组成部分,根据其与洞错蛇绿岩的密切关系,厘定形成时代为早—中侏罗世,代表着初始拉张洋盆环境,是地幔橄榄岩低度部分重熔作用的产物。

（三）去申拉组

去申拉组出露于改则县洞错乡北侧去申拉一带,主要沿班公错-怒江结合带北缘出露,代表着班公错-怒江结合带俯冲碰撞的火山岩浆弧。岩石组合主要为一套中基性火山岩系。本期火山活动主要以喷溢相为主,且主要喷发不整合于侏罗纪木嘎岗日岩组和沙木罗组之上,局部地段被后期的构造改造,与其他地质单元呈断层接触。1:100 万改则幅在去申拉获得中基性熔岩 K-Ar 法同位素年龄值为 141Ma,Rb-Sr 法等时线年龄值为 115 Ma,在其东侧 1:25 万班戈幅在同一层位安山岩中获 Rb-Sr 同位素年龄值为 $126±2Ma$。本书结合野外产状、地质特征及相互接触关系,并综合考虑前人成果,把去申拉组的形成时代厘定为早白垩世。

1. 岩石学特征

岩石类型主要有火山角砾岩、安山质晶屑凝灰岩、玄武岩、安山岩、石英安山岩等为主。

蚀变基性火山角砾岩　岩石具火山角砾结构,块状构造。火山角砾砾径为 2~5mm,角砾成分主要有蚀变基性火山岩含量约 70%,多呈不规则形状,大致可分为两种类型,一是气孔发育,气孔充填物为方解石、绿泥石,二是由钠长石、绿泥石、白钛石等矿物呈残余火山结构组成;其次为结晶灰岩、斜长结晶灰岩角砾,含量约 25%,多呈熔蚀状,应是围岩成分,火山爆发时捕获的碎屑。胶结物主要为方解石、绿泥石、白钛石等。个别薄片还见有浮岩状玻屑成分。

玄武岩　灰绿色、具斑状结构,基质交织结构（斑晶 0.6~2mm,基质 0.06~0.1mm）,块状构造。斑晶:斜长石 25%、辉石 3%、角闪石 5%~8%。基质:斜长石 40%~50%、辉石 2%~3%、方解石 10%、磁铁矿 1%~2%。斜长石呈自形柱状,混浊;辉石自形短柱状,无色,呈聚斑出现,为透辉石;角闪石由于强蚀变已被方解石替代,仅保留其假象;基质为板条状斜长石微晶,大致平行排列,其间夹有方解石、辉石、磁铁矿等形成交织结构。蚀变表现为斜长石强绢云母化和角闪石方解石化。

安山岩　深灰—灰绿色,具斑状结构。基质交织结构（斑晶 0.6~1.5mm,基质 0.1~0.15mm）,块状构造。斑晶：斜长石 15%～20%、石英 2%～3%、角闪石 1%。基质：斜长石 60%、绿泥石 10%～15%、石英 5%～8%。斜长石半自形柱状，因蚀变而混浊，双晶不清；石英他形粒状；角闪石半自形短柱状，常蚀变为绿泥石；基质为板条状微晶斜长石，其间夹有绿泥石、石英及方解石等形成交织结构。蚀变表现为绢云母化、绿泥石化及方解石化。

石英安山岩 灰绿色，具斑状结构，基质显微晶质结构，块状构造。斑晶：斜长石 15%、钾长石 3%～5%。基质：斜长石 20%～25%、钾长石 25%～30%、石英 3%～15%、绿泥石 20%～25%、绿帘石 3%～5%。斑晶中斜长石为自形—半自形柱状，钠长石律双晶较发育，测得 An=46～48，为偏基性中长石；钾长石自形柱状，洁净，为透长石。基质中的斜长石和钾长石均显微晶质粒状，其间充填有次生绿泥石、绿帘石等。多具次生蚀变现象，斜长石轻微绢云母化、绿泥石化等。

2. 岩石化学特征

测区去申拉组火山岩大部分为火山碎屑岩，熔岩样品较少，1∶100 万改则幅资料也无岩石地球化学数据可以引用，只有将已有样品（熔岩）的岩石化学成分、CIPW 标准矿物及特征参数列于表 3-31、表 3-32中。从表中可以看出，SiO_2 含量为 42.74%～50.08%，平均含量为 46.78%。Al_2O_3 平均含量为 13.99%，CaO 平均为 10.45%，全碱含量为 4.66%。Q1GS 样品不真实，含量明显偏高，CaO、Al_2O_3 可能在测试分析中杏仁体没有剔除的原因，不具代表性。仅以 1241XT2 样品进行分析，以点带面。

表 3-31 测区去申拉组火山岩岩石化学分析结果表

序号	样号	岩石名称	采样位置	氧化物含量（$\times10^{-2}$）												
				SiO_2	Al_2O_3	Fe_2O_3	FeO	CaO	MgO	K_2O	Na_2O	TiO_2	P_2O_5	MnO	Loss	Toal
1	Q1GS	杏仁状玄武岩	去申拉	42.74	12.47	7.74	5.09	12.03	7.19	3.07	1.40	3.90	0.47	0.25	3.41	99.76
2	1241GS2	玄武安山岩	改则	50.81	15.50	1.80	6.63	8.86	5.78	0.10	4.74	0.76	0.048	0.22	3.42	98.67

表 3-32 测区去申拉组火山岩 CIPW 标准矿物及特征参数表

序号	样号	CIPW 标准矿物含量（$\times10^{-2}$）															特征参数				
		Q	An	Ab	Or	Ne	C	Di	Hy	Wo	Ol	Ac	Ns	Il	Mt	Ap	DI	A/CNK	SI	AR	σ_{43}
1	Q1GS	0	19.45	3.03	18.9	5.04	0	31.59	0	0	6.58	0	0	7.71	6.56	1.13	46.42	0.453	29.77	1.45	14.30
2	1241GS2	0	21.75	41.95	0.62	0.08	0	19.66	0	0	11.55	0	0	1.52	2.74	0.12	64.41	0.645	30.34	1.50	2.50

CIPW 标准矿物总体组合为 An+Ab+Or+Di+Ol。矿物组合中出现了基性矿物橄榄石，这可能与源区为地幔有关。分异指数 DI 为 64.41，表明岩浆分异程度中等，固结指数 SI 为 30.34，碱度率 AR 为 1.5，A/CNK 为 0.65，里特曼指数 σ 为 2.5，小于 3.3 属钙碱性系列。

3. 地球化学特征

测区去申拉组火山岩稀土元素含量及特征参数列于表 3-33，稀土元素总量为 45.34×10^{-6}，稀土元素总量偏低，源区应为地幔，LREE/HREE 为 0.75。δEu 趋近于 1，为 1.06，岩石铕异常不显著。在球粒陨石标准化图（图 3-65）中，曲线近似平坦型，轻稀土有略微亏损的趋向，加之稀土元素总量偏低，表明源区可能来自于亏损地幔，并经低度部分熔融而成。

表 3-33 测区去申拉组火山岩稀土元素分析结果及特征参数表

序号	样号	岩石名称	稀土元素（$\times10^{-6}$）															特征参数		
			La	Ce	Pr	Nd	Sm	Eu	Gd	Tb	Dy	Ho	Er	Tm	Yb	Lu	Y	ΣREE	LREE/HREE	δEu
1	Q1XT	杏仁状玄武岩	35.4	69.2	7.88	37.2	8.63	2.42	7.89	1.28	5.98	1.03	2.61	0.41	1.81	0.27	21.1	203.1	3.79	0.88
2	1241XT2	玄武安山岩	4.74	7.15	0.99	4.56	1.36	0.62	2.32	0.38	2.93	0.60	1.78	0.25	1.88	0.28	15.5	45.34	0.75	1.06

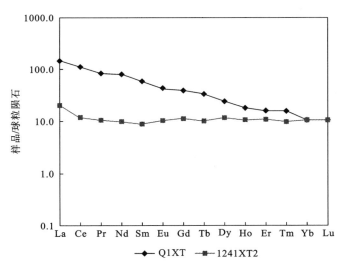

图 3-65 去申拉组稀土元素球粒陨石标准化分布型式图

微量元素分析结果列于表 3-34，在其微量元素原始地幔蛛网图（图 3-66）中，大离子亲石元素 Ba、非活动性元素 Ta、Zr、Hf 明显富集，非活动性元素 Nb 明显亏损，这些特征与地幔物质相似，说明其源区应为地幔。

表 3-34 测区去申拉组火山岩微量元素分析结果表

序号	样号	岩石名称	微量元素含量（$\times10^{-6}$）														
			F^-	Cu	Pb	Zn	Cr	Ni	Co	Li	Rb	W	Mo	Sb	Bi	Hg	Sr
1	Q1XT	杏仁状玄武岩	671	154	5.70	107	117	83.2	47.1	16.9	46.1	1.27	0.62	0.28	0.058	0.040	1120
2	1241XT2	玄武安山岩					54.40	38.80	34.10	32.20	8.40			0.52		0.02	90.20

序号	样号	岩石名称	微量元素含量（$\times10^{-6}$）														
			Ba	V	Sc	Nb	Ta	Zr	Hf	Be	B	Ga	Sn	Au	Ag	Th	P
1	Q1XT	杏仁状玄武岩	705	463	38.9	44.6	2.17	243	7.11	1.83	23.5	31.5	0.40	1.30	0.068	7.65	2660
2	1241XT2	玄武安山岩	261.00	262.00	40.90	1.46	<0.5	70.00	1.99	1.84		17.60		0.90	0.04	2.19	

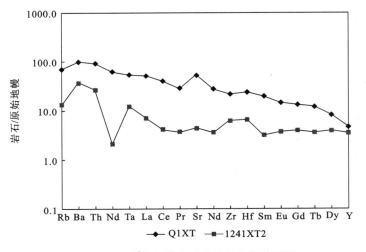

图 3-66 去申拉组微量元素原始地幔蛛网图

4. 构造环境分析

在不同构造环境玄武岩的 Hf-Th-Ta 判别图解（图 3-67）中，1241XT2 样品落入岛弧钙碱性系列，在里特曼-戈蒂里图解中，岩石投点位于造山带环境（B 区），且位于日本火山岩浆弧右侧（图 3-68）。结合区域地质背景、产出特征，可以推定去申拉组为一套岛弧型钙碱性岩石系列，形成于活动大陆边缘成熟火山岛弧环境。

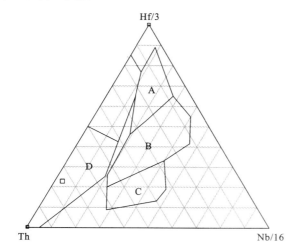

图 3-67　去申拉组不同构造玄武岩的 Hf-Th-Nb 判别图
（据 Wood，1979）
A：M-MORB；B：P-MORB；C：板内碱性玄武岩及分异产物；
D：岛弧拉斑玄武岩及分异产物

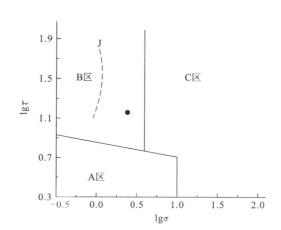

图 3-68　去申拉组 $\lg\tau - \lg\sigma$ 图
（据里特曼，1973）
A 区：非造山带地区火山岩；B 区：造山带地区火山岩；
C 区：A 区、B 区派生出的碱性、富碱岩；J：日本火山岩

（四）美苏组

美苏组主要沿班公错-怒江结合带南缘出露，出露于改则县南侧那阿俄那、洞错乡沙角、中仓乡一带，代表着班公错-怒江结合带在喜马拉雅期受雅鲁藏布江结合带的影响或受拉果错-阿索带影响重新活动形成的一套火山岩系，呈 NWW－SEE 向断续延伸。岩石组合主要为一套基性—中性—酸性的火山岩系。本期火山活动主要以喷溢相为主，且主要喷发不整合于早白垩世郎山组之上。本次工作在洞错南侧获得一个安山岩 K-Ar 法同位素年龄值为 58.4Ma，本书结合野外产状、地质特征及相互接触关系，并综合考虑前人成果，把美苏组的形成时代厘定为古近纪。

1. 岩石学特征

岩石类型主要有火山碎屑岩、熔岩及火山碎屑沉积岩等。现择其典型岩类描述如下。

1）火山碎屑岩

火山角砾岩　岩石呈火山角砾结构，块状构造。角砾含量 80%～90%，砾径一般为 3～5mm。砾石成分主要有：玄武质砾石（包括碳酸盐化玄武岩、球颗状玄武岩、铁质玄武岩、微晶状玄武岩）、细砂岩—变砂岩—粉砂岩砾石及少量的斜长石晶屑，砾石圆度较好，表明砾石经过了较远距离的搬运。胶结物较少，为碳酸盐和氧化铁。

蚀变火山角砾岩　岩石呈灰黄色、紫红色，角砾状构造。角砾含量 70%～75%。角砾成分主要为霏细结构的英安质岩石，少量蚀变安山岩；角砾分选很差，大小悬殊，分布不均，形状多不规则。胶结物主要由硅质和部分碳酸盐矿物组成，硅质多已结晶为粗细不等粒石英；胶结物世代关系明显，从角砾边→角砾间，石英由梳状→细粒状→粗粒状；部分粗晶石英有再生加大现象，有的加大边很规则；碳酸盐矿物主要为方解石，充填石英晶间或充填晚期裂熔缝，明显比石英晚生成。

安山质火山角砾岩　岩石多呈紫红色，个别呈灰白色，火山角砾结构，胶结物具凝灰结构，角砾状构

造。岩石普遍遭受强绢云母化、碳酸盐化。火山碎屑成分：安山质火山熔岩角砾含量大于60％，呈次棱角状为主，次圆、圆状次之，砾径2～10mm；变质岩、围岩角砾含量约10％；岩屑含量5％～10％，斜长石、石英晶屑含量小于5％，石英晶屑有的具强熔蚀状。胶结物由火山灰胶结，由蚀变碳酸盐、绢云母和较多的铁质组成。

英安-安山质晶屑凝灰岩 岩石呈灰绿色，具岩屑、晶屑凝灰结构，块状构造。火山碎屑物以晶屑为主，岩屑次之，火山碎屑粒度绝大多数小于1mm，仅个别岩屑大于2mm；分选较差，呈柱粒状—次棱角状。晶屑成分主要为中酸性斜长石，一般呈柱状、柱粒状，弱—中等绢云母化，Np'∧(010)近于平行和小角度消光；其次为石英，呈次圆—棱角状，大者圆度较好，呈碎屑粒状。岩屑以不规则状为主，主要为英安质-安山质熔岩。胶结物由火山灰分解物组成，多数已蚀变成绿泥石—绿帘石，还有氧化铁物质。

岩屑凝灰岩 岩石具灰白色，具凝灰结构，块状构造，碎屑含量75％～80％，主要由强硅化、碳酸盐化的中酸性火山岩碎屑组成，碎屑分选差，次棱角状—次圆状，蚀变强烈，有的几乎全由硅质微粒和碳酸盐矿物替代，仅保留一些结构阴影。胶结物主要为黑色胶状火山尘泥，部分分解生成硅质、碳酸盐矿物和部分粘土矿物。岩石熔缝发育，呈断续不规则，局部密集形成蛛网状，由微晶碳酸盐矿物和少量粘土矿物充填。

英安质晶屑岩屑凝灰岩 岩石呈灰色—灰绿色，凝灰结构，块状构造。矿物成分：晶屑含量35％～40％，其中斜长石占绝大多数，石英少量；英安质岩屑含量55％～60％；灰岩屑含量5％～10％；胶结物主要为绿泥石碳酸盐，次为玻璃质。斜长石晶屑为棱角状—次棱角状，刀斧状，也有一些小的自形—半自形晶，呈方形—长方形；石英晶屑多呈棱角状；岩屑为英安质岩屑，已不含斑晶（个别大的岩屑含圆形石英斑晶），粒径为0.1～0.25mm，常有碳酸盐化现象，灰岩屑由微晶方解石组成。

中基性岩屑晶屑凝灰岩 岩石呈岩屑晶屑凝灰结构，块状构造。火山碎屑成分：中长石晶屑含量47％±，中基性火山岩屑20％±。绿泥石团块2％±。充填及胶结物成分：方解石25％±，绿泥石2％±。中长石晶屑多呈棱角状、尖棱角状；中基性火山岩屑多呈不规则状、棱角状和熔蚀状。

2）熔岩类

玄武岩 岩石呈斑状结构、基质玻晶结构、雏晶结构，块状构造。斑晶含量10％～15％，个别薄片可达45％±。主要为基性斜长石，粒径1.5mm，呈细长板柱状，长宽比为(8～10):1，具卡氏双晶和卡钠双晶，有绿帘石化；其次为普通辉石，个别薄片含有橄榄石斑晶，半自形粒状，发育暗化边。基质成分：中长石含量小于20％；玻璃质含量大于65％，玻璃质大部已脱玻化，具较多的羽状雏晶，有微弱光性，可能为绿泥石—绿帘石或阳起石的雏晶。副矿物主要见有白钛石、榍石及一些金属矿物。

安山岩 斑状结构，基质微粒—微晶结构，玻晶交织结构，块状构造。斑晶成分：斜长石含量约占90％，个别可达25％～30％，自形—半自形晶，晶体较大，大的有4mm±，中等的为2～3mm，具不太清晰的环带构造，为中长石，双晶发育，主要有卡氏双晶、卡钠双晶；普通角闪石含量约10％，呈长柱状，长宽比为(8～10):1，呈定向—半定向排列。基质成分：中长石占70％～75％，呈微晶状，多为方形，少数为长方形，具隐约的环带构造；石英含量小于5％，多为中长石的填隙物，玻璃质占5％～10％。岩石中常含有少量的磁铁矿等金属矿物。

岩石普遍遭受蚀变，主要表现为碳酸盐化、硅化、绿泥石化。有的岩石还具有杏仁状构造，但一般少见，杏仁体呈次圆状、哑铃状、蝌蚪状、不规则状，由碳酸盐、绿泥石充填，中心还有球粒状石英，其大小为1～2mm。个别岩石还具特殊的杏仁体层圈构造，由外向内可分4层，第一层一般较窄，为放射状—叶片状玉髓；第二层稍宽一点，为细而密玉髓放射排列呈球粒；第三层（极窄）为细粒石英；第四层中心部位为粗粒石英。

蚀变（角闪）安山岩 岩石呈紫红色、暗紫色、灰黄色，具少斑结构，块状构造。斑晶含量大都小于5％，主要为暗化角闪石，有的呈细长柱状，有的呈菱形或六边形，有的全部暗化，仅保留有角闪石的晶体形态；中性斜长石，呈较规则的板柱状，具一定特征的环带构造。基质具交织结构，强硅化和碳酸盐化，主要由微晶斜长石、隐晶硅质和微粒石英碳酸盐矿物部分火山尘泥组成，微晶斜长石大致定向排列，个别薄片中见到菱铁矿，呈很规则的菱面体，部分氧化为褐铁矿，呈鲜褐红色，仍保存有规则的菱面体晶形。

流纹岩 含火山碎屑霏细结构,流动构造。矿物成分:酸性火山岩碎屑含量20%±;霏细状长英物集合体70%~75%,褐铁矿尘点4%~5%,热液石英1%~2%。粒径0.5~5mm。霏细状长英矿物集合体沿一定方向排列呈流动构造。副矿物主要有金红石、磷灰石等,粒径0.2mm。

3) 火山碎屑沉积岩

沉中基性晶屑凝灰岩 岩石具沉晶屑凝灰结构,块状构造。碎屑成分:石英12%±,硅质岩、微粒石英岩5%±,绢云母板岩5%±,多为次棱角状,可能为陆源碎屑。普通辉石晶屑1%~2%,更长石晶屑60%±,中基性火山岩8%±。充填及胶结物主要为绿泥石7%±,金属矿物0.5%±。

岩石具蚀变现象,主要为绢云母化、绿泥石化、绿帘石化等。

凝灰质砂岩 岩石具凝灰砂状结构,块状构造。碎屑成分主要有:石英含量约10%,全为单晶,表面干净,边缘熔蚀明显;长石约5%,部分蚀变,部分可见聚片双晶纹;岩屑约55%,主要为熔岩基质浆屑和碳酸盐岩屑,少量硅质岩。总体来看,碎屑分选中等,次棱角状为主,部分次圆状,外来岩屑比熔岩浆屑磨圆度好。胶结物主要为火山尘泥和火山灰泥分解生成的绿泥石、碳酸盐矿物和土状帘石。

2. 喷发韵律及旋回

美苏组喷发韵律及旋回较清楚,以改则县洞错乡沙角美苏组实测剖面为代表,可划分为15层6个韵律一个旋回(图3-69)。第一个韵律为剖面的第1—2层,厚度为24.48m,火山相由弱爆发相—喷溢相组成,火山岩石上部为安山岩,下部为英安质晶屑岩屑凝灰岩。第二个韵律由第3—7层组成,厚度约88.92m,岩石组合上部为安山岩,下部为晶屑(岩屑)凝灰岩,火山相由弱爆发相—喷溢相。第三个韵律为第7—9层,厚度约26.89m,岩石组合上部为凝灰质砂岩,中部为安山岩,下部为安山质晶屑岩屑凝灰岩,火山岩相由弱爆发相—喷溢相—喷发沉积相过渡。第四个韵律由剖面的第10—11层组成,厚度约11.94m,岩石组合上部安山岩,下部为英安-安山质晶屑凝灰岩,火山岩相为弱爆发相—喷溢相。第五个韵律由第12—13层组成,厚度约32.17m,岩石组合为上部含凝灰质粉砂岩,下部英安质晶屑岩屑凝灰岩,火山岩相由弱爆发相直接过渡到喷发沉积相。第六个韵律由第14—15层组成,厚度大于111.86m,岩石上部为安山岩,下部为安山质火山角砾岩,火山相组合为爆发相—喷溢相。从上述韵律特征来看,美苏组的喷发韵律火山相组合主要为两种,一种是弱爆发相—喷溢相组合,另一种是爆发相—喷溢相—喷发沉积相的完整韵律组合。火山岩爆发指数为65.19%,爆发强度较大,爆发相主要为弱爆发,为空落堆积的一些产物凝灰岩类,具强烈爆发特征的火山角砾岩分布范围、厚度多不大。

3. 岩石化学特征

测区美苏组火山岩岩石化学成分列于表3-35,其校正后计算的CIPW标准矿物含量及部分化学参数列于表3-36。美苏组火山岩分类命名采用TAS图解,在图3-70中可以看出,美苏组主要为一套中酸性岩石组合,中基性数量相对偏少,主要为流纹岩、安山岩、英安岩及部分玄武岩、玄武安山岩等,与室内鉴定结果基本一致。个别样品可能由于蚀变较强,从而使安山岩样品落入粗面安山岩区。总体来看测区美苏组主要为一套基性—中性—酸性的岩石组合。在图3-70中同时也可以看出,全部样品落入亚碱性系列区(Ir),暗示测区美苏组属亚碱性系列,对于这些亚碱性系列样品进一步采用AFM图解(图3-71),全部样品落入钙碱性系列,确定测区美苏组火山岩总体上具钙碱性系列性质。

从表3-35、表3-36中可以看出,美苏组火山岩具有如下特征。

(1) 美苏组玄武岩SiO_2含量变化于45.40%~52.24%,平均为48.82%,属基性岩范畴;全碱含量变化于4.17%~5.2%,$K_2O/Na_2O<0.3$,说明Na_2O的含量远远大于K_2O的含量;CaO含量变化于6.6%~12.97%,平均为9.19%,Al_2O_3平均含量为14.80%,MgO平均含量为5.90%,TiO_2平均含量为1.75%。安山岩SiO_2含量变化于56.08%~62.92%,平均为59.87%,属中性岩范畴;全碱含量平均

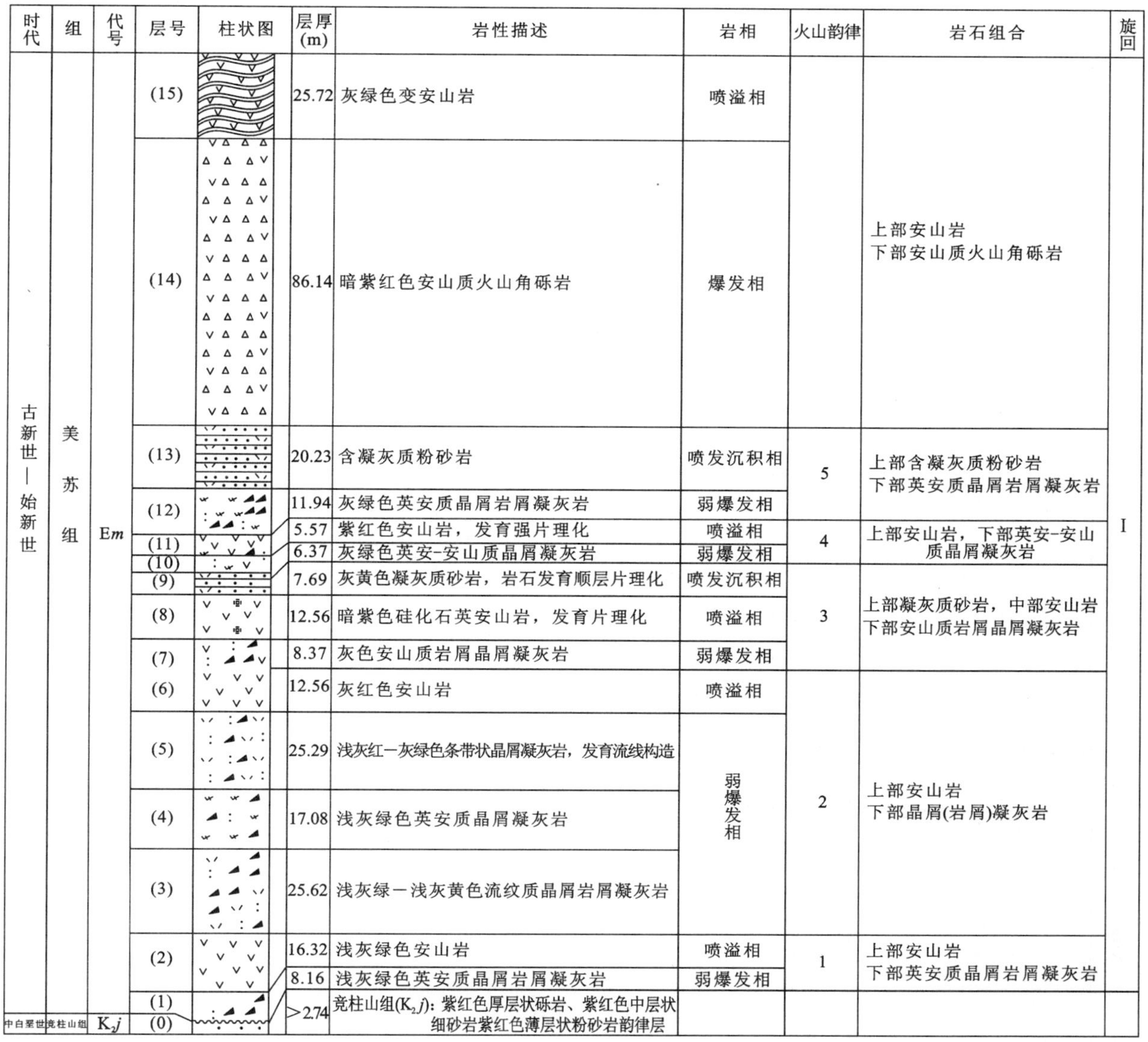

时代	组	代号	层号	柱状图	层厚(m)	岩性描述	岩相	火山韵律	岩石组合	旋回
古新世—始新世	美苏组	Em	(15)		25.72	灰绿色变安山岩	喷溢相		上部安山岩 下部安山质火山角砾岩	I
			(14)		86.14	暗紫红色安山质火山角砾岩	爆发相			
			(13)		20.23	含凝灰质粉砂岩	喷发沉积相	5	上部含凝灰质粉砂岩 下部英安质晶屑岩屑凝灰岩	
			(12)		11.94	灰绿色英安质晶屑岩屑凝灰岩	弱爆发相			
			(11)		5.57	紫红色安山岩,发育强片理化	喷溢相	4	上部安山岩,下部英安-安山质晶屑凝灰岩	
			(10)		6.37	灰绿色英安-安山质晶屑凝灰岩	弱爆发相			
			(9)		7.69	灰黄色凝灰质砂岩,岩石发育顺层片理化	喷发沉积相		上部凝灰质砂岩,中部安山岩 下部安山岩岩屑晶屑凝灰岩	
			(8)		12.56	暗紫色硅化石英安山岩,发育片理化	喷溢相	3		
			(7)		8.37	灰色安山质岩屑晶屑凝灰岩	弱爆发相			
			(6)		12.56	灰红色安山岩	喷溢相			
			(5)		25.29	浅灰红—灰绿色条带状晶屑凝灰岩,发育流线构造	弱爆发相	2	上部安山岩 下部晶屑(岩屑)凝灰岩	
			(4)		17.08	浅灰绿色英安质晶屑凝灰岩				
			(3)		25.62	浅灰绿—浅灰黄色流纹质晶屑岩屑凝灰岩				
			(2)		16.32	浅灰绿色安山岩	喷溢相	1	上部安山岩 下部英安质晶屑岩屑凝灰岩	
			(1)		8.16	浅灰绿色英安质晶屑岩屑凝灰岩	弱爆发相			
中白垩世竞柱山组		K_2j	(0)		>2.74	竞柱山组(K_2j):紫红色厚层状砾岩、紫红色中层状细砂岩紫红色薄层状粉砂岩韵律层				

图 3-69 西藏改则县洞错乡沙角美苏组(Em)喷发韵律旋回图

为 4.35%,K_2O/Na_2O 比值普遍仍小于 1,变化于 0.6~0.7,CaO 含量平均为 6.99%,Al_2O_3 平均含量为 14.85%,MgO 平均为 2.21%,TiO_2 平均含量为 0.73%。流纹岩 SiO_2 含量变化于 67.26%~75.04%,平均为 71.15%,属酸性岩;全碱平均含量为 6.10%,K_2O/Na_2O 变化于 1.2~5.8 之间,K_2O 含量远远大于 Na_2O;CaO 含量平均为 1.69%,Al_2O_3 平均含量为 14.15%,MgO 平均为 0.32%,TiO_2 平均含量为 0.25%。从美苏组各类岩石来看,从基性岩—中性岩—酸性岩的变化,随着 SiO_2 含量的增高,Al_2O_3、MgO、Fe_2O_3、FeO、CaO、TiO_2 等明显降低,成负相关关系;与 K_2O 成正相关;Fe_2O_3>FeO。

(2)美苏组火山岩中玄武岩均未出现刚玉分子 C,绝大部分样品出现霞石 Ne 和橄榄石 Ol,表明 SiO_2、Al_2O_3 处于不饱和状态,其 CIPW 标准矿物为 An+Ab+Or+Ne+Ol+Di。安山岩部分样品出现了 C,全部出现石英 Q,说明 SiO_2 为过饱和状态,Al_2O_3 大部分饱和,部分样品出现 Di,部分样品出现 Hy,其 CIPW 标准矿物组合为 Q+An+Ab+Or。流纹岩中全部样品出现石英分子 Q 和刚玉分子 C,说明 SiO_2、Al_2O_3 均为过饱和状态,所有的样品出现了 Hy,其标准矿物组合为 Q+An+Ab+Or+Hy。分异指数 DI 玄武岩平均为 60.40,安山岩平均为 79.71,流纹岩平均为 93.08,从而也反映了岩浆分异演化的规律,随着分异演化越彻底酸性程度越高。

表 3-35 测区美苏组火山岩岩石化学分析结果表

氧化物含量（×10^{-2}）

序号	样号	岩石名称	采样位置	SiO$_2$	Al$_2$O$_3$	Fe$_2$O$_3$	FeO	CaO	MgO	K$_2$O	Na$_2$O	TiO$_2$	P$_2$O$_5$	MnO	Loss	Toal
1	2402GS1	玄武岩	洞错	52.24	15.98	4.03	4.81	6.60	4.81	1.00	3.21	1.29	0.35	0.20	4.36	98.88
2	GS4450-1	玄武岩	扎西错布	49.36	14.09	4.10	6.88	9.70	6.58	0.41	3.78	1.90	0.07	0.25	2.61	99.73
3	GSA	杏仁状玄武岩	扎西错布	45.40	12.69	2.94	7.09	12.97	6.19	0.52	3.68	2.75	0.18	0.23	5.15	99.79
4	4272GS1	玄武岩	布坦纠奴玛	47.84	15.17	3.77	1.49	10.79	7.83	0.70	3.47	1.85	0.24	0.17	6.81	100.13
5	P9GS9	玄武岩	洞错沙角	48.84	16.06	3.33	4.74	9.37	4.09	0.46	4.74	0.95	0.09	0.25	6.69	99.61
	平均			48.74	14.80	3.63	5.00	9.89	5.90	0.62	3.78	1.75	0.19	0.22	5.12	99.628
6	GS4450	安山岩	扎西错布	62.92	17.68	2.47	1.65	4.25	2.04	0.88	5.51	0.50	0.07	0.11	1.40	99.48
7	P9GS1	安山岩		56.08	11.70	1.47	3.45	11.64	1.73	0.56	3.06	0.73	0.18	0.20	9.80	100.6
8	P9GS2	安山岩		59.38	9.73	2.43	2.31	10.63	1.64	0.84	2.53	0.80	0.09	0.23	9.40	100.01
9	P9GS3	安山岩		58.22	16.05	2.99	2.26	6.71	2.91	2.31	1.24	0.85	0.18	0.21	5.79	99.72
10	P9GS4	安山岩	洞错沙角	60	16.50	4.89	2.17	4.56	3.09	2.31	1.11	0.90	0.18	0.18	4.18	100.07
11	P22GS8	安山岩	那阿俄那	62.36	16.46	4.16	0.25	4.80	2.12	2.15	3.17	0.65	0.15	0.04	3.05	99.36
12	P22GS9	安山岩	那阿俄那	60.14	15.81	5.51	0.32	6.32	1.96	1.92	2.89	0.70	0.14	0.10	3.64	99.45
	平均			59.87	14.85	3.42	1.77	6.99	2.21	1.57	2.79	0.73	0.14	0.15	5.32	99.81
13	P24GS1	流纹岩	改则	67.26	16.92	3.17	0.16	1.52	0.16	1.04	6.52	0.40	0.12	0.04	2.14	99.45
14	P22GS3	流纹岩	那阿俄那	68.66	14.58	2.02	0.07	3.71	0.39	1.48	2.80	0.31	0.02	0.02	5.29	99.35
15	P22GS2	流纹岩	那阿俄那	71.48	14.67	3.05	0.05	1.42	0.08	1.10	1.18	0.33	0.10	0.02	5.83	99.31
16	P22GS7	流纹岩	那阿俄那	75.04	12.38	0.96	0.54	2.29	0.08	3.89	2.46	0.09	0.02	0.06	1.70	99.51
17	P24GS2	流纹岩	改则	72.74	13.62	0.52	0.16	1.64	0.24	5.60	1.00	0.04	0.03	0.10	3.82	99.51
18	P24GS3	流纹岩	改则	72.32	13.37	1.22	0.07	1.96	0.24	5.47	0.94	0.18	0.08	0.11	4.01	99.97
19	P24GS4	流纹岩	改则	70.74	13.52	1.58	0.11	1.09	0.16	3.95	1.98	0.21	0.04	0.08	5.85	99.31
20	P24GS5	蚀变流纹岩	改则	74.98	13.09	1.64	0.14	1.31	0.24	3.45	2.39	0.18	0.04	0.03	2.48	99.97
21	P24GS6	流纹岩	改则	74.34	13.92	1.24	0.23	0.76	0.31	3.25	2.30	0.13	0.01	0.02	2.71	99.22
22	P24GS7	流纹岩	改则	70.72	14.68	2.09	0.19	1.85	0.31	2.76	2.30	0.30	0.07	0.04	4.00	99.31
23	P24GS8	流纹岩	改则	70.92	14.66	1.20	0.18	1.09	0.16	6.29	2.38	0.33	0.12	0.04	1.90	99.27
24	P24GS9	流纹岩	改则	71.48	14.22	0.96	0.47	1.20	0.55	5.00	2.14	0.35	0.09	0.06	2.71	99.23

续表 3-35

序号	样号	岩石名称	采样位置	氧化物含量(×10⁻²)												
				SiO_2	Al_2O_3	Fe_2O_3	FeO	CaO	MgO	K_2O	Na_2O	TiO_2	P_2O_5	MnO	Loss	Toal
25	P24GS10	黑云母英安岩	改则	70.12	14.36	1.89	0.47	2.07	1.18	4.70	2.89	0.40	0.15	0.06	1.71	100
平均				71.6	14.20	1.66	0.22	1.69	0.32	3.69	2.41	0.25	0.07	0.05	3.40	99.49
26	P22GS1	岩屑凝灰岩	那阿俄那	71.6	13.98	3.22	0.12	1.96	0.16	1.42	2.98	0.30	0.09	0.01	3.37	99.21
27	P22GS4	岩屑凝灰岩	那阿俄那	72.86	11.79	3.19	0.07	2.73	0.16	0.64	0.24	0.33	0.12	0.06	7.27	99.46
28	P22GS6	岩屑凝灰岩	那阿俄那	75.5	12.77	0.05	0.09	2.18	0.08	5.00	0.24	0.01	0.03	0.01	4.37	100.33
29	4280GS3	英安质晶屑岩屑凝灰岩	布坦纠奴玛	60.72	16.27	1.55	4.55	2.83	2.43	0.24	6.34	0.54	0.03	0.14	4.31	99.95
30	P9GS6	安山质晶屑凝灰岩	洞错沙角	58.48	17.59	2.09	3.34	3.92	3.37	0.84	6.11	0.85	0.19	0.14	2.97	99.89
31	P9GS8	安山质火山角砾岩	洞错沙角	56.6	19.3	6.82	0.25	2.66	1.09	2.47	6.00	0.85	0.33	0.10	3.41	99.88
32	P9GS7	凝灰质砂岩	洞错沙角	62.22	13.23	0.92	3.94	5.57	2.82	0.84	3.65	0.80	0.15	0.19	5.54	99.87
平均				65.4	15.00	2.55	1.77	3.12	1.44	1.64	3.65	0.53	0.13	0.09	4.46	99.80

表 3-36 测区美苏组火山岩 CIPW 标准矿物及特征参数表

序号	样号	CIPW 标准矿物含量(×10⁻²)													特征参数				
		Q	An	Ab	Or	Ne ·	C	Di	Hy	Wo	Ol	Il	Mt	Ap	DI	A/CNK	SI	AR	σ_{43}
1	2402GS1	8.32	27.78	28.76	6.26	0	0	3.60	16.69	0	0	2.59	5.14	0.86	71.12	0.87	27.03	1.46	1.61
2	GS4450-1	0	20.87	32.94	2.49	0	0	22.72	6.46	0	4.59	3.72	6.05	0.17	56.29	0.58	30.26	1.43	2.38
3	GSA	0	17.51	18.29	3.25	7.92	0	39.68	0	0	2.90	5.52	4.50	0.44	46.97	0.42	30.31	1.39	3.96
4	4272GS1	0	25.50	30.04	4.44	0.81	0	23.79	0	0	8.19	3.77	2.86	0.60	60.79	0.582	45.88	1.38	2.40
5	P9GS9	0	22.80	38.69	2.93	2.43	0	21.56	0	0	4.53	1.94	4.89	0.22	66.85	0.634	23.59	1.51	3.27
平均		1.66	22.89	29.74	3.87	2.23	0.00	22.27	4.63	0.00	4.04	3.51	4.69	0.46	60.40	0.62	31.41	1.43	2.72
6	GS4450	15.07	21.04	47.56	5.31	0	0.11	0	6.92	0	0	0.97	2.86	0.17	88.99	0.996	16.33	1.82	2.01
7	P9GS1	17.42	18.21	28.52	3.64	0	0	19.12	0	8.76	0	1.53	2.35	0.46	67.79	0.437	16.85	1.37	0.85
8	P9GS2	26.20	14.04	23.64	5.48	0	0	15.54	0	10.24	0	1.68	2.95	0.23	69.36	0.399	16.92	1.40	0.61
9	P9GS3	24.21	33.47	11.18	14.55	0	0	0.61	10.7	0	0	1.72	3.13	0.44	83.41	0.959	25.06	1.37	0.75

续表 3-36

序号	样号	CIPW 标准矿物含量($\times10^{-2}$)													特征参数				
		Q	An	Ab	Or	Ne	C	Di	Hy	Wo	Ol	Il	Mt	Ap	DI	A/CNK	SI	AR	σ_{43}
10	P9GS4	30.24	22.42	9.82	14.27	0	4.51	0	12.41	0	0	1.79	4.12	0.44	76.74	1.308	23.14	1.39	0.65
11	P22GS8	22.80	23.76	27.92	13.22	0	0.57	0	7.25	0	0	1.28	2.83	0.36	87.70	1.012	18.24	1.67	1.40
12	P22GS9	20.83	25.65	25.61	11.88	0	0	5.06	5.65	0	0	1.39	3.59	0.34	83.97	0.863	15.95	1.56	1.27
平均		22.40	22.66	24.89	9.76	0.00	0.74	5.76	6.13	2.71	0.00	1.48	3.12	0.35	79.71	0.85	18.93	1.51	1.08
13	P24GS1	22.44	6.95	56.78	6.33	0	2.67	0	1.30	0	0	0.78	2.46	0.29	92.51	1.158	1.47	2.39	2.31
14	P22GS3	40.32	19.45	25.22	9.31	0	1.78	0	1.86	0	0	0.63	1.38	0.05	94.30	1.126	5.87	1.61	0.69
15	P22GS2	60.89	6.85	10.7	6.97	0	9.86	0	1.91	0	0	0.67	1.91	0.25	85.41	2.568	1.52	1.33	0.18
16	P22GS7	41.51	11.48	21.29	23.51	0	0.01	0	0.83	0	0	0.17	1.15	0.05	97.79	0.997	1.01	2.53	1.25
17	P24GS2	43.39	8.30	8.84	34.59	0	3.14	0	1.06	0	0	0.08	0.52	0.07	95.12	1.274	3.20	2.52	1.44
18	P24GS3	43.13	9.59	8.29	33.71	0	2.64	0	1.12	0	0	0.36	0.96	0.19	94.73	1.212	3.05	2.44	1.38
19	P24GS4	44.29	5.51	17.94	25	0	4.39	0	1.10	0	0	0.43	1.25	0.10	92.74	1.421	2.08	2.37	1.23
20	P24GS5	45.75	6.40	20.76	20.93	0	3.22	0	1.19	0	0	0.35	1.30	0.10	93.84	1.303	3.08	2.36	1.06
21	P24GS6	47.92	3.84	20.18	19.91	0	5.45	0	1.34	0	0	0.26	1.07	0.02	91.85	1.603	4.26	2.22	0.97
22	P24GS7	44.31	9.16	20.44	17.13	0	4.95	0	1.65	0	0	0.60	1.58	0.17	91.04	1.448	4.11	1.88	0.90
23	P24GS8	31.61	4.75	20.69	38.19	0	2.30	0	0.41	0	0	0.64	1.10	0.29	95.24	1.154	1.57	3.45	2.66
24	P24GS9	38.03	5.56	18.77	30.62	0	3.44	0	1.57	0	0	0.69	1.12	0.22	92.98	1.279	6.05	2.72	1.76
25	P24GS10	29.89	9.46	24.9	28.28	0	1.13	0	3.42	0	0	0.77	1.80	0.35	92.52	1.055	10.67	2.72	2.10
平均		41.04	8.25	21.14	22.65	0.00	3.46	0.00	1.44	0.00	0.00	0.49	1.35	0.17	93.08	1.35	3.69	2.35	1.38
26	P22GS1	46.01	9.55	26.36	8.77	0	4.38	0	1.88	0	0	0.60	2.24	0.22	90.69	1.398	2.07	1.76	0.66
27	P22GS4	67.8	13.87	2.21	4.11	0	6.55	0	2.57	0	0	0.68	1.91	0.30	87.99	1.948	3.90	1.13	0.03
28	P22GS6	52.32	11.07	2.12	30.79	0	3.20	0	0.34	0	0	0.02	0.08	0.07	96.29	1.307	1.47	2.08	0.84
29	4280GS3	10.86	14.47	56.09	1.48	0	0.53	0	13.07	0	0	1.07	2.35	0.07	82.91	1.027	16.08	2.05	2.31
30	P9GS6	5.55	18.66	53.34	5.12	0	0	0.10	11.98	0	0	1.67	3.13	0.45	82.68	0.972	21.4	1.95	2.97
31	P9GS8	5.01	11.49	52.82	15.19	0	2.82	0	5.2	0	0	1.68	5.01	0.8	84.51	1.11	6.7	2.26	4.89
32	P9GS7	22.88	18.27	32.74	5.26	0	0	8.2	9.26	0	0	1.61	1.41	0.37	79.15	0.776	23.17	1.63	0.99
平均		30.10	13.90	32.20	10.10	0.00	2.50	1.20	6.30	0.00	0.00	1.00	2.30	0.30	86.30	1.20	10.70	1.80	1.80

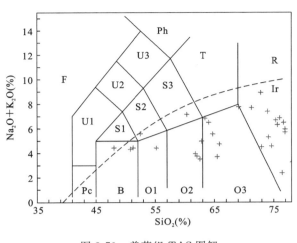

T

图 3-70　美苏组 TAS 图解

（据 LeBos 等，1986；IUGS，1989）

B：玄武岩；O1：玄武安山岩；O2：安山岩；O3：英安岩；
S1：粗面玄武岩；S2：玄武质粗面安山岩；S3：粗面安山岩；
T：粗面岩和粗面英安岩；R：流纹岩；U1：碱玄岩或碧玄岩；
U2：响岩质碱玄岩；U3：碱玄质响岩；Ph：响岩；Pc：苦橄玄武岩

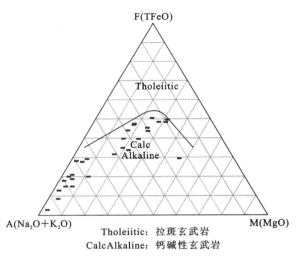

Tholeiitic
Calc
Alkaline
Tholeiitic：拉斑玄武岩
CalcAlkaline：钙碱性玄武岩

图 3-71　美苏组 AFM 图解

(3) 化学成分各种指数特征：里特曼指数 σ 绝大部分样品变化于 0.61～2.66，皆小于 3.3，属钙碱性系列岩，只有一个样品为 3.96，属于碱性范围，这与 AFM 图解的判别结果是一致的，说明测区美苏组的岩石系列属于钙碱性系列。固结指数(SI)，玄武岩平均为 31.41，安山岩平均为 18.93，流纹岩平均为 3.69。从基性岩到酸性岩，固结指数由大到小，说明美苏组火山岩从基性到酸性岩岩浆分异程度是逐渐增高的。碱度率(AR)玄武岩平均为 1.43，安山岩平均为 1.51，流纹岩平均为 2.35，随着酸性程度的增高，碱度率也逐渐增高。过铝指数(A/CNK)玄武岩变化于 0.42～0.87，小于 1.1，表明可能为幔源物质部分熔融而成；安山岩变化于 0.44～1.3 之间，变化幅度较大，可能属壳幔混染所致；流纹岩绝大部分样品大于 1.1，平均为 1.35，说明流纹岩的源岩应属壳源物质。

4. 稀土元素和微量元素

在表 3-37 中，稀土总量(∑REE)玄武岩平均为 127.63×10^{-6}；安山岩变化于$(66.39\sim168.37)\times10^{-6}$，平均为 123.70×10^{-6}；流纹岩平均为 174.09×10^{-6}，绝大部分样品位在$(66.39\sim229.66)\times10^{-6}$之间，随着岩石酸性程度的增高，∑REE 呈增加趋势。LREE/HREE 玄武岩平均为 2.21，安山岩平均为 3.51，流纹岩平均为 6.81，随着酸性程度的增高，LREE/HREE 逐渐增高，说明从基性—中性—酸性岩浆的分异程度逐渐增强。δEu 玄武岩除一个样品大于 1 外，其余样品皆趋近于 1，变化于 0.97～1.04 之间，说明 Eu 正常，无异常；安山岩样品 δEu 全部小于 1，变化于 0.62～0.92，也比较趋近于 1，基本正常稍具亏损；流纹岩全部样品 δEu 皆小于 1，绝大部分样品变化于 0.41～0.71，具铕的负异常，铕亏损；以上特征表明随着岩浆演化的进行，岩浆酸性程度的增高，岩浆房中斜长石分离结晶越好，致使残余熔体亏损铕。在图 3-72 中，美苏组 5 个玄武岩样品曲线大都不一致，其样品可能不具代表性。总体来看 LREE 轻微富集，向右微倾曲线，轻、重稀土分馏相当。在图 3-73 中，安山岩 7 个样品曲线表现为向右陡倾，LREE 强烈富集，LREE 分馏程度较高，HREE 呈现近平坦型或向右微弱倾斜，个别样品可能因测试分析误差，而造成呈现折线状。在图 3-74 中，流纹岩 13 个样品表现为右倾曲线，LREE 富集，绝大部分样品具负铕异常，HREE 表现为近平坦型或微向右倾斜。图 3-75 中，7 件火山碎屑岩的样品同样也反映出 LREE 富集、HREE 近平坦型或微向右倾斜的曲线特点。对比这 4 个图，安山岩与流纹岩的曲线较为相似。从而可以认定美苏组火山岩具有 LREE 富集特点，轻、重稀土分馏较明显，反映岩石为低度分离结晶或部分熔融作用的产物。

表 3-37　测区美苏组火山岩稀土元素分析结果及特征参数表

序号	样号	岩石名称	稀土元素($\times10^{-6}$)															特征参数				
			La	Ce	Pr	Nd	Sm	Eu	Gd	Tb	Dy	Ho	Er	Tm	Yb	Lu	Y	ΣREE	LREE	HREE	LREE/HREE	δEu
1	2402XT1	玄武岩	2.12	3.59	0.41	1.90	0.63	0.39	1.02	0.19	1.20	0.25	0.58	0.088	0.62	0.13	4.08	17.20	9.04	8.158	1.11	1.48
2	XT4450-1	玄武岩	12.30	21.50	3.03	15.60	4.73	1.72	6.22	1.14	7.93	1.53	4.47	0.64	3.83	0.57	40.40	125.60	58.88	66.73	0.88	0.97
3	XTa	杏仁状玄武岩	34.90	59.50	7.23	32.80	7.70	2.54	6.95	1.01	5.79	0.92	2.23	0.28	1.58	0.21	22.70	186.30	144.70	41.67	3.47	1.04
4	4272XT1	玄武岩	39.10	71.20	7.89	37.30	7.14	2.23	6.78	1.13	7.38	1.40	4.24	0.58	3.32	0.43	35.30	225.42	164.86	60.56	2.72	0.97
5	P9XT9	玄武岩	16.40	25.20	3.02	13.30	3.14	0.98	2.89	0.51	3.37	0.62	1.86	0.29	1.59	0.22	10.20	83.59	62.04	21.55	2.88	0.98
平均			20.96	36.20	4.316	20.18	4.668	1.572	4.772	0.796	5.134	0.944	2.676	0.376	2.188	0.312	22.54	127.60	87.90	39.73	2.21	1.09
6	XT4450	安山岩	10.90	19.30	2.31	10.50	2.52	0.75	2.41	0.40	2.55	0.44	1.48	0.21	1.31	0.21	11.10	66.39	46.28	20.11	2.30	0.92
7	P9XT1	安山岩	24.20	43.30	4.79	18.40	4.05	0.96	3.45	0.59	3.53	0.61	1.78	0.25	1.54	0.23	13.00	120.68	95.70	24.98	3.83	0.77
8	P9XT2	安山岩	33.20	53.80	5.85	23.70	4.81	0.91	3.97	0.62	4.07	0.78	2.20	0.32	2.03	0.26	15.80	152.32	122.27	30.05	4.07	0.62
9	P9XT3	安山岩	26.00	44.10	5.28	20.50	3.93	0.99	3.58	0.57	3.87	0.78	2.27	0.33	2.02	0.28	16.40	130.90	100.80	30.10	3.35	0.79
10	P9XT4	安山岩	34.90	55.70	6.39	26.90	5.02	1.24	4.71	0.79	4.95	0.88	2.61	0.42	2.44	0.32	21.10	168.37	130.15	38.22	3.41	0.77
11	P22XT8	安山岩	25.10	38.50	3.37	16.70	3.46	0.95	3.02	0.51	2.93	0.60	1.62	0.24	1.61	0.19	14.70	113.5	88.08	25.42	3.46	0.88
12	P22XT9	安山岩	24.50	39.70	4.36	18.30	3.86	0.97	3.11	0.45	2.71	0.43	1.41	0.23	1.32	0.17	12.20	113.72	91.69	22.03	4.16	0.83
平均			25.50	42.10	4.60	19.30	4.00	1.00	3.50	0.60	3.50	0.60	1.90	0.30	1.80	0.20	14.90	124	96.40	27.30	3.51	0.80
13	P24XT1	流纹岩	19.20	37.40	3.06	11.30	2.03	0.59	1.62	0.24	1.13	0.22	0.56	0.063	0.41	0.065	4.47	82.358	73.58	8.778	8.38	0.96
14	P22XT3	流纹岩	17.90	24.40	2.01	9.80	2.03	0.55	1.80	0.28	1.38	0.26	0.70	0.080	0.52	0.089	6.08	67.879	56.69	11.189	5.07	0.86
15	P22XT2	流纹岩	16.90	26.40	1.85	9.79	2.15	0.50	1.54	0.23	1.16	0.26	0.57	0.080	0.48	0.072	5.24	67.222	57.59	9.632	5.98	0.80
16	P22XT7	流纹岩	37.60	57.70	6.07	24.10	4.81	0.67	4.29	0.75	4.49	0.87	2.67	0.40	2.38	0.32	18.40	165.52	130.95	34.57	3.79	0.44
17	P24XT2	流纹岩	31.60	60.90	4.15	13.30	2.43	0.29	1.76	0.28	1.65	0.26	1.01	0.13	1.09	0.15	8.80	127.80	112.67	15.13	7.45	0.41
18	P24XT3	流纹岩	73.30	119	9.07	32.90	5.34	0.70	3.56	0.58	2.74	0.49	1.47	0.27	1.64	0.24	12.80	264.10	240.31	23.79	10.10	0.46

续表 3-37

序号	样号	岩石名称	稀土元素(×10^{-6})															特征参数				
			La	Ce	Pr	Nd	Sm	Eu	Gd	Tb	Dy	Ho	Er	Tm	Yb	Lu	Y	ΣREE	LREE	HREE	LREE/HREE	δEu
19	P24XT4	流纹岩	61.30	101	8.48	28.30	4.47	0.60	3.22	0.45	2.50	0.47	1.44	0.20	1.65	0.22	11.8	226.1	204.15	21.95	9.30	0.46
20	P24XT5	蚀变流纹岩	34.30	62.80	6.62	25.40	4.95	0.74	4.68	0.80	5.20	0.99	3.13	0.46	2.76	0.37	23.2	176.4	134.81	41.59	3.24	0.46
21	P24XT6	流纹岩	32.60	64.30	6.87	24.10	4.01	0.59	4.35	0.74	4.59	0.92	2.74	0.46	3.08	0.42	23.1	172.87	132.47	40.40	3.28	0.43
22	P24XT7	流纹岩	34.60	65.50	7.09	26.50	4.70	0.94	5.19	0.88	5.30	1.03	3.20	0.47	3.08	0.41	26.4	185.29	139.33	45.96	3.03	0.58
23	P24XT8	流纹岩	71.70	119	10.50	38.40	4.70	1.03	4.09	0.54	3.40	0.60	1.87	0.28	1.93	0.24	15.20	273.48	245.33	28.15	8.72	0.70
24	P24XT9	流纹岩	54.80	117	7.49	23.60	4.63	0.74	4.20	0.57	2.42	0.42	1.49	0.25	1.54	0.21	10.30	229.66	208.26	21.40	9.73	0.50
25	P24XT10	黑云母英安岩	66.60	94.80	7.74	30.30	4.58	0.96	3.46	0.44	2.28	0.41	1.16	0.18	1.14	0.17	10.3	224.52	204.98	19.54	10.49	0.71
平均			42.50	73.10	6.20	22.90	3.91	0.68	3.37	0.52	2.94	0.55	1.69	0.26	1.67	0.23	13.50	174	149	24.8	6.81	0.60
26	P22XT1	岩屑凝灰岩	17.70	33.60	2.79	11.10	1.95	0.62	1.73	0.23	1.40	0.23	0.59	0.080	0.54	0.072	6.08	78.712	67.76	10.952	6.19	1.01
27	P22XT4	岩屑凝灰岩	14.50	22.60	1.98	9.29	1.92	0.50	1.70	0.23	1.25	0.18	0.60	0.088	0.56	0.085	5.02	60.503	50.79	9.713	5.23	0.83
28	P22XT6	岩屑凝灰岩	20.20	35.00	3.63	14.80	3.62	0.40	3.74	0.72	5.38	0.99	3.10	0.40	2.75	0.34	23.0	118.07	77.65	40.42	1.92	0.33
29	4280XT3	英安质晶屑岩屑凝灰岩	21.70	32.00	3.38	14.30	3.66	0.76	3.36	0.60	4.21	0.87	2.88	0.44	2.63	0.34	22.20	113.33	75.80	37.53	2.02	0.65
30	P9XT6	安山质晶屑凝灰岩	35.80	54.80	5.82	26.10	4.94	1.42	4.49	0.69	4.07	0.70	2.06	0.30	1.78	0.28	15.20	158.45	128.88	29.57	4.36	0.90
31	P9XT8	安山质火山角砾岩	36.90	59.20	6.58	30.10	6.41	1.55	4.78	0.75	4.63	0.87	2.42	0.32	1.96	0.25	18.30	175.02	140.74	34.28	4.11	0.82
32	P9XT7	凝灰质砂岩	30.60	50.30	5.65	21.80	4.57	1.08	4.03	0.68	4.00	0.74	2.17	0.31	1.80	0.25	15.70	143.68	114	29.68	3.84	0.75
平均			25.30	41.10	4.30	18.20	3.87	0.90	3.40	0.56	3.56	0.65	1.97	0.28	1.72	0.23	15.1	121	93.70	27.40	3.95	0.76

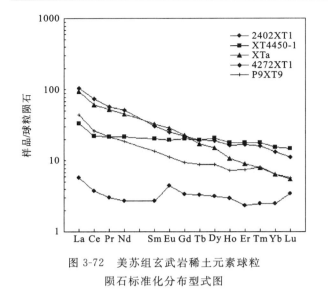

图 3-72 美苏组玄武岩稀土元素球粒陨石标准化分布型式图

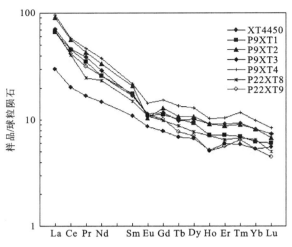

图 3-73 美苏组安山岩稀土元素球粒陨石标准化分布型式图

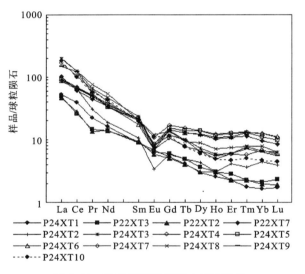

图 3-74 美苏组流纹岩稀土元素球粒陨石标准化分布型式图

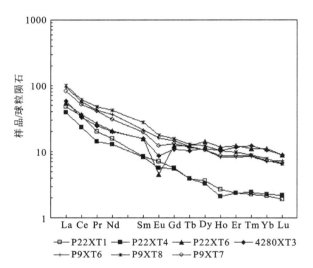

图 3-75 美苏组火山碎屑岩稀土元素球粒陨石标准化分布型式图

测区美苏组微量元素分析结果见表 3-38。在玄武岩微量元素原始地幔蛛网图中(图 3-76),排除 2402GST1 样品(与其他 4 个样品不一致),其余 4 个样品,放射性生热元素 Th 明显富集,非活动性元素 Ta、Zr、Hf 都较正常,没有明显出现正负异常,Nb 略具负异常;过渡性元素 Ti 明显亏损。在安山岩微量元素原始地幔蛛网图中(图 3-77),放射性生热元素 Th、大离子亲石元素 Rb 、稀土元素 La 都明显富集,大离子亲石元素 Ba、过渡元素 Ti 明显亏损。非活动性元素 Nb 也微弱亏损,其他非活动性元素 Ta、Zr、Hf 无异常。在流纹岩微量元素原始地幔蛛网图中(图 3-78),大部分样品放射性生热元素 Th、稀土元素 La、大离子亲石元素 Ba、Sr,非活动性元素 Nb,过渡元素 Ti 明显富集。在火山碎屑岩微量元素原始地幔蛛网图中(图 3-79),也表现出同安山岩、流纹岩相似的曲线特征,Th、La 富集,Nb、Ti 亏损。

表 3-38 测区美苏组火山岩微量元素分析结果表

序号	样号	岩石名称	微量元素含量($\times10^{-6}$)														
			F^-	Cu	Pb	Zn	Cr	Ni	Co	Li	Rb	W	Mo	Sb	Bi	Hg	Sr
1	2402XT1	玄武岩					32.5	19.1	22.1	22	64.9			0.31		0.011	526
2	XT4450-1	玄武岩	155	75.9	17.4	335	168	53.3	35.1	17.0	15.7	1.43	0.29	0.26	0.066	0.66	219

续表 3-38

序号	样号	岩石名称	微量元素含量(×10⁻⁶)														
			F^-	Cu	Pb	Zn	Cr	Ni	Co	Li	Rb	W	Mo	Sb	Bi	Hg	Sr
3	XTa	杏仁状玄武岩	786	61.5	<1	133	327	199	49.2	11.3	4.80	2.28	1.54	0.44	0.046	0.020	832
4	4272XT1	玄武岩	490	42.0	12.4	52.8	215	118	33.9	37.5	16.8	2.44	0.88	0.84	0.086	0.092	397
5	P9XT9	玄武岩	270	145	12.0	84.4	71.6	20.2	27.4	49.6	8.40	0.63	0.62	0.064	0.079	0.048	506
平均			340.2	64.88		121	162.8	81.92	33.54	27.48	22.12	1.356	0.666	0.383	0.055	0.166	496
6	XT4450	安山岩	206	23.9	17.8	63.4	18.9	18.2	10.2	19.1	27.1	1.60	2.27	0.20	0.10	0.032	440
7	P9XT1	安山岩	227	17.2	14.5	73.6	144	44.4	14.9	28.6	23.0	1.04	1.47	0.31	0.16	0.029	246
8	P9XT2	安山岩	270	23.9	6.00	82.9	145	54.3	18.1	27.1	47.0	1.38	1.58	0.19	0.18	0.037	236
9	P9XT3	安山岩	556	155	10.0	98.1	54.1	26.9	19.6	49.5	123	0.71	0.83	0.23	0.21	0.042	181
10	P9XT4	安山岩	501	39.3	27.0	103	91.0	41.4	19.8	45.1	84.2	0.79	1.01	0.19	0.22	0.024	836
11	P22XT8	安山岩	433	59.2	16.0	76.6	94.5	44.8	13.3	32.7	77.9	1.57	2.28	0.39	0.12	0.059	438
12	P22XT9	安山岩	288	34.8	10.1	62.8	195	81.7	16.9	38.5	96.3	2.36	2.12	0.42	0.034	0.044	359
平均			354	50.5	14.5	80.1	106	44.5	16.1	34.4	68.4	1.4	1.7	0.3	0.1	0.0	391
13	P24XT1	流纹岩	176	40.5	5.00	62.1	10.3	8.10	3.20	12.7	20.7	0.46	1.10	0.13	0.078	0.060	513
14	P22XT3	流纹岩	150	21.4	13.0	102	11.8	20.8	13.2	26.8	44.1	0.46	1.95	0.079	0.082	0.13	467
15	P22XT2	流纹岩	186	21.8	9.00	55.7	14.9	12.2	5.70	56.1	46.9	0.46	2.54	0.10	0.060	0.16	424
16	P22XT7	流纹岩	73.9	13.1	23.0	39.0	10.1	7.60	4.00	26.3	172	4.06	1.81	0.21	0.11	0.18	150
17	P24XT2	流纹岩	355	6.10	37.0	42.8	15.6	7.90	1.00	70.1	183	2.50	6.66	0.43	1.17	0.19	30.4
18	P24XT3	流纹岩	538	4.70	38.0	42.8	3.80	5.00	<1	49.1	177	1.88	6.66	0.21	0.22	0.084	181
19	P24XT4	流纹岩	704	4.30	42.0	52.5	1.90	8.10	<1	56.1	129	2.96	6.66	0.30	0.35	0.010	206
20	P24XT5	蚀变流纹岩	288	7.50	21.5	40.4	12.9	5.30	1.00	33.6	145	1.68	2.54	0.10	0.095	0.024	157
21	P24XT6	流纹岩	572	10.1	15.0	34.5	11.6	3.60	1.30	113	129	1.42	3.00	0.11	0.12	0.064	149
22	P24XT7	流纹岩	484	11.9	22.0	56.5	<1	7.50	3.00	31.2	131	0.97	3.46	0.059	0.12	0.010	174
23	P24XT8	流纹岩	692	21.2	27.0	61.4	1.20	4.90	1.10	39.2	180	3.42	6.20	0.064	0.45	0.021	257
24	P24XT9	流纹岩	897	20.4	30.0	76.5	13.5	6.30	3.40	41.9	148	2.02	6.42	0.044	0.44	0.12	268
25	P24XT10	黑云母英安岩	961	13.8	27.0	50.7	18.4	9.95	2.95	36.3	134	1.72	4.62	0.24	0.18	0.52	704
平均			467	15.1	23.8	55.1		8.3		45.6	126	1.8	4.1	0.2	0.3	0.1	283
26	P22XT1	岩屑凝灰岩	235	22.5	10.0	42.3	14.0	10.5	3.30	35.1	57.1	1.42	3.80	0.19	0.095	0.048	411
27	P22XT4	岩屑凝灰岩	243	16.8	13.0	52.8	26.8	15.7	7.50	86.9	19.2	0.55	3.10	0.12	<0.01	0.65	148
28	P22XT6	岩屑凝灰岩	340	15.0	8.00	19.1	13.7	7.90	<1	55.5	135	1.12	1.76	0.029	0.25	0.29	169
29	4280XT3	英安质晶屑岩屑凝灰岩	239	71.7	2.00	71.7	11.9	5.30	16.5	36.5	3.00	2.11	0.38	0.39	0.14	0.038	173
30	P9XT6	安山质晶屑凝灰岩	456	49.4	15.0	68.8	95.4	41.2	16.2	29.4	12.0	1.08	1.52	0.20	0.10	0.053	1540
31	P9XT8	安山质火山角砾岩	546	13.7	11.0	75.5	18.3	9.10	10.3	15.1	79.2	1.38	1.26	0.13	0.076	0.037	648
32	P9XT7	凝灰质砂岩	454	45.9	10.0	65.0	181	43.8	14.8	34.5	49.1	1.55	1.58	0.16	0.20	0.052	1020
平均			359	33.6	9.9	56.5	51.6	19.1		41.9	50.7	1.3	1.9	0.2		0.2	587

续表 3-38

序号	样号	岩石名称	微量元素含量(×10⁻⁶)														
			Ba	V	Sc	Nb	Ta	Zr	Hf	Be	B	Ga	Sn	Au	Ag	Th	P
1	2402XT1	玄武岩	358.00	234.00	24.20	22.20	1.08	235.00	5.81	2.09		21.30		0.80	0.03	13.70	
2	XT4450-1	玄武岩	32.4	199	49.1	2.69	<0.5	85.9	2.65	2.01	49.2	26.4	5.00	0.55	0.012	10.7	793
3	XTa	杏仁状玄武岩	158	206	25.4	35.1	1.71	240	6.97	2.09	16.6	31.5	5.00	0.55	0.068	16.0	2200
4	4272XT1	玄武岩	167	170	22.9	24.6	1.26	259	6.26	2.17	35.4	30.7	3.00	0.45	0.055	11.0	2540
5	P9XT9	玄武岩	164	274	27.3	8.44	<0.5	70.9	2.55	2.08	26.0	28.1	17.0	1.05	0.075	8.90	536
平均			175.9	216.6	29.8	18.6		178.2	4.8	2.1	25.4	27.6	6.0	0.7	0.0	12.1	1213.8
6	XT4450	安山岩	128	85.5	10.4	2.47	<0.5	75.0	2.14	1.10	17.8	24.0	3.00	0.45	0.067	2.76	658
7	P9XT1	安山岩	130	150	15.4	7.72	<0.5	182	5.20	1.21	27.5	17.6	3.00	0.60	0.042	9.96	962
8	P9XT2	安山岩	201	129	12.5	8.32	0.57	264	8.09	1.31	30.9	21.4	0.92	0.45	0.052	19.3	610
9	P9XT3	安山岩	589	180	16.6	10.7	<0.5	143	4.20	1.89	46.4	25.1	12.0	1.60	0.15	15.7	1060
10	P9XT4	安山岩	421	135	14.0	14.2	0.62	174	5.26	2.22	40.3	29.4	4.00	1.30	0.035	16.2	1200
11	P22XT8	安山岩	634	89.0	16.4	9.50	0.69	154	4.22	1.45	18.4	25.1	3.40	<0.1	0.063	8.42	726
12	P22XT9	安山岩	390	96.4	19.2	9.02	0.53	113	3.51	1.28	28.3	27.3	2.80	2.05	0.10	7.75	895
平均			356.1	123.6	14.9	8.8		157.9	4.7	1.5	29.9	24.3	4.2		0.1	11.4	873.0
13	P24XT1	流纹岩	243	66.4	5.99	5.10	0.53	92.3	2.75	0.51	15.5	16.6	1.50	0.90	0.060	5.72	600
14	P22XT3	流纹岩	461	56.5	6.38	3.31	<0.5	93.1	2.70	0.96	23.0	16.0	3.40	0.65	0.038	5.26	442
15	P22XT2	流纹岩	337	213	4.90	3.89	<0.5	95.6	2.68	1.45	27.4	17.0	2.00	0.70	0.028	5.72	506
16	P22XT7	流纹岩	672	6.82	4.73	9.18	0.88	126	4.59	1.81	14.0	15.5	3.20	<0.1	0.052	11.6	128
17	P24XT2	流纹岩	166	2.81	1.24	45.8	2.93	94.9	4.56	3.10	15.8	13.9	4.50	0.70	0.35	23.5	105
18	P24XT3	流纹岩	218	10.6	1.93	45.0	3.02	165	5.63	2.94	16.3	15.3	4.50	1.10	0.048	23.5	435
19	P24XT4	流纹岩	193	15.3	2.85	56.5	2.76	185	6.67	2.97	16.7	17.8	4.40	0.90	0.053	19.5	244
20	P24XT5	蚀变流纹岩	621	6.28	5.56	8.56	1.12	87.2	2.77	2.16	29.3	16.8	4.25	0.92	0.068	26.6	132
21	P24XT6	流纹岩	519	6.37	5.61	8.28	0.63	107	3.65	1.94	34.1	16.8	4.40	0.85	0.050	12.3	157
22	P24XT7	流纹岩	599	17.7	7.76	9.64	0.56	210	6.46	1.93	32.4	21.7	6.60	0.80	0.083	18.6	308
23	P24XT8	流纹岩	476	35.7	4.81	35.5	1.69	172	5.24	4.60	28.1	19.2	3.80	0.70	0.045	15.9	478
24	P24XT9	流纹岩	452	30.0	3.25	33.9	2.43	156	5.22	4.07	25.2	21.4	2.50	0.80	0.077	17.4	454
25	P24XT10	黑云母英安岩	724	60.6	4.98	24.2	1.85	182	5.20	4.60	20.5	21.2	5.10	1.05	0.060	14.2	901
平均			437.0	40.6	4.6	22.2		135.9	4.5	2.5	22.9	17.6	3.9		0.1	15.4	376.2
26	P22XT1	岩屑凝灰岩	491	82.9	3.61	3.47	<0.5	114	3.23	0.89	35.1	16.0	3.20	0.80	0.015	5.40	480
27	P22XT4	岩屑凝灰岩	399	292	56.1	3.27	<0.5	53.7	1.71	1.20	21.9	15.5	1.80	0.10	0.023	3.71	447
28	P22XT6	岩屑凝灰岩	198	2.47	2.52	8.02	1.44	70.6	2.56	2.29	30.4	17.2	6.10	0.15	0.094	11.6	123
29	4280XT3	英安质晶屑岩屑凝灰岩	52.6	150	26.0	4.72	<0.5	123	3.81	1.47	45.1	23.4	4.80	0.60	0.010	5.85	522
30	P9XT6	安山质晶屑凝灰岩	370	151	13.5	11.0	1.08	116	3.78	1.55	21.0	29.5	4.40	0.90	0.060	13.5	1520

续表 3-38

序号	样号	岩石名称	微量元素含量($\times10^{-6}$)														
			Ba	V	Sc	Nb	Ta	Zr	Hf	Be	B	Ga	Sn	Au	Ag	Th	P
31	P9XT8	安山质火山角砾岩	1010	134	9.49	18.1	0.97	139	3.63	2.49	47.9	28.2	5.60	0.40	0.023	16.3	2300
32	P9XT7	凝灰质砂岩	331	145	12.6	11.2	<0.5	167	4.99	1.58	30.0	19.4	11.0	0.50	0.063	22.3	1140
平均			407	137	17.7	8.5		112	3.4	1.6	33.1	21.3	5.3	0.5	0.0	11.2	933

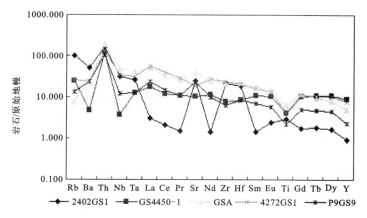

图 3-76 美苏组玄武岩微量元素原始地幔蛛网图

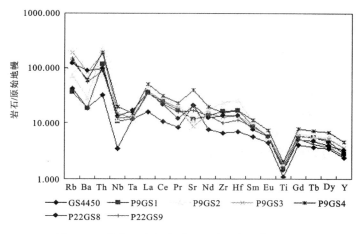

图 3-77 美苏组安山岩微量元素原始地幔蛛网图

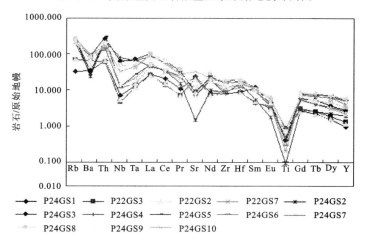

图 3-78 美苏组流纹岩微量元素原始地幔蛛网图

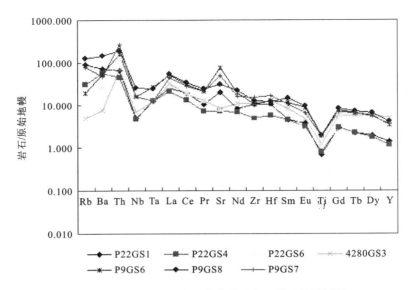

图 3-79 美苏组火山碎屑岩微量元素原始地幔蛛网图

5. 构造环境分析

美苏组主要为一套基性—中性—酸性的火山岩系，喷发不整合覆于早白垩世郎山组之上，沿班公错-怒江结合带南部边界分布。在洞错沙角可见到早期水下喷发沉积的基性—中性火山熔岩，局部夹火山碎屑岩，岩石呈暗紫色、灰紫色、灰绿色，熔岩中局部可见有淬碎特征，凝灰质砂岩单层薄，纹层发育，晚期为水上喷发沉积的中酸性火山熔岩及紫红色块状熔结凝灰岩，熔岩具红顶绿底的特征。向西在那阿俄那一带，火山岩总体表现一种水上陆相喷发环境。在不同构造玄武岩 Nb-Zr-Y 图解中(图 3-80)，美苏组绝大部分样品落入 A 区或靠近 A 区，属于板内玄武岩环境。在 TFeO-MgO-Al_2O_3 图解中(图 3-81)，火山岩样品主体投于造山带区、扩张中心岛屿区。在 $\lg\tau - \lg\sigma$ 图解中(图 3-82)，全部样品均落入造山带地区火山岩，属于消减带火山岩。反映了美苏组火山岩属造山带向板内过渡环境。本书认为美苏组火山岩不整合覆于冈底斯最北缘郎山组之上，位于班公错-怒江结合带的南缘，可能是由于受到喜马拉雅期陆-陆碰撞造山阶段陆内汇聚作用所形成。

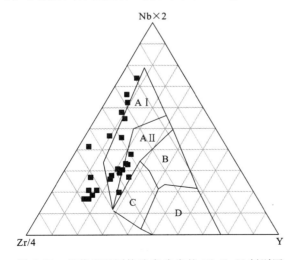

图 3-80 美苏组不同构造玄武岩的 Nb-Zr-Y 判别图
AⅠ和AⅡ:板内碱性玄武岩;AⅡ和C:板内拉斑玄武岩;
B:P-MORB;D:N-MORB;C 和 D:火山弧玄武岩

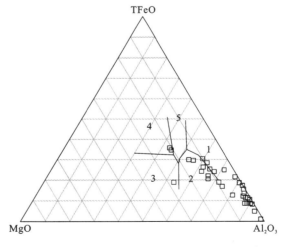

图 3-81 美苏组火山岩 TFeO-MgO-Al_2O_3 图解
1.扩张中心岛屿;2.造山带;3.洋中脊和洋底;
4.大洋岛弧;5.大陆

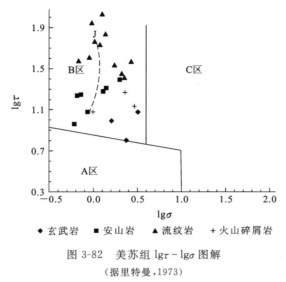

图 3-82　美苏组 $\lg\tau-\lg\sigma$ 图解
(据里特曼,1973)
A 区:非造山带地区火山岩；B 区:造山带地区火山岩；
C 区:A 区、B 区派生出的碱性、富碱岩；J:日本火山岩

6. 岩相特征及古火山机构

美苏组测区在南部呈一 NEE-SWW 向展布，岩石类型较多，主要有(蚀变)火山角砾岩、安山质角砾岩、英安-安山质晶屑凝灰岩、岩屑凝灰岩、英安质晶屑岩屑凝灰岩、玄武岩、安山岩、蚀变(角闪)安山岩、流纹岩、中基性晶屑凝灰岩及凝灰质砂岩等。其岩石类型主要分为三类:火山碎屑岩类、熔岩类及火山碎屑沉积岩类，火山岩相主要表现为爆发相、喷溢相及喷发沉积相。

测区内保存较好的古火山机构位于改则县那阿俄那扪档勒及洞错沙角一带，本次工作详细调查了美苏组火山岩的地质特征、产出特征及岩相特征，恢复了古火山机构。现以改则县那阿俄那古火山机构为例探讨美苏组的火山岩相特征。

那阿俄那古火山机构位于改则县南东方向约 30km，呈不规则状东西向展布，东部偏宽，西部偏窄，角度不整合覆于木嘎岗日岩组(Jm)之上，北侧被后期康托组(Nk)所掩盖，其岩石类型、岩相特征较清楚(图 3-83)。本火山机构是美苏组活动时间稍早的火山机构，地貌上由一系列近圆形、长条形山岭分布，在火山机构的周边，形成外围高、中心低的盆地地貌(局部地区)。外围发育有放射状水系，据此可判断是火山环与辐射构造中心盆地即为古火山口或通道位置，从图面上看，Em 分布区厘定出 3 个古火山口，连同其相应的配置格局，三者成带状或链式联合，且与结合带关系密切，反映了班公错-怒江结合带晚期活动规律。该火山机构由爆发相、喷溢相、喷发沉积相组成。由中心向外，地层层序由上而下依次为安山岩—英安质火山角砾岩—英安岩—流纹岩—流纹质角砾岩屑晶屑凝灰岩与流纹质晶屑凝灰岩互层—安山岩—流纹岩—沉凝灰岩—凝灰质砂岩，各岩性岩相均围绕火山中心围斜内倾，倾角 18°～35°。根据层序、岩性及喷发性状分析，该火山至少经历了两次以上的喷发，早期为中酸性岩浆爆发—喷溢交替进行，形成火山岩层理较发育，爆发单元厚度薄，具有水下堆积的特点；晚期为中酸性岩浆喷发—喷溢—爆发沉积交替进行，岩层厚度大，流动构造发育，熔岩多具红顶绿底的特点。具陆上堆积特点，说明火山早期为盆地水下火山活动，晚期为陆上火山活动。

三、南部(拉果错)火山岩带

南部火山岩带主要分布在测区的西南角，分布范围较局限，主要分布在拉果错一带。主要火山层位为则弄群及拉果错蛇绿岩组中的玄武岩成分。

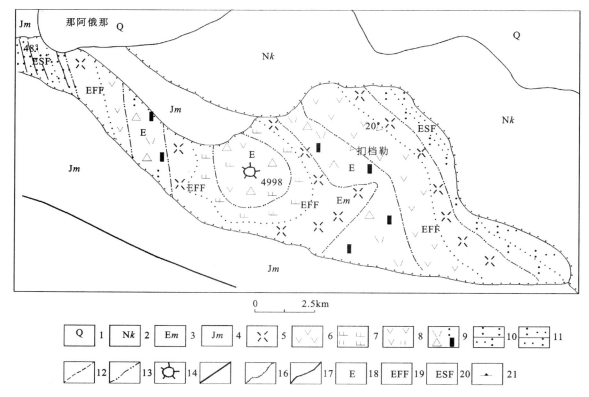

图 3-83 测区改则县那阿俄那美苏组火山岩岩性岩相构造图

1.第四系;2.康托组;3.美苏组;4.木嘎岗日岩组;5.流纹岩;6.安山岩;7.英安岩;8.安山质-英安质火山角砾岩;
9.含角砾流纹质晶屑凝灰岩;10.沉凝灰岩;11.凝灰质砂岩;12.岩性界线;13.岩相界线;14.火山口;15.断层;
16.角度不整合界线;17.地质界线;18.爆发相;19.喷溢相;20.喷发沉积相;21.流面产状

（一）则弄群

1. 地质特征

则弄群主要分布在改则县拉果错一带,沿拉果错蛇绿岩两侧断续出露,其两侧与其他地质体皆呈断层接触,受后期构造改造明显,大多呈断片形式被两侧的断层所夹持。

前人曾将则弄群时代置于J_3—K_1,南侧1:25万措勤幅在则弄群火山岩中获得的多个同位素年龄值在128.6~95.7Ma之间,最大值为128.64Ma,表明此期火山活动起始时间可能不早于白垩纪初。本书结合则弄群的野外产状、地质特征及构造环境等因素,并综合考虑前人成果,把则弄群的形成时代仍厘定为晚侏罗世—早白垩世。

2. 岩石学特征

区内则弄群火山岩常见岩石类型主要有以下几种。

流纹质凝灰岩 岩石具凝灰结构,似层状构造。碎屑成分:岩屑含量大于45%,晶屑8%~10%,碎屑分选差、磨圆也差,粉—细粒,次棱角状—次圆状,岩屑主要为火山灰泥碎块和部分碳酸盐,大部呈灰黄色;晶屑为石英、长石,石英表面干净,边缘熔蚀明显,分布不均,长石表面干净,有的可见清楚的聚片双晶纹。胶结物含量约45%,主要为流纹质火山灰泥。岩石呈层状明显,层理较清楚,碎屑带相对集中呈条呈带顺层分布,形成似层状构造。

玄武岩 岩石具斑状结构,基质具间隐结构,微晶结构,个别呈气孔构造。斑晶粒径一般为1~3mm,成分主要为基性斜长石,含量约25%,均蚀变,分布许多绢云母鳞片集合体、泥质尘点;其次为透辉石,自形—半自形晶,新鲜未蚀变。基质由细小的斜长石板条、绿泥石组成,斜长石板条无规则分布,其间隙分布较多的绿泥石、白钛石尘点。微粒金属矿物、方解石、白云石不均匀星散分布。个别薄片含有气孔,多呈圆形、椭圆形,孔径一般在 0.5~2mm 之间,均充填绿泥石、方解石。

蚀变玄武岩 间粒结构、放射状、束状结构,块状构造。矿物成分:钠更长石板条含量约 65%,普通辉石含量约 25%,绿帘石含量约 10%;钠更长石板条呈放射状,束状集合体分布或无规则分布,其间隙充填绿泥石。副矿物主要有榍石、白钛石等。

英安岩 岩石具斑状结构,斑晶含量 15%~18%。斑晶成分:中性斜长石 10%~12%,呈较规则的板柱状、柱粒状,部分熔蚀碎裂呈不规则状,更长石聚片双晶纹较宽,中长石具特征的环带构造,环带宽窄不等;碱性长石 3%~5%,主要为正长石,少量透长石,正长石高岭土化显著,多数表面灰暗混浊,呈浅褐色,部分绢云母化,透长石多具熔蚀边;黑云母 1%~2%,较规则条片状,全蚀变为绿泥石而保留其晶体形态,大部同时析出多余的铁,生成磁铁矿,多分布在绿泥石边缘;石英小于 1%,多呈双锥状晶体,熔蚀明显,熔蚀港湾中由火山灰泥分解生成的绿泥石充填。基质具球粒结构、霏细结构,主要由长英质和绿泥石组成,球粒大小不一,无结晶核心,明显是脱玻化形成的球粒,球粒间由霏细长英质和绿泥石充填。

蚀变(辉石)安山岩 岩石具斑状结构,个别具杏仁状构造,斑晶含量 20%~25%。斑晶成分主要有:斜长石 12%~15%,主要为中更长石,呈较规则的板柱状,柱粒状,由于强碳酸盐化和绿泥石化,多数表面灰暗混浊,双晶纹模糊,环带呈阴影状;辉石 2%~5%,主要为透辉石,短柱粒状,多数表面较干净,裂纹发育,微缝由绿泥石充填,少数由绿泥石替代而保存辉石假象;碱性长石含量 3%~5%,主要为正长石,较规则的短柱状,绢云母化、高岭土化强烈,有的全由蚀变矿物替代而呈正长石假象。基质具隐晶玻璃结构,个别具交织结构,由脱玻生成的绿泥石,方解石和火山灰泥组成。个别薄片中还见有杏仁体,大小不一,以圆形为主,少部分熔蚀连通呈不规则状,由硅质绿泥石和方解石充填,组合类型有硅质—绿泥石—硅质,硅质—绿泥石—方解石,硅质+绿泥石—硅质—方解石,绿泥石—硅质—绿泥石等。

凝灰质砂岩 岩石具凝灰砂状结构,块状构造。碎屑成分主要有:石英含量约 10%,全为单晶,表面干净,边缘熔蚀明显;长石约 5%,部分蚀变,部分可见聚片双晶纹;岩屑约 55%,主要为熔岩基质浆屑和碳酸盐岩屑,少量硅质岩。总体看,碎屑分选中等,次棱角状为主,部分次圆状,外来岩屑比熔岩浆屑磨圆度好。胶结物主要为火山尘泥和火山灰泥分解生成的绿泥石、碳酸盐矿物和土状帘石。

3. 火山喷发韵律、旋回及喷发环境

则弄群火山岩在纵向上的韵律性特征也十分明显,如改则县南东拉果错北侧附近所测则弄群,按不同的标志可识别和划分 12 层 4 个喷发韵律以及一个喷发旋回(图 3-84)。第一韵律由剖面的第 1—2 层组成,厚度约 30m,上部为安山岩,下部为英安岩,为喷溢相的产物。第二韵律为剖面的第 3—9 层厚度约 70m,上部为凝灰质砂岩、砂岩并夹有海相环境的灰岩,中部为安山岩,下部为含角砾凝灰岩及集块岩,火山岩相为爆发相—弱爆发相—喷溢喷发沉积相。第三韵律为剖面的第 10—11 层,厚度约 62m,上部为凝灰质砂岩,下部为火山角砾岩,火山岩相由爆发相到喷发沉积相过渡。剖面的第 12 层构成了第四韵律,主要为一套爆发相的火山角砾岩。从以上来看则弄群喷发韵律主要由火山熔岩构造的变化、岩性及岩相的不同反映出来。主要表现为由火山碎屑岩→熔岩→火山碎屑沉积岩正变化,每个韵律由两层或多层构成,也可为单独一层组成,火山岩相组合主要为爆发相—弱爆发相—喷溢喷发沉积相以及爆发相—喷发沉积相。受比例尺限制,大多喷发韵律内部尚包含次一级韵律。并且,按不同依据划分出的喷发韵律之间既可一致,也可彼此有所重叠,它们均是火山活动周期性、脉动性及规律性的客观反映。

据火山岩颜色(如灰绿色、绿灰色,也夹有紫灰色、紫红色等)特殊的岩石类型(如局部出现熔结火山碎屑岩、石泡状熔岩;火山泥球沉凝灰岩发育)共生的沉积岩夹层(有砂、砾岩,也有碳酸盐岩、泥页岩)不难推断,测区则弄群火山活动发生于一种海相环境,可能经历了由岛弧至弧后盆地的环境变迁过程。喷发形式以裂隙式为主伴有中心式,由于地层产状的强烈构造变动,古火山机构已难以完整恢复。

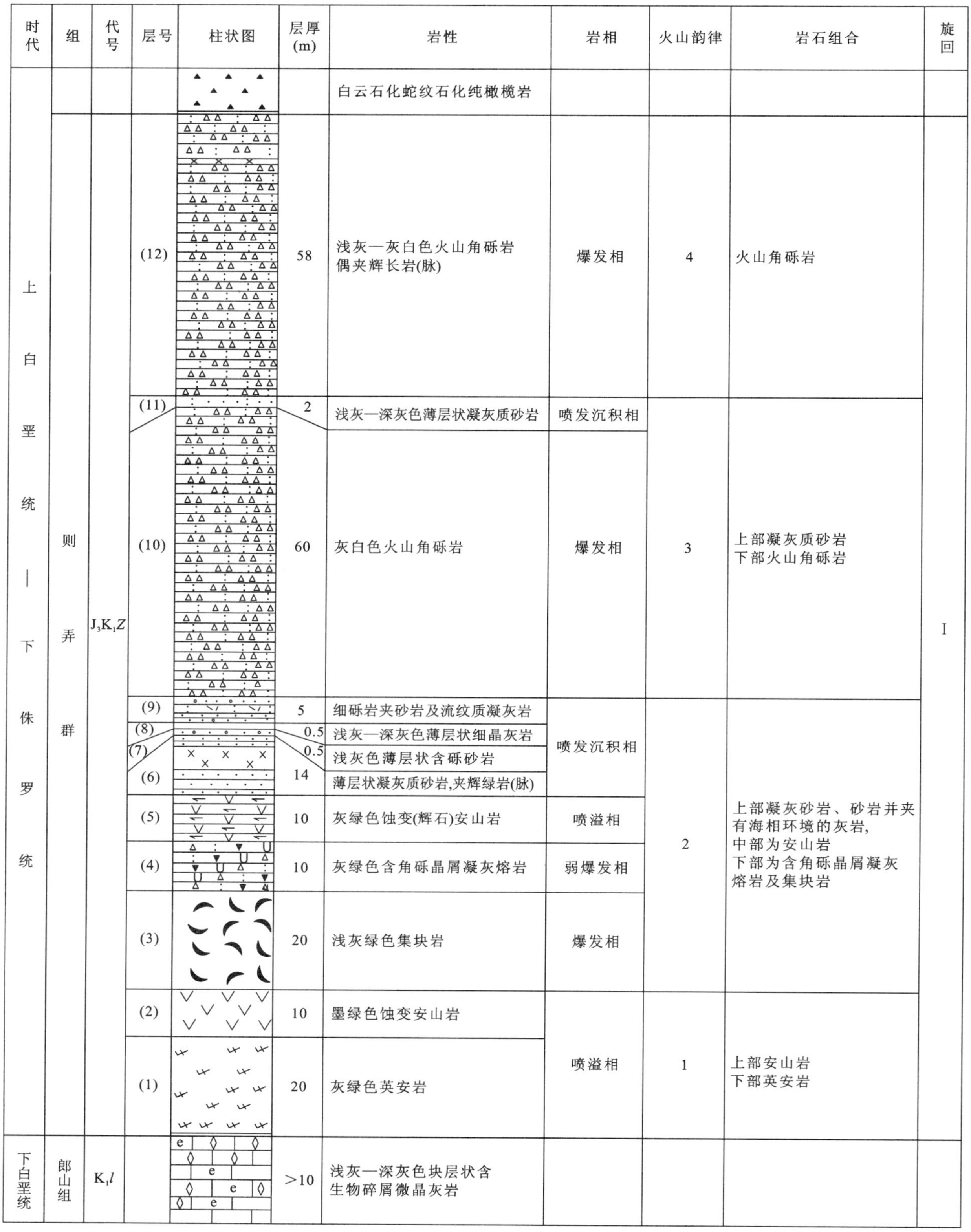

时代	组	代号	层号	柱状图	层厚(m)	岩性	岩相	火山韵律	岩石组合	旋回
上白垩统—下侏罗统	则弄群	J_3K_1Z				白云石化蛇纹石化纯橄榄岩				
			(12)		58	浅灰—灰白色火山角砾岩偶夹辉长岩(脉)	爆发相	4	火山角砾岩	I
			(11)		2	浅灰—深灰色薄层状凝灰质砂岩	喷发沉积相			
			(10)		60	灰白色火山角砾岩	爆发相	3	上部凝灰质砂岩下部火山角砾岩	
			(9)		5	细砾岩夹砂岩及流纹质凝灰岩	喷发沉积相			
			(8)		0.5	浅灰—深灰色薄层状细晶灰岩				
			(7)		0.5	浅灰色薄层状含砾砂岩				
			(6)		14	薄层状凝灰质砂岩,夹辉绿岩(脉)				
			(5)		10	灰绿色蚀变(辉石)安山岩	喷溢相	2	上部凝灰砂岩、砂岩并夹有海相环境的灰岩,中部为安山岩,下部为含角砾晶屑凝灰熔岩及集块岩	
			(4)		10	灰绿色含角砾晶屑凝灰熔岩	弱爆发相			
			(3)		20	浅灰绿色集块岩	爆发相			
			(2)		10	墨绿色蚀变安山岩	喷溢相	1	上部安山岩下部英安岩	
			(1)		20	灰绿色英安岩				
下白垩统	郎山组	K_1l			>10	浅灰—深灰色块层状含生物碎屑微晶灰岩				

图 3-84 西藏改则县拉果错则弄群(J_3K_1Z)喷发韵律旋回图

4. 岩石化学特征

测区则弄群火山岩岩石化学成分列于表 3-39,其校正后计算的 CIPW 标准矿物含量及部分化学参数列于表3-40。则弄群火山岩分类命名采用TAS图解,在图3-85中,8个样品中2个落入玄武岩,3个样品落入玄武安山岩区,2个样品落入英安岩区,一个样品落入流纹岩区,似是缺少安山岩分子,与室内鉴定有些出入,可能与则弄群火山岩的蚀变有关,根据岩石化学、地球化学稳定的特性,利用地球化学数据来校正室内的薄片鉴定结果。总体来看,测区则弄群主要为一套基性—中基性—酸性的岩石组合,似是缺乏中性成分,可能为裂谷双峰式火山岩。在图3-85中可以看出,全部样品落入亚碱性系列区,对亚碱性系列岩石采用AFM图解(图3-86),绝大部分样品皆落入钙碱性玄武岩区,2个样品落入拉斑玄武岩区,但总体靠近两者的分界线,可以确定测区则弄群火山岩总体上具钙碱性系列性质。

表3-39　测区则弄群火山岩岩石化学分析结果表

序号	样号	岩石名称	采样位置	氧化物含量($\times 10^{-2}$)											
				SiO_2	Al_2O_3	Fe_2O_3	FeO	CaO	MgO	K_2O	Na_2O	TiO_2	P_2O_5	MnO	Loss	Toal
1	2101GS2-1	玄武岩	拉果错	50.48	17.89	2.39	6.46	7.41	5.56	0.53	3.07	0.58	0.04	0.22	5.14	99.77
2	2101GS3-1	玄武岩	拉果错	49.12	18.94	2.34	6.23	8.83	3.45	0.92	2.15	0.71	0.04	0.24	7.05	100.02
	平均			49.80	18.42	2.37	6.35	8.12	4.51	0.73	2.61	0.65	0.04	0.23	6.10	99.90
3	2421GS1	玄武安山岩	拉果错	56.5	14.42	2.31	4.4	7.5	5.55	0.55	3.43	1.1	0.13	0.14	3.22	99.25
4	2101GS4	玄武安山岩	拉果错	54.58	14.24	1.23	7.57	5.77	4	1.19	2.83	0.61	0.084	0.18	6	98.28
5	2101GS4-1	玄武安山岩	拉果错	54.48	14.33	1.65	7.20	7.30	2.98	1.28	2.54	0.70	0.06	0.28	6.86	99.66
	平均			55.19	14.33	1.73	6.39	6.86	4.18	1.01	2.93	0.80	0.09	0.20	5.36	99.06
6	2101GS1	英安岩	拉果错	69.86	13.64	0.65	3.97	1.31	1.72	0.63	4.76	0.37	0.072	0.07	2.24	99.29
7	2101GS1-1	英安岩	拉果错	69.78	14.25	1.61	2.68	0.98	1.65	0.32	4.35	0.43	0.34	0.64	2.34	99.37
	平均			69.82	13.95	1.13	3.33	1.15	1.69	0.48	4.56	0.40	0.21	0.36	2.29	99.33
8	2101GS6-1	流纹质凝灰岩	拉果错	76.42	8.22	1.45	2.68	1.20	3.53	0.99	1.12	0.35	0.12	0.08	3.72	99.88

表3-40　测区则弄群火山岩CIPW标准矿物及特征参数表

序号	样号	CIPW标准矿物含量($\times 10^{-2}$)											特征参数			
		Q	An	Ab	Or	C	Di	Hy	Il	Mt	Ap	DI	A/CNK	SI	AR	σ_{43}
1	2101GS2-1	3.11	35.37	27.45	3.31	0	2.62	23.22	1.16	3.66	0.1	69.24	0.937	30.87	1.33	1.4
2	2101GS3-1	6.52	42.28	19.57	5.85	0	3.77	16.82	1.45	3.65	0.1	74.22	0.92	22.86	1.25	1.11
	平均	4.82	38.83	23.51	4.58	0.00	3.20	20.02	1.31	3.66	0.10	71.73	0.93	26.87	1.29	1.26
3	2421GS1	11.87	23.25	30.22	3.38	0	11.71	13.59	2.18	3.49	0.31	68.72	0.726	34.17	1.44	1.08
4	2101GS4	12.01	24.53	25.95	7.62	0	4.91	21.58	1.26	1.93	0.21	70.11	0.866	23.78	1.5	1.18
5	2101GS4-1	13.31	25.77	23.16	8.15	0	10.76	14.69	1.43	2.58	0.15	70.39	0.761	19.04	1.43	1.08
	平均	12.40	24.52	26.44	6.38	0.00	9.13	16.62	1.62	2.67	0.22	69.74	0.78	25.66	1.46	1.11
6	2101GS1	32.7	6.21	41.5	3.84	3.01	0	10.88	0.72	0.97	0.17	84.25	1.252	14.66	2.13	1.06
7	2101GS1-1	38.96	2.72	37.94	1.95	5.96	0	8.43	0.84	2.41	0.81	81.57	1.535	15.55	1.88	0.8
	平均	35.83	4.47	39.72	2.90	4.49	0.00	9.66	0.78	1.69	0.49	82.91	1.39	15.11	2.01	0.93
8	2101GS6-1	59.4	5.38	9.86	6.08	3.55	0	12.57	0.69	2.19	0.29	80.71	1.613	36.13	1.58	0.13

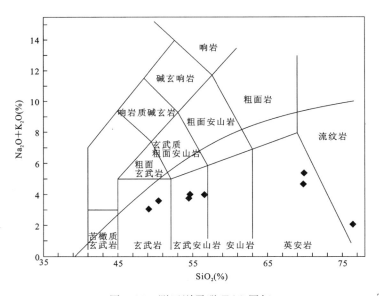

图 3-85 测区则弄群 TAS 图解

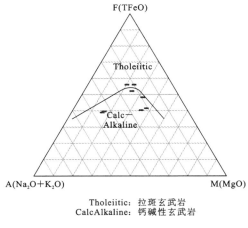

Tholeiitic: 拉斑玄武岩
CalcAlkaline: 钙碱性玄武岩

图 3-86 测区则弄群 AFM 图解

从表 3-39、表 3-40 可以看出则弄群火山岩具有如下特征。

(1) 则弄群玄武岩 SiO_2 含量变化于 49.12%～50.48%,平均为 49.80%,属基性岩范畴;全碱含量变化于 3.07%～3.6%,K_2O/Na_2O 平均为 0.28,说明 Na_2O 的含量要大于 K_2O 的含量;CaO 含量变化于 7.41%～8.83%,平均为 8.12%,Al_2O_3 平均含量为 18.42%,MgO 平均含量为 4.51%,TiO_2 平均含量为 0.65%。玄武安山岩 SiO_2 含量变化于 54.48%～56.5%,平均为 55.19%,属中性岩范畴;全碱含量平均为 3.94%,K_2O/Na_2O 比值普遍仍小于 1,变化于 0.2～0.5。CaO 含量平均为 6.86%,Al_2O_3 平均含量为 14.33%,MgO 平均为 4.18%,TiO_2 平均含量为 0.8%。英安岩 SiO_2 含量变化于 69.86%～69.78%,平均为 69.82%,属酸性岩;全碱平均含量为 5.03%,K_2O/Na_2O 变化于 0.07～0.13 之间,Na_2O 含量远远大于 K_2O;CaO 含量平均为 1.15%,Al_2O_3 平均含量为 13.95%,MgO 平均为 1.69%,TiO_2 平均含量为 0.40%。从则弄群各类岩石来看,从基性岩—中基性岩—酸性岩的变化,随着 SiO_2 含量的增高,Al_2O_3、MgO、Fe_2O_3、FeO、CaO 等明显降低,成负相关关系;K_2O/Na_2O 比值英安岩中最低,大部分样品 Na_2O 减去 2 后仍大于 K_2O 的含量,可能表明此套岩石应属于 Na 质系列岩石;Fe_2O_3<FeO,英安岩的 Fe_2O_3 含量偏低,而 FeO 含量高;流纹质火山岩的铁镁质成分相对较低,表明英安岩形成于相对较还原的环境。

(2) 则弄群火山岩中玄武岩及玄武安山岩中均出现石英 Q,未出现刚玉分子 C,表明 SiO_2 处于饱和状态,Al_2O_3 处于不饱和状态,其 CIPW 标准矿物为 An+Ab+Or+Q+Di+Hy。安山岩部分样品出现了 C,全部出现石英 Q,说明 SiO_2 为过饱和状态,Al_2O_3 大部分饱和,部分样品出现 Di,部分样品出现 Hy,其 CIPW 标准矿物组合为 Q+An+Ab+Or。英安岩全部样品出现石英分子 Q 和刚玉分子 C,说明 SiO_2、Al_2O_3 均为过饱和状态,所有的样品出现了 Hy,而无 Di,其标准矿物组合为 Q+An+Ab+Or+Hy。分异指数 DI 玄武岩为 69.24,玄武安山岩为 70.39,英安岩平均为 82.91,从而也反映了岩浆分异演化的规律,随着分异演化越彻底酸性程度越高。

(3) 化学成分各种指数特征:里特曼指数,全部样品变化于 0.8～1.4,皆小于 3.3,属钙碱性系列岩,这与 AFM 图解的判别结果是一致的。说明测区则弄群的岩石系列属于钙碱性系列。固结指数(SI),玄武岩平均为 26.87,英安岩平均为 15.11。从基性岩到酸性岩,固结指数由大到小,说明则弄群火山岩从基性到酸性岩岩浆分异程度是逐渐增高的。碱度率(AR)玄武岩平均为 1.29,玄武安山岩平均为 1.46,英安岩平均为 2.01,随着酸性程度的增高,碱度率也逐渐增高。过铝指数(A/CNK)玄武岩及玄武安山岩变化于 0.73～0.94,小于 1.1,表明可能为幔源物质部分熔融而成;英安岩全部样品大于 1.1,平均为 1.39,说明英安岩的源岩可能来源于壳源物质。

综合上述则弄群岩石化学特征来看,测区南部火山岩带的则弄群火山岩的岩石组合为一套基性岩—中基性岩—酸性岩的火山岩,属钙碱性系列。其火山岩浆可能是上地幔及壳源物质混合熔融或单独熔融而成。

5. 地球化学特征

测区则弄群火山岩稀土元素分析结果及其主要参数列于表3-41,稀土元素球粒陨石标准化分布曲线如图3-87所示。稀土总量(ΣREE)玄武岩平均为55.13×10^{-6};玄武安山岩变化于$(44.36\sim93.1)\times10^{-6}$,平均为$63.98\times10^{-6}$;英安岩平均为$84.93\times10^{-6}$,随着岩石酸性程度的增高,$\Sigma$REE呈增加趋势,但总体来看,稀土总量偏低,我们认为可能是由于岩浆在部分熔融是有水加入,从而导致岩浆房成分浓度的变化。LREE/HREE玄武岩平均为1.24,玄武安山岩平均为0.94,英安岩平均为0.91,随着酸性程度的增高,LREE/HREE有逐渐降低的趋势,说明从基性—中基性—酸性岩浆的分异程度逐渐降低。δEu玄武岩及玄武安山岩全部样品皆趋近于1,变化于$0.87\sim0.99$之间,说明Eu几乎正常,无异常;英安岩样品δEu变化于$0.68\sim0.75$之间,具铕的负异常,铕亏损,表明随着岩浆演化的进行,岩浆酸性程度的增高,岩浆房中斜长石分离结晶越好,致使残余熔体亏损铕。

表3-41 测区则弄群火山岩稀土元素分析结果及特征参数表

序号	样号	岩石名称	稀土元素(10^{-6})															特征参数		
			La	Ce	Pr	Nd	Sm	Eu	Gd	Tb	Dy	Ho	Er	Tm	Yb	Lu	Y	ΣREE	LREE/HREE	δEu
1	2101XT2-1	玄武岩	3.18	7.05	0.83	4.02	1.55	0.56	2.25	0.39	3.19	0.68	2.13	0.32	2.05	0.29	15.4	43.89	0.64	0.92
2	2101XT3-1	玄武岩	10.7	22.0	1.86	5.87	1.86	0.63	2.41	0.43	2.90	0.61	1.80	0.28	1.70	0.22	13.1	66.37	1.83	0.91
	平均		6.94	14.53	1.35	4.95	1.71	0.60	2.33	0.41	3.05	0.65	1.97	0.30	1.88	0.26	14.25	55.13	1.24	0.91
3	2421XT1	玄武安山岩	12.2	22.3	3	12.4	3.19	1.05	3.94	0.71	4.9	1.07	2.94	0.44	2.9	0.46	21.6	93.1	1.39	0.90
4	2101XT4	玄武安山岩	3.44	5.76	0.65	3.86	1.22	0.58	2.51	0.49	3.64	0.82	2.4	0.36	2.23	0.3	16.1	44.36	0.54	0.99
5	2101XT4-1	玄武安山岩	5.33	12.0	1.42	4.96	1.48	0.56	2.57	0.50	3.48	0.72	2.31	0.36	2.26	0.32	16.2	54.47	0.90	0.87
	平均		6.99	13.35	1.69	7.07	1.96	0.73	3.01	0.57	4.01	0.87	2.55	0.39	2.46	0.36	17.97	63.98	0.94	0.92
6	2101XT1	英安岩	8.63	16.5	2.31	10.4	3.12	0.85	3.88	0.73	5.6	1.18	3.82	0.6	3.66	0.55	26.7	88.53	0.89	0.75
7	2101XT1-1	英安岩	7.67	18.6	2.20	7.86	2.34	0.61	3.26	0.64	4.49	1.00	3.42	0.52	3.46	0.46	24.8	81.33	0.93	0.68
	平均		8.15	17.55	2.26	9.13	2.73	0.73	3.57	0.69	5.05	1.09	3.62	0.56	3.56	0.51	25.75	84.93	0.91	0.71
8	2101XT6-1	流纹质凝灰岩	24.2	54.8	5.16	21.0	4.14	0.94	3.92	0.58	3.61	0.64	1.96	0.28	1.64	0.22	15.6	138.7	3.87	0.70

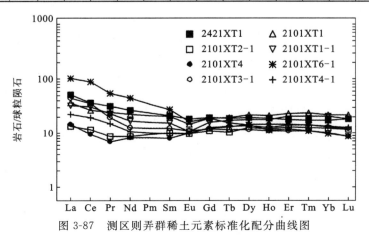

图3-87 测区则弄群稀土元素标准化配分曲线图

在图 3-87 中,则弄群 8 个样品 LREE 位于最上部的那条曲线是火山碎屑岩不具代表性。我们可以看其余 7 条熔岩的曲线。总体来看 LREE 轻微富集,向右微倾曲线,轻稀土元素间较重稀土元素分馏程度高;重稀土间的分馏特征不明显,其配分曲线为平坦型。绝大部分样品具有轻微的负铕异常。从玄武岩到玄武安山岩再到英安岩其稀土配分曲线相似,反映其火山岩具有一定的同源性。从配分曲线来看,则弄群火山岩具有与板内向岛弧过渡火山岩类似的特征。

测区则弄群微量元素分析结果见表 3-42。在微量元素原始地幔蛛网图中(图 3-88),几个样品的曲线大体一致。放射性生热元素 Th 明显富集,非活动性元素 Zr、Hf 都较正常,没有明显出现正负异常,Nb 具明显亏损;过渡性元素 Ti 略具亏损。曲线总体呈单隆起且略显锯齿状,具板内向岛弧火山岩过渡的特征。

表 3-42 测区则弄群微量元素分析结果表

序号	样品名称	岩石名称	微量元素含量($\times 10^{-6}$)													
			F$^-$	Cu	Pb	Zn	Cr	Ni	Co	Li	Rb	W	Mo	Sb	Bi	Hg	Sr
1	2101XT2-1	玄武岩	161	103	1.00	92.6	59.5	21.3	27.9	17.4	5.90	1.27	0.66	0.12	0.098	0.051	113
2	2101XT3-1	玄武岩	231	126	4.00	85.4	20.7	18.1	28.5	13.1	17.3	0.46	1.10	0.23	0.066	0.24	467
	平均		196.00	114.50	2.50	89.00	40.10	19.70	28.20	15.25	11.60	0.87	0.88	0.18	0.08	0.15	290.00
3	2421XT1	玄武安山岩					151.0	60.00	26.30	20.80	9.30			0.22		0.09	99.00
4	2101XT4	玄武安山岩					25.90	12.90	25.70	14.10	25.00			0.25		0.07	102.00
5	2101XT4-1	玄武安山岩	218	111	7.00	106	17.6	27.2	26.1	14.0	28.4	0.46	0.55	0.024	0.19	0.082	147
	平均		72.67	37.00	2.33	35.33	64.83	33.37	26.03	16.30	20.90	0.15	0.18	0.16	0.06	0.08	116.00
6	2101XT1	英安岩					15.80	<1	11.00	14.10	20.20			0.26		0.03	105.00
7	2101XT1-1	英安岩	200	31.1	2.00	51.7	15.6	6.20	8.80	15.3	6.00	2.96	1.21	1.63	0.088	0.053	91.4
	平均		100.00	15.55	1.00	25.85	15.70		9.90	14.70	13.10	1.48	0.61	0.95	0.04	0.04	98.20
8	2101XT6-1	流纹质凝灰岩	322	62.4	5.00	61.2	67.2	58.6	14.8	19.6	44.9	0.42	0.84	0.039	0.22	0.048	36.3

序号	样品名称	岩石名称	微量元素含量($\times 10^{-6}$)													
			Ba	V	Sc	Nb	Ta	Zr	Hf	Be	B	Ga	Sn	Au	Ag	Th	P
1	2101XT2-1	玄武岩	112	260	44.4	<1	<0.5	45.6	1.47	1.52	22.7	17.2	5.00	0.70	0.040	9.62	148
2	2101XT3-1	玄武岩	157	51.8	7.46	1.17	<0.5	47.5	1.78	1.02	17.0	13.2	5.40	2.05	0.093	9.04	203
	平均		134.50	155.90	25.93			46.55	1.63	1.27	19.85	15.20	5.20	1.38	0.07	9.33	175.50
3	2421XT1	玄武安山岩	162.00	199.00	27.90	4.52	<0.5	117.00	3.18	1.69		18.60	<0.3		0.01	3.93	
4	2101XT4	玄武安山岩	209.00	273.00	47.90	1.76	0.74	67.60	2.71	1.90		21.10		7.80	0.06	1.01	
5	2101XT4-1	玄武安山岩	164	273	43.4	1.44	<0.5	64.6	2.51	1.07	17.7	18.4	4.80	1.10	0.063	8.33	204
	平均		178.33	248.33	39.73	2.57		83.07	2.80	1.55	5.90	19.37	1.60		0.04	4.42	68.00
6	2101XT1	英安岩	41.80	48.80	15.20	2.66	<0.5	95.50	3.37	1.13		13.80		3.00	0.08	3.08	
7	2101XT1-1	英安岩	65.8	73.6	17.9	2.10	<0.5	86.5	2.72	0.35	8.05	12.9	4.00	0.35	0.023	7.78	285
	平均		53.80	61.20	16.55	2.38		91.00	3.05	0.74	4.03	13.35	2.00	1.68	0.05	5.43	142.50
8	2101XT6-1	流纹质凝灰岩	122	117	16.8	3.94	<0.5	70.9	2.28	0.68	14.9	11.2	2.00	9.82	0.032	8.50	384

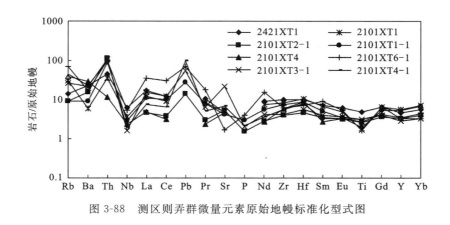

图 3-88　测区则弄群微量元素原始地幔标准化型式图

6. 构造环境分析

则弄群主要为一套基性—中基性—酸性的火山岩系,受后期构造改造比较严重,致使与其他地质单元之间皆为构造接触,分布于拉果错蛇绿岩的两侧。其中的玄武岩一般呈现为绿色,应属于还原条件,况且 Fe_2O_3 的普遍不高,在岩石中常见绿泥石、绿帘石、绢云母等次生矿物,这些特征都是海相火山岩所特有的,因此可以认定测区南部火山岩带则弄群的喷发环境为海相。

在不同构造玄武岩 Hf-Th-Ta 图解中(图 3-89),则弄群玄武岩及玄武安山岩样品全部落入 D 区,属于岛弧玄武岩环境。在 $\lg\tau$-$\lg\sigma$ 图解中(图 3-90),全部样品均落入造山带地区火山岩且都比较靠近日本火山岩。在 F2-F3 图解中(图 3-91),绝大部分样品落入钙碱性火山岩区。以上几张图表反映了则弄群火山岩属造山带的岛弧环境。

结合其区域特征认为则弄群可能形成于班公错-怒江边缘海盆地洋壳俯冲带以上的岛弧环境。

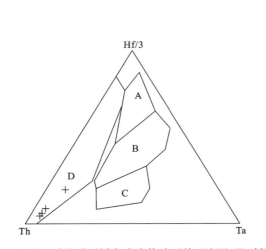

图 3-89　测区则弄群不同玄武岩构造环境 Hf-Th-Ta 判别图
(据 Wood,1979)
A:M-MORB;B:P-MORB;C:板内碱性玄武岩及分异产物;
D:岛弧拉斑玄武岩及分异产物

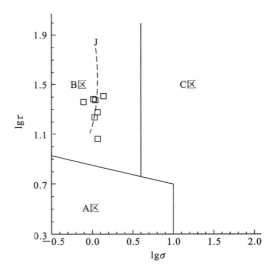

图 3-90　则弄群 $\lg\tau$-$\lg\sigma$ 图解
(据里特曼,1973)
A 区:非造山带地区火山岩;B 区:造山带地区火山岩
C 区:A 区、B 区派生出的碱性、富碱岩;J:日本火山岩

(二) 拉果错蛇绿岩组中的玄武岩

拉果错蛇绿岩中的玄武岩已在本章第二节拉果错蛇绿岩中作了较为详细的叙述,这里不再赘述。拉果错蛇绿岩中的玄武岩也是测区南部火山岩带的组成部分,根据其与拉果错蛇绿岩的密切关系,厘定

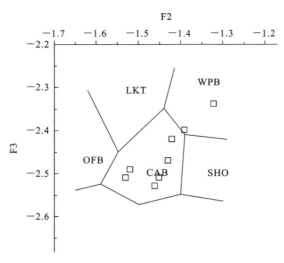

图 3-91 测区则弄群不同玄武岩构造环境 F2-F3 判别图

WPB:板内玄武岩;LKT:低钾拉斑玄武岩(岛弧拉斑玄武岩);

CAB:钙碱性玄武岩;SHO:钾玄武岩;OFB:洋中脊玄武岩

形成时代为晚侏罗世—早白垩世,稀土配分曲线近平坦型,Nb、Zr 略亏损,属于岛弧拉斑玄武岩,形成于弧间盆地的环境。

第四节 侵 入 岩

一、概述

在此次调查之前,对测区侵入岩的研究基本上停留在 20 世纪 70 年代末至 80 年代初 1∶100 万区域地质调查的基础之上。限于当时填图比例尺和工作精度,仅对交通方便的岩体进行了勾绘和岩相学的研究,岩石化学及同位素年代学等方面的资料极少。

通过本次工作,不仅对前人已圈定的部分侵入体产出形态、出露规模进行了必要修正,同时,还在拉果错地区、穷模、比扎等地新发现了规模不等的花岗岩体。目前测区共圈出大小侵入体 17 个,每个侵入体的规模都比较小,但代表了测区不同构造阶段的岩浆侵入活动,有着较大的地质意义。其分布状况如图 3-1 所示。

二、测区花岗岩的研究思路及划分

随着近年来造山带及其花岗岩调研的不断深入,取得了一大批重要的研究成果,如造山带开放的岩浆体系、异源浆混花岗岩、造山带花岗岩的多样性及其形成的不同构造环境、岩浆动力学机制、过程等,都已成为当今花岗岩研究的热点和前沿。以同源岩浆演化为理论基础的单元超单元填图方法面临许多新的问题和质疑。因此,本次调查运用花岗岩填图的基本方法,同时吸收近年来造山带及侵入岩研究的新理念、新认识,采取侵入岩与地球动力学紧密关联的研究途径,以构造-岩浆事件的内在联系为纲,将侵入岩作为造山带岩石圈地球动力学作用和演化的重要探针,纳入造山带统一的地球动力场中加以研究。以此为目标,综合运用多波段遥感解译、野外填图、显微观测等多种手段对岩体进行解体侵入体,并以侵入体作为调研的基本单位,在其岩石岩相学、岩石化学、岩石地球化学、矿物化学、同位素年代学及岩体构造学等方面进行全方位的资料收集和分析,在此基础上进行测区花岗岩类岩浆事件单位的划分,最后结合区域构造和大地构造相研究归纳本区不同类型花岗岩的特点,总结花岗岩与造山带形成演化之间的关系。

按照上述研究思路,并针对测区花岗岩在岩石类型、岩相特征、成因机理、岩浆起源和形成的构造环境等方面,表现出时间上的旋回性和空间上的分带性的特点,将测区花岗岩分别划分为三个构造岩浆构造岩浆带。在时间上,根据花岗岩主要集中形成于白垩纪和古近纪始新世两个时间段,分别划属燕山期和喜马拉雅期两个构造岩浆旋回;在空间上,燕山期构造岩浆旋回具有清晰的成带分布特征,表现出明显的南北分带性,以测区内班-怒结合带为界,将其北部划属为拉嘎拉构造岩浆带,南部划属为拉果错构造岩浆带,中部班-怒结合带内部称为穷模-比扎构造岩浆岩带。

侵入岩岩石类型划分采用国际地质科学联合会 1989 年推荐的分类方案、岩石命名采用"颜色＋结构＋暗色矿物＋基本名称",必要时,特殊的构造可参加命名。测区侵入岩的单元表示方法采用"岩性＋时代"。

三、拉嘎拉构造岩浆岩带

拉嘎拉构造岩浆岩带位于测区的北部,岩体主要分布在拉嘎拉、热拉错等地,主要有 6 个岩体,岩体面积较小,总体皆呈岩株产出,表现为一期,形成时代为早白垩世(燕山晚期)。岩石类型主要有两种:石英闪长岩和花岗闪长岩,表现为早、晚两阶段的不同产物。

(一)地质与岩相学特征

1. 花岗闪长岩($\gamma\delta K_1$)

花岗闪长岩主要分布于热拉错附近,侵入于展金组中,呈小岩株产状产出。与围岩界线清楚,热接触变质作用明显,主要为角岩化现象(图版Ⅲ,1)。在岩体内部获得 K-Ar 法同位素年龄值为 124Ma 和 133Ma,表明其形成时代为早白垩世(燕山晚期)。

岩石呈浅灰色,细粒花岗结构,块状构造。矿物粒径一般为 1～2mm。矿物成分:石英含量 20%～25%;中长石含量 45%～50%,具明显的环带构造,少数分布绢云母鳞片、钠黝帘石集合体,$Np'\wedge(010)=22°$,$Ab60$、$An40$,环带中心一般可达 $Ab55$、$An45$。正长石含量约 10%;黑云母含量 10%～15%,颜色为棕褐色,少数析出钛铁物蚀变为绿泥石;普通角闪石含量 3%～5%,为绿色、新鲜,未蚀变。岩石中副矿物主要有:磷灰石、锆石、榍石、褐帘石等,不均匀星散分布。锆石多为黄色,透明,大部分晶体内含气液及固相包体,粒径一般为 0.05～0.2mm,伸长系数为 1.5～2.2,由柱面{110}、{100},锥面{111}和偏锥面{311}、{131}组成。

2. 石英闪长岩(δoK_1)

该侵入体规模较小,呈小岩株分布于拉嘎拉一带,岩体侵入于展金组和龙格组,外接触带热接触蚀变较发育,与围岩接触界线清楚,见有地层捕虏体,形态不规则大小一般为 10～20m,常具角岩化等接触变质现象(图 3-92)。在岩体内部获得 K-Ar 法同位素年龄值为 111Ma,表明其形成时代为早白垩世(燕山晚期)。

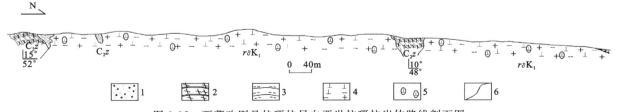

图 3-92 西藏改则县拉嘎拉早白垩世拉嘎拉岩体路线剖面图
1.第四系湖积物;2.红柱石板岩;3.黑云母片岩;4.黑云母花岗闪长岩;5.闪长质包体;6.地质界线

岩石呈深灰色、浅灰色,自形—半自形粒状结构,块状构造。矿物成分:中长石—更长石含量65%～70%,可隐约地见有环带构造,其晶体的自形程度较高,晶体多呈短板柱状,一般长宽比为 2:1,由于其强烈的泥化，双晶已模糊不清，Np′∧(010)=22°，Ab60、An40；普通角闪石含量10%～15%，大多填于中长石的粒间，局部多个半自形晶聚集在一起；石英含量15%～20%，为他形粒状，填于斜长石的粒间，或与钾长石构成文象连生体填于斜长石晶体的间隙中；钾长石少量。黑云母多呈棕褐色，少数蚀变为绿泥石；普通角闪石为棕色。副矿物组合为锆石—磷灰石—赤铁矿。

（二）岩石化学及地球化学特征

1. 岩石化学特征

测区侵入岩的岩石化学成分列于表3-43，其CIPW标准矿物及主要参数见表3-44。

花岗闪长岩　与国内同类岩石相比，SiO_2偏低，为63.1%。K_2O+Na_2O相近，为5.99%，$K_2O/Na_2O<1$。FeO、MgO及CaO含量略高。标准矿物中出现石英Q但无刚玉分子C，表明硅处于过饱和状态，铝处于不饱和状态，其CIPW标准矿物组合为：Q+An+Ab+Or+Di+Hy。分异指数DI平均为85.8，固结指数平均为21.75，表明岩浆的结晶分异程度偏高些。碱度率AR平均为1.76。A/CNK<1.1，为0.94，相对较接近1，指示可能为壳幔混合来源。里特曼指数σ为1.76，总体属钙碱性岩石。在测区花岗岩体QAP图(图3-93)中，样品落入花岗岩区(13)，但比较靠近花岗闪长岩区(14)，与室内定名基本吻合。在测区花岗岩AFM图解(图3-94)中全部样品落入钙碱性系列。

表3-43　测区侵入岩岩石化学分析结果表

岩浆带	样号	岩石名称	地质单元	采样位置	氧化物含量($\times10^{-2}$)												
					SiO_2	Al_2O_3	Fe_2O_3	FeO	CaO	MgO	K_2O	Na_2O	TiO_2	P_2O_5	MnO	Loss	Toal
拉嘎拉构造岩浆岩带	2439GS1	石英闪长岩	$\delta o K_1$	热那错	61.08	16.4	0.78	5.27	5.29	3.06	2.79	2.36	0.78	0.17	0.15	1.03	99.16
	2443GS1	石英闪长岩	$\delta o K_1$	热那错	60.84	16.14	0.28	6.1	5.1	3.15	2.42	2.35	0.84	0.2	0.16	0.96	98.54
	平均				60.96	16.27	0.53	5.685	5.195	3.105	2.605	2.355	0.81	0.185	0.155	0.995	98.85
	1075GS1	花岗闪长岩	$\gamma\delta K_1$	热那错	63.1	16.61	0.63	4.52	5.21	1.51	2.79	3.2	0.78	0.26	0.091	0.34	99.04
穷模-比扎构造岩浆岩带	3287GS	花岗闪长岩	$\gamma\delta E_1$	改则	59.96	17.21	1.57	3.54	6.71	1.73	2.25	3.27	0.83	0.19	0.13	2.41	99.80
	2024GS2	黑云角闪辉长岩	νK_2	比扎	49.86	17.04	0.75	8.86	10.26	5.42	0.93	2.49	1.2	0.2	0.27	1.48	98.76
	1019GS1	花岗岩	γK_1	洞错	65.14	16.31	1.44	3.48	3.87	1.8	1.27	4.57	0.44	0.11	0.12	0.9	99.45
	DCGS3	花岗岩	γK_1	洞错	68.92	15.90	0.41	1.16	2.91	1.36	1.40	5.79	0.15	0.07	0.05	1.47	99.59
	DCGS4	花岗岩	γK_1	洞错	62.52	17.20	1.39	3.97	0.89	3.55	0.95	5.23	0.58	0.09	0.12	3.12	99.61
	花岗岩平均				65.53	16.47	1.08	2.87	2.56	2.24	1.21	5.20	0.39	0.09	0.10	1.83	99.55
拉果错构造岩浆岩带	2068GS1	斜长花岗岩	$\gamma o K_2$	拉果错	65.44	14.21	1.13	4.62	6.39	2.23	0.25	2.77	0.49	0.045	0.15	1.44	99.17
	LGCGS9	二长花岗岩	$\eta\gamma K_2$	拉果错	72.16	14.42	0.57	1.65	3.04	0.91	1.02	3.87	0.20	0.08	0.10	1.24	99.26
	2420GS1	斜长花岗岩	$\gamma o K_2$	拉果错	74.58	12.4	0.42	2.83	4.18	1.19	0.25	3.12	0.27	0.034	0.059	0.8	100.13
	2420GS2	闪长岩	δK_2	拉果错	68.17	13.8	1.73	4.13	5.52	1.9	0.21	2.71	0.45	0.043	0.1	0.9	99.66
	LXGS1	斜长花岗岩	$\gamma o K_2$	拉果错	74.86	13.18	0.48	1.10	1.14	1.00	0.24	6.00	0.33	0.08	0.05	0.98	99.44
	平均				71.04	13.60	0.87	2.87	4.05	1.45	0.39	3.69	0.35	0.06	0.09	1.07	99.53
	1447GS1	石英闪长岩	$\delta o K_2$	拉果错	62.54	14.50	1.58	4.60	4.03	3.21	1.92	4.45	0.84	0.05	0.17	1.79	99.68
	LGCGS4-1	石英闪长岩	$\delta o K_2$	拉果错	51.40	17.66	1.18	6.23	6.96	8.19	0.56	3.77	0.73	0.05	0.21	3.05	99.99
	LGCGS4	石英闪长岩	$\delta o K_2$	拉果错	67.40	14.24	1.75	3.64	5.82	1.82	0.41	2.53	0.23	0.08	0.16	0.85	98.93
	平均				60.45	15.47	1.50	4.82	5.60	4.41	0.96	3.58	0.60	0.06	0.18	1.90	99.53

表 3-44　测区侵入岩 CIPW 标准矿物及特征参数表

岩浆带	样号	CIPW 标准矿物含量($\times10^{-2}$)											特征参数				
		Q	An	Ab	Or	C	Di	Hy	Ol	Il	Mt	Ap	DI	A/CNK	SI	AR	σ_{43}
拉嘎拉构造岩浆岩带	2439GS1	17.94	25.61	20.35	16.8	0.29	0	15.94	0	1.51	1.15	0.4	80.7	0.993	21.46	1.62	1.43
	2443GS1	18.8	24.59	20.38	14.66	0.88	0	18.17	0	1.63	0.42	0.47	78.43	1.024	22.03	1.58	1.23
	平均	18.37	25.1	20.365	15.73	0.585	0	17.055	0	1.57	0.785	0.435	79.565	1.0085	21.745	1.6	1.33
	1075GS1	18.65	23.02	27.43	16.7	0	1.22	9.94	0	1.5	0.93	0.61	85.8	0.935	11.94	1.76	1.76
穷模-比扎构造岩浆岩带	3287GS	15.85	26.32	28.41	13.65	0	5.44	5.92	0	1.62	2.34	0.45	84.23	0.86	14	1.6	1.73
	2024GS2	0	33.48	21.66	5.65	0	14.5	19.44	1.33	2.34	1.12	0.48	60.79	0.717	29.38	1.29	1.5
	1019GS1	21.2	18.75	39.24	7.62	0.65	0	9.32	0	0.85	2.12	0.26	86.81	1.024	14.33	1.81	1.52
	DCGS3	21.64	13.51	49.93	8.43	0	0.59	4.83	0	0.29	0.61	0.17	93.52	0.974	13.44	2.24	1.97
	DCGS4	19.75	3.97	45.86	5.82	6.39	0	14.77	0	1.14	2.09	0.22	75.4	1.529	23.53	2.04	1.88
	花岗岩平均	20.86	12.08	45.01	7.29	2.35	0.20	9.64	0.00	0.76	1.61	0.22	85.24	1.18	17.10	2.03	1.79
拉果错构造岩浆岩带	2068GS1	30.23	26.2	23.98	1.51	0	4.95	10.39	0	0.95	1.68	0.11	81.92	0.864	20.27	1.34	0.4
	LGCGS9	37.75	14.85	33.41	6.15	1.65	0	4.78	0	0.39	0.84	0.19	92.16	1.109	11.35	1.78	0.81
	2420GS1	43.38	19.22	26.58	1.49	0	1.2	6.92	0	0.52	0.61	0.08	90.67	0.954	15.24	1.51	0.36
	2420GS2	35.44	25.18	23.22	1.26	0	1.88	9.52	0	0.87	2.54	0.1	85.1	0.937	17.79	1.36	0.34
	LXGS1	35.34	5.21	51.56	1.44	1.19	0	3.72	0	0.64	0.71	0.19	93.56	1.08	11.34	2.54	1.22
	平均	36.43	18.13	31.75	2.37	0.57	1.61	7.07	0.00	0.67	1.28	0.13	88.68	0.99	15.20	1.71	0.63
	1447GS1	14.82	14.22	38.47	11.59	0	4.81	12.01	0	1.63	2.34	0.12	79.09	0.867	20.37	2.05	2.03
	LGCGS4-1	0	30.54	32.91	3.41	0	3.83	17.73	8.26	1.43	1.76	0.12	66.86	0.907	41.09	1.43	1.99
	LGCGS4	34.92	26.8	21.83	2.47	0	1.75	9.01	0	0.45	2.59	0.19	86.02	0.938	17.93	1.34	0.35
	平均	16.58	23.85	31.07	5.82	0.00	3.46	12.92	2.75	1.17	2.23	0.14	77.32	0.90	26.46	1.61	1.46

注：岩石名称、地质单元、采样位置同表 3-43。

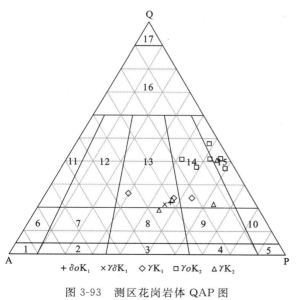

图 3-93　测区花岗岩体 QAP 图

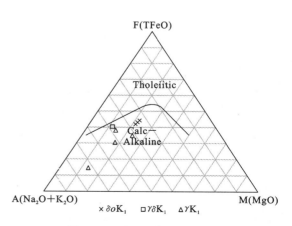

图 3-94　测区花岗岩 AFM 图

石英闪长岩 与国内同类岩石相比主要氧化物相近。K_2O+Na_2O 为 4.77%～5.15%，平均为 4.96%，K_2O/Na_2O 变化于 1.03～1.18，平均为 1.11。标准矿物中全部出现石英 Q 和刚玉分子 C，表明硅、铝处于过饱和状态，其 CIPW 标准矿物组合为：Q+An+Ab+Or+C。分异指数 DI 平均为 79.57，固结指数平均为 21.46，与上述花岗闪长岩相比分异指数偏低些，岩浆的结晶分异程度较高。碱度率 AR 平均为 1.60。A/CNK<1.1，为 0.99～1.02，平均为 1.01，较接近 1，指示可能为壳幔混合来源。里特曼指数 σ 为 1.23～1.43，总体属偏铝质钙碱性岩石。在测区花岗岩体 QAP 图（图 3-93）中，一个样品落入二长花岗岩区(13)，其他样品全部落入花岗闪长岩区(14)，与室内定名基本吻合。在测区花岗岩 AFM 图解（图 3-94）中全部样品落入钙碱性系列。

2. 地球化学特征

测区侵入岩的微量和稀土元素丰度分别见表 3-45、表 3-46。

花岗闪长岩 稀土元素含量中等，稀土元素总量 $\Sigma REE=228\times10^{-6}$，LREE/HREE 为 9.21。δEu 为 0.91，比较接近 1，铕异常不明显。稀土配分曲线见图 3-95，曲线右倾，轻、重稀土分馏明显，属轻稀土富集型，反映岩石为低度部分熔融或分异作用较弱的岩浆产物。大离子亲石元素 Rb、Sr、Ba 及放射性生热元素和放射性生热元素 Th 等明显高于石英闪长岩。微量元素比值蛛网图（图 3-96）中，曲线总体右倾，强不相容元素富集，并具明显的 Nb、Ti 负异常。

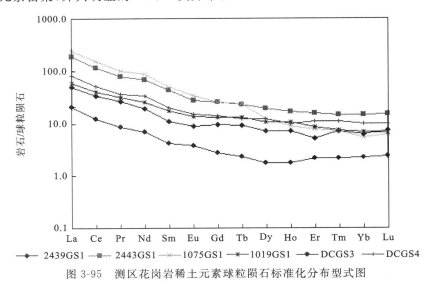

图 3-95 测区花岗岩稀土元素球粒陨石标准化分布型式图

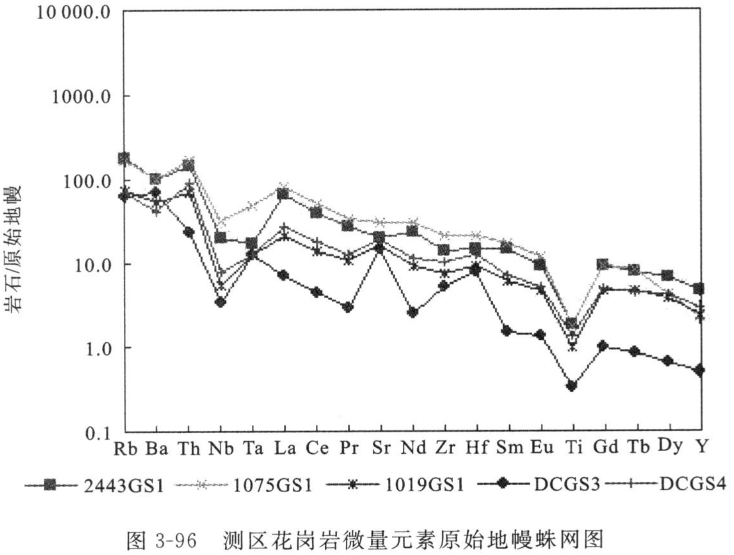

图 3-96 测区花岗岩微量元素原始地幔蛛网图

表 3-45 测区侵入岩稀土元素分析结果及特征参数表

岩浆带	样号	地质单元	稀土元素($\times10^{-6}$)															特征参数				
			La	Ce	Pr	Nd	Sm	Eu	Gd	Tb	Dy	Ho	Er	Tm	Yb	Lu	Y	ΣREE	LREE	HREE	LREE/HREE	δEu
拉嘎拉构造岩浆岩带	2439GS1	$\delta o K_1$	11.5	20.6	2.45	8.89	1.69	0.51	1.95	0.34	1.84	0.4	0.88	0.18	1.07	0.19	6.52	59	45.6	13.37	3.41	0.86
	2443GS1	$\delta o K_1$	44.4	69.3	7.5	31.8	6.45	1.55	5.28	0.85	4.82	0.95	2.57	0.37	2.46	0.38	20.8	199	161	38.48	4.18	0.79
	平均		28	45	4.98	20.3	4.07	1.03	3.62	0.6	3.33	0.68	1.73	0.28	1.77	0.29	13.7	129	103	25.9	3.80	0.82
	1075GS1	$\gamma\delta K_1$	55.5	92	9.26	39.8	7.47	1.96	5.26	0.89	3.09	0.5	1.28	0.18	0.91	0.16	10.1	228	206	22.37	9.21	0.91
穷模-比扎构造岩浆岩带	2024GS2	νK_2	19.7	36.4	4.71	21.7	4.95	1.61	4.27	0.67	4.23	0.77	2.24	0.34	1.87	0.28	17	121	89.1	31.67	2.81	1.04
	1019GS1	γK_1	14	24.8	2.95	12	2.64	0.77	2.71	0.48	2.68	0.6	1.39	0.19	1.17	0.17	10.4	77	57.2	19.79	2.89	0.87
	DCGS3	γK_1	4.87	7.49	0.80	3.28	0.64	0.22	0.57	0.088	0.45	0.099	0.36	0.055	0.39	0.062	2.17	21.5	17.3	4.244	4.08	1.09
	DCGS4	γK_1	18.9	31.0	3.46	15.4	3.03	0.87	2.83	0.46	3.08	0.56	1.81	0.28	1.69	0.25	12.7	96.3	72.7	23.66	3.07	0.89
	花岗岩平均		12.6	21.1	2.4	10.2	2.1	0.62	2.04	0.34	2.07	0.42	1.19	0.18	1.08	0.16	8.42	64.9	49	15.9	3.35	0.95
拉果错构造岩浆岩带	2068GS1	$\gamma o K_2$	13.2	18.8	2.26	9.33	2.18	0.69	3.44	0.68	4.88	0.93	3.22	0.48	3.16	0.46	24.3	88	46.5	41.55	1.12	0.77
	LGCGS9	$\eta\gamma K_2$	23.9	38.3	2.97	14.2	2.79	0.59	2.15	0.34	2.04	0.40	1.15	0.19	1.18	0.19	7.91	98.3	82.8	15.55	5.32	0.71
	2420GS1	$\gamma o K_2$	4.22	9.72	1.31	6.6	1.84	0.83	3.11	0.57	4.2	0.91	2.82	0.42	2.85	0.45	19.6	59.5	24.5	34.93	0.70	1.05
	2420GS2	δK_2	5.16	9.58	1.24	6.06	1.83	0.79	2.84	0.54	3.89	0.86	2.43	0.38	2.46	0.4	16.9	55.4	24.7	30.7	0.80	1.06
	LXGS1	$\gamma o K_2$	20.0	38.2	3.22	13.5	3.74	0.88	4.86	0.97	6.31	1.39	4.18	0.66	4.41	0.64	28.9	132	79.5	52.32	1.52	0.63
	平均		13.3	22.9	2.2	9.94	2.48	0.76	3.28	0.62	4.26	0.9	2.76	0.43	2.81	0.43	19.5	86.6	51.6	35.01	1.893 041	0.84
	1447GS1	$\delta o K_2$	32.3	60.9	7.71	34.1	8.28	1.68	8.67	1.56	11.0	2.29	6.95	1.00	6.04	0.78	55.0	238	145	93.29	1.55	0.60
	LGCGS4-1	$\delta o K_2$	9.42	14.2	1.02	4.74	1.09	0.28	1.04	0.16	1.08	0.22	0.68	0.10	0.64	0.11	4.59	39.4	30.8	8.62	3.57	0.79
	LGCGS4	$\delta o K_2$	8.65	13.9	2.26	9.31	2.38	0.71	3.29	0.69	4.95	1.00	3.25	0.48	3.23	0.44	24.3	78.8	37.2	41.63	0.89	0.78
	平均		17	30	3.7	16	3.9	0.9	4.3	0.8	5.7	1.2	3.6	0.5	3.3	0.4	28	119	71	48	2.0	0.7

注:岩石名称、地质单元、采样位置同表 3-43。

表 3-46　测区侵入岩微量元素分析结果表

序号	1	2	3	4	5	6	7	8	9	10	11	12	13	14	15
样品名称	2439 XT1	2443 XT1	1075 XT1	2024 XT2	1019 XT1	DC XT3	DC XT4	2068 XT1	LGC XT9	2420 XT1	2420 XT2	LX XT1	1447 XT1	LGC XT4-1	LGC XT4
F^-						116	226		70.4			149	550	142	282
Cu						9.50	47.1		14.7			57.5	32.3	12.5	18.5
Pb						41.4	12.6		10.0			13.5	25.0	7.50	8.00
Zn						45.9	71.9		45.8			93.9	101	55.8	54.8
Cr		43.6	2	42.4	23.8	19.7	36.8	22.2	14.3	15.7	10.8	14.3	84.6	147	27.5
Ni		10.45	<1	11.1	12.6	9.00	19.2	<1	4.80	<1	1.1	34.7	26.7	90.0	6.90
Co		14.8	8.1	23.7	9.75	5.80	14.2	11.9	6.10	14.1	22.7	11.5	11.6	38.3	13.9
Li	46.3	47.9	43.4	16	18.8	21.6	41.0	6.65	6.30	10.3	9.25	4.10	21.5	14.8	7.70
Rb	6.9	112	108	39.8	46.8	38.8	44.8	8.3	31.3	14.2	13.6	2.20	89.7	13.1	5.50
W	14.6					2.63	2.09		0.71			2.22	3.47	0.46	0.79
Mo	46.6					2.26	1.23		1.47			0.93	0.57	1.01	1.08
Sb	108	0.3	0.19	0.23	0.41	1.34	1.34	0.19	0.74	0.34	0.23	1.01	0.52	0.68	0.75
Bi						0.066	0.17		0.074			0.012	0.086	0.078	0.076
Hg		0.01	0.01	0	0.02	0.096	0.11	0.01	0.050	0	0.01	0.071	0.024	0.048	0.048
Sr	0.2	414	627	621	338	302	389	98.3	192	104	112	56.4	97.1	145	85.9
Ba		705	703	358	366	480	281	134	312	59.8	115	116	197	116	73.0
V	0.014	116	28.5	306	81.4	21.9	122	133	23.0	158	215	36.2	73.5	180	128
Sc	428	18.6	3.51	37.5	9.93	3.18	15.5	25.2	3.31	24.4	34.9	14.1	17.0	36.8	22.8
Nb	10.8	14.2	22.2	8.57	3.84	2.38	5.49	1.18	3.46	1.92	1.01	2.64	12.5	3.51	1.75
Ta	110	0.7	2.01	<0.5	<0.5	<0.5	<0.5	<0.5	<0.5	0.53	<0.5	<0.5	1.25	<0.5	<0.5
Zr	19.9	150	230	83.9	82.4	56.8	114	101	75.1	66.5	69.9	123	343	43.6	95.1
Hf	12.3	4.4	6.41	2.59	2.78	2.44	3.83	3.27	2.74	1.92	1.82	4.60	10.1	1.32	3.05
Be	0.85	1.34	2.96	2.2	1.9	1.10	1.36	1.43	0.41	1.52	1.74	<0.2	2.60	1.19	1.01
B	126					7.75	21.5		8.45			7.32	36.5	23.8	19.3
Ga	3.47	8.3	25.1	25.9	18.2	22.3	25.0	15.5	15.8	17.8	17.9	16.7	27.4	17.0	20.9
Sn	1.6					0.30	1.50		1.90			3.00	10.0	2.30	2.80
Au		0.78	0.85	1.9	0.6	1.35	1.30	<0.3	0.15	0.75	0.55	1.90	0.40	0.25	0.20
Ag	10.8	0.03	0.03	0.02	0.04	0.16	0.022	0.008	0.020	0.02	0.02	0.062	0.070	0.016	0.035
Th		12.3	14.2	11.7	6.03	1.97	7.69	2.83	16.7	2.12	1.64	3.92	15.2	6.82	7.35
P	<0.3					271	603		338			324	527	188	217

石英闪长岩　稀土元素含量较花岗闪长岩低，稀土元素总量$\sum REE=(59\sim199)\times10^{-6}$，LREE/HREE为3.41～4.18。$\delta Eu$为0.79～0.86，具弱的负铕异常。稀土配分曲线见图3-95。曲线右倾，HREE接近平坦型曲线，轻稀土较重稀土分馏明显，属轻稀土富集型，大离子亲石元素Rb、Sr、Ba等与花岗岩和闪长岩相比均较低；放射性生热元素丰度也较低。微量元素比值蛛网图(图3-96)中，向右倾斜，强不相容元素富集，非活动性元素Nb和过渡性元素Ti具明显的负异常，与同碰撞带I型花岗岩配分型式相同或相似。

拉嘎拉构造岩浆岩带从早期的花岗闪长岩到晚期的石英闪长岩，稀土总量在减少，其稀土配分曲线及微量元素蛛网图中都具有相似的曲线特征，其岩石地球化学特征也比较相似，两者具有明显的亲缘性，两者可能来自同一岩浆房，或为不同阶段岩浆活动的产物。

（三）花岗岩成因类型及形成的构造环境分析

测区内侵入岩以花岗岩类为主体，合理划分花岗岩的成因类型，有助于确定不同时期的区域构造环境，可大大提高测区花岗岩地质研究水平，进一步查清测区的地质构造演化历史。

1. 岩石成因类型分析

花岗闪长岩和石英闪长岩　SiO_2 为 60.84%～63.1%，Na_2O、K_2O 较平衡，两者比值为 0.87～1.18，A/CNK＜1.1，暗色矿物中多出现角闪石；Rb/Sr 多小于 1，Cr、Ni、Co、V、Cu 较高；副矿物组合为磷灰石—锆石；负铕异常较弱，是由岩浆同化形成的壳幔混合的Ⅰ型花岗岩。

2. 构造环境分析

岩浆活动与构造环境之间存在内在关系，不同构造环境形成不同的火成岩类型，岩石构造组合分析是恢复造山带形成演化过程的有效途径。

拉嘎拉构造岩浆岩带早白垩世侵入岩岩石类型为花岗闪长岩和石英闪长岩。暗色矿物以角闪石为主，黑云母次之，副矿物组合为磷灰石—锆石—榍石型。岩石化学以中等铝、A/CNK＜1.1、TFeO＋MgO＋MnO 较高为特征，$Fe^{3+}/(Fe^{3+}+Fe^{2+})$、TFeO/(TFeO＋MgO)较高，主体属Ⅰ型花岗岩，为含角闪石的钙碱性花岗岩类。以上特征表明拉嘎拉构造岩浆岩带早白垩世花岗岩属活动边缘的花岗岩类。

图 3-97　测区花岗岩 R_1-R_2 图

1. 地幔斜长花岗岩；2. 消减的活动板块边缘（板块碰撞前）花岗岩；3. 板块碰撞后花岗岩；4. 造山晚期—晚造山期花岗岩；5. 非造山期的 A 型花岗岩；6. 同碰撞花岗岩；7. 造山期后的 A 型花岗岩

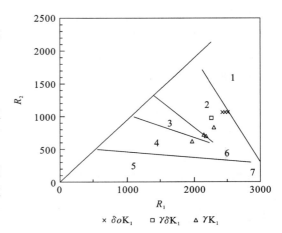

在 R_1-R_2 图解（图 3-97）中，拉嘎拉构造岩浆岩带岩石样品全部落入消减的活动板块边缘花岗岩区。测区不同构造环境花岗岩 Rb-Y＋Nb 判别图（图 3-98）中，全部样品落入火山弧花岗岩区；测区不同构造环境花岗岩 Nb-Y 判别图（图 3-99）中，样品全部落在 VAG＋syn-COLG 区属于火山弧及同碰撞花岗岩。这些特征表明，拉嘎拉构造岩浆岩带早白垩世花岗岩主体为大陆弧花岗岩。结合其位于班公错-怒江结合带北侧的大地构造背景及其花岗岩的地质及时空分布特征，本书认为其地球动力学环境应为俯冲作用环境，属洋壳俯冲到大陆地壳之下的产物，为活动大陆边缘型或岛弧型花岗岩，物质来源应为壳幔混合源。

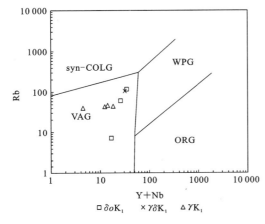

图3-98　测区不同构造花岗岩 Rb-Y＋Nb 判别图

（据 Pearce 等，1984）

VAG：火山弧花岗岩；WPG：板内花岗岩；syn-COLG：同碰撞花岗岩；ORG：洋中脊花岗岩

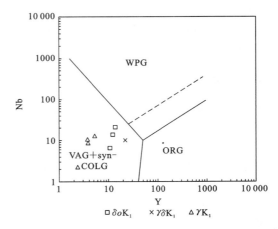

图 3-99　测区不同构造环境花岗岩 Nb-Y 判别图

（据 Pearce 等，1984）

VAG：火山弧花岗岩；WPG：板内花岗岩；syn-COLG：同碰撞花岗岩；ORG：洋中脊花岗岩

（四）岩浆的演化

岩浆演化是岩浆作用时空变化的反映，但分析岩浆演化，首先应研究岩浆的同源性和时空分布上的相关性。拉嘎拉构造岩浆岩带不同类型的花岗岩侵入体在空间上密切共生，侵位时间相近，成分上连续变化，由早阶段到晚阶段依次为花岗闪长岩—石英闪长岩，呈现出反演化连续变化的特征。

由早阶段花岗闪长岩到晚阶段石英闪长岩在矿物成分上，表现为石英、钾长石逐渐降低，斜长石增加，暗色矿物由少变多，主要由黑云母变化为角闪石。化学成分上 SiO_2、K_2O 逐渐降低，FeO、MgO 等则增加，Al_2O_3 变化不太明显。标准矿物 Di 由无到有，刚玉 C 由有到无，由偏铝质向不偏转变，总体表现为向贫硅和碱、富镁和铁方向演化；在结构上表现为由细、中细粒—细中粒的结构演化特征；在稀土配分曲线上，各期侵入体配分曲线相互平行，配分型式相同，从早到晚，稀土总量相对增大，显示出良好的同源性和分布特征；不同侵入体微量元素比值蛛网图显示配分型式一致，愈近晚期的 Nb、Ti 负异常愈明显。因此，拉嘎拉构造岩浆岩带花岗岩类是同源岩浆演化的产物，构成测区北部一个岩浆侵入旋回。此时可能受到班公错-怒江结合带向北俯冲消减造成的陆-陆碰撞影响而形成。

四、穷模-比扎构造岩浆岩带

穷模-比扎构造岩浆岩带位于测区的中部，位于班公错-怒江结合带的北缘或靠近结合带，岩体主要分布在穷模、那热村北侧、比扎等地，主要有 4 个岩体，岩体面积较小，总体皆呈岩株产出，表现为三期，形成时代为早白垩世、晚白垩世（燕山晚期）和古新世（喜马拉雅早期），岩石类型对应的主要也有三种：黑云（斜长）花岗岩、辉长岩和花岗闪长岩。

（一）地质与岩相学特征

1. 黑云（斜长）花岗岩（γK_1）

主要分布在那热村北侧等地，侵入木嘎岗日岩群和去申拉组中，呈小岩株产出。与围岩界线较清楚，热接触变质作用不太明显。在那热村岩体内部获得 K-Ar 法同位素年龄值为 90.5Ma，表明其形成时代为早白垩世。

岩石灰白色，中细粒花岗结构，块状构造。斜长石 30%～35%，An 为 28～30，为更长石，半自形柱状；钾长石（25%～30%），他形粒状，混浊而双晶不清，常包裹有斜长石和石英、云母等晶体；石英（25%～30%）他形粒状，干净，显微裂纹发育；黑云母（5%～8%），自形—半自形片状，多色性明显，Ng 红褐色、Np 浅褐黄；角闪石（1%～2%）半自形柱状。岩石蚀变较弱，表现为轻绢云母化、绿泥石化。副矿物组合为磁铁矿—锆石—磷灰石。

2. 辉长岩（υK_2）

该侵入体规模较小，呈小岩株分布于比扎一带，岩体侵入于色哇组（$J_{1-2}s$）中，与围岩接触界线清楚，外接触带热接触蚀变较发育，常具角岩化等接触变质现象（图 3-100）。在岩体内部获得 K-Ar 法同位素年龄值为 75.6Ma，表明其形成时代为晚白垩世。

岩石具中粒半自形粒状结构，块状构造。矿物粒径 2～3mm，矿物成分：粒长石含量约 60%，半自形，周围常分布少量绢云母鳞片、微粒黝帘石集合体，$Np' \wedge (010)=32°$，Ab45，An55；角闪石含量约 35%，均强烈次闪石化，在其中心常见分布普通辉石；普通辉石含量约 2%，石英约 2%，粒状，有的具熔蚀状，黑云母约 2%，部分蚀变为绿泥石。副矿物主要有磷灰石及一些金属矿物。

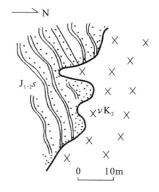

图 3-100　比扎岩体侵入围岩接触关系示意图

3. 花岗闪长岩($\gamma\delta E_1$)

该侵入体规模较小,呈小岩株分布于穷模一带,岩体侵入于去申拉组(K_1q)中,与围岩接触界线清楚,外接触带热接触蚀变较发育,常具角岩化等接触变质现象。在岩体内部获得 K-Ar 法同位素年龄值为 56Ma,表明其形成时代为古新世(喜马拉雅早期)。

岩石新鲜面为灰—深灰色,细粒花岗结构(1~2mm),块状构造。斜长石 45%±,An 为 26~28,属更长石,自形—半自形柱状,较洁净,钠长石律双晶发育,双晶结合面平直,少数晶体显示环形消光,具两期结晶,早期粒径细小(0.3~0.6mm),混浊,多被钾长石包裹,晶体显示净边,晚期结晶粒径粗大(1.5~2mm),为主要结晶期;钾长石 10%~15%,为微斜条纹长石,他形填隙粒状,常包裹有早期结晶的斜长石和石英晶体;石英 25%~30%,他形填隙粒状,显微裂隙发育,显示波状消光;黑云母 8%~10%,呈半自形叶片状,Ng 红褐色、Np 浅褐黄色;角闪石 1%~2%,半自形柱状,绿—浅绿色。蚀变由边部向中部有减弱的趋势,主要为绢云母化、绿帘石化、绿泥石化。副矿物组合:磁铁矿—锆石—磷灰石。

(二) 岩石化学及地球化学特征

1. 岩石化学特征

黑云(斜长)花岗岩:从表 3-43、表 3-44 中可以看出,SiO_2平均含量为 65.53×10^{-2},普遍 Al_2O_3>(K_2O+ Na_2O+CaO)(分子数),属铝过饱和类型;K_2O/ Na_2O <1,变化于 0.18~0.27,平均为 0.23;Na_2O 含量要远高于 K_2O 的含量,TiO_2平均含量为 0.39×10^{-2};说明岩石具有高铝低钾、钛的特点。CIPW 标准矿物组合为 Or+Ab+An+Q+Hy+C。DI 平均为 85.24,SI 平均为 17.10,说明岩浆分异程度较高。A/CNK 平均变化于 0.97~1.531,指示岩浆来源可能为壳幔混合源物质。里特曼指数 σ 为 1.52~1.97,为钙碱性岩系列,显示 I 型花岗岩特征。在测区花岗岩体 QAP 图(图 3-93)中,绝大部分样品落入花岗岩区(13),个别样品落入花岗闪长岩区(14),与室内定名基本吻合。在测区花岗岩 AFM 图解(图3-94)中全部样品落入钙碱性系列。

辉长岩:从表 3-43、表 3-44 中可以看出,SiO_2含量为 49.86×10^{-2},属基性岩范畴。Al_2O_3含量为 17.04×10^{-2},较高;K_2O/ Na_2O 为 0.37,钾含量较低,Na_2O 含量要远高于 K_2O 的含量;TiO_2含量为 1.2×10^{-2};P_2O_5含量偏低,为 0.2×10^{-2};说明岩石具有高铝低钾、钛和磷的特点。CIPW 标准矿物中出现橄榄石 Ol,说明岩石岩浆处于不饱和状态,标准矿物组合为 Or+Ab+An+Hy+Di+Hy+Ol。DI 为 60.79,SI 平均为 29.38,说明岩浆结晶分异程度中等。A/CNK 为 0.72,指示岩浆来源可能为壳幔混合物质。里特曼指数 σ 为 1.5,为钙碱性岩系列。

2. 地球化学特征

黑云(斜长)花岗岩:从表 3-45、表 3-46 中可以看出,稀土元素总量 ΣREE 变化于(21.5~96.3)×10^{-6},变化幅度较大,LREE/HREE 为 2.89~4.01。δEu 为 0.87~1.09,负铕异常不明显。稀土配分曲线见图 3-95,曲线微向右倾斜,HREE 接近平坦型曲线,轻稀土较重稀土分馏明显,属轻稀土微弱富集型。微量元素比值蛛网图(图 3-96)向右倾斜,强不相容元素富集,放射性生热元素 Th 轻微富集,非活动性元素 Nb 和过渡性元素 Ti 具明显的负异常。

辉长岩:稀土元素含量中等,稀土元素总量ΣREE 为 121×10^{-6},LREE/HREE 为 2.81,轻、重稀土分馏程度相当。δEu 为 1.04,比较接近 1,铕异常不明显。稀土配分曲线见图 3-101。曲线微弱右倾,属轻稀土微弱富集型,反映岩石为低度部分熔融或分异作用较弱的岩浆产物。在微量元素比值蛛网图(图 3-102),曲线总体微弱右倾,强不相容元素微弱富集,放射性生热元素 Th 及大离子亲石元素 Sr 明显富集,并具明显的 Ti 负异常,不相容元素 Zr、Hf 较正常。

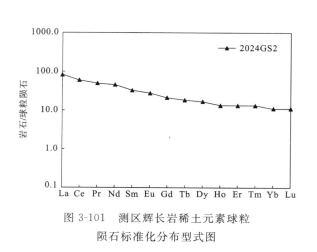

图 3-101　测区辉长岩稀土元素球粒
陨石标准化分布型式图

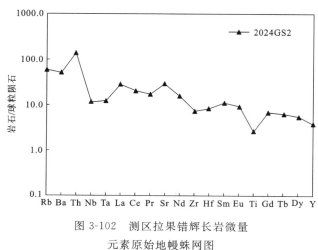

图 3-102　测区拉果错辉长岩微量
元素原始地幔蛛网图

（三）构造环境分析

穷模-比扎构造岩浆岩带早白垩世侵入岩岩石类型为黑云（斜长）花岗岩（γK_1），晚白垩世辉长岩（υK_2）及古新世花岗闪长岩（$\gamma \delta E_1$）。

黑云（斜长）花岗岩：在 R_1-R_2 图解（图 3-97）中，岩石样品落入消减的活动板块边缘花岗岩区和造山晚期—晚造山期花岗岩区。测区不同构造环境花岗岩 Rb-Y+Nb 判别图（图 3-98）中，全部样品落入火山弧花岗岩区；测区不同构造环境花岗岩 Nb-Y 判别图（图 3-99）中，全部落在 VAG+syn-COLG 区，属于火山弧及同碰撞花岗岩。这些特征表明，穷模-比扎构造岩浆岩带黑云（斜长）花岗岩主体为大陆弧花岗岩。结合其位于班公错-怒江结合带带内的大地构造背景及其花岗岩的地质及时空分布特征，本书认为其地球动力学环境应为俯冲作用环境，属洋壳俯冲到大陆地壳之下的产物，为岛弧型花岗岩，物质来源应为幔源。

辉长岩：在 Hf-Th-Ta 图解（图 3-103）中，样品投入到岛弧钙碱性系列中；在 Ti-Zr-Sr 图解中（图 3-104），样品全部属于钙碱性玄武岩。综合以上两个图解本书认为辉长岩的构造环境属于岛弧环境，可能是受班公错-怒江结合带晚期或拉果错-阿索带向北俯冲的影响导致陆-陆碰撞致使地幔岩浆低度部分熔融而成。

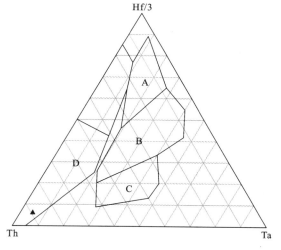

图 3-103　测区辉长岩体不同构造环境
玄武岩 Hf-Th-Ta 判别图
（据 Wood，1979）
A：M-MORB；B：P-MORB；C：板内碱性玄武岩及分异产物；
D：岛弧拉斑玄武岩及分异产物

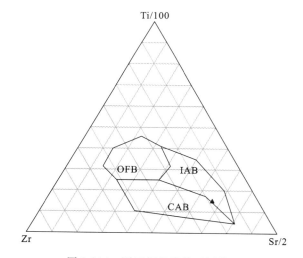

图 3-104　测区辉长岩体不同构造
玄武岩 Ti-Zr-Sr 判别图
（据 Pearce，1973）
IAB：岛弧拉斑玄武岩；OFB：洋脊拉斑玄武岩；
CAB：钙碱性玄武岩

五、拉果错构造岩浆岩带

拉果错构造岩浆岩带位于测区的南部,分布在拉果错蛇绿岩中,分布在俄穷扎日、洞俄、址勒等地,主要有6个岩体组成,岩体分布面积较小,总体皆呈岩株产出,表现为一期,形成时代为晚白垩世(燕山晚期),岩石类型主要有两种:斜长花岗岩和石英闪长岩,表现为同一时期的不同产物。

(一)地质与岩相学特征

1. 斜长花岗岩(γoK_2)

斜长花岗岩主要分布于拉果错附近,侵入于拉果错蛇绿岩中,呈小岩株产状产出。与围岩界线清楚,热接触变质作用明显,主要为角岩化现象。在岩石中常见有包体,为闪长岩质成分,形态大都呈圆形、椭圆形,也有不规则状的,与岩体界线较清楚,大小一般为10~20cm不等,在岩体内部获得K-Ar法同位素年龄值为83Ma,表明其形成时代为晚白垩世(燕山晚期)。

斜长花岗岩呈灰白色,中细粒花岗结构,块状构造,粒径0.5~3.5mm不等。主要矿物成分为:中长石50%~65%,半自形—自形粒状,聚片双晶多不发育,常见到简单双晶或无双晶,一般具明显的环带构造,略蚀变,周围常分布有黝帘石集合体和极细绢云母鳞片;石英25%~30%,他形粒状,常为斜长石晶体间的填隙物,有的局部见有粗大的单晶体;角闪石2%~5%,大部分经不同程度次闪石化,大多数蚀变为绿泥石、绿帘石等矿物。副矿物主要见有磷灰石、榍石,呈不均匀星散分布于岩石之中。

2. 石英闪长岩(δoK_2)

该侵入体规模较小,呈小岩株分布于拉果错一带,岩体侵入于拉嘎组和拉果错蛇绿岩中,与围岩接触界线清楚。在岩体内部获得K-Ar法同位素年龄值为73.6Ma,表明其形成时代为早白垩世(燕山晚期)。此年龄与上者斜长花岗岩的年龄相差不大,表现为同一时期的不同产物。

岩石呈浅灰色,自形—半自形粒状结构,块状构造。矿物成分:中长石-更长石含量65%~70%,可隐约地见有环带构造,其晶体的自形程度较高,晶体多呈短板柱状,一般长宽比为2:1,由于其强烈的泥化,双晶已模糊不清;普通角闪石含量10%~15%,大多填于中长石的粒间,局部多个半自形晶聚集在一起;石英含量15%~20%,为他形粒状,填于斜长石的粒间,或与钾长石构成文象连生体填于斜长石晶体的间隙中;钾长石少量。

副矿物组合为锆石—磷灰石—赤铁矿。

(二)岩石化学及地球化学特征

1. 岩石化学特征

斜长花岗岩:从表3-43、表3-44中可以看出,SiO_2含量变化于65.44%~74.86%,平均为71.04%属酸性岩范畴。K_2O含量普遍变化于0.21%~0.25%,K_2O/Na_2O普遍较低,变化于0.04~0.09;TiO_2含量变化于0.2%~0.49%之间。岩石明显具有低钾、钛的特征。标准矿物中全部样品出现石英Q,部分样品出现刚玉分子C,表明硅处于过饱和状态,部分样品铝处于饱和状态;其CIPW标准矿物组合为:Q+An+Ab+Or+Hy。分异指数DI平均为88.68,固结指数平均为15.20,表明岩浆的结晶分异程度较高。碱度率AR平均为1.71。A/CNK绝大部分小于1.1,变化于0.86~1.11,指示岩浆来源主体可能为壳幔混合源。里特曼指数σ变化于0.4~1.22,属钙碱性岩石。

石英闪长岩:与国内同类岩石相比个别样品SiO_2含量偏高。K_2O+Na_2O为2.94%~6.37%,平均为4.55%,K_2O/Na_2O变化于0.11~0.43,平均为0.27;TiO_2含量变化于0.23%~0.84%之间。岩石

明显具有低钾、钛的特征。标准矿物中大部分岩石出现石英 Q，表明硅处于过饱和状态，个别样品没有出现 Q 而出现了橄榄石 Ol，表明硅不饱和。总体来看，CIPW 标准矿物组合为：An+Ab+Or+Di+Hy。分异指数 DI 平均为 77.32，固结指数平均为 26.46，与上述斜长花岗岩相比分异指数偏低些，岩浆的结晶分异程度不高。碱度率 AR 平均为 1.61。A/CNK<1.1，为 0.87～0.94，平均为 0.9，较接近 1，指示岩浆来源可能为幔源。里特曼指数 σ 为 0.35～2.03，变化范围较大，属钙碱性岩石。

2. 地球化学特征

斜长花岗岩：从表 3-45、表 3-46 中可以看出，稀土元素含量较低，稀土元素总量 ΣREE 变化于 $(55.4 \sim 98.3) \times 10^{-6}$，LREE/HREE 普遍变化于 0.70～5.32。δEu 变化于 0.63～1.06，大部分样品铕异常不明显。稀土配分曲线见图 3-105。曲线接近平坦型，轻、重稀土分馏不明显。微量元素比值蛛网图（图 3-106），曲线总体微弱右倾，强不相容元素富集，具明显的 Nb、Nd、Ti 负异常，放射性生热元素 Th 明显富集。

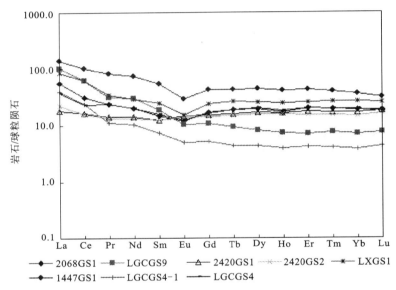

图 3-105　测区拉果错花岗岩稀土元素球粒陨石标准化分布型式图

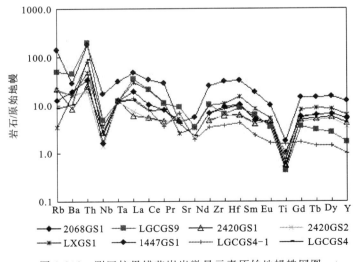

图 3-106　测区拉果错花岗岩微量元素原始地幔蛛网图

石英闪长岩：稀土元素总量 ΣREE 变化范围较大，为 $(39.4 \sim 238) \times 10^{-6}$，LREE/HREE 为 0.89～3.57。$\delta$Eu 为 0.6～0.79，具弱的负铕异常。稀土配分曲线见图 3-105。曲线微弱右倾，HREE 接近平

坦型曲线，轻稀土较重稀土分馏明显，属轻稀土富集型，在铕处有谷出现，表明铕亏损。在微量元素比值蛛网图（图 3-106）中，曲线向右倾斜，强不相容元素富集，具明显的 Nb、Nd、Ti 负异常，放射性生热元素 Th 明显富集，表明岩浆在结晶分异过程中有地壳物质的混染，岩浆房中无或有少量的金红石。与斜长花岗岩的地球化学特征基本相似，两者可能为同一岩浆房的产物。拉果错构造岩浆岩带的斜长花岗岩与石英闪长岩的稀土配分曲线及微量元素蛛网图中都具有相似的曲线特征，其岩石地球化学特征也比较相似，表明两者具有亲缘性，两者可能来自同一岩浆房，为不同阶段岩浆活动的产物。

（三）花岗岩的构造环境分析

岩浆活动与构造环境之间存在内在关系，不同构造环境形成不同的火成岩类型，岩石构造组合分析是恢复造山带形成演化过程的有效途径。

拉果错构造岩浆岩带晚白垩世侵入岩岩石类型为斜长花岗岩和石英闪长岩。在 R_1-R_2 图解中（图 3-107），拉果错构造岩浆岩带中的斜长花岗岩绝大部分落入幔源花岗岩区，个别落入同碰撞花岗岩区；石英闪长岩样品绝大部分落入消减的活动板块边缘花岗岩区，个别落入幔源花岗岩区。测区不同构造环境花岗岩 Rb-Y+Nb 判别图（图 3-108）中，斜长花岗岩与石英闪长岩全部样品落入火山弧花岗岩区；测区不同构造环境花岗岩 Nb-Y 判别图（图 3-109）中，全部样品落在 VAG+syn-COLG 区，属于火山弧及同碰撞花岗岩。这些特征表明，拉果错构造岩浆岩带晚白垩世花岗岩主体为火山弧花岗岩。结合其位于拉果错蛇绿岩（狮泉河-永珠-嘉黎结合带）的大地构造背景及其花岗岩的地质及时空分布特征，本书认为其地球动力学环境应为俯冲作用环境，属洋壳俯冲时的产物，为岛弧型花岗岩，物质来源应为幔源。

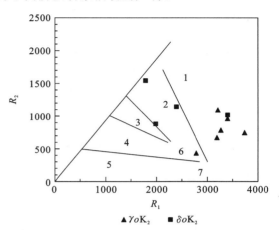

图 3-107 测区拉果错花岗岩 R_1-R_2 图

1. 地幔斜长花岗岩；2. 消减的活动板块边缘（板块碰撞前）花岗岩；3. 板块碰撞后花岗岩；4. 造山晚期—晚造山期花岗岩；5. 非造山期的 A 型花岗岩；6. 同碰撞花岗岩；7. 造山期后的 A 型花岗岩

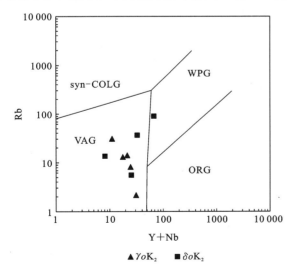

图 3-108 测区拉果错花岗岩不同构造环境花岗岩 Rb-Y+Nb 判别图

（据 Pearce 等，1984）

VAG：火山弧花岗岩；WPG：板内花岗岩；syn-COLG：同碰撞花岗岩；ORG：洋中脊花岗岩

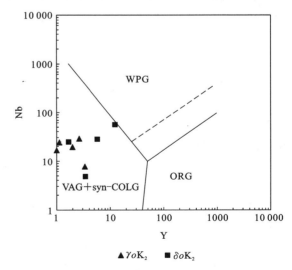

图 3-109 测区拉果错花岗岩不同构造环境花岗岩 Nb-Y 判别图

（据 Pearce 等，1984）

VAG：火山弧花岗岩；WPG：板内花岗岩；syn-COLG：同碰撞花岗岩；ORG：洋中脊花岗岩

第五节 脉 岩

测区岩脉不太发育,种类也不多,主要分布于测区中部并沿断裂带及其两侧分布。岩脉类型不多,主要为基性岩脉—中性岩脉—酸性岩脉,根据其分布规律、形成时间、产出特征及岩石类型等情况,测区主要为与区域构造裂隙有关的区域性脉岩,它们一般特征表现为:与围岩界线清楚,脉壁整齐,多呈脉状或透镜体状产出,它们一般都顺层贯入,有的与地层走向小角度斜交,接触带的围岩有强烈硅化和片理化以及很窄的热变质带。由于受区域构造裂隙及围岩性质不同和影响,或受到更晚期构造运动的影响,各类脉岩产出方向各异,长宽各不相同,总体表现脉体宽度都小,脉岩规模大小相差悬殊,脉宽5～50m,脉长几十米至几百米,甚至几千米不等。

一、地质及岩相学特征

(一) 基性岩脉

辉绿岩脉主要分布于测区改则县北东尼布、拉果错等地,岩脉侵入于木嘎岗日岩群和拉果错蛇绿岩中,脉体一般近东西走向,长几百米至1km,宽几十米至300m不等。脉岩岩石类型为辉绿岩、石英辉绿岩等。岩石呈辉绿结构、含长结构、反应边结构,主要矿物为拉长石或更长石(55%～70%,$wt\%$,下同),辉石(12%～25%),少数岩石含钠长石(5%～8%),石英(3%～6%)或橄榄石(5%±)。斑状岩石中斑晶矿物为拉长石($Np'\wedge(010)=30°$,$Ab64$、$An58$),含量可达60%。岩石中副矿物为磷灰石、钛铁矿和磁铁矿,钛磁铁矿含量达3%～4%。后期蚀变为绿泥石化、次闪石化和碳酸盐化。

辉长岩脉主要见于测区穷模一带,脉体侵入于木嘎岗日岩群及去申拉组中,长400～500m,宽100余米。岩石辉长结构,主要矿物为拉长石(70%,$Np'\wedge(010)=32°$,$Ab42$、$An58$)及辉石(26%),另含少量副矿物磷灰石、榍石,磷灰石颗粒粗大。后期蚀变为次闪石化、碳酸盐化。

(二) 中性岩脉

区内主要为闪长玢岩脉和安山岩脉、安山玢岩脉。分布较为零散,主要见于测区康托南侧、洞错、拉甲茹等地。

闪长玢岩 斑状结构,斑晶矿物为环带中长石和普通角闪石,含量30%～35%,粒径4～8mm。基质细粒半自形粒状结构,由更长石和环带中长石(67%～85%)、角闪石(9%～13%)组成,偶含辉石和少量石英、正长石等。斑晶为环带中长石[$Np'\wedge(010)=25°～27°$,$Ab53～55$,$An45～47$]含量为25%～32%。

安山岩 斑状结构,基质微粒—微晶结构,玻晶交织结构,块状构造。斑晶成分:斜长石含量约占90%,个别可达25%～30%,自形—半自形晶,晶体较大,大的有4mm±,中等的为2～3mm,具不太清晰的环带构造,为中长石,双晶发育,主要有卡氏双晶、卡钠双晶;普通角闪石含量约10%,呈长柱状,长宽比为(8～10):1,呈定向—半定向排列。基质成分:中长石,占70%～75%,呈微晶状,多为方形,少数为长方形,具隐约的环带构造;石英含量小于5%,多为中长石的填隙物;玻璃质占5%～10%。岩石中常含有少量的磁铁矿等金属矿物。

安山玢岩 岩石多呈紫红色,具不等粒斑状结构,块状构造,斑晶含量约40%,中性斜长石含量约30%,较规则的板柱状,表面干净,双晶纹清晰,部分具环带构造,部分裂缝发育,由褐红色铁质充填;碱性长石含量约5%,主要为正长石,偶见透长石,正长石多裂纹;辉石含量5%～10%,呈较规则的短柱状,半自形粒状,横断面呈八边形,几乎全由绿泥石、纤闪石替代,镜下呈浅褐黄色、深草绿色,部分具特征的暗化边,有的裂纹发育,缝隙中见氧化铁充填。基质多具微粒嵌晶结构,由显微条状、针状斜长石密集杂乱分布，与碱性长石、微粒石英紧密嵌生。次生蚀变主要有次闪石化、绿泥石化、碳酸盐化等石英闪长玢岩由环带中长石或更长石(55%～68%)、黑云母(5%～10%)、角闪石(15%～20%)及石英(5%～14%)组成，偶含辉石、钾长石等。斑晶为石英和环带中长石[Np′∧(010)＝22°～23°，Ab60、An40]含量分别为4%～8%和15%～45%，斑晶中偶含角闪石少量。副矿物组合为磷灰石锆石和磁铁矿。岩石主要蚀变为绿泥石化。

在康托南侧的安山岩脉中获得K-Ar法同位素年龄值为74.2Ma，表明安山岩脉的侵位时间大致发生在晚白垩世。

（三）酸性岩脉

酸性岩脉测区主要为花岗斑岩脉类型，分布范围也不大，主要见于拉甲茹地区。脉体规模较小，一般长300～500m，宽几十米至100m。主要为北北西-南南东及近东西走向。岩石呈斑状—聚斑状结构，基质微嵌晶结构，块状构造。斑晶成分主要为中长石，常为聚斑状，自形—半自形，强碳酸盐化，晶体大部已被碳酸盐占据(个别绢云母化和绿泥石化)，但可隐约见有环带构造；其次为钾长石，半自形—自形晶也有碳酸盐化；石英少量，有粗大晶体，可达3mm，强熔蚀，其边缘常有钾长石与石英组成的环边；黑云母少量，自形片状，未见蚀变。

二、岩石化学特征

各类脉岩的岩石化学成分、CIPW标准矿物及特征参数值见表3-47、表3-48。

表3-47 测区岩脉岩石化学分析结果表

序号	样号	岩石名称	采样位置	氧化物含量($\times10^{-2}$)												
				SiO_2	Al_2O_3	Fe_2O_3	FeO	CaO	MgO	K_2O	Na_2O	TiO_2	P_2O_5	MnO	Loss	Toal
1	MGS3	辉绿辉长岩	普汪那义	48.96	15.41	4.07	7.68	6.20	3.64	1.00	2.53	3.80	0.53	0.15	5.61	99.58
2	2101GS5	辉绿岩	拉果错	49.74	19.67	1.64	6.79	7.02	4.1	1.81	2.99	0.52	0.048	0.16	4.81	99.30
3	1062GS1	角闪安山岩	改则	58.5	17.08	3.39	3.07	4.56	2.98	1.4	4.3	0.72	0.21	0.17	2.74	99.12
4	1222GS3	闪长玢岩	洞错	61.6	15.89	2.2	3.45	3.13	2.56	2.79	3.28	0.83	0.2	0.17	2.96	99.06
5	2288GS1	花岗斑岩	拉甲茹	68.45	14.28	0.18	3.82	2.29	1.08	2.89	4.23	0.5	0.14	0.1	1.24	99.20

表3-48 测区岩脉CIPW标准矿物及特征参数表

序号	样号	CIPW标准矿物含量($\times10^{-2}$)												特征参数				
		Q	C	Or	Ab	An	Hy (MS)	Hy (FS)	Ol (MS)	Ol (FS)	Mt	Il	Ap	AR	SI	DI	A/CNK	σ_{43}
1	MGS3	14.1	0.73	8.59	37.8	22	7.7	2.04	0	0	5.1	1.42	0.51	1.7	20	69.87	0.933	1.55
2	2101GS5	11.8	0.17	6.29	22.8	29	9.65	5.05	0	0	6.28	7.68	1.31	1.4	19	74.62	1.001	2.68
3	1062GS1	0	0.15	11.3	26.8	36.5	10	10.3	0.56	0.64	2.52	1.05	0.12	1.4	24	81.9	1.012	1.97
4	1222GS3	21.1	2.35	17.2	28.9	14.8	6.64	3.6	0	0	3.32	1.64	0.48	1.9	18	81.97	1.126	1.89

注：岩石名称同表3-47。

（一）基性岩脉

辉长岩 SiO_2含量为49.74×10^{-2}，属基性岩，K_2O、Na_2O值小；K_2O/Na_2O比值为0.61；而FeO、

MgO、CaO 含量均较高，TiO$_2$ 含量较低。里特曼指数为 2.68，属于钙碱性系列。标准矿物组合为：Or＋Ab＋An＋Q＋C。分异指数（DI）为 74.62，固结指数为 19.24，岩浆结晶分异程度比一般的基性岩要高。

辉绿岩 SiO$_2$ 含量为 48.96×10^{-2}，属基性岩，K$_2$O、Na$_2$O 值小；K$_2$O/Na$_2$O 比值为 0.4；而 Fe$_2$O$_3$、FeO、MgO、TiO$_2$ 含量均较高。里特曼指数为 1.55，属于钙碱性系列。标准矿物组合为：Or＋Ab＋An＋Q＋C。分异指数（DI）为 69.87，岩浆结晶分异程度较高，属基性岩范畴；固结指数为 19.24，岩浆结晶分异程度比一般的基性岩要高。

（二）中性岩脉

闪长玢岩 SiO$_2$ 含量为 61.6×10^{-2}，属中性岩范畴，全碱含量为 6.07×10^{-2}，K$_2$O/Na$_2$O 比值为 0.85；其他氧化物含量与世界闪长岩相比相差不大。里特曼指数为 1.89，属于钙碱性系列。标准矿物组合为：Or＋Ab＋An＋Q＋C。分异指数（DI）为 81.97，岩浆结晶分异程度较高，属中性岩范畴；固结指数为 17.93，固结指数较中性岩平均值偏高，过铝指数 A/CNK 为 1.13（大于 1），说明为过铝质花岗岩类，其物质成分来源于地壳。

安山岩 SiO$_2$ 含量为 58.5×10^{-2}，属中性岩范畴，K$_2$O/Na$_2$O 比值为 0.33；而 FeO、MgO、CaO 含量较高，P$_2$O$_5$、TiO$_2$ 含量较低。里特曼指数为 1.97，属于钙碱性系列。标准矿物中无 Q 而出现了橄榄石 Ol，说明处于不饱和状态，标准矿物组合为：Or＋Ab＋An＋Ol。分异指数（DI）为 81.9，岩浆结晶分异程度较高；固结指数为 23.66，固结指数较中性岩平均值偏高。

（三）酸性岩脉

花岗斑岩 SiO$_2$ 含量为 68.45×10^{-2}，属酸性岩；K$_2$O/Na$_2$O 比值为 0.68，全碱含量为 7.12×10^{-2}，碱含量较高；而 FeO、MgO、CaO、P$_2$O$_5$、TiO$_2$ 含量较低。里特曼指数为 1.89，属于钙碱性系列。标准矿物组合为：Or＋Ab＋An＋Q＋C。固结指数为 8.85，岩浆结晶分异程度高。

三、地球化学特征

测区脉岩的微量和稀土元素丰度分别见表 3-49、表 3-50。

表 3-49 测区岩脉稀土元素分析结果及特征参数表

序号	样号	岩石名称	稀土元素（×10^{-6}）														特征参数		
			La	Ce	Pr	Nd	Sm	Eu	Gd	Tb	Dy	Ho	Er	Tm	Yb	Lu	Y	ΣREE	LREE/HREE	δEu
1	MXT3	辉绿辉长岩	53.0	97.5	11.5	54.8	12.5	3.82	11.0	1.66	9.92	1.61	4.23	0.54	3.22	0.40	37.0	302.7	3.35	0.97
2	2101XT5	辉绿岩	1.57	3.67	0.78	3.46	1.27	0.56	1.91	0.4	3.23	0.65	2.05	0.32	1.92	0.27	14.3	36.36	0.45	1.10
3	1062XT1	角闪安山岩	17.7	28.8	3.07	14.2	3	1.01	3.22	0.51	3.39	0.7	1.96	0.32	2.31	0.39	13.9	94.48	2.54	0.99
4	1222XT3	闪长玢岩	45.2	75	8.06	33.8	6.41	1.44	4.9	0.8	4.91	0.94	2.74	0.4	2.4	0.35	20	207.4	4.54	0.76
5	2288XT1		27.9	48.3	5.7	22.5	4.68	1.08	4.62	0.72	4.91	0.96	0.06	0.44	2.68	0.4	22.8	148	2.93	0.7

表 3-50 测区岩脉微量元素分析结果表

序号	样号	岩石名称	微量元素含量（$\times10^{-6}$）														
			F^-	Cu	Pb	Zn	Cr	Ni	Co	Li	Rb	W	Mo	Sb	Bi	Hg	Sr
1	MGS3	辉绿辉长岩	846	48.4	6.50	137	11.4	16.4	28.6	27.8	20.4	0.63	2.23	0.130	0.073	0.042	479
2	2101GS5	辉绿岩					4.60	5.20	26.00	18.50	12.70			0.20		0.02	157
3	1062GS1	角闪安山岩					15.10	1.80	14.40	37.20	38.40			0.23		0.04	377
4	1222GS3	闪长玢岩					38.80	<1	10.80	43.90	85.40			0.20		0.03	530
5	2288GS1	花岗斑岩					17.1	3.60	6.40	26.9	99.5			0.63		0.00	304

序号	样号	岩石名称	微量元素含量（$\times10^{-6}$）														
			Ba	V	Sc	Nb	Ta	Zr	Hf	Be	B	Ga	Sn	Au	Ag	Th	P
1	MGS3	辉绿辉长岩	234	203	19.0	49.9	2.75	370	10.3	1.65	13.2	24.6	6.35	1.10	0.028	12.6	3320
2	2101GS5	辉绿岩	59.50	275.00	42.70	1.53	0.73	66.10	2.02	1.29		16.30		0.50	0.03	0.89	
3	1062GS1	角闪安山岩	631.00	121.00	12.90	5.15	<0.5	82.80	2.67	1.53		19.30		<0.3	0.02	3.99	
4	1222GS3	闪长玢岩	859	111.0	15.80	15.50	1.22	145.0	4.36	2.10		18.80		2.15	0.01	14.20	
5	2288GS1	花岗斑岩	951	41.1	8.47	11.5	<0.5	189.0	5.39	2.25		15.8		0.85	0.09	9.02	

（一）基性岩脉

辉绿岩：稀土元素含量较低，稀土元素总量$\sum$REE 为 36.36$\times10^{-6}$，LREE/HREE 为 0.45，轻稀土亏损。δEu 为 1.1，铕具微弱的正异常。稀土配分曲线见图 3-110，曲线向右上仰，轻稀土亏损；重稀土呈平坦型曲线，分馏不明显。在微量元素比值蛛网图（图 3-111）中，辉绿岩表现为多个折线状态，具 Ta、Sr、Zr、Hf 正异常，具明显的 Nb、Nd 负异常。

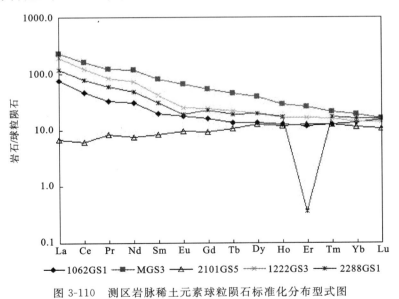

图 3-110 测区岩脉稀土元素球粒陨石标准化分布型式图

辉长岩：稀土元素含量较高，稀土元素总量$\sum$REE 为 302.7$\times10^{-6}$，LREE/HREE 为 3.35，属轻稀土富集型。δEu 为 0.97，铕具微弱亏损。稀土配分曲线见图 3-110，曲线为右倾型，轻稀土富集，轻、重稀土分馏较明显。在微量元素比值蛛网图（图 3-111）中，表现为放射性生热元素 Th 明显富集，大离子亲石元素 Sr 明显亏损。

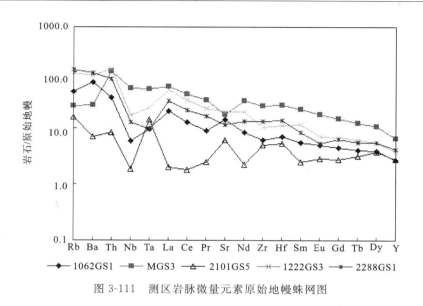

图 3-111 测区岩脉微量元素原始地幔蛛网图

（二）中性岩脉

闪长玢岩：稀土元素含量较高，稀土元素总量 ΣREE 为 207.35×10^{-6}，LREE/HREE 为 4.54，属轻稀土富集型。δEu 为 0.76，铕具微弱亏损。稀土配分曲线见图 3-110，曲线为右倾型，轻稀土富集，轻稀土分馏较明显；重稀土呈平坦型曲线，分馏不明显。在微量元素比值蛛网图（图 3-111）中，表现为非活动性元素 Nb 明显亏损，放射性生热元素 Th 和过渡性元素 Ta 明显富集。

安山岩：稀土元素含量中等，稀土元素总量 ΣREE 为 94.48×10^{-6}，LREE/HREE 为 2.54，属轻稀土微弱富集型。δEu 为 0.99，铕无异常。稀土配分曲线见图 3-110，曲线总体为右倾型，轻稀土富集，轻稀土分馏较明显；重稀土呈平坦型曲线，分馏不明显。在微量元素比值蛛网图（图 3-111）中，表现为非活动性元素 Nb 明显亏损，放射性生热元素 Th 和过渡性元素 Ta 明显富集。

（三）酸性岩脉

花岗斑岩：稀土元素含量中等，稀土元素总量 ΣREE 为 147.75×10^{-6}，LREE/HREE 为 2.93，属轻稀土微弱富集型。δEu 为 0.70，铕具微弱负异常。稀土配分曲线见图 3-110，曲线总体为右倾型，轻稀土富集，轻稀土分馏较明显；重稀土呈平坦型曲线，分馏不明显，但 Er 亏损较大，表现为强烈的负异常。在微量元素比值蛛网图（图 3-111）中，表现为大离子亲石元素 Rb、过渡性元素 La 和不相容元素 Hf 微弱富集，非活动性元素 Nb、Ta 明显亏损。

第六节 岩浆作用

前面分别论述了测区各时期火山岩、侵入岩和蛇绿岩的时空分布、地质特征、岩石学、岩石化学和地球化学特征以及它们的构造环境，本节在此基础上，根据测区岩浆岩的共生组合，讨论岩浆作用以及岩浆作用的演化与板块构造的关系。

一、岩石构造组合和岩浆作用类型

岩浆的产生和岩石的形成受板块运动与大地构造环境控制。在特定的大地构造环境中可以形成一套在时空上紧密共生,成因上相互联系的具有相一致的岩石化学、地球化学特征的一种或几种火山岩组合或(和)侵入岩组合,即为岩石构造组合或岩浆岩构造类型,它体现了构造环境与岩浆作用之间的内在联系。

测区位于班公错-怒江结合带的中西段,保存了不同时代、不同构造环境中形成的不同岩石构造组合。根据前面所述的各类岩石的时空分布、产状、岩石学和岩石地球化学特征以及形成的构造环境,将测区岩浆岩划分为3种岩石构造组合:①蛇绿岩组合;②岛弧型及陆缘弧型组合;③碰撞型组合。下面讨论这些岩石构造组合及其岩浆作用。

（一）蛇绿岩组合

测区蛇绿岩组合分布在班公错-怒江结合带及狮泉河-拉果错-永珠-嘉黎结合带上。与世界上所有的蛇绿岩组合一样,自下而上包括了变质橄榄岩类、堆晶杂岩类、均质辉长岩类、席状岩墙群类、玄武质熔岩以及共生的深海硅质岩,还有岩浆上部层位结晶分异的浅色岩。这些岩石可以构成层序性蛇绿岩地体,也可以单独构成肢解型蛇绿岩地体。洞错蛇绿岩组和拉果错蛇绿岩组的岩石组合分别记录了班公错-怒江边缘海和弧间盆地发展过程中的岩浆作用。

1. 侏罗纪班公错-怒江边缘海类似洋中脊岩浆作用

班公错-怒江蛇绿岩组合是羌塘陆块与拉萨地块之间缝合带的重要组成部分,测区洞错蛇绿岩组是班-怒结合带上保存比较完整的蛇绿岩地体,其层序相对完整,由下至上为:地幔橄榄岩、堆晶杂岩、枕状熔岩、岩墙(群)及放射虫硅质岩。分布在两侧的中上三叠统复理石建造物源特征具有相似性。

洞错蛇绿岩组中的地幔橄榄岩在化学成分上 MgO 含量较高,变化于 37.52%～39.5%,$Mg^{\#}$ 平均为 91.68,属镁质橄榄岩,与阿尔卑斯型地幔橄榄岩相似。其稀土总量偏低$(5.15\sim 7.57)\times 10^{-6}$,但轻稀土富集,不相容元素 Zr、Hf 明显富集,大离子亲石元素 Ba 以及非活动性元素 Nb 明显亏损。本书认为地幔橄榄岩是地幔熔融残余物质在岩浆部分熔融后期经俯冲消减导致流体参与交代而形成的。

洞错蛇绿岩组中的堆晶岩组合比较典型,出露宽度可达 3km,堆晶岩层序由一套含长超镁铁质岩—含长纯橄岩—长橄岩—橄长岩—含长橄榄岩及镁铁质堆晶岩—层状辉长岩所组成。层序中以层状辉长岩为主体。堆晶岩出露较大,说明洞错岩浆房较大,结晶条件和岩浆供源较稳定,岩浆供源速度大于堆晶作用发展的速度,岩浆中从镁铁质堆晶相到富钙铝矿物相的变化逐步稳定发展,从而构成了厚度较大、单一旋回的堆晶岩系。岩石地球化学特征显示物质来源于幔源,个别岩石有壳源物质的成分,是由玄武质岩浆经深部的结晶分离作用而形成的。

洞错蛇绿岩组中的基性熔岩一般产生在层序型蛇绿岩地体的上部,与放射虫硅质岩共生,或者呈厚度较大的孤立构造岩片产出,有的发育良好的枕状构造,一般都缺乏或不发育气孔和杏仁构造,显示了海底水下喷发的特点。岩石化学指示基性熔岩具有中等 Al_2O_3、CaO,高 TiO_2,低 K_2O 的特点,属于碱性系列岩。具有与洋中脊玄武岩相类似的地球化学特征。稀土配分曲线属轻稀土富集型,与 P 型洋中脊玄武岩相似。微量元素 Zr/Y 比值为 $5.54\sim 6.44$,蛛网图曲线与富集地幔 MORB 曲线类似。以上这些特征,明显具有富集地幔的特点。各种构造环境判别图解指示这些基性熔岩形成于类似洋中脊的构造环境。本书认为洞错基性熔岩是富集地幔的玄武质岩浆经过海底岩浆喷溢作用形成于类似洋中脊的构造环境。

在洞错舍拉玛沟及拉它沟,发育有席状岩墙群,单个岩墙厚度一般为 $30\sim 60cm$,出露宽度为 $100\sim 500m$,局部发育有不对称冷凝边,呈现了在连续张裂过程中岩浆的频繁脉动贯入,代表了一种扩张的机制。不仅为扩张脊海底的岩浆喷溢作用不断地提供了物源,而且促使海底不断地侧向迁移。

2. 早白垩世弧间盆地蛇绿岩组合

早白垩世弧间盆地位于测区南部拉果错一带,处在班公错-怒江特提斯洋南侧的一种弧后扩张盆地或有限小洋盆环境,该洋盆向西与狮泉河、向东与纳木错弧后洋盆断续相连;属于狮泉河-永珠-嘉黎结合带的组成部分。在测区延伸约35km,代表洋壳或准洋壳成分的超基性岩和硅质岩的发育是洋盆扩张的记录,而蛇绿混杂岩的发育则是该洋盆消亡的标志。

拉果错蛇绿岩组由地幔橄榄岩[纯橄岩、二辉橄榄岩、斜方(辉)辉橄岩、辉石岩、碳酸盐化超基性岩（已全部蛇纹石化、菱镁矿化）]、块状辉长岩、堆晶辉长岩及枕状玄武岩、放射虫硅质岩、斜长花岗岩等岩石组成,局部被后期的花岗岩体吞噬。

拉果错蛇绿岩组中的地幔橄榄岩在化学成分上具有 SiO_2、MgO、Fe_2O_3 偏高，Al_2O_3、CaO、TiO_2、K_2O、FeO 偏低的特点,反映了基性程度稍偏低的特征。特征参数 $Mg^{\#}$ 平均为90.24,数值都比较大,为镁质橄榄岩,反映了其源区较深,可能为幔源的特点。稀土总量(ΣREE)普遍较低,变化于 $(4.07\sim 4.55)\times 10^{-6}$,可能是由于地幔橄榄岩低度部分熔融而后经地幔交代作用所致。微量元素中放射性生热元素 Th、非活动性元素 Ta、Zr、Hf 明显富集;大离子亲石元素 Ba、Sr 及非活动性元素 Nb 明显亏损。与岛弧玄武岩最突出的地球化学性质接近。

拉果错蛇绿岩组中的堆晶岩组合比较典型,出露宽度可达3km,堆晶岩层序主要为一套堆晶辉长岩或由一套含长的超镁铁岩—含长纯橄岩—长橄岩—橄长岩—层状辉长岩组成,具明显的层状构造,但缺失韵律,均质辉长岩较常见。

拉果错蛇绿岩组中的基性熔岩可见厚度约200m。玄武岩岩石化学具有 SiO_2、Al_2O_3 偏高，K_2O、TiO_2、P_2O_5 偏低的特点,岩石化学也指示本区的玄武岩为钙碱性玄武岩,可能为拉张事件岩浆活动的产物,又具有高铝玄武岩的特征,反映本区玄武岩具有消减带上局部伸展构造区的特点,表现出非大洋中脊玄武岩和洋岛玄武岩的特点,稀土配分曲线呈平坦型,轻、重稀土分馏不明显,属洋中脊与地幔柱型之间的过渡型玄武岩类型。微量元素 Nb、Ta、Nd、Zr、Hf 及 REE 等丰度较 N-MORB 丰度值要低,大离子亲石元素 Sr 及 Pb 元素具较高的正异常;非活动性元素 Nd 有轻微亏损,指示其可能混染有地壳物质成分,岩浆房中含有斜长石矿物。表明岩浆的物质来源可能来自富集地幔与亏损地幔之间的过渡地带。

在岩浆上部单元还发育有斜长花岗岩,呈脉状产于超基性岩中,脉体宽度一般为几十厘米至上百厘米不等,围岩主要为橄辉岩、堆晶岩,与围岩呈明显的侵入接触关系。岩石地球化学指示斜长花岗岩属大洋斜长花岗岩,属钙碱性系列岩,其物源来自较深的地幔。稀土配分曲线近于平坦型,具有铕的负异常,轻、重稀土分馏不明显。微量元素 Rb/Sr 比值为0.19,Zr/Nb 比值为58.85,Zr/Y 比值为5.67,结果指示物源可能来源于富集地幔与亏损地幔的过渡位置。

在拉果错北侧色利日穷勒沟南侧发育有辉绿岩岩墙,围岩多为斜长角闪岩（可能为基性岩变质而成）。岩墙群出露宽度为50～300m,总体呈近东西向展布,单个岩墙厚度一般为30～60cm,岩墙有冷凝边,部分地段发育不对称冷凝边。呈现了在连续张裂过程中岩浆的频繁脉动贯入,代表了一种扩张的机制。

（二）岛弧型及陆缘弧型组合及其岩浆作用

在造山带中,岛弧型组合是一个庞大的岩浆岩共生组合。这些岩石共生组合往往都起因于俯冲消减作用诱发的大规模岩浆作用,在时空上彼此都有密切的联系,在造山带中常共同组成与蛇绿岩带大致平行的岩浆岩带。测区弧型岩石组合较为发育,但规模不大,有岛弧和陆缘弧,其时代为侏罗纪—古近纪。

1. 侏罗纪岛弧型岩浆作用

在测区中部班-怒结合带内部发育有一套仲岗洋岛岩组的地质单元,表现为海底玄武岩浆喷溢作用。岩性主要为一套玄武岩,岩石地球化学特征显示为钙碱性系列,为铝不饱和玄武岩;轻稀土富集,大离子亲石元素 Ba、Sr 明显亏损;形成于洋岛构造环境,为富集地幔的玄武质岩浆低度部分熔融而形成。此套玄武岩可能为残余洋盆发生伸展拉开形成的一次火山喷发活动。

2. 晚侏罗世—早白垩世钙碱性岛弧岩浆作用

火山岩以典型岛弧型钙碱性火山岩组合为主，主要表现为则弄群。岩石类型主要有玄武岩、玄武安山岩、英安岩、流纹岩，主要属浅海相喷发环境。在测区主要分布在拉果错一带，火山岩相主要为爆发相、喷溢相及喷发沉积相。垂向上演化趋势为基性—中基性—酸性，横向上岩性岩相变成较大。岩石地球化学指示属钙碱性，形成于班-怒结合带边缘海盆地洋壳俯冲带以上的岛弧环境。

3. 早白垩世钙碱性岛弧和陆缘弧型岩浆作用

早白垩世岛弧型火山作用在测区主要分布于班-怒结合带的北缘，集中于去申拉组，为一套中基性的火山岩系。岩石类型为玄武岩、安山岩及火山碎屑岩。火山岩相以喷溢相为主，属海相喷发环境。岩石化学显示为钙碱性系列，微量元素反映为岛弧环境。

侵入作用主要分布在测区的北部拉嘎拉、热那错及班-怒结合带的北缘，岩石类型有石英闪长岩、花岗闪长岩及黑云斜长花岗岩等。都呈小岩株产出，规模不大，岩石地球化学特征指示成因类型都属于I型花岗岩，物质来源为壳幔混合源，属钙碱性系列岩。主量元素和微量元素判别多属火山弧环境。它的形成可能是在燕山晚期，受班-怒结合带晚期向北俯冲影响，导致洋壳俯冲到大陆岩石圈之下，从而导致岩体就位。此时期的岩体在测区规模不大，但向西岩浆活动逐渐加强。

4. 晚白垩世钙碱性岛弧岩浆作用

该期的岩浆作用发生在测区拉果错一带及班-怒结合带的北缘比扎一带。拉果错一带岩石类型为斜长花岗岩、石英闪长岩；比扎一带岩石为辉长岩。岩体规模比较小，呈小岩株产出。拉果错带花岗岩体岩石化学显示为钙碱性系列，斜长花岗岩明显具有低钾、钛的特征；轻、重稀土分馏都不明显。微量元素具明显的Nb、Nd、Ti负异常，Th明显富集；源区来自于幔源或壳幔混合源。微量元素判别属火山弧花岗岩，其地球动力学环境就为俯冲作用环境，受拉果错蛇绿岩所标志的狮泉河-永珠-嘉黎结合带俯冲消减的影响而就位。

比扎的辉长岩体岩石地球化学显示属钙碱性系列岩，过铝指数A/CNK为0.72；轻稀土微弱富集，大离子亲石元素Sr明显富集，并具Ti异常，微量元素判别属岛弧钙碱性岩石，本书认为可能是受到班-怒结合带晚期俯冲的影响导致地幔岩浆低度部分熔融而成。

（三）碰撞型组合及碰撞型岩浆作用

海盆地的收缩和封闭导致岛弧-岛弧、岛弧-大陆、大陆-大陆的碰撞，这种碰撞作用引起地壳大规模缩短，产生大规模的推覆和逆掩以及各种强烈的变形作用，甚至产生大陆块体的俯冲作用，或称大陆内部的汇聚作用。不同的陆内汇聚作用产生不同的岩浆作用，在低角度的壳内汇聚作用过程中产生上部陆壳重熔的S型花岗岩深成作用；在高角度的壳幔汇聚作用中产生钙碱性—偏碱性的火山作用。

测区的碰撞型组合构成了南北两条规模较大的火山岩带：一条是羌南（北部）火山岩带，以纳丁错组为代表；一条是中部的以美苏组为代表的中部火山岩带，火山活动主要发生在古近纪。火山作用类型是陆相盆地型喷溢，形成了钙碱性和偏碱性的基性—中性—酸性熔岩和火山碎屑岩。纳丁错组岩石组合主要为橄榄玄武岩、安山岩、辉石安山岩、流纹岩、英安岩、粗面英安岩等，岩石化学指示属钠质钙碱性系列，可能是由上地幔及少量下地壳物质混合熔融而成；微量元素判别属板内碱性玄武岩。火山活动时期大地构造环境正处于陆-陆碰撞造山阶段，受其陆-陆碰撞造山作用的陆内汇聚支配，造就了测区北部的这条火山岩带。美苏组岩石组合主要为玄武岩、安山岩、角闪安山岩、流纹岩及火山碎屑岩，为一套基性—中性—酸性的火山岩系，火山岩相主要为爆发相和喷溢相为主。岩石化学属钙碱性系列，其火山岩浆可能是上地幔及壳源物质混合熔融或单独熔融而成；稀土元素表现为轻稀土富集，轻、重稀土分馏较明显；微量元素Nb大部分亏损，也表明了有壳源物质的混染；微量元素构造环境判别属造山带向板内过渡环境，可能是由于受到喜马拉雅期陆-陆碰撞造山阶段陆内汇聚作用导致了火山喷发作用岩浆的形成。

二、岩浆作用演化旋回

测区地处班公错-怒江结合带的中西段，构造格局上属于"一带两区"的格局，一带为班公错-怒江结合带，两区为羌南构造区和冈底斯-念青唐古拉构造区。因此，本区岩浆活动无疑与班公错-怒江特提斯洋的形成、发展及消亡过程密切相关，但也可能包含了南侧雅鲁藏布新特提斯洋壳向北俯冲、碰撞远程效应的叠加。根据区内蛇绿岩、火山岩与侵入岩的时空关系、成因联系、形成的地球动力学背景，结合区域构造事件，测区岩浆作用的发展演化过程可以划分为一个新特提斯岩浆作用演化旋回。

该旋回发生在新特提斯洋的演化过程中，从侏罗纪开始一直发展到古近纪。测区早期的裂谷型火山作用缺乏，蛇绿岩组合主要发生在侏罗纪和早白垩世，岛弧型岩浆作用开始于早白垩世，由此推断新特提斯海洋型岩浆作用从侏罗纪开始。测区的新特提斯岩浆作用演化旋回可划分为下面几个阶段。

（1）侏罗纪新特提斯海洋型岩浆作用阶段。
（2）早白垩世弧间盆地及岛弧型岩浆作用阶段。
（3）晚白垩世弧-陆碰撞火山作用阶段。
（4）古近纪陆内汇聚岩浆作用阶段。

大致对应于从洋盆扩张→俯冲消减→碰撞隆升→陆内汇聚的次一级构造旋回。

第四章 变 质 岩

测区内变质岩不发育,主要集中于测区南部,而测区北部零星分布,变质岩均属浅—中级变质岩系。根据董申保等(1986)提出的划分原则,测区变质岩可划分为区域变质岩、接触变质岩、动力(碎裂)变质岩、气-液变质岩四大类,其中以区域变质岩为主,主要为浅—中变质。变质地层为上三叠统巫嘎组(T_3w)、下侏罗统色哇组($J_{1-2}s$)、中侏罗统莎巧木组(J_2sq)、中侏罗统捷布曲组(J_2j)及侏罗系仲岗洋岛岩组(MZ)、侏罗系木嘎岗日岩组(Jm)、侏罗系洞错蛇绿岩组(JD)等。接触变质岩主要受岩浆侵入作用影响,在侵入体边界或周围形成带状或环带状变质;动力(碎裂)变质岩受班公错-怒江结合带及其两侧的走滑剪切断裂带和弱应变褶皱系控制,呈带状或线状展布;气-液变质作用测区主要产生于洞错蛇绿岩带和拉果错蛇绿岩带内。

第一节 区域变质岩

测区区域变质岩分布集中在图区南部,图区北部有零星分布,大致呈近东西向带状展布,出露面积约 1142 km²。根据变质岩分布特点、变质特征、变质作用时期与所处不同构造部位,划分为三个变质岩带,即拉嘎拉变质岩带、洞错变质岩带、拉果错变质岩带(图 4-1)。

一、拉嘎拉变质岩带

拉嘎拉变质岩带主要出露于班公错-怒江结合带以北,在羌塘-三江复合板片内呈东西长条状分布,紧邻班公错-怒江结合带北界断层,该套变质岩出露面积最大,东西向稳定延伸,长约 105km,宽 1.5~3km。延伸受断裂控制,并不同程度地受了弱动力变质改造。往北出露面积小,呈星点状分布。除了发生区域变质岩作用外,局部地段发生接触变质作用。受变质地层为下中侏罗统色哇组($J_{1-2}s$)、中侏罗统莎巧木组(J_2sq)、中侏罗统捷布曲组(J_2j)。区域上与上三叠统日干配错组(T_3r)呈断层接触,新近纪康托组(Nk)呈不整合接触(图 4-1)。

(一)变质岩类型及变质特征

该变质岩带变质岩石类型单一,主要为绢云母板岩、钙质泥质板岩、粉砂质板岩、变质石英砂,变质粉砂岩等,原岩成分及组构基本保留。蚀变及变质矿物为绿泥石、方解石、石英、绢云母等。变质岩石及特征见表 4-1。

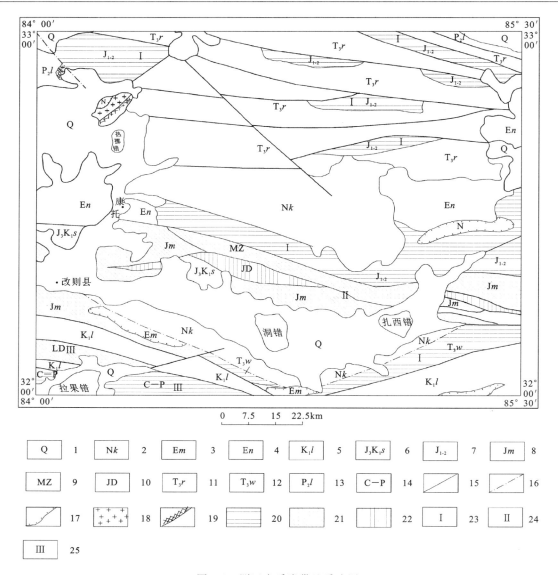

图 4-1　测区变质岩带地质略图

1.第四系；2.新近系康托组；3.古近系美苏组；4.古近系纳丁错组；5.下白垩统郎山组；6.上侏罗统—下白垩统沙木罗组；7.下中侏罗统；8.木嘎岗日岩组；9.仲岗洋岛岩组；10.洞错蛇绿岩组；11.上三叠统日干配错组；12.上三叠统巫嘎组；13.中二叠统龙格组；14.石岩系—二叠系；15.断层；16.推测断层；17.不整合界线；18.燕山期花岗闪长岩；19.接触变质；20.低压型区域动力热流低绿片岩相；21.中压区域动力热流低绿片岩相；22.中压区域动力热流高绿片岩相；23.拉嘎拉变质岩带；24.洞错变质岩带；25.拉果错变质岩带

表 4-1　拉嘎拉变质岩主要变质岩类型及特征

岩石类型	结构	构造	变质矿物共生组合	变质特征
含粉砂质白云质绢云母板岩	含粉砂质鳞片变晶结构	板状构造	石英、绿泥石、绢云母、白云石	细小的绢云母呈鳞片状集合体，定向排列，铁染白云石呈集合体或是散状不均匀分布于岩石中
钙质泥质板岩	粒状鳞片状变晶结构	条纹状构造	石英＋绢云母、方解石	岩石条纹条带是由方解石与绢云母的不同比例而显示出来，方解石为变晶状，粘土矿物（绢云母）微细鳞片状定向排列
粉砂质板岩	变粒砂状结构	板状构造	石英、绢云母、方解石	石英变晶具拉长状，原胶结物重结晶为微细状石英，分布于石英变晶周围，绢云母和粘土矿定向排列
变石英砂岩	鳞片状粒状变晶结构	块状构造	石英、绢云母、方解石	原砂岩中石英粒已被拉长具定向排列，原胶结物已重结晶成微晶—细晶粒，分布于石英变晶周围，云母片定向排列与拉长的石英方向一致

(二) 变质矿物带

该变质岩带变质程度低,属低级变质岩,根据变质岩剖面上出现变质岩特征,测区该带中只划分出绿泥石矿物带(图4-2)。

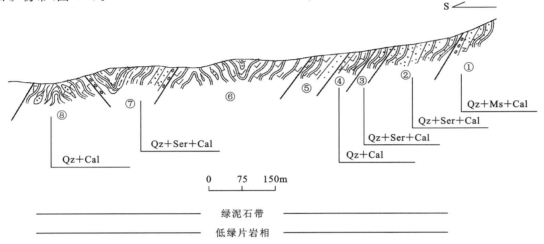

图 4-2 拉嘎拉变质剖面图

①强片理化砾岩、长石石英砂岩、粉砂质板岩;②粉砂质板岩、变石英砂岩;③变粉砂岩、粉砂质板岩;④钙质板岩、钙质砂岩;⑤变砂岩、钙质板岩;⑥钙质板岩;⑦钙质泥质板岩、片理化细砾岩、石英砂岩;⑧钙质板岩

绿泥石带典型矿物共生组合为:
石英+绢云母+方解石
石英+绿泥石+方解石+白云母

该带变质相对较弱,变质岩保留或残存原岩结构,石英变晶具拉长定向排列,原胶结物重结晶为微细状石英,分布于石英变晶周围,绢云母和粘土矿具定向排列。上述绿泥石带中,变质矿物主要为石英、绢云母、绿泥石、方解石等。因此变质相应属低绿片岩相。

(三) 温压条件及变质相系

拉嘎拉变质岩带内石英—绢云母—绿泥石—方解石变质矿物共生组合属于贺高品的低绿片岩相,相当于温克勒的低变质级,其形成的变质温压为 $0.1\sim1.0$ GPa,$350\sim500$℃。此外该变质岩带内出现的变质岩石类型均属低级变质岩,其变质矿物组合内未出现中高压变质矿物,由此可确定拉嘎拉变质矿物组合主要形成于低压变质相系。

(四) 变质期

在晚三叠世末期至早中侏罗世,测区的班公错-怒江洋盆扩张,羌南地体向北西方向裂离,图幅内表现为具一定规模的右行平移走滑造山,晚三叠世地层产生了强烈的变质变形、走滑剪切带、弱应变带和褶皱系列(见动力变质岩部分)。而拉嘎拉变质岩中变质岩石的微观构造特征与上述区域大构造应力相对应。另外下中侏罗统色哇组($J_{1-2}s$)中有燕山期和喜马拉雅期的花岗闪长岩侵入,侵入体边界部位地层发生接触变质,角岩、角岩化现象明显,侵入体 K-Ar 年龄分别为 111Ma 和 75.6Ma。因此根据以上两点,该变质岩带的变质时期可以确定为 J_3—K。

二、洞错变质岩带

该变质岩带分布于测区南部,呈东西向带状延伸,长约 126km,出露宽 $4.2\sim17.6$km。该带属日土-怒江变质地带的一部分，处于班公错-怒江结合带内，除普遍发生区域变质作用外，同时也发生动力(碎裂)变质作用、接触变质作用、气-液变质作用。主要受区域变质地层及地体为上三叠统巫嘎组($T_{2-3}w$)侏罗系仲岗洋岛岩组(MZ)、侏罗系木嘎岗日岩组(J*m*)、侏罗系洞错蛇绿岩组(JD)等。区域上北侧与下中侏罗统色哇组($J_{1-2}s$)呈断层接触，南侧与下白垩统郎山组(K_1l)呈断层接触(图4-1)。受南北向板块俯冲、碰撞及不同其次、性质、规模和层次断裂破坏，变质地层内强烈变质变形，冲断层发育。

(一) 变质岩石类型及变质特征

1. 变质沉积碎屑岩

变质沉积碎屑岩为变质砂岩类和板岩类，其中变质砂岩类主要有绿泥石化变质岩屑砂岩、变质长石石英砂岩、变质粉砂岩；板岩类有绢云母板岩、条纹条带状板岩、粉砂质板岩及少量的凝灰质板岩。上述变质岩均属浅区域变质岩系，其常见变质矿物有石英、绿泥石、绢云母、长石及方解石。变质岩石类型和特征见表4-2。

表4-2　洞错变质岩带主要变质岩石类型及特征

岩石类型	结构	构造	变质矿物组合	变质特征
板岩类(绢云母板岩、条纹条带状板岩、粉砂质板岩及凝灰质板岩)	鳞片变晶结构、变余粉砂结构	板理构造、条纹条带状构造	绿泥石、绢云母、石英、方解石	粘土矿物呈微细鳞片状，平行定向排列
变质碎屑岩类(绿泥石化变质岩屑砂岩、变粉砂岩)	变余砂状结构、变粉砂状结构	块状构造、条纹条带状构造	绿泥石、白云母、石英、长石	矿物大多绿泥石化，云母片定向排列，石英次生加大
蚀变玄武岩	间粒结构	气孔构造	绿泥石、绢云母、白云石、方解石、石英	斜长石板条均蚀变，无规则分布，其间隙充填普通辉石、白钛石、微粒榍石。绢云母鳞片、微粒绿黝帘石、微粒白云石矿物呈集合体。气孔内均充填方解石、热液石英、钠长石、绿泥石等矿物集合体
蚀变辉长岩	细粒辉长结构	块状构造	绢云母、黝帘石、绿泥石、葡萄石、次闪石	拉长石具一定蚀变分解，绢云母鳞片、黝帘石、普通辉石均不同程度次闪石化，少数被次闪石集合体所代替
蚀变辉绿岩	辉绿结构、嵌晶结构	块状构造	绢云母、绿泥石、石英、方解石	斜长石板条强烈绢云母化，钛辉石部分蚀变为绿泥石，后期方解石、热液石英不均匀交代岩石分布
全蚀变纯橄榄岩	变余网状结构	块状构造	石英、碳酸盐(白云石)	岩石演变过程为：纯橄岩→蛇纹石化→蛇纹岩碳酸盐化→碳酸盐交代岩→硅化→全蚀变纯橄榄岩，少量石英矿物为局部硅化形成
硅化白云石化超基性岩	粒状变晶结构、粒状结构	块状构造	白云石、热液石英	岩石遭受强烈蚀变，主要表现为硅化、白云石化，原生矿物均蚀变分解，原岩结构也完全消失，偶见残余铬尖晶石分布，根据蚀变产物和偶见铬尖晶石，推测原岩为超基性岩，岩石蚀变后主要由粒状热液石英、白云石等矿物呈粒状变晶结构分布组成

续表 4-2

岩石类型	结构	构造	变质矿物组合	变质特征
片岩类（含蓝闪石富炭质石英片岩、兰闪石英片岩）	柱状粒状结构、粒状纤柱状变晶结构、变斑状结构	片状构造	蓝闪石、石英、绿辉石、绿帘石、绿泥石	蓝闪石呈纤维柱状紧密定向排列，其间有细粒状绿帘石。石英呈细柱状在局部的条纹条带状分布，绿辉石为自形—半自形变晶状，呈斑晶状或小眼球状产出。有的绿辉石斑晶还有环带状构造，绿辉石为透辉石的变种，含少量的 Na_2O 和硬玉分子。在不同的条纹条带状都含少量炭质
角闪质岩类（斜长角闪岩、角闪岩）	粒状变晶结构	定向构造	普通角闪石、钠长石、黝帘石、白云母	普通角闪矿物沿一定方向呈粒状变晶结构，不均匀分布，极细白云母鳞片呈点状分布，后期黝帘石、钠长石细脉穿梭岩石分布，脉宽 1～2mm

2. 变质基性岩及超基性岩

变质基性岩石有蚀变玄武岩、蚀变杏仁状（气孔状）玄武岩、伊丁石化橄榄玄武岩、蚀变辉长岩、蚀变辉绿岩等；变质超基性岩有全蚀变纯橄榄岩、全蚀变超基性岩、硅化碳酸盐化超基性岩、硅化白云石化超基性岩；另外还有原岩为基性岩的斜长角闪岩、角闪岩、含蓝闪石富炭质石英片岩、蓝闪石片岩（图版Ⅳ，9）等。上述变质岩石属浅—中级区域变质岩系，主要变质岩石及特征见表 4-2。

（二）变质矿物带

根据测区变质岩剖面上变质矿物组合特征可划分如下变质矿物带。

1. 绿泥石带（图 4-3）

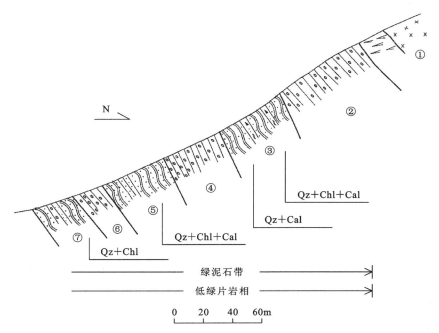

图 4-3 扎西错布坦纠奴玛变质地质剖面图

①超基性岩；②④⑥灰色细砾岩；③条纹条带状粉砂质板岩、绿泥石化变岩屑砂岩；

⑤粉砂质板岩、变粉砂岩；⑦粉砂质板岩、细石英砂岩

该带主要分布在侏罗系木嘎岗日岩组（Jm）和上三叠统巫嘎组（T_3w），典型矿物共生组合为：

绿泥石＋绢云母＋石英＋方解石

绿泥石＋白云母＋石英＋方解石

上述变质带中粘土矿物（绿泥石、绢云母）呈微细鳞片状，平行定向排列，石英次生加大具波状消光。

2. 钠长石-普通角闪石带（图 4-4）

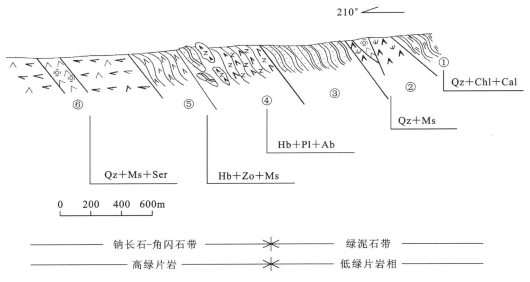

图 4-4　洞错舍拉玛变质地质剖面图

①绢云母板岩；②全蛇纹石化含斜辉纯橄榄岩、硅化、白云石化超基性岩；③变质砂质、粉砂质板岩；④斜长角闪岩、糜棱岩化弱蛇纹石化二辉辉橄岩（残片）、绢云母板岩、变质砂质（岩块）；⑤角闪岩；⑥橄榄斜方辉石岩、硅化白云石化超基性岩

该变质矿物带见于侏罗系洞错蛇绿岩组（JD），呈东西向残片状断续延伸，典型矿物共生组合为：

普通角闪石＋钠长石

普通角闪石＋黝帘石＋白云母

岩石主要由粒径在 0.8～0.3mm 之间的普通角闪石沿一定方向呈粒状变晶结构组成。粒径在 0.1～0.2mm 之间的黝帘石不均匀分布于普通角闪石颗粒之间，极细白云母鳞片呈星点分布，后期钠长石、黝帘石细脉穿梭岩石分布，脉宽 1～2mm。

（三）变质相、变质相系

1. 低绿片岩相

洞错变质岩带的绿泥石带变质矿物组合属于贺高品的低绿片岩相，相当于温克勒的低变质级，其形成的变质温压为 0.1～1.0GPa，350～500℃。

2. 高绿片岩相

洞错变质岩带的钠长石-普通角闪石带相当于泥质片岩中的铁铝榴石带。它属于贺高品的高绿片岩相，相当于温克勒的低变质级，其形成的变质温压为 0.2～0.6GPa，500～575℃。该变质带的侏罗系仲岗洋岛岩组内发现含蓝闪石富炭质石英片岩和蓝闪片岩，其矿物共生组合为蓝闪石＋石英＋绿辉石＋绿泥石，不含硬玉，代表高压过渡型变质矿物组合，另外该带变形构造组合属于中深构造层次，说明该带至少经历了区域中压变质作用过程，由此可以确定该带变质矿物组合形成于中压变质相系。

（四）变质期

洞错变质岩带的变质作用与班公错-怒江结合带的洋盆俯冲消减、蛇绿岩石构造侵位有关。而测区班公错-怒江结合带中去申拉火山岩 K-Ar 年龄为 141～167Ma；洞错蛇绿岩中辉长岩 K-Ar 年龄为 140±4.07Ma 和 152.3±3.6 Ma，角闪石 K-Ar 年龄为 179Ma，该年龄代表蛇绿岩的构造侵位时间。另外，该带大量展布残余洋盆沉积组合——沙木罗组，其时代为 J_3—K_1，该套浅海碎屑岩与碳酸盐岩组合，未受变质。综上所述，洞错变质岩带变质时期为 J_3—K_1。另外后期发生动力变质作用叠加改造，形成糜棱岩化及糜棱岩。动力变质作用使早期形成的区域变质岩发生退变质。退变质的矿物如斜长石矿物被绢云母及绿帘石取代；单斜辉石退变成阳起石；角闪石蚀变为绿泥石、绿帘石等。

三、拉果错变质岩带

拉果错变质带出露于测区南西角，班公错-怒江结合带以南。总体呈东西向延伸，出露面积约为 $275km^2$。除了发生区域变质作用外，由于受南北向板块俯冲碰撞的影响，动力（碎裂）变质作用和气-液变质作用也较发育，变质地层内强烈变质变形，冲断层发育。受变质地层及地体为上石炭统拉嘎组（C_2lg）、下二叠统下拉组（P_1x）及拉果错蛇绿混杂岩群的基性、超基性岩和早期的构造岩块。区域上与早白垩世郎山组（K_1l）呈断层接触（图 4-1）。

（一）变质岩石类型及变质特征

1. 变质沉积碎屑岩

变质岩带内变质沉积碎屑岩有泥质岩石变质的各类板岩组成，而砂质岩石基本无变质。板岩类有含粉砂泥质板岩、粉砂质板岩、泥质钙质板岩、钙质板岩等。变质岩石均属浅区域变质岩系，常见变质矿物有绢云母、石英、方解石。主要变质岩石类型及特征见表 4-3。

2. 变质基性及超基性岩

变质基性岩有蚀变玄武岩、次闪石化辉长岩、蚀变辉绿岩；变质超基性岩有蚀变超基性岩、硅化蛇纹石化纯橄岩、强烈次闪石化斜长辉石岩、弱蛇纹石化次闪石化橄榄斜方辉石岩等。变质基性岩主要变质矿物有绢云母、绿泥石、石英、葡萄石；变质超基性岩主要变质矿物有蛇纹石、次闪石、绿泥石。主要岩石类型及特征见表 4-3。

表 4-3 拉果错变质岩带变质岩石及特征表

岩石类型	结构	构造	变质矿物组合	变质特征
板岩（粉砂泥质板岩、粉砂质板岩、泥质钙质板岩）	粒状微细鳞片状结构	板状构造	绢云母、石英、方解石	粘土矿物（绢云母、方解石）紧密平行定向排列，表明岩石轻微变质
变质基性岩（蚀变玄武岩、次闪石化辉长岩、强蚀变辉长石岩）	斑状结构、纤状粒状变晶结构	气孔构造、残余半自形粒状构造	绢云母、绿泥石、石英、次闪石	斜长石强烈绢云母化、暗色矿物蚀变分解为绿泥石，气孔呈不规则形状，均充填绿泥石、热液石英。次闪石呈纤状粒状变晶结构，斜长石不均匀分布于次闪石集合体之间，有一定程度错碎
蚀变超基性岩（硅化、蛇纹石化纯橄岩、强烈次闪石化斜长辉石岩）	网格结构、假斑结构、粒状变晶结构、半自形粒状结构、残余	块状构造	蛇纹石（绢石）白云母、次闪石、绢云母、黝帘石	岩石遭受强烈次闪石化，根据较多的基性斜长石存在推测，原岩为斜长辉石岩，基性斜长石具绢云母化、黝帘石化

(二) 变质相,变质相系

拉果错变质岩带的变质岩石类型极为单一,测区仅出现板岩和变质基性—超基性火山岩。变质作用极低,未出现差异较大的特征变质矿物。变质泥质岩矿物组合为绢云母、石英、方解石;变质基性岩—超基性岩中变质矿物组合为绢云母、绿泥石、葡萄石、次闪石,该变质带变质作用仅划分为绢云母-绿泥石带。属于贺高品的低绿片岩相,相当于温克勒的低变质级,其形成温压为 $0.1\sim 1.0$ GPa,$350\sim 500$℃。

(三) 变质时期

根据区域资料可知 K_1—K_2 时期随拉果错洋盆的消减,形成造山运动伴随而来的构造变形组合:逆冲断层、叠加褶皱、剪切褶皱,并局部混入石炭纪—二叠纪外来岩块。而测区拉果错变质岩带的变岩石变质变形特征与该期的构造运动息息相关,因而可以推断拉果错变质岩带变质时期为 K_1—K_2。

第二节 接触变质岩

测区接触变质岩见于紧邻班公错-怒江结合带北界零星分布的燕山期小岩体边部及图幅西北角的热那错地区分布的燕山期岩体边部,其中前者变质程度较浅,仅形成角岩和角岩化岩石;而后者变质程度较深,形成角岩、板岩、变质砂岩及各种片岩。

热那错岩体位于热那错北西角,欧岭山以东 300m 处。岩体出露面积 $2\sim 3$ km^2。在白垩纪早期,侵位于二叠系和三叠系地层,使围岩发生热接触变质,发育了较典型的接触变质圈。

(一) 变质岩石及变质特征

变质岩石类型有变质砂岩、板岩、片岩及角岩等,其中变质砂岩有变质石英砂岩、变质粉砂岩、变质细砂岩等;板岩有含炭粉砂质板岩、含炭质千枚状板岩、粉砂质板岩、红柱石绢云板岩等;片岩有含钙黑云母石英片岩、黑云母石英片岩、红柱石绢云片岩、绢云母片岩等;角岩蚀变堇青石角岩、黑云母角岩等。常见的变质矿物有石英、白云母、绿泥石、绢云母、黑云母、红柱石、矽线石等(表 4-4)。

(二) 变质阶段及变质矿物带

白垩纪早期,热那错地区的花岗闪长岩体侵位于二叠系和三叠系地层中,使围岩发生热接触变质,发育了较典型的接触变质圈。根据泥质(泥砂质)变质岩中出现的矿物及矿物组合及结合区域地质构造,可以确定该地区经历了先后两期变质作用,并可划分为四个完整的渐进变质带(图 4-5)。

1. 第一期区域变质作用——绢云母-绿泥石带

前面第二节所述的拉嘎拉变质岩带的区域变质作用,是本区出现最早的变质作用。从区域分布来看,是喜马拉雅运动同时的藏北中央隆起伴随而来的低温区域动力热流变质作用而产生。

2. 第二期变质作用——热接触变质作用

伴随燕山运动,热那错花岗闪长岩侵入,在原来低级区域变质作用的基础上,叠加了热接触变质作用,该变质作用的演化,可分为三个发展阶段,形成四个变质带。

表 4-4　热那错接触变质岩及特征

岩石类型	结构	构造	变质矿物组合	变质特征
变砂岩（变质石英砂岩、变质粉砂岩）	片状粒状变晶结构	似片状构造	绿泥石、石英、长石	石英60%以上重结晶成短柱粒状或近等轴粒状，紧密相嵌，长轴方向大致平行，绿泥石呈片状，部分集合体呈放射状，大致定向排列，形成弱定向构造。岩石向片岩过程尚未成熟（石英未全重结晶，绿泥石定向不紧密）
板岩（含炭质千枚状板岩、含炭质粉砂质板岩、红柱绢云板岩）	变余砂状结构、鳞片变晶结构、显微鳞片变晶结构	板状构造、千枚状—板状构造	绢云母、白云母、石英	绢云母呈针片状、鳞片状，紧密定向排列形成板状构造或千枚状构造，炭质呈黑色粉尘状，集合体呈不规则线条，沿层面定向分布
片岩（含钙黑云母石英片岩、黑云母石英片岩、红柱石绢云片岩）	斑状片状粒状变晶结构、变斑状微粒鳞片变晶结构、变斑状片状变晶结构	片状构造	矽线石、石榴子石、红柱石、黑云母、绿泥石、石英、绢云母、白云母	绢云母呈鳞片状、针片状，紧密定向排列形成板状构造；红柱石呈近正方形，长短不一的粒状长轴排列方向与片理方向一致；黑云母呈细片状、显微片状，与石英紧密相嵌，定向排列形成定向构造，少部分黑云母斑晶呈片状聚合体，不均匀分布；矽线石由黑云母斑晶蚀变形成，呈纤维片束状集合体呈放射状，基本保存黑云母变斑晶的形态，不均匀分布；石榴子石呈星点状分布
角岩（蚀变堇青石角岩、黑云母角岩）	鳞片粒状变晶结构		堇青石、石英、斜长石、黑云母、电气绢云母	堇青石呈粒状变晶结构不均匀分布，黑云母、石英、斜长石等矿物呈鳞片粒状变晶结构集合体充填分布于堇青石颗粒之间，堇青石蚀变分解为绢云母鳞片集合体。常见堇青石包含微粒石英和黑云母鳞片，斜长石也不同程度绢云母化

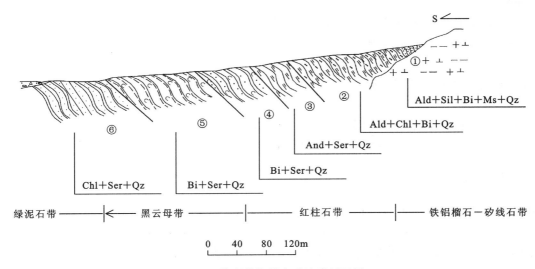

图 4-5　热那错接触变质地质剖面图

①含钙黑云母石英片岩、黑云母石英片岩；②红柱石绢云片岩、变石英砂岩；③绢云母片岩；
④含炭粉砂质板岩；⑤含炭质千板状板岩；⑥粉砂质板岩、变砂质

1) 第一阶段——黑云母带

花岗闪长岩体热流对围岩的初期影响，表现为距离岩体约400m范围内的变质粉砂岩、含炭粉砂质板岩、含炭质千枚状板岩中产生小的黑云母鳞片，带宽约190m。矿物组合为：

黑云母＋绿泥石＋绢云母＋石英

黑云母＋绢云母＋石英

该接触变质带指示矿物为黑云母，从变质矿物组合特征上分析，第一阶段反映出接触变质温度和压力较低。

2) 第二阶段——红柱石带

随着岩体入侵过程中侧压力的增大和热流温度的升高，围岩发生更明显的变质，泥质岩石进一步改造成为各种片岩，相应出现接触变质的典型矿物——红柱石。变质岩矿物组合为：

红柱石＋绢云母＋石英

红柱石＋黑云母＋绢云母＋石英

变质岩指示矿物为红柱石，从特征变质矿物组合上分析，该阶段接触变质温度比第一阶段明显增高。

3) 第三阶段——铁铝榴石＋矽线石带

该阶段是热流和压力影响最明显阶段。以片岩中出现铁铝榴石为主要特征，另外矽线石是由岩石中铝硅酸盐矿物进一步强烈转变而来，它的出现表示侵入体热流对围岩的影响达到高峰。变质矿物组合为：

矽线石＋石榴子石＋黑云母＋白云母＋石英

变质带指示矿物为矽线石和石榴子石，从特征变质矿物组合上分析，该阶段接触变质压力比第一阶段明显增高，接触变质作用达到顶点，变质温压最高。

第三节 动力变质岩

测区动力（碎裂）变质作用反映一般，与不同期次和不同层次的脆、韧性断裂构造相伴生，各种类型的动力（碎裂）变质岩沿构造带呈狭窄带状展布。测区内存在三个动力变质带，即拉嘎拉动力变质带、班公错-怒江结合带动力变质带和冈底斯-念青唐古拉板片拉果错动力变质带，发育的动力变质岩均可分为碎裂岩系列和糜棱岩系列两部分。

一、拉嘎拉动力变质带

该变质带沿羌南-保山地层区内发育。变质变形相对较弱，岩石类型主要为构造角砾岩、构造碎裂岩及碎裂岩化岩石，而糜棱岩系列岩石仅在测区西北角热那错岩体附近零星出露。

（一）构造角砾岩

角砾岩成分复杂因原岩不同而异，岩石具不等粒变晶结构、棱角粒状弱变晶结构，块状构造。角砾岩中角砾大小不一，呈棱角状—次棱角状、棱角状—次圆状不等。岩石普遍具碳酸盐化、硅化和褐铁矿化，具较为明显的重结晶作用，原岩的结构构造基本保留，能恢复原岩性质。

构造角砾岩的构造环境主要为走滑剪切形成的角砾岩砾石大小差别很大，呈棱角状—次棱角状—次圆状，胶结物为泥质和碎屑物，石英等刚性矿物呈透镜状或定向拉长明显，具波状消光现象。

（二）构造碎裂岩（或碎裂岩化岩石）

测区常见构造碎裂岩有碎裂大理岩、碎裂生物碎屑灰岩、碎裂亮晶灰岩、碎裂石英砂岩、碎裂粉砂质岩等。岩石具碎裂结构，块状构造，部分岩块可发生移位和细粒化形成假角砾状构造，这种构造岩是原岩在较强的应力作用下，受到挤压破碎而成，粒化作用仅发生在矿物颗粒的边缘，而尚未到糜棱岩阶段。因而颗粒间的相对位移不大，原岩性质部分保留下来。碎裂岩见于各种岩石中，而刚性岩中居多，局部地方见到尚未固结的断层泥，岩石普遍具硅化、碳酸盐化、褐铁矿化和绿泥石-绿帘石化，常见次生矿物有绿泥石、绿帘石、绢云母、石英、方解石等。

二、班公错-怒江结合带动力变质带

该变质带受班公错-怒江结合带南北两侧近东西向的区域性断裂和结合带内部的次级断层控制。碎裂岩系列和糜棱岩系列动力变质岩在带内较发育，变质岩主要表现为走滑剪切和挤压破碎构造环境，分布于上三叠统巫嘎组（T_3w）、侏罗系木嘎岗日岩组（Jm）、仲岗洋岛岩组（MZ）、洞错蛇绿岩组（JD）及拉果错蛇绿岩组中（JL）中。

（一）碎裂岩系列岩石

测区岩石种类有碎裂玄武岩、碎裂蚀变安山岩、碎裂辉橄岩、碎裂蚀变橄榄岩、碎裂含放射虫泥质硅质岩、蚀变碎裂灰岩、碎裂微晶灰岩和蚀变碎裂岩等。岩石具斑状结构、碎裂-角砾状结构、微晶结构和间粒结构等，具块状和碎裂状构造。由于构造作用使岩石碎裂，岩石碎块基本未发生位移或位移不大。破碎强烈的地方灰岩碎块或碎块之间的细小碎屑碳酸盐重结晶成单晶方解石，另外有些岩石受张力作用而错碎，后期热液生成的方解石、石英沿张性裂隙充填交代岩石分布或碳酸盐沿裂隙充填交代岩石。原岩强烈的蛇纹石化、碳酸盐化、次闪石化等，次生变质矿物为蛇纹石、方解石、透闪石。主要发生于班公错-怒江结合带消减过程中。

（二）糜棱岩系列岩石

糜棱岩系列岩石种类有晚期糜棱岩化蚀变玄武岩、糜棱状玄武岩、糜棱岩化橄榄岩、糜棱岩化蚀变纯橄榄岩、糜棱岩化全蚀变纯橄榄岩、绢云母千糜岩等。早期为初糜棱岩—糜棱岩—超糜棱岩，晚期岩石普遍具蛇纹石化、次闪石化、绿泥石化。次生变质矿物为蛇纹石、次闪石、绿泥石、黑云母等。变质岩石类型及特征见表4-5。早期的各类糜棱岩主要表现在巫嘎组中，受班公错-怒江结合带左行走滑拉分影响，巫嘎组向西南剪切迁移过程中，形成了初—超糜棱岩，局部形成脆-韧性剪切带。

表 4-5 班公错-怒江结合带动力变质岩带糜棱岩系列岩石和特征

岩石类型	结构	构造	变质矿物组合	变质变形特征
糜棱岩状玄武岩	糜棱状结构	条纹—条痕状构造	绿泥石	由于糜棱岩化作用及其后的蚀变作用，原岩成分发生巨大改变，玄武岩呈残体构成了糜棱岩的小眼球，绿泥石呈细条叶片状，定向排列构成条纹—条痕状，碳酸盐矿物夹于绿泥石条纹—条痕之间，其长轴与绿泥石方向一致，有的玄武岩小眼球全被碳酸盐交代
糜棱岩化弱蛇纹石化二辉辉橄岩	网格结构	糜棱构造、碎粒构造	蛇纹石	岩石受剪切作用，沿剪切方向错碎磨细而糜棱岩化，错碎磨细橄榄石沿剪切方向聚集呈粗细条带，橄榄石蚀变为网格状蛇纹石

续表 4-5

岩石类型	结构	构造	变质矿物组合	变质变形特征
糜棱岩化全蚀变纯橄岩	粒状变晶结构	条纹构造	碳酸盐	经历了糜棱岩化作用后，橄榄石的假象和网状结构已不存在而形成条纹状构造，现有的粒状变晶状碳酸盐可能为糜棱岩化作用后又一次（第二次）碳酸盐化，而条纹状碳酸盐为第一次碳酸盐化经糜棱岩后形成
碳酸盐化玄武质糜棱岩	糜棱状结构		黑云母、绿泥石	糜棱岩化作用（剪切作用）后，原岩的面貌全改变，玄武岩呈残体构成了糜棱岩的小眼球，黑云母和铁质构成条纹状，黑云母呈细长叶片状，大体已变为绿泥石。碳酸盐分布于黑云母和铁质条纹之间，其长轴方向与黑云母相一致

三、念青唐古拉板片拉果错动力变质带

该变质带位于测区南西角，分布面积小，沿拉果错蛇绿岩呈东西向断续展布。变质岩石以碎裂岩系列为主，糜棱岩系列相对较少。

（一）碎裂岩系列岩石

岩石有碎裂玄武岩、碎裂橄榄岩、碎裂蛇橄岩、碎裂次闪石化辉长岩、碎裂含放射虫泥质硅质岩等。岩石具碎裂状构造，明显受应力作用后错碎呈角砾状，部分矿物错碎呈微粒集合体。裂隙内发育后期的石英脉或方解石脉穿梭岩石分布，脉宽 0.2～0.1mm。原岩具蛇纹石化、次闪石化、碳酸盐化等，次生变质矿物为蛇纹石、次闪石、方解石。

（二）糜棱岩系列岩石

与班公错-怒江结合带动力变质带的糜棱岩系列岩石相对比，该变质岩的分布规模小而岩性单一，岩性有糜棱岩化橄榄石、初糜棱岩化中粒黑云母斜长花岗岩和糜棱岩化变质岩等。变质岩石类型及特征见表 4-6。

表 4-6　念青唐古拉板片拉果错动力变质带糜棱岩系列岩石及特征

岩石类型	结构	构造	变质矿物组合	变质变形特征
糜棱岩化橄榄石	粒状变晶结构	条纹状构造	蛇纹石、碳酸盐	糜棱岩化作用后，形成了条纹状构造，错碎磨细橄榄石沿剪切方向定向排列，并蚀变为网格状蛇纹石
初糜棱岩化黑云母斜长花岗石	残余中粒花岗结构、初糜棱结构	块状构造	绿帘石、绿泥石、石英	粒状中长石和粒状石英集合体沿剪切方向围绕中长石定向，呈初糜棱结构，黑云母鳞片常被拉长，沿剪切面不均匀分布，少数黑云母鳞片蚀变分解为绿泥石
糜棱岩化变质岩	糜棱结构、柱粒状变晶结构	条带状、眼球状、透镜状构造	透闪石、绿泥石、绿帘石、石英	硅化石英呈粒状、条纹状、透镜状不规则状集合体，总体定向。石英具不等粒状变晶结构、明显的碎粒结构和波状消光现象，胶结物由粉砂碎屑、粘泥质为主，次为绿帘石（绿泥石）及少量铁质组成。沿微裂隙破碎带有透闪石集合体呈脉状充填（代表中低温热液蚀变）

第四节 气液变质作用及岩石

气液变质作用是由热的气体及溶液作用于已形成的岩石,使岩石矿物成分、化学成分及结构构造的变化而形成。测区主要表现为超基性岩蛇纹石化,酸性侵入岩云英岩化。

(一) 蛇纹石化岩石

洞错蛇绿岩中出现的变质岩石类型有弱蛇纹石化二辉辉橄岩、强烈蛇纹石化斜方辉石橄榄岩、全蛇纹石化斜辉辉橄岩、全蛇纹石化含斜辉纯橄榄岩、蛇纹岩等;拉果错蛇绿岩带变质岩有弱蛇纹石化次闪石化橄榄单辉辉石岩、弱蛇纹石化斜长二辉橄榄岩、白云石化蛇纹石化纯橄岩、全蛇纹石化斜方辉石橄榄岩等。两个带上变质岩石类型及特征见表4-7。超基性岩气-液变质作用特征变质矿物为蛇纹石(绢石)。岩石轻微变质时形成蛇纹石化岩石,变质较深时形成蛇纹岩。特征变质矿物蛇纹石是由超基性岩中橄榄岩和部分辉石经气-液交代形成,其化学成分主要表现为水化作用和硅化作用,如下:

$$2Mg_2SiO_4 + 3H_2O \rightarrow H_4Mg_3SiO_9 + Mg(OH)_2$$
橄榄石　　　　　蛇纹石　　　水镁石

$$3Mg_2SiO_4 + 4H_2O + SiO_2 \rightarrow 2H_4Mg_3SiO_9$$
橄榄石　　　　　　　　　　蛇纹石

表 4-7　气-液变质岩石类型及特征

	岩石类型	结构	构造	变质矿物组合	变质特征
洞错蛇绿岩带	全蛇纹石化斜方辉石橄榄岩	假斑结构、网格结构	块状构造	绢石	岩石全部蛇纹石化,斜方辉石蚀变为绢石,橄榄石蚀变为网格状蛇纹石。蛇纹石化后的岩石主要由纤维蛇纹石细脉组成网格,网眼中心分布叶蛇纹石、胶蛇纹石
	全蛇纹石化含斜辉纯橄榄岩	假斑结构、网格结构	块状构造	绢石、蛇纹石、滑石	斜方辉石蚀变为绢石、橄榄石蚀变为蛇纹石,纤维状蛇纹石细脉组成网格
	蛇纹岩	网状结构、假象结构	块状构造	蛇纹石	原岩中橄榄石被蛇纹石替代,仅有橄榄石假象,蛇纹石呈叶片状,纤维状常构成网状结构
	弱蛇纹石化二辉辉橄岩	网格结构	块状构造、碎粒构造	蛇纹石、黝帘石	橄榄石蚀变为网格状蛇纹石
拉果错蛇绿岩带	全蛇纹石化纯橄岩	网格结构	块状构造	蛇纹石	岩石全蛇纹石化,未见任何新鲜橄榄石残留,橄榄石蚀变形成纤维蛇纹石、叶蛇纹石,橄榄石在蛇纹石化过程中析出铁质
	弱蛇纹石化斜长二辉橄榄岩	假斑结构、网格结构	块状构造	蛇纹石、黝帘石	
	弱蛇纹次闪石化橄榄斜方辉石岩	半自形粒状结构、残余半自形粒状结构	块状构造	蛇纹石、次闪石	顽火辉石:部分强烈次闪石化少数被次闪石集合体所代替,少数蚀变为蛇纹石(绢石)。橄榄岩:部分蛇纹石化,蚀变呈具网格状蛇纹石,析出铁矿
	白云石化蛇纹石化辉橄岩	网格结构、叶片结构	块状构造	蛇纹石、白云母	岩石遭受白云石化、蛇纹石化。纤维蛇纹石细脉组成网格,网眼中心分布胶蛇纹石、白云石等,矿物呈网格结构组成,局部由叶蛇纹石呈叶片结构组成

（二）云英岩化岩石

主要分布于洞错变质岩带内，分布范围小，岩石变质轻微，仍以原岩为名。变质作用表现为花岗岩中斜长石绿帘石化、绢云母化、碳酸盐化，角闪石绿泥石化，黑云母绿泥石化，钾长石泥化。有绿泥石、绢云母及方解石等新生矿物生成。局部有新生细小板状黑云母雏晶出现，并交代原生黑云母。岩石片麻状构造发育，长石、石英均显定向拉长，显示明显地经受了动力变质作用改造。

第五节 构造演化与变质事件期次

测区变质岩带的展布和其所经历的变质作用时期，与班公错-怒江结合带形成、发展及演化密切相关。测区主要变质期为晚燕山期，喜马拉雅期仅表现为线型动力变质作用和少量的接触变质作用。根据变质岩系的原岩建造、时代及变质变形特点，变质岩系之间区域性接触关系，确切的同位素年龄数据等特征可划分为四期两个阶段。

一、班公错-怒江结合带洋盆扩张阶段

仅有一期变质，发生于J_3—J_{1-2}班公错-怒江结合带洋盆北侧羌南地体向北西方向裂离的斜向运动时，使具一定规模的左行平移走滑造山，产生了强烈变形，形成以走滑剪切带为主干断裂和弱应变带的褶皱系列。测区内表现为南北分带的三叠系及其古生界地层剪切变形变质。北侧上三叠统日干配错组（T_3r）上部表现为褶皱变形，基本无变质；南侧上三叠统巫嘎组（T_3w）表现为单一的低绿片岩相的低级变质。此变质期主要以动力变质作用改造为主。

二、班公错-怒江结合带洋盆俯冲消减阶段

有二期变质作用。早期为侏罗纪中晚期，主要依据是出现角闪岩等高绿片岩相区域低温动力热流变质岩，且斜长角闪岩的角闪石K-Ar年龄为179Ma，代表蛇绿岩侵位时间即为变质年龄。晚期发生于J_3—K_1班-怒结合带洋壳向南俯冲消减，结合带内各岩组地层洞错蛇绿岩组（JD）、仲岗洋岛岩组（MZ）、木嘎岗日岩组（Jm）及羌南地区下—中侏罗统色哇组（$J_{1-2}s$）和莎巧木组等出现变质变形，形成低绿片岩相区域低温动力热流变质，该时期热接触变质作用与班-怒结合带产生的弧-陆或陆-陆碰撞有关，表现为拉嘎拉一带出露的花岗岩侵位过程中围岩的热接触变质作用和动力变质作用改造，形成糜棱岩化及糜棱岩。花岗岩K-Ar年龄为75.6Ma，即为接触变质年龄。

三、拉果错-阿索带的洋盆消减阶段

白垩纪时由于弧-陆碰撞及其后续的陆内俯冲挤压作用，逆冲断层，叠加褶皱剪切褶皱十分发育，同时拉果错地区的超基性岩、基性岩及早期构造岩块（石炭纪、二叠纪）发生不同程度的低温动力热流变质作用、动力变质作用和气液变质作用。变质程度较弱属低绿片岩相。从变质的分布规模、变质变形特征、岩石类型和变质程度上对比分析，该阶段表现比第二阶段相对较弱的动力条件。

第五章　区域构造

第一节　概　　述

　　青藏高原研究的核心问题无外乎特提斯存亡与青藏高原隆升这两个方面。后者应是以高原整体和其周边区域作为科研对象。鉴于此,本书重点是对改则地区特提斯区域历史(存亡)进行构造恢复。测区地处西藏高原腹地的中心地带,是东特提斯域复合造山带中的巨大碰撞加积体,其大地构造演化反映了两侧板块之间相对运动的信息,以及由此而导致的若干小型陆块的离散、增生、会聚和重新组合的复杂过程。

一、大地构造背景及位置

　　区内构造复杂,表层所见的构造形迹以东西或近东西向的纬向构造为主,包括澜沧江、班公错-怒江、拉果错-永珠等三条结合带,这种格局反映了特提斯构造域从古特提斯到新特提斯的演变。根据区内的不同地质实体以及发育部位和活动时代,研究区北域无疑是"古特提斯"的事件组成——即羌塘-三江复合板片;南域是"新特提斯"范畴的事件——班公错-怒江结合带和冈底斯板片。以上是区内的大地构造背景及位置(图5-1)。

二、构造单元划分

　　根据大地构造环境分析,按建造和改造统一基本原则,结合已有成果和项目工作的具体情况,以班公错-怒江结合带为界,划分为三大基本结构单元:羌南地体、班公错-怒江结合带、冈底斯-念青唐古拉北缘弧盆区,由北而南构成"一带二区"的三分构造格局。其中,羌南地体可进一步划分为阿木岗隆起和日干配错前陆盆地、加青错陆缘海;班-怒结合带细分为南、北两个亚带;冈底斯北缘带细为北部(偏东部,测区外)前陆盆地和南部的弧后盆地(图5-2)。

第二节　测区及邻区区域构造事件及构造层划分

　　"构造层"代表地壳发展历史中一定构造单元的一定构造演化阶段所形成的岩层、地层组合及其变形变质特征。按构造演化模式的理解,一个构造旋回包括了两个大的阶段,即控制沉积作用(或成盆作用)和沉积盆地闭合及构造改造过程中新的成盆作用(或前陆盆地)。因此,该构造旋回所控制的地层系统构造一个构造层。

　　按照上述认识,同一构造层内也可能进一步划分出代表次一级构造演化阶段的"亚构造层"。划分"亚构造层"的标志,则表现为一些伸展型或挤压型不整合,其相关地层组合就是"亚构造层"。不同构造

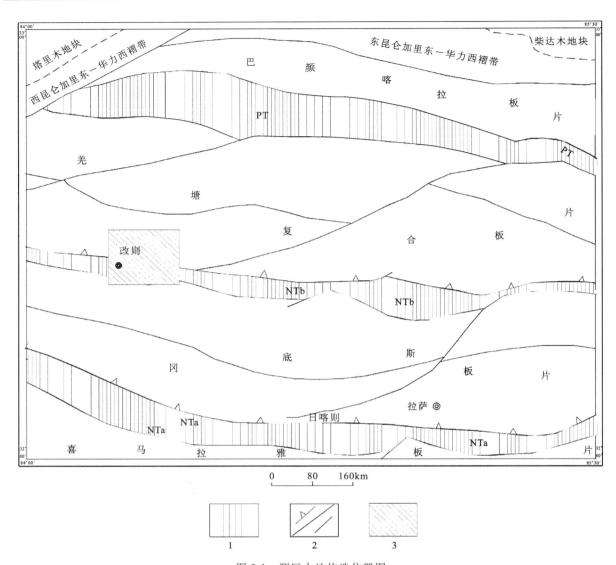

图 5-1　测区大地构造位置图

1. 结合带；2. 结合带逆冲构造及逆冲断层和走滑断层；3. 测区范围；
NTa：雅鲁藏布江结合带；NTb：班公错-怒江结合带；PT：金沙江结合带

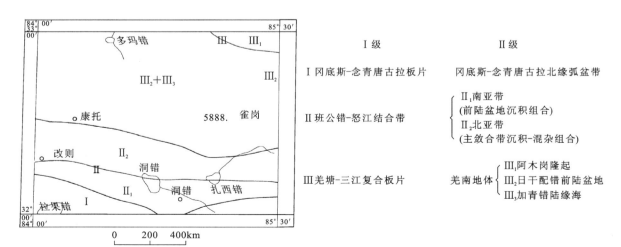

Ⅰ级	Ⅱ级
Ⅰ冈底斯-念青唐古拉板片	冈底斯-念青唐古拉北缘弧盆带
Ⅱ班公错-怒江结合带	$Ⅱ_1$南亚带（前陆盆地沉积组合） $Ⅱ_2$北亚带（主敛合带沉积-混杂组合）
Ⅲ羌塘-三江复合板片	羌南地体：$Ⅲ_1$阿木岗隆起 $Ⅲ_2$日干配错前陆盆地 $Ⅲ_3$加青错陆缘海

图 5-2　测区构造单元划分及地层分区图

层在地层组成、沉积环境和变形变质乃至岩浆岩活动等方面均有明显的差异,反映了一定地质历史的一定动力学背景的构造演化的历史过程。通过对区域不同构造单元同一构造层的地层组合、变形变质和岩浆活动特点及其形成时代的比较研究,来恢复区域构造演化阶段的大地构造背景和性质。

基于上述,依据测区及邻区域地层组合,沉积盆地的形成发展,变形变质和侵入岩的岩石系列和古构造环境及区域资料综合分析,划分出如表 5-1 所示的构造事件和构造层。

第三节　浅层地壳结构的变形特征及其构造组合

采用区域构造解析和由新到老的构造筛分,对测区及邻区不同构造单元,不同构造层的变形和构造组合进行如下研究,以便为区域地质演化研究提供变形的客观资料和信息。

一、新生代构造层

测区内新生代构造盆地比较发育,它们是统一大陆块受印度板块和欧亚板块构造动力作用,并受大陆内部块体活动差异性控制,形成以伸展断陷和走滑拉分为主要特征的沉积盆地,在不同区块具有不同的空间分布(图 5-3)。通过对测区相关沉积盆地的解剖研究,提供了一系列重要信息。

1. 构造格局

依据现今残余盆地的分布特征和沉积特点分析,这些盆地的形成和残留状态均受区域近 EW 向的主要断裂控制,该断裂具多期活动特点,但存在控制盆地的形成和发展的盆缘正断层,仍是最基本的构造特征,它叠置在中生代活动造山带之上,具裂陷沉降特点(图 5-4)。

2. 构造建造特征

洞错、康托裂陷盆地是在早期 EW 向构造软弱带(结合带)和 EW 向褶皱隆起带上发生区域性表壳伸展作用下形成的。

洞错盆地位于结合带中西段,向东与伦坡拉盆地连接,以陆内湖泊体系为主的组合。盆地充填物主要为第四系松散未固结的砂砾层、砂土层等。盆地边缘为康托组、美苏组,两者与盆地并行展布,由此可推断洞错盆地是在早期古近纪基础上发展起来的继承性盆地。

康托盆地是藏北中生代晚期隆起带上的第三纪裂陷盆地群中规模较大的盆地之一,为山麓堆积沉积组合。层序上表现为巨厚红色陆源碎屑建造,为一套河流相沉积,局部含中基性—酸性火山岩。

3. 构造要素特征

新生代以来,在南北板块碰撞和超碰撞发育的新活动构造和"老构造"的活化,主要表现为东西向展布的压性断裂带,南北向展布的张性构造带和北东、北西向展布的走滑断层,并控制相应的新生代盆地。

盆地的展布受先存基底软弱带,特别是先存的 NEE、NWW 及 EW 向破裂网格控制。虽然是受应力场的影响发生裂陷作用,但软弱岩石的韧性应变反映的制约,阻碍了大规模正断裂发生,由此,并非全线形成大规模狭长裂谷,而是呈串珠状湖盆沉积体系的地堑或半地堑型式。

1) 近 EW 向断裂组合

控制新生代盆地的主要断裂是以近 EW 向正断层为主,同时兼有走滑性质。图 5-4 中 F_{13} 断裂是盆地北边缘大断裂出露最好的地段。该区段断层三角面直观清晰,断面平直。表现为山体与平原的接触部位平直延伸,断面倾向 170°~190°,倾角 40°~50°左右,断层下盘(北盘为上升盘)出露地层为中生代碎屑岩和蛇绿混杂岩,具碎裂角砾岩特征,南盘(下降盘)为第四纪沉积,局部表现为铲式断裂组(连续的阶梯面组成)。

表5-1 测区及邻区区域构造事件与构造层划分

时\空	构造层	构造单元\构造事件	冈底斯板片			班公错-怒江带			羌塘构造带		
			地层	建造各沉积相	构造环境构造作用	地层	建造和沉积相	构造环境构造作用	地层	建造和沉积相	构造环境构造作用
Q	I		美苏组	陆缘弧火山沉积		第四系	陆相冲积、河流	陆内拗陷盆地	第四系	陆相冲积、河流、湖盆	山前拗陷盆地
N					陆内挤压、走滑造山	康托组	磨拉石-火山复陆屑	陆缘山链裂陷盆地	康托组	磨拉石-火山复陆屑	陆缘山链裂陷盆地
E			竞柱山组	磨拉石	碰撞、同造山作用	美苏组	陆缘弧火山沉积	陆内挤压走滑造山	纳丁错组	碱性火山岩	拆沉作用
K	II		郎山组 拉果错蛇绿岩	海相沉积-沉积岩系	裂谷-洋盆	去申拉组	火山弧沉积组合	残余海盆			
		III₂	则弄群	粗碎屑层岩火山复陆屑	燕山造山作用	沙木罗组	碎屑岩碳酸盐岩	同造山作用	捷布曲组 莎巧木组 色哇组	海相碎屑岩 碳酸盐岩	被动陆缘海盆
J	III	III₁				木嘎岗日岩组 仲岗洋岛岩组 洞错蛇绿岩组	复理石、硅质岩玄武岩、蛇绿混杂岩	洋中脊→洋盆→洋岛 伸展裂陷带（走滑拉分）			同沉积作用 边缘前陆盆地 伸展作用
T	IV	IV₂		海相粗碎屑岩碳酸盐岩	活动陆缘扩张盆地 张裂作用	巫嘎组	浊积建造	边缘前陆盆地 同造山作用	日干配错组	碳酸盐岩台地相	同造积作用
C-P		IV₁	下拉组 拉嘎组						龙格组 吞龙共巴组 展金组	中浅变质复理石、类复理石、中基性火山岩建造	俯冲消海
O-D	V	V₂							塔石山组	碎屑岩建造	陆缘减
AnO		V₁							吉塘岩群	类复理石建造	泛非增生作用

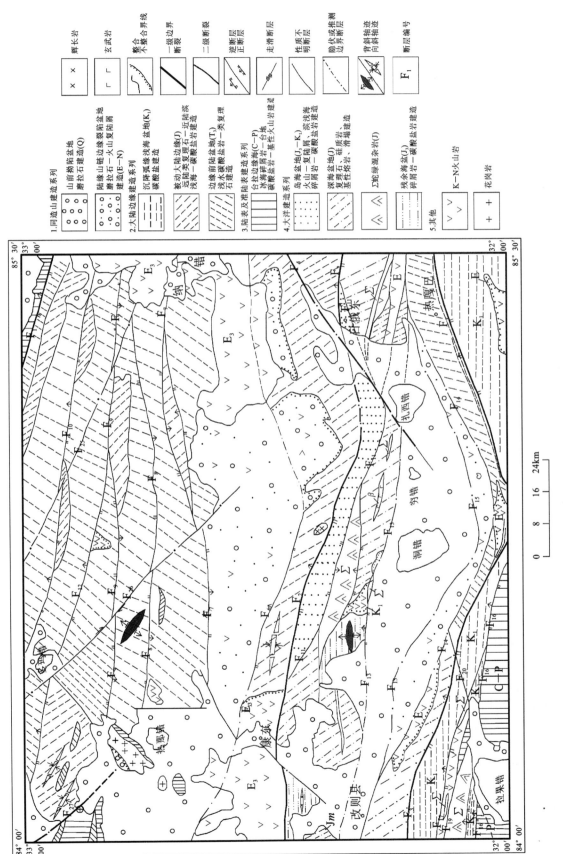

图 5-3 测区构造纲要及建造图

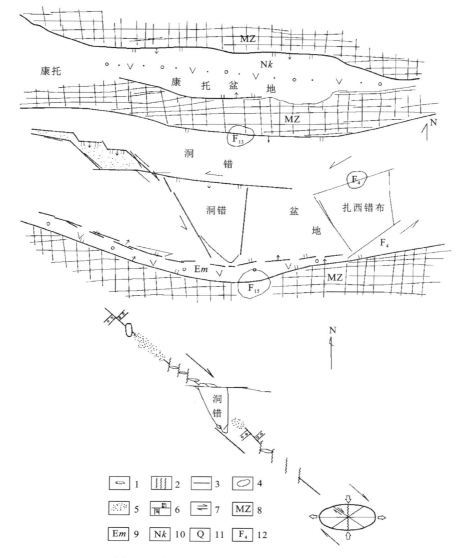

图 5-4　盆地构造略图(上)和应力分析图(下)
1.具压性形变类型(如土褶等);2.次级张裂;3.扭裂(地震断裂);4.地陷;5.喷砂丘;6.褶错断的河、湖堆积阶地;7.形成地震形迹带力偶作用方向;8.中生代;9.美苏组;10.康托组;11.第四系;12.断层编号

盆地南缘断裂以 F_{15} 为主,在其北侧还有次一级断裂,共同组成南缘断裂组,表现形式是从南至北,由三个不同盆缘面组成,高处为灰色灰岩和杂色火山岩组成,中间为紫红色磨拉石沉积(Nk),低处为第四纪盆地。盆地南北两侧共同组成一种地堑式结构。在地堑中,隆起坡脚分布着砂砾岩,而在凹陷中心分布含盐细碎屑沉积。

上述正断层组同时兼具走滑性质,表现在洞错北边展布的岩层及河流冲沟口均向右斜列。

2) 北东北西向断层组

它们在平面上组成"X"型断裂系统,两者同期形成,但后期的构造作用使 NW 向的剪切应力加强而显著发育。在洞错盆地中,大致有5～6组条小断裂共同组成同一方向的断层束(图5-4)。但由于第四系覆盖严重,直接标志难以觅迹,但影像和地貌特征明显:洞错盆地具斜列式展布,其西边平直斜歪,东边平直直立(南北向次级张裂),加上早期东西向断裂的控制,由此形成了右行走滑拉张型湖泊形态特征。同时,在洞错北西方向上延伸的干涸湖泊,其右行走滑剪切格式格局更提供了重要和可靠的依据之一。

扎西错布则明显地表现为北东向的断层束(图5-4)。特别是 F_4 断裂构成测区最重要的一条断裂,其特征将在 1:25 万日干配错幅报告中详述，这里简单叙述之。扎西错布北侧和南侧均由两条北东向断裂控制，盆地边缘平直，卫片上界线更是清晰。根据扎西错布展布形态（斜歪展布），综合区内应力分析，明显为左行走滑。同时，该断裂附近还表现为正断层特征，主要表现为不同时期形成的断层呈阶梯状线性排列展示的磨拉石沉积。

拉果错断裂（F_{20}）（图 5-3）也是一条北东向断裂，其突出特征表现为拉果错北缘（山体与盆缘接触处）为平直的边界，山缘表现为向南东陡倾断层崖，而第四系冲（洪）积扇多沿山麓根带定向（NE 向）分布，显示出明显的断层地貌。

3）南北向断裂

其形成背景是在南北向挤压、东西引张统一应力中产生的，表现为近南北向展布的张性构造带，也是现今仍具强烈活动特点的可能地震带之一。多由南北向张性断层、南北向条带状断陷盆地组成，图 5-3 中最明显的地带是热那错—康托—改则一线、洞错—扎西错布中段的穷错，以及扎西错布东侧、洞错东侧、拉果错东侧等。断裂具隐伏性，但影响特征明显：湖泊边界平直或直线型展布、带状断陷盆地、地堑式断陷盆地及南北向断块山地和南北向沟谷水系。更进一步研究探明，盆地内和山地边缘具有不同时期形成的断层呈阶梯状南北向线性排列，并由盆地或山地边部向内侧断裂规模逐渐变小，时代逐渐变新。综合观测分析还显示，该断裂区域延续性比较差，具间断性、错断性、密集性展布。

二、中生代（燕山期）构造层

该构造层从时空范围看来，相当于新特提斯域的全过程。空间上，以某一洋壳为标志，时间上以发生碰撞的相应构造期来区分。测区内有两条洋壳带遗迹，其构造期集中发育于燕山期。

该构造层从空间分布范围来看，北侧至羌塘隆起带南侧，南至喜马拉雅山脉北侧，测区未涵盖雅鲁藏布江结合带，仅限于措勤盆地北缘冈底斯板片北缘区。其时间底界为晚三叠世海相沉积地层，顶界为晚白垩世磨拉石沉积，包括了加青错陆缘海、班公错-怒江结合带形成、聚敛主域事件和雅鲁藏布江结合带次域事件（弧后扩张与消减）形成的不同沉积建造，并最终呈现为三个不同构造单元复合叠加体系（图 5-5）。

（一）班公错-怒江结合带

1. 构造格局

班公错-怒江结合带现今的结构构造面貌主要是侏罗纪至早白垩世构造作用所致，但包容了早期造山带的残余构造，构成复杂的结构面貌。南界为改则南-热嘎巴断裂（F_3 断裂），北界为康托-日俄东断裂（F_2 断裂）。在横过该带的不同剖面上，呈现复杂的逆冲叠复带。平面上则划分为两个亚带：北亚带为主敛合带，南亚带为早期残余前陆盆地构造带。

2. 构造建造特征

该带内填绘出如下结构单元：早期残余前陆盆地、洞错蛇绿混杂岩、仲岗洋岛、深海盆地、残留海盆、火山弧以及山间盆地复陆屑建造（图 5-3）。

早期残余前陆盆地：以晚三叠世巫嘎组为代表，分布于结合带南侧，岩石组合为浊积岩建隆，是一套半深水砂板岩组合（类复理石）局部夹藻层生物碎屑灰岩。其组分为岩屑火山碎屑、中酸性安山熔岩、火山角砾岩、硅质岩岩屑、微晶、泥晶灰岩、粘土岩岩屑、片岩、石英岩、变砂岩等岩屑。显示造山带提供物源特点，故其物源来自北侧。与北侧日干配错组联系紧密，同是三叠纪前陆盆地，向东与确哈拉群一致。是晚古生代末期至三叠纪早期古特提斯南域向北消减形成的（残余洋盆基础上消减）。后被左行拉分的班公错-怒江结合带叠加改造，造成南北相望而立。另外，需要说明的是，与巫嘎组或确哈拉群相伴的一套火山岩，前人认为是夹层，其实为后期产物，二者一起构成混杂岩。

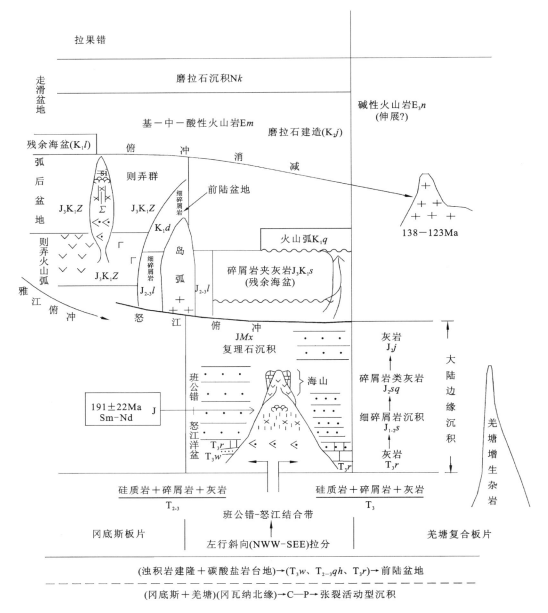

图 5-5 班公错-怒江结合带及邻区时空结构与构造属性示意图

改则混杂岩群:分布于结合带北侧,主要由木嘎岗日岩组(基质)外来岩块(灰岩)仲岗洋岛岩组(单独叙述)和洞错蛇绿岩组组成。洞错蛇绿岩组主要分布于洞错北边,其恢复后的组合齐全,由变质橄榄岩、堆晶辉长石、基性岩墙群的辉长岩、辉绿岩、玄武岩及硅质岩组成,构造侵位于木嘎岗日岩组中,以各自的岩片或分散或构造叠置混杂产出,沿线地带其他地方大多发育不全,常为一至两个单元呈构造岩片不均匀分布。从岩石组合地球化学特征看,与洋中脊蛇绿岩相似,暗示了该区成熟洋盆的形成。

深海盆地:为木嘎岗日岩组,是一套较深水环境形成的复理石建造,硅质岩(基性熔岩建造),局部地带为粗砾岩沉积。其微观组合显示有蛇纹石化辉石岩、火山岩(玄武岩、安山岩)、硅质岩、变质岩屑、辉石晶屑、火山岩屑等,显示再造山旋回提供物源,与北侧造山带关系密切。在随后的结合带消减过程中,形成一套弱变质、强变形的构造地层体。

仲岗洋岛岩组:位于洞错北侧结合带内,呈岩片产出,紧邻蛇绿岩北侧出露,并和蛇绿岩一起构成结合带的主体,是洋壳的残余部分,前人将该套火山岩置于蛇绿岩组合中。本次填图,发现该套火山岩出露面积较大,结构较固定,内部相对有序的构造岩片,而且火山岩本身缺少枕状结构,以块状、角砾状、杏仁状为主。其岩石地球化学及火山喷发机制与洋岛型玄武岩一致。仲岗洋岛基本特征或层序为：底部线型展布的各种玄武岩（角砾状玄武岩、块状玄武岩为主），其上为灰岩、碎屑岩，后者表现为裙弧沉积，即沿玄武岩周围分布（见附图地质图），似海山特征。在线型展布的玄武岩中，局部有玄武岩与灰岩互层现象。另一显著特点是火山角砾岩、角砾状玄武岩——爆发相岩石的大量出现，以及围绕该岩石周围裙裾堆积的近源、运岸、快速堆积、相对封闭的沉积特点。结合蛇绿岩形成时间为早侏罗世，而该岛屿是在洋壳基础发育的，故推测为中侏罗世之后形成的，结合邻区资料，其洋岛形成时间为晚侏罗世至早白垩世。后期作用使之变形、变质、形成的一些强片理化构造带。

残余海盆：以沙木罗组为构造单元，是一套浅海相类磨拉石-碎屑岩建造，与下伏地层呈角度不整合接触，区内分布十分局限，属残留盆地，时代为晚侏罗世—早白垩世，标志该结合带拼贴作用基本结束。

火山弧：构建单元是去申拉组，是一套以玄武安山岩、安山岩为主，局部为英安岩、流纹岩、火山碎屑岩、凝灰岩等组合，属钙碱性系列，显示岛弧活动特征，时代为早白垩世。它是结合带聚敛过程中形成的火山-沉积建造。

山间盆地复陆屑建造：为冲断带补偿盆地磨拉石-复陆屑建造，它是板块间前期碰撞结束，间断之后又持续碰撞或超碰撞作用的表现。

综上所述，各构建单元体系反映了班公错-怒江结合带形成发展过程中的不同产物：蛇绿岩的出现反映了班公错-怒江结合带的形成（J_{1-2}）；海山（洋岛）的出现反映洋盆成熟的持续发展与随后的宁静，以及与此同时伴随深海盆地的发育；残留的前陆盆地，暗示了班公错-怒江结合带发育时，对两侧地体的改造；变形、变质组合的各种变化，表明大洋内的构造事件；叠加的火山弧岩系（K_1q）和超覆沉积组合（J_3K_1s）记录了早期的拼合作用条件。而班公错-怒江结合带的形成，南北两侧的断裂作用，使一些亲缘地体离散，使以前的地质联系变得模糊。联系到班公错-怒江结合带形成之前两侧的地体，可以很好地了解大陆边缘的离散特点和随后洋内发育、拼合作用以及整个构造拼贴式的增生作用演化阶段的特点。

3. 构造要素特征

区内构造复杂，褶皱断裂普遍发育，劈理、片理、节理、裂隙则发育不均匀，下面将重点叙述一些重要断裂，褶皱特征。

1）主要构造边界断裂特征

主要以班公错-怒江结合带为背景，通过填图，可识别出6～7条断裂，如图5-6所示。从宏观地质关系来看，这些断裂大多具有由北向南逆冲性质，且挽近活动已明显涉及许多第三纪、第四纪火山-磨拉石沉积，有的直接控制了山间盆地的生成，如洞错盆地（F_{13}、F_{15}）；有的控制了沿山麓边缘展布磨拉石（K_2j）和第三纪火山岩沉积（Em）（F_{14}、F_{15}）。表明该断裂系主要是在白垩纪末到第三纪间成型的，显然同沿班公错-怒江结合带发生的地体拼贴及随后的进一步碰撞变形有关。除此之处，断裂体系还显示早期活动信息，主要是蛇绿岩表现为向北仰冲，这种仰冲应该是形成于侏罗纪洋盆的聚敛过程中，蛇绿岩仰冲推覆作用而导生的。早期聚敛体制显示双向逆冲推覆性质，而挽近期碰撞聚敛体制则是在进一步强化南向逆冲作用的基础上发生的，由此导致了目前以南向逆推占主导的断裂构造格局。

（1）康托-日俄东断裂（F_2）（图版Ⅳ，5）。

① 区域分布特点：为测区一级构造单元，区域上相当于班公错-康托-兹格塘错断裂。断裂近东西向或北西西向展布于测区南部，两端延伸出图，该断裂由数条彼此交叉、分支复合，共同组成一个断裂束带。沿断裂带局部地段被第四系沉积物掩盖或被后期北东向断层斜切而发生左行位移，在扎西错布北东侧表现最为特征，或表现为后期正断层特点。

② 影像、地貌特征：地貌上表现为突出的山体与第四系或第三系沉积盆地的接触部位，盆地延伸方向与山体延伸方向平行，近北西西向或东西向，展示断裂带与地貌特征一致。

卫片上，表现为沿康托—日俄东一线为平直或平行延伸的密集条纹影像或线状影像图案。在地表上，该线性构造带为侏罗系具深水浊积岩特征的变质砂岩、板岩。

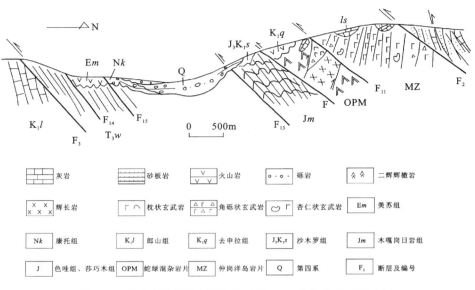

图 5-6　西藏改则县横穿班公错-怒江结合带构造剖面示意图

③ 断裂性质：该断裂带是羌南构造区与冈底斯念青唐古拉构造区的北缘界线。大部分地段表现以中缓—中陡角向南逆冲，产状 50°～85°，主要表现为脆性断裂，局部兼具韧性断裂，并具走滑性质。该断裂是由一个断裂系统组成，断层系内有多条断层反映了多期活动明显：在断裂附近的南侧，可见到部分蛇绿岩冲片的北界尚有向南倾的强片理化基性火山岩，以角砾状、杏仁状玄武岩为主，显示向南俯冲，蛇绿岩向北仰冲（逆冲）特点（图 5-7、图 5-8）。根据玄武岩及其灰岩组成海山地体的时限，揭示了洋壳蛇绿岩由南向北逆冲的时限大致是晚侏罗世或早白垩世期间。显然，这种早期北向逆推的构造形迹已被后来强大的南向逆推构造所反接改造，目前仅残留一些片断被包容在新的构造形迹系统之中（图 5-7、图 5-8）。另外，该断裂的现阶段还表现为控制了其南北两侧的地貌特征或近东西向第三纪、第四纪盆地的特征，是高原隆升早期阶段的断裂活动的表现。

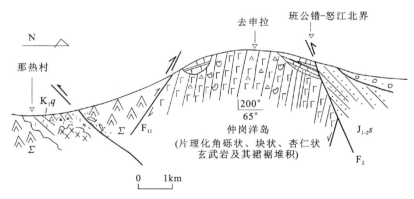

图 5-7　康托-日俄东断裂带去申拉地区双向逆冲构造剖面示意图
（早期北向仰冲、晚期南向逆冲）

（2）改则南-热嘎巴断裂（带）（F_3）。

① 展布特点：区域上相当于日土-改则-丁青断裂，位于测区南部，呈向南凸起弧形展布。是班公错-怒江结合带南缘断裂，也是分割冈底斯板片与羌塘三江复合板片的南部断裂。断裂北缘是班公错-怒江结合带中晚三叠世残余前陆盆地，为浊积岩建隆，即巫嘎组地层。区域上相应的地层有确哈拉群和瓦浦组，共同组成南缘和构造混杂岩带。断裂南缘则是早白垩世广海台地相生物灰岩、礁灰岩沉积，即由郎山组灰岩组成。

② 地貌、影像特征：地貌上，南缘为高山地貌，北缘为缓坡至盆地。两者之间形成一条线状陡坎。影像特征更是清晰，北缘为灰色或墨绿色影纹，为复理石组合，南缘是灰白色影纹，为灰岩沉积，二者之

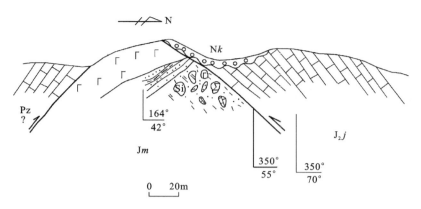

图 5-8 康托-日俄东断裂扎西错布北侧扎那嘎布早晚两期构造逆冲特征

间为线型条纹。

③ **断层性质**：该断裂也是一条南向逆冲断层，表现三叠系巫嘎组逆冲于郎山组灰岩之上，东部地带八乌错则表现为蛇绿岩向南逆冲于巫嘎组之上，向北则逆冲于木嘎岗日岩组之上。也反映了其推覆扩展过程中的两个不同构造序次，即它们分别是洋内聚敛阶段和洋陆碰撞阶段的剪切应变产物（图 5-9）。其中在三叠系巫嘎组浊积岩建隆中表现的剪切应变反映了这样两种复杂的现象：一是指示班公错-怒江结合带晚期碰撞消减过程中，是斜向碰撞的，产生了除逆冲现象还兼具左行走滑特点；二是进一步仔细观察洞错南边纳卡卡门那地区的浊积岩组合变形特征，岩石变形特征还表现早期的右行走滑特征，从而形成了该处浊积岩表现强烈的脆-韧性剪切特征。其右行走滑特征可能与班公错-怒江结合带左行走滑拉分有关（图 5-10）。

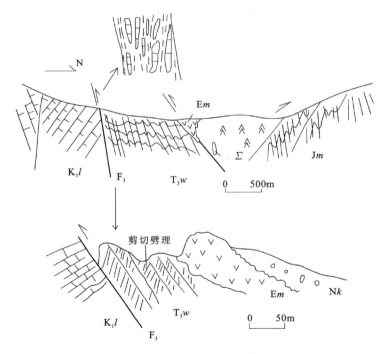

图 5-9 改则南-热嘎巴断裂(带)构造剖面图

综上所述，班公错-怒江结合带南北两条边界断裂控制了其形成与发展。它与内部次级断裂系统一起，由晚至早分别显示了高原隆升至超碰撞阶段次级活化断裂控制的山间盆地。挽近碰撞变型阶段的南向逆冲断裂体系，并同时控制了陆缘火山弧 Em 沿断裂的展布；会聚拼贴时，盆内双向逆冲系以及结合带形成初期对南北两侧地层系统改造时的走滑剪切体系和其内部木嘎岗日岩组的空间菱形叠瓦状展布。

2) 褶皱特征

在班公错-怒江结合带控制的地层系统中,其褶皱表现的样式差异很大。巫嘎组以构造岩片叠置特征为主,褶皱形态已无法恢复,只表现为沿断裂系统展布的一些小尺度的牵引褶皱(图5-10,④)。木嘎岗日岩组大部分地段也会以牵引褶皱为主,早期褶皱已被剪切成均一化的构造片理,局部地段也发现了一些褶皱(见1:25万日干配错幅)。褶皱整体性较差,均被一些断裂错断或所夹,反映了结合带聚敛过程中,木嘎岗日岩组的收缩变形及所形成的岩片叠置。而真正保存较好的褶皱特征,集中表现在沙木罗组(图5-11)。

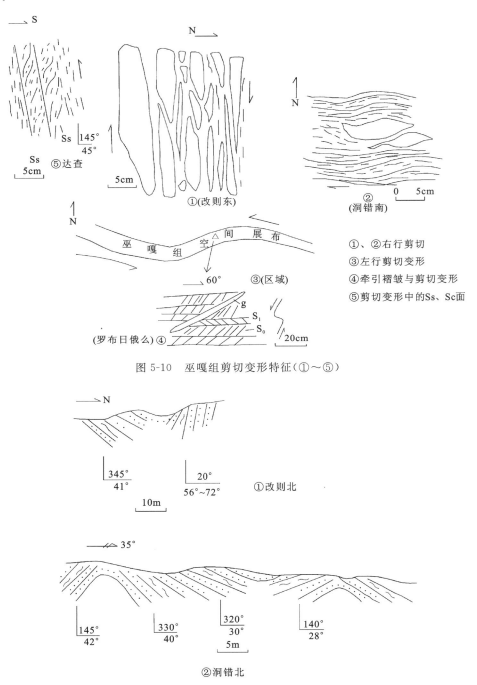

图5-10 巫嘎组剪切变形特征(①~⑤)

图5-11 沙木罗组褶皱特征(①、②)

(1)改则北向斜:位于改则西北,枢纽呈北东-南西向,向南西倾伏。向斜核部与翼部均为沙木罗组，南翼产状 345°∠41°，北翼产状 200°∠56°～72°，轴面产状 350°∠60°～70°。翼间角为钝角，是一表壳层地层弯曲，其形成时代根据区域资料综合分析，应是晚白垩世—第三纪。

（2）洞错北复式背斜：位于洞错西北，褶皱枢纽 EW 向或 NWW－SEE 向，由一系列背斜和向斜组成，宏观上表现为两个大背斜和一个向斜组成，核部与翼部均为沙木罗组，大部分地带由于构造形变呈斜歪或被破坏，甚至呈混乱状，在中部地带表现较规则（图 5-11，②）。南倾产状 145°∠28°～42°，北倾产状 330°～340°∠30°～45°，褶皱总体轴面北东向。向斜总体开阔，背斜相对向斜紧闭，近乎等轴状。其中次级褶皱与其总体一致，它们可能是同一褶皱作用过程中形成的，其形成时代为造山期，即班公错-怒江结合带碰撞时产生，据此推测为晚白垩世至第三纪期间。

（二）拉果错弧后盆地

1. 构造格局

拉果错弧后盆地位于冈底斯-念青唐古拉弧背断隆以北，班公错-怒江结合带以南，区域上相当于措勤盆地。向西汇交于班公错-怒江结合带，也有人认为与狮泉河带相接，向东为阿索-永珠-纳木错-嘉黎构造混杂岩。测区出露不全，特别是则弄群弧火山岩大量展布测区外的南部，区内形成古昌混杂岩群，位于则弄弧北缘，并与后期则弄群组合一起构成弧后盆地。最新资料显示，盆地形成时间为晚侏罗世至早白垩世晚期。该混杂岩带中混有古生界块体，见图 5-3。盆地所处的位置决定了其形成演化过程与班公错-怒江结合带和雅鲁藏布江结合带的构造演化密切相关。诸多研究认为则弄弧火山岩是班公错-怒江结合带向南消减形成。根据则弄弧火山岩形成于晚侏罗世—早白垩世的特点，本书认为，该时期的主俯冲作用是在雅鲁藏布江。而此时，班公错-怒江结合带已聚敛，形成了该时期的残余洋盆沙木罗组，且只具备向北俯冲特性。相应的，拉果错地区则是在则弄群弧火山岩后缘产生次级扩张，形成初始洋盆，或者是班公错-怒江结合带向北消减，后缘拉开形成洋盆。又假设则弄群是班公错-怒江向南俯冲形成，则拉果错盆地是位于该弧火山前缘，在弧前，不具备次级扩张的应力。

由于两条结合带的强烈构造作用，使得盆地格架十分复杂，资料显示，拉果错—阿索—纳木错沿线拉开形成的小洋盆，可能具有继承性的次级扩张作用（纳木错地区存在侏罗纪洋盆）。

2. 构造建造

带内除古界台地外，断续出现中生代基性—超基性岩和晚侏罗世—早白垩世的深水放射虫硅质岩、类复理石沉积和浅水碳酸盐岩岩片、碎屑岩岩片，局部见有裂谷背景下的双峰式火山岩。

1）弧背断隆

由冈底斯-念青唐古拉地区的上古生界组成，测区表现为晚石炭世拉嘎组和早二叠世下拉组，总的具有复理石—基性火山岩—碳酸盐岩台地组合面貌。其中石炭系为冰海相杂砾岩和含砾的复理石沉积夹火山岩，火山岩以玄武岩为发育。二叠系为生物灰岩碳酸盐浊积岩。局部（测区外）表现为二叠系玄武岩与灰岩组合（岛礁），代表了晚古生代一个张裂活动阶段。这一方面改造了早古生代较为完整（整体格局）的被动陆缘沉积体系，使之撕裂呈一些碎片状或岛海格局，另一方面，伴随晚古生代张裂活动形成巨厚沉积体系。该套地层呈断块产状，两侧均为断层接触，构成拉果错蛇绿混杂岩的边界及其岩块。

2）则弄岛弧裂谷火山岩

主要发育早白垩世（尼欧克姆世）火山-复陆屑建造，以大量火山岩为特征。火山岩岩石类型流纹岩、英安岩、安山岩等，火山碎屑岩有晶屑（熔结）凝灰岩、凝灰质砂岩、砾岩及沉凝灰岩。其分布特点表现为：南侧为张性岛弧，北侧为裂谷性火山盆地，发育大量火山碎屑岩。

3）弧后盆地

分布于则弄群弧火山岩后缘，与郎山组灰岩的展布范围相同。南缘为古生界块体及超覆其上的郎山组灰岩，北缘只是超覆其上的郎山灰岩，盆地早期北缘是三叠系构造岩块（片）。这种格局说明是一条靠近弧缘和火山裂谷带及其发育的局限洋盆。实际上,该带的北侧发现了双峰式裂谷火山岩,主要岩性分别为玄武岩和流纹岩,现呈岩片与蛇绿混杂岩伴生,被郎山组灰岩超覆。该带中部则是较多的蛇绿岩或超镁铁岩体侵位,主要岩性为蛇纹岩、二辉辉橄岩、堆晶岩(辉石岩)角闪辉长岩、枕状玄武岩、硅质岩、火山碎屑岩、火山角砾岩等,说明局部扩张达到洋盆沉积,即弧后盆地形成(也包含了部分则弄群的成分)。根据放射虫硅质岩的鉴定成果,为其洋盆形成为晚侏罗世,而斜长花岗岩的年龄为124Ma(K-Ar),U-Pb年龄为130~150Ma。

4)残余海盆

残余海盆由郎山组灰岩组成,是一套较稳定的碳酸盐岩沉积,局部夹碎屑岩。下部为圆笠虫礁灰岩,或含圆笠虫泥质灰岩,局部可见瘤状灰岩。上部为厚层状白云质灰岩。它是拉果错洋盆消减后的残余海盆(拉果错洋盆普遍被郎山组灰岩超覆)。

3.构造要素特征

测区构造特征表现为以断层为主,褶皱只是在K_1l灰岩中发育。断层构造形迹均以东西或近东西向的纬向构造为主,由多余断裂分支、复合共同构成拉果错构造蛇绿混杂岩带。

1)断裂

以拉果错构造混杂岩带为特征,该带呈北西西向或近东西向展布于拉果错北缘,向东尖灭于江木曲,继续向南东东又在区外的麦堆地区、阿索地区串珠状或构造透镜体状线型展布。向西为古昌(拉果错)蛇绿混杂岩交于班公错-怒江结合带或接狮泉河带。在测区长约35km,断层宽度变化大,最宽处约7km,窄处50~100m。该带具有分支复合特点,向东合为F_{16},向西散开分别为F_{17}、F_{18}、F_{19}等,再向西又合并为一,见图5-3。

(1)江木曲断裂F_{16}:江木曲断裂在测区西南角之东部,向东延伸图外,向西大部分地段被第四系覆盖,再向西为古生界与早白垩世灰岩接触(图5-12)。断层平面上呈舒缓波状,在地貌上为负地形,在江木曲以东为线性鞍部,往西除第四系覆盖地段外,在拉果错东端北部为不同面貌的灰岩接触,且表现为负地形或沟谷地貌。具有清晰的线性影像特征。断层上盘为白垩系郎山组灰岩,产状为10°~20°∠20°~40°,断层下盘为上石炭统拉嘎组,产状175°~210°∠40°~70°。断层破碎带50~400m不等,破碎带发育构造角砾岩及挤压构造透镜体。角砾岩主要表现在郎山组灰岩底部呈碎裂状,向上变为块状、构造透镜体主要发生于下面的拉嘎组。拉嘎组延伸性极差,呈透镜状,且变形强烈,特别是断层附近,其牵引褶皱也较发育,特别是含砾板岩中的砾岩,受剪切变形后,岩石被强烈挤压破碎,多呈透镜状产出,砾石长轴定向,呈叠瓦状排列,显示由北向南的逆冲牵引改造。

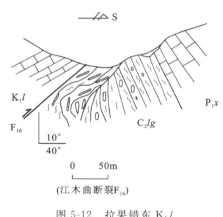

图5-12 拉果错东K_1l与C_2lg断层接触素描图

(2)拉果错断裂带(F_{16}、F_{17}、F_{18}、F_{19})。

① 空间位置与几何形态,该断裂带分布改则以南约40km的拉果错北侧,平面上东部聚敛呈一条断裂,向西散开,由若干次级断裂组成,且各次级断裂分别控制不同的岩性,其延伸方向大致一致,构成"帚状",再向西,延伸区外后又汇聚呈一条断裂。总体构造梭形或枣核形。

② 结构组成及特点,该构造带南北两侧分别由古生代和三叠系地层组成其基底,随后发展成洋盆,后被郎山组灰岩超覆。下盘由下拉组(P_2x)组成。上盘为郎山组(K_1l)、裂谷岩片(K_1z)晚侏罗世—早白垩世蛇绿岩岩片及外来岩块(C—P)构成,为逆冲岩片,分别由次级断裂F_{18}、F、F_{19}、F_{17}等共同组成逆冲带(图5-12)。

下盘特征:下拉组灰岩颜色呈灰白—褐红色,岩石较齐整,仅见接触部位有轻度碎裂现象,但整体褶皱发育。

上盘特征：上盘由各类岩片组成，相应岩片的岩性分别为石炭系含砾板岩、下拉组灰岩、则弄裂谷火山碎屑岩岩片、蛇绿混杂岩岩片、郎山组灰岩，其间均为断层接触，各岩片总体呈透镜状，显示叠瓦状定向排列（图 5-13），最大扁平面倾向北，与主断面平行或呈锐角斜交。

逆冲带由北而南为：协马那沙断裂 F_{17}、扯勒断裂 F_{19}、洞俄断裂 F、行前村断裂 F_{18}、江木曲断裂 F_{16}（边界断裂）。

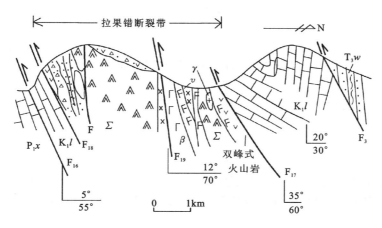

图 5-13　改则拉果错北构造剖面示意图

协马那沙断裂 F_{17} 发育在郎山组与裂谷岩片之间，前者为断层上盘，后者为断层下盘。沿断层未见明显破碎带，但不同地带见有一些构造透镜体（硅质岩、火山岩、超基性等小岩片），呈串珠状直线型与郎山灰岩相伴延伸。断层总体向北倾，产状 35°∠60°。

扯勒断裂 F_{19} 是双峰式裂谷火山岩小岩片与蛇绿岩岩片之间的断裂，前者为上盘、后者为下盘。大部分地段被第四系覆盖，两者之间局部地段是鞍部，且被第四系覆盖。但通过地貌特征，两者之间岩性差异较大，更重要的是两者均呈小岩片沿断层断续分布。蛇绿岩岩片中地幔橄榄岩、辉长岩等均具较强变形，且呈透镜碎石状，碎石形态为次棱角状。局部展现脆-韧性剪切变形，具定向构造的变橄榄岩透镜体。而硅质岩、火山岩等构造透镜体岩片，其长轴与断裂平行，也发生了剪切变形。

行前村断裂 F_{18} 和 F 断裂共同组成蛇绿岩岩片与郎山组灰岩之间的断裂带，前者为上盘、后者为下盘。F_{18} 和 F 断裂之间为火山碎屑岩、粗砾岩等，出露宽度为 150m。沿断层通过处为负地形，大部分区段由陡变缓的转折地貌。在图片上线性影响特征明显，且南北两侧色调及影纹特征也不一致。北侧为深灰色色调，南侧为浅亮黄色调。该断层走向近东西向，倾向向北，倾角局部近直立，总体 60°～80°。整体构成一个破碎带，破碎带发育砂岩、灰岩、火山岩等挤压透镜体，根据透镜体与层面间夹角，显示由北向南的逆冲性质。晚期还表现右行走滑特点。

（3）综上所述，拉果错构造混杂岩带由主断层江木曲断裂 F_{16} 控制，逆冲断层系由多条或分支断层组成，断层束倾向向北，倾角上陡下缓趋势，类似于铲形断层，具逆冲推覆断层性质，逆冲推覆运动方向为自北向南。

2）褶皱

在区内褶皱不太发育，均以岩片产出，但在郎山组灰岩分布的地带，还是表现出一些褶皱特征，图 5-14 是测区外的邻区罗玛常波沟南所见的向斜褶皱。核部和翼部均为郎山组灰岩，枢纽北西-南东向。北翼南倾，产状较陡，185°～190°∠60°～70°。南翼北倾，产状较缓，一般为 25°∠43°左右，向斜核部表现小型逆冲断层及小型牵引褶皱。

4. 问题及观点

对本区构造特点和成因的认识，目前存在较大分歧：其是独立的构造带，还是班公错-怒江结合带分支？是后者向南俯冲消减产生的次级扩张？本书认为是班公错-怒江结合带向北消减，在后缘产生的次级扩张以及由雅鲁藏布江向北消减形成则弄弧及其弧后扩张共同作用产生的裂谷与初始洋盆，构成区内弧后盆地。

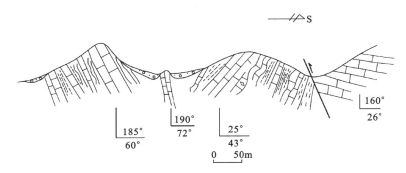

图 5-14 改则南罗玛常波沟南郎山组 $K_1 l$ 褶皱特征素描图

(三) 加青错被动陆缘海

1. 构造格局

加青错被动陆缘海位于羌中隆起南侧,班公错-怒江结合带北侧,指羌南侏罗纪沉积地层体系。该构造层次特点是伴随班公错-怒江结合带的扩张、消减、碰撞过程中与之相对应的沉积、变形、逆冲等。

2. 构造建造

由于班公错-怒江结合带的扩张,羌塘-三江复合板片则成为活动的陆缘区,其南缘则发育班公错-怒江洋盆,由此构成由南至北对应的大洋至大陆的特殊背景,即加青错陆缘海。从侏罗纪沉积体系来看,也显示了与扩张活动有关的陆缘沉降盆地沉积建造。

该陆缘海沉积体系从下至上分别称色哇组、莎巧木组、捷布曲组,时代集中于早中侏罗世。色哇组为半深海细屑岩,主要分布于靠近结合带北侧,另外与晚三叠世日干配错组中浊积碳酸盐岩伴生。莎巧木组为碎屑岩与碳酸盐岩组合,下部碎屑岩多于碳酸盐岩,上部碳酸盐岩为主夹碎屑岩。捷布曲组为厚层灰岩,稳定延伸,地貌上为近东西或北东东向灰岩山脉,特征明显。综上所述,该盆地显示了从下至上、从南至北由深变浅的准稳定建造。

通过对该建造体系微观成分分析,结果显示了活动造山带提供物源特点,物源成分大多为石英片岩、火山岩、玄武岩、辉长岩、安山岩、硅质岩等,暗示了物源来自北侧大陆边缘。

3. 构造改造特征

由于该陆缘海介于班公错-怒江结合带与羌塘隆起带之间,其变质变形特征无疑与两者关系紧密。鉴于该盆地位于地壳浅表的陆棚地带,正好是羌塘三江复合板片与冈底斯板片之间由于班公错-怒江洋盆的消减而发生两者接触碰撞部位,因此,其变形以褶皱为主,局部表现为脆性断层,并可能是由褶皱引起的,这里主要描述其褶皱特征。

1) 机布道复式褶皱

分布于洞错北边,紧邻结合带北部边缘,其枢纽北西-南东向延伸,与区域构造线一致,核部与翼部均为色哇组,北东(翼)侧被康托组覆盖,推测其基底为北侧的日干配错组,南西侧(翼)被结合带断层斜截,褶皱显示由北向南推覆(图5-15)。褶皱轴面近于直立或略向北东陡倾,为直立—斜歪复式褶皱,其产状两侧翼部近乎相等,均为30°~55°左右,只是倾向相反。其形成时代应为燕山晚期—喜马拉雅期。

2) 窝若拉复式向斜

分布于八乌错北侧,紧邻结合带北缘,发育在莎巧木组中的向斜(图5-16;图版Ⅳ,8)。向斜枢纽北东-南西向,与该处主构造线一致,向斜南翼产状为350°∠40°,北翼产状190°∠50°,北翼略较南翼陡,整体由两个向斜夹一个背斜,背斜略显紧闭,褶皱轴面总体北西向或北北西向。

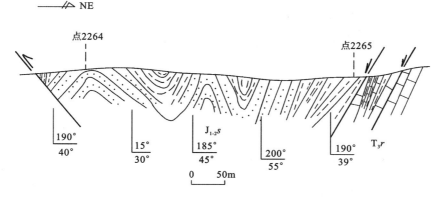

图 5-15 洞错北机布道色哇组中褶皱特征素描图

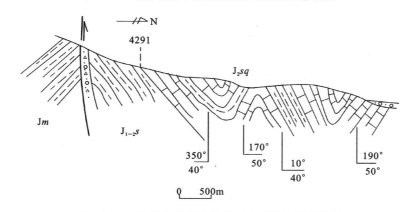

图 5-16 八乌错北窝若拉侏罗系中褶皱特征素描图

3）甭额强玛复式褶皱

分布于扎西错布北侧，同样紧邻结合带，属于捷布曲的褶皱特征(图 5-17)。由两组相似的背斜和向斜组成，北翼产状 330°～335°∠35°～48°，南翼产状 135°～150°∠46°～50°，轴面近于直立，总体看来，为地壳线层次褶皱。

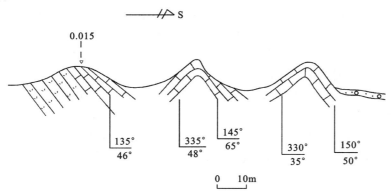

图 5-17 扎西错布北侧甭额强玛灰岩(J_2j)褶皱素描图

4）拉嘎拉复式褶皱

分布于测区北侧，与羌南地区日干配错组伴生，显示被一系列断层错动(断)的复式向斜，褶皱密集展布，表现侏罗式褶皱特点。褶皱总体产状为北翼一般 5°～10°∠40°～50°，轴面近于直平或略微斜歪，枢纽为北西-南东向，与构造线一致。褶皱相互之间共同组成隔档式或隔槽式褶皱(图 5-18)。

综合上述褶皱形态，表现如下特点：广泛分布于山链外缘，位于地壳中上层次，具等厚褶皱，平行褶皱或者弯滑褶皱。伴随褶皱的微构造要素主要是破劈理、裂纹，基本无线理。破劈理往往在转折端处显示放射状展布，局部见到两侧岩层发生微小错动。

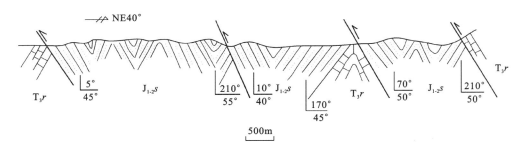

图 5-18 改则拉嘎拉色哇组中褶皱特征素描图

4. 背景演替与层序结构单元的成生

随着班公错-怒江结合带左行走滑拉开,造成南北两侧物质迁移,北侧向西北方向移动,南侧向南东方向移动,使晚古生界甚至印支期的地体在班公错-怒江结合带两侧呈左行斜列展布,最突出的表现是北侧的霍尔巴错群与南侧的诺错组、来姑组,它们具有相似的特征,具构造形迹也显示其移动方向,这种拉开之势,造成北侧大陆发生强烈向南倾斜的下沉,成为活动边缘的陆缘区,导致整个侏罗纪盆地形成向南倾斜的区域斜坡,岸外地区更加明显地下沉,由此,整体形成相对开阔的边缘海沉积。沉积物的特点是在远陆形成深水细碎屑岩($J_{1-2}s$),向上,大陆供给的大量沉积物产生前积作用,形成碎屑物楔状体,物源供给相当静止或少量,加之水体慢慢变浅,形成莎巧木组,再向上,在陆棚边缘形成浅水灰岩滩(捷布曲组)。

(四)结论

综观测区整个中生代格局,显示了以班公错-怒江结合带为背景的演化体系,即大陆伸展成洋、洋壳俯冲成陆或残海(陆缘增生)陆壳岩片三叠纪逆冲等。

大陆伸展成洋,一方面形成了深海大洋盆地沉积组合(木嘎岗日岩组、蛇绿岩组合);另一方面形成了盆地边缘沉积体系(加青海陆缘海)(色哇组、莎巧木组、捷木曲组);各盆地沉积组合当然也由相应的新生断裂控制。

洋壳俯冲成陆,表现为两个方面:一是导致陆缘增生形成了①南缘的接奴群$J_{2-3}j$(早期向南俯冲),②北缘的去申拉组K_1q(晚期向北俯冲),③南缘(后缘)拉果错小洋盆,④残余洋盆沙木罗组J_3K_1s;二是改造了早期形成的沉积体系,木嘎岗日岩组的变质变形,蛇绿岩的侵位及构造混杂岩,加青错陆缘海的消失及其地层体的褶皱,早期断裂的活化。

陆壳岩片叠瓦逆冲,随着班公错-怒江结合带事件体系的暂时终结,新的拉果错弧后盆地事件系统又形成,两者构造形迹之间产生明显的交接复合关系,导致了测区南部存在明显的构造序次关系。至晚白垩世—第三纪,板片之间进一步聚合,形成了上述三个体系之间复式的逆冲推覆构造性质,断裂再次活化,并沿断裂又增生了竞柱山组K_2j、陆缘火山弧美苏组Em,总体格架可能构成类似叠加扇的构造形态(图5-6)。

三、晚古生代—印支期构造层

该构造层是羌塘中部造山带及邻区不同构造单元之间具有完整联系(威尔逊旋回)地质体。包括了晚古生代和中生代早期(印支期)地层的不同沉积建造。在不同构造单元呈现不同层次的变形变质特征。中生代呈断块隆起,成为其南部的侏罗纪边缘海盆的沉积基底。

1. 构造格局

羌塘-三江复合板片是在古生代末分别由两侧地体(南侧羌南地体、北侧昌都-开心岭地体、北喀喇昆仑地体)拼贴的基础上形成的,具有复合性质,其构造特点反映了中生代"一体化"构造演化所形成的转聚型活动大陆边缘背景,即晚古生代初期南北两侧板片聚敛形成的晚古生代弧后盆地(大洋地层)以及弧后盆地消减(晚古生代高压变质体——蓝片岩),转化形成的印支期前陆盆地,两者(弧后盆地增生及其消减)共同构成了羌南地区的增生作用,其事件结构与构建系统见图5-19。

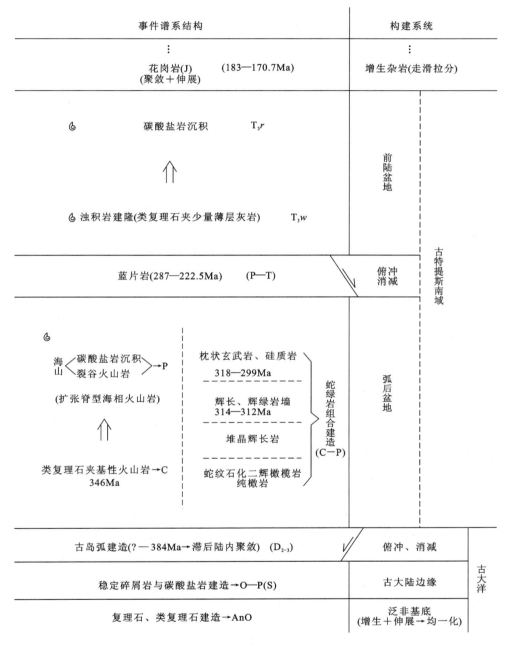

图5-19 羌塘造山带事件谱系结构与构建系统

2. 构造建造

1) 晚古生代弧后盆地

主体构造建造单元是石炭系—二叠系(展金组、吞龙共巴组、龙格组)拉张沉陷活动背景下形成的建造系列,为一套冰海碎屑岩—基性火山岩—台地碳酸盐岩组合,后两者部分地区组成海山地体。其中冰海碎屑岩为含砾板岩,具复理石沉积特点,产冷水型双壳类、腕足类、珊瑚等,与南部喜马拉雅地区及冈底斯-念青唐古拉地区的冈瓦纳相沉积特征、生物组合十分相似,应视为同一大陆边缘的具有亲缘关系地质体。基性火山岩,以玄武岩为主,具扩张海相火山岩和板内裂谷火山岩的特点,加之后期遭受班公错-怒江结合带的改造与叠加,造成整个晚古生代组合体显得支离破碎(火山岩导致板片撕裂呈碎片,班公错-怒江结合带打开,导致碎片间的迁移)。另一构造建造单元则是大致同时代的大洋地层体,主要是蛇绿岩组合建造,目前,已在羌塘地区发现了蛇纹石化二辉橄榄岩、纯橄岩、堆晶辉长岩、辉长辉绿岩墙、枕状玄武岩、块状玄武岩、硅质岩等,其时代为 314~299Ma(李才等,1995),基性火山岩为 346Ma。上述两类构建单元共同组成弧后盆地沉积,测区只见一些古生界块体,其主体在测区北部(图幅外)。

2) 构造杂岩建造

在羌塘地区零星分布,但显示重要意义,主要指晚古生代至印支期一些高压变质体(即蓝片岩,其原岩大致为基性火山岩)以及变形变质杂岩和不同类型、不同成因的花岗岩体。

3) 前陆盆地(残留洋盆与复理石前陆盆地)

主要是指羌南地区的晚三叠世地层体。结合区域及邻区构造事件,大致包括了晚三叠世巫嘎组和日干配错组。根据建造物源特点、沉积物及沉积韵律划分出以下建造类型,试图反映晚三叠世时期古构造、古盆地形态、古地理等方面特征。

(1) 早期活动型建造:主要是陆屑复理石建造,构成巫嘎组中建造体系。岩石表现为杂砂岩、岩屑砂岩、粉砂岩及泥质岩的共生组合,偶夹灰岩,局部为硅质岩建造。各种砂岩与板岩组成复理石韵律,发育有鲍马序列,整体上为一套浊积岩建隆,为前陆盆地早期生成产物。

(2) 稳定建造:是由一套滨—浅海碳酸盐岩沉积组合所形成的组合体,分布于日干配错组下部,成分以内源组分为主,剖面上主要呈现潮坪相砾屑灰岩、粒屑灰岩、生物碎屑灰岩→浅滩相的鲕粒灰岩、介壳灰岩、砂屑灰岩→浅海相厚层或块状灰岩、白云质灰岩,反映出一个相对稳定的环境。

(3) 次稳定型建造:以杂礁碳酸盐岩建造为主,分布于日干配错组中部,是以珊瑚为主的混合造礁碳酸盐岩建造,由珊瑚礁灰岩及苔藓虫灰岩、藻类灰岩、生物碎屑灰岩、砾屑灰岩等组成,在空间上这些生物礁呈点礁或带状分布于碳酸盐岩台地的边缘,与同生断裂共存,是碳酸盐岩台地与盆地的边界。

(4) 晚期活动型建造:主要为碳酸盐岩复理石组合体,分布于日干配错组上部,主要由生物碎屑泥晶灰岩、微晶灰岩、泥质灰岩以及少量硅质岩组成的类复理石韵律。生物碎屑多为杂乱排列,似集体,但自下而上有变细的正粒序结构,底部具冲刷构造。野外露头表现为厚层状生物碎屑泥晶灰岩(单层厚达 2~6m 不等)、微晶灰岩(含少量的生物碎屑,多为细粒渣状,单层相对较薄,几厘米至十几厘米)、泥晶灰岩(一般不含生物碎屑,几乎由碳酸盐灰泥组成,见有水平纹层,层板薄)共同构成,此三类岩性在剖面上重复出现,组成典型的碳酸盐浊积岩。

(5) 建造时空演化及其背景分析:从上面建造类型来看,晚三叠世盆地大体分为两个阶段,早期随着弧后盆地的向北消减,区内转化为压缩构造环境,造成其南缘一带冲断载荷,形成早期复理石前陆盆地。在此基础上,形成台型碳酸盐岩盆地边缘沉积。后期,由于近东西向同生断裂的活动,或前陆盆地处于亚裂状态下的持续发展,在盆地边缘形成杂礁建造,在盆地中心地带形成碳酸盐岩复理石,它们在空间上自北而南由稳定型→次稳定型→晚期活动型叠加在早期活动型沉积的排列特征,在构造上则表现早期形成复理石前陆盆地及残余海盆,晚期前陆盆地再次伸展裂陷,形成稳定台地→断裂斜坡带→裂陷海盆的阶梯状展布样式(图 5-20)。结合该地区所处的大地构造位置,该晚三叠世盆地表现为在羌南地区残余盆地基础上挠曲形成新前陆盆地以及前陆盆地的亚裂体系。两者分别对应羌南弧后盆地的消减与班公错-怒江洋盆的形成。

3. 构造改造特征

区内地处羌塘造山带的中心地带(只跨了少部分)及其南部,长期的研究成果得到的众多认识,反映了其复杂性。表层所见构造形迹均以近东西向或北西西-南东东向的纬心构造为主。

通过构造解析,从宏观上至少提供三期构造变形及相应的构造组合,即晚古生代之前的构造和发育在晚古生代—三叠纪地层中的褶皱、逆冲断裂及叠加在它们之上的正断层系列。显然最前者的构造对应更老的构造层,而正断层系列是中新生代伸展断陷的叠加构造。故在此只对晚古生代—三叠纪地层

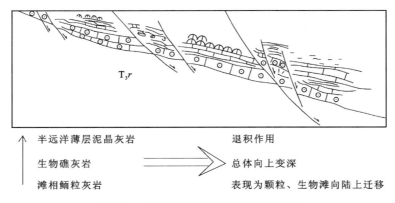

图 5-20　日干配错组沉积相剖面示意图

中的褶皱、断裂的构造组合作以研究分析。

本区构造变形以走滑、剪切拉张断陷、陆壳聚敛推覆、斜列式褶皱短缩等形式为主,主变形期为印支—燕山早期。

1) 近东西向断裂系(F_1、F_7、F_8、F_9)

区内近东西向断裂系较为发育,显著有三条分别称热那错南断裂 F_7,热那错北断裂 F_8、拉嘎拉南断裂 F_9,依布茶卡南断裂 F_1(见 1:25 万日干配错幅报告)(图 5-3)。该断裂系是与班公错-怒江结合带的发展有成因联系的一套构造组合,表现为同生断裂与走滑断裂双重性质(图 5-21)。同生断裂在羌南晚三叠世地层中通过,以日干配错中沉积角砾岩和生物杂礁为显著特征。走滑特征表现为山脉的弯曲、变形带内雁褶皱及平面上的 S-C 组构等。

(1) 拉嘎拉断裂(F_9):该断层是日干配错组中内部断裂,断面呈舒缓波状,地貌上为负地形或线型鞍部。断层北侧是滩相鲕粒灰岩,南侧为生物杂礁相,后者往往与同生断裂共存。断层产状 180°～200°∠40°左右。在断层附近表现为牵引褶皱与层面上的擦痕,总体显示早期正断层特点。

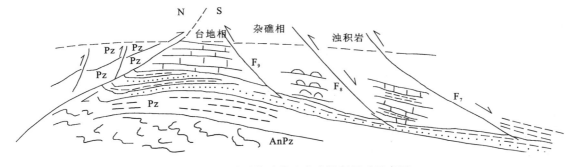

图 5-21　三叠系前陆盆地中连锁断层系示意图

(2) 热那错北断裂(F_8):与前述断层特点几乎相同,断层向南倾,倾角 50°左右。只是断层两侧岩相差异较大,断层北侧为生物杂礁灰岩,断层南侧为碳酸盐岩沉积岩。除此之外,同沉积断层角砾岩发育。砾岩宽度 1～2m,角砾成分白云岩化灰岩,棱角状,砾径从几厘米至几十厘米,甚至几米不等,分选性极差,钙质胶结,普遍遭受碳酸盐化和硅化。砾石无定向,上下层面均显示凹凸不平状,具沉积砾岩或崩塌砾石特点。碳酸盐浊积岩则为厚层块状灰岩与板薄层或书页状或水平纹层灰岩韵律特点。产状由北向南显示由陡倾变缓。

(3) 热那错南断裂(F_7):该断裂是日干配错组的南缘断裂,大部分地段被第四系和新近系康托组、古近系纳丁错组覆盖,局部地段与色哇组碎屑岩断层接触,地貌上是山地平原与山地倾向面交汇处,形成线型陡坎。断层北缘是日干配错组灰岩形成的尖棱状及锯齿状山峰,南缘地势低平或缓倾,或宽缓平滑的小山体。总体也显示正断层特点。

上述断裂系显示了连锁断层等,类似于伸展构造的拆离带,产状几乎一致,均向南倾斜,早期根据沉积相分析，显示同沉积断裂体系。后期则向北缘山体逆冲，表现为叠瓦冲断带。接近特点均显示由北向南逆冲。

该断裂系的另一个特点是具走滑性质。其与班公错-怒江结合带形成关系密切，是在晚三叠世至早侏罗世时，班公错-怒江结合带转换拉开过程中，北侧大陆即羌南地体伸展裂陷并向西移动，伴随日干配错组地层也向西移，由此形成一系列走滑断层系统，即测区的F_8、F_9。该断裂系在区域上由数条规模较大的右行走滑断裂呈雁列式组合而成，除测区F_8、F_9外，还有测区内的F_1、F_2以及区外的羌塘隆起带的南北两侧断层系。区内相邻的断裂之间重叠汇聚和间距较明显，控制其内部岩相沉积、岩层走向、倾向、褶曲、山体的走势等。从图5-22可看出，以F_8为界，北侧与南侧构造要素特征差异较大，实际上暗示了该区两个不同构造世代的叠加。

2）F_8北侧的雁列褶皱及平面S-C构造

前面谈到F_8断裂两侧沉积岩存在较大差异，并有先后之分，北侧为杂礁相，南侧是碳酸盐岩浊积相，后者是前者持续发展。杂礁相的雁列褶列褶皱与早期左行关系密切，与班公错-怒江结合带初期形成有关。南侧的浊积相形成于班公错-怒江结合带发展过程中，其变形与怒江带消减时，右行走滑有关。

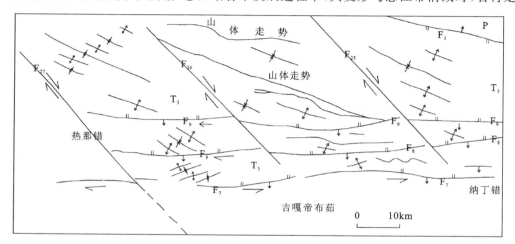

图5-22 断层中雁列褶皱示意图

上述是从岩层褶皱方面论述其右行走滑特点。实际上，F_8、F_9断裂北盘还发育一系列北西-南东向断层F_{25}、F_{26}、F_{27}（图5-22）。它们的形成也是在走滑过程中形成的，并与褶皱轴平行，以F_{26}为典型（其他不一致的原因可能是由于后期构造破坏与改造造成，或是由于灰岩中缺乏明显的位移线而被错误定点所致），东西向断裂（F_2、F_8、F_9）及其间的北西向褶皱、北西向断层在平面上组成一个大型的S-C构造，东西向边界走滑断裂相当于强剪切应变带C，断裂之间变形地层及断裂类似于S面理。显然，这种平面上和S-C构造现象是由边界断裂右行走滑形成的变形带，早期应变，形成以北西向褶皱为主，后期沿带内应力拉伸方向产生一系列北北西向右行走滑断裂，构成平面上的双冲构造。

3）F_8断裂南侧的雁列褶皱

如图5-22所示，其雁列褶皱轴呈北东向，与北部正好相反，山体走势也不是"Z"型，而是横卧"S"型。根据应力分析，显示右行走滑特征。正是随班公错-怒江结合带斜向消减，区域应力场有较大改变，产生一系列北东向左行走滑断层，并切割和破坏先期的东西向构造，左行走滑断裂，并使右行走滑断裂再次活动，导致了S面理的变位。

由此看来，测区的构造活动是与班公错-怒江结合带受区域应力的影响，晚三叠世晚期北侧地体向西移动，南侧地体向东迁移，使北侧北部地体南缘形成了左行动力，导致边界右行走滑，并使岩层发生雁列褶皱，顺走向形成"Z"型弯曲。至燕山期，区域构造应力场沿东西向古断裂面产生左行剪动力，使早期古断裂复活产生左行走滑，成为该地区区域构造格架形成的主导机制之一。另一种机制则突现挽近逆冲特点，即显示了由北向南的逆冲性质。

4. 结论

（1）晚三叠世沉积盆地明显地分为两个阶段：早期是由弧后盆地向前陆盆地演替，晚期是前陆盆地的伸展裂陷。

（2）印支晚期同生断裂发育,燕山期走滑剪切运动明显。印支晚期—燕山早期在区内起着主导和桥梁作用的班公错-怒江结合带是由于左行走滑拉分形成,位于该带的南北两侧的块体发生左行相对运动,由此导致了北侧地区同生断裂发育,南北两侧产生一系列的走滑剪切构造。在北侧一是造成古岛山链呈右行雁列展布格局,二是近东西向主干断裂呈"Z"型弯曲,表现右行走滑性质,从而形成了在主干断裂附近及其间的雁列式褶皱构造,这些褶皱轴面走向延伸与主干断裂锐角斜交,枢纽近于直立(图5-23)。这种空间组合形式明确反映了它们的形成与沿近东西向断裂的右行走滑有关。

图 5-23　改则北日干配错组中直立褶皱特征图

（3）燕山晚期：该地区的主构造应力场的主压力方向为北东-南西向,在这种构造体制下,带内总体上呈现向西的滑移,导致近东西向断裂发生左行走滑剪切,并形成相应褶皱痕迹。

（4）燕山晚期至喜马拉雅期,整体表现为向南逆冲推覆体。

第四节　地壳深层次构造特征

一、区域重力场分布特征

根据吉隆-措勤-洞错-康托-鲁谷重力测线剖面(图 5-24)证实,吉隆一带有很高的重力异常值,达到 -440mGal;到萨嘎附近减至 -480mGal;冈底斯山南侧地区,重力异常值再骤减至 -520mGal。在此地段形成了一个重力异常高梯度带,梯度值高达 $1.6\sim1.8\text{Gal}\cdot\text{km}^{-1}$,这一重力场特征与西藏东部的亚—康马段的高重力梯度值($1.8\sim2.0\text{Gal}\cdot\text{km}^{-1}$)可以较好地对应,都是具有很高的重力异常梯度的地质构造区块。进入冈底斯山地,重力异常值变低,变化幅度也较缓,在 $-520\sim-540\text{mGal}$ 间变动。在昌务场一带,重力异常值又迅速上升到 -490mGal 左右。此段重力梯度为 $1.3\text{Gal}\cdot\text{km}^{-1}$ 左右。措勤附近地区,重力异常值较高,但变化较平缓,在 $-490\sim-500\text{mGal}$ 之间。在达雄以北的山地,重力异常值减低至 -530mGal,此段的重力梯度值为 $0.7\sim0.8\text{Gal}\cdot\text{km}^{-1}$,洞错、改则谷地重力异常值上升至 -460mGal,此段的重力异常梯度值也达到 $0.8\text{Gal}\cdot\text{km}^{-1}$ 左右。与南段的重力异常梯度带呈对应的形态。进入羌塘地区后,重力异常值较高,其变化幅度小,一般在 $-470\sim-490\text{mGal}$ 之间。这样,剖面的布格重力异常分布格局是"高—低—高—低—高"的形式,在高值与低值区之间为重力梯度带。

根据应用重力异常解释地下构造的物性分布与形态的理论和方法知道,地表重力场中的重力异常

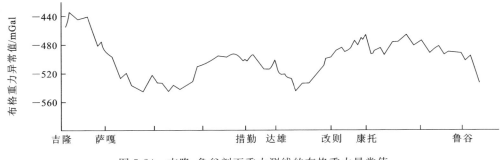

图 5-24　吉隆-鲁谷剖面重力测线的布格重力异常值

梯度带，一般是反映地下构造由于断裂带存在而产生横向的岩层厚度与岩层密度的突变，在断裂带两侧，呈不连续变化，由此引起重力异常的不连续变化或突变，而形成重力梯度变化带。所以，重力异常高梯度带对应地下有断裂构造带存在，且断裂带两侧有地壳厚度或物质密度的变化。

依此规律，经与地面地质研究结果对照分析，重力异常梯度带分别与雅鲁藏布江缝合带、N30.5°构造断裂带、噶尔(狮泉河镇)-申扎断裂带和班公错-怒江断裂带基本上相应。结合其他相关关系，可建立如下地体单元，见表 5-2。

表 5-2　应用相关统计关系划分的地体单元

<table>
<tr><th>剖面区段</th><th colspan="2">块体名称</th><th>块体边界构造带</th><th>备注</th></tr>
<tr><td rowspan="2">吉隆—萨嘎</td><td colspan="2" rowspan="2">喜马拉雅山(HMLYB)</td><td></td><td rowspan="4">在本剖面从喜马拉雅山北麓至雅鲁藏布江的距离很短，合为一个地体</td></tr>
<tr><td rowspan="2">雅鲁藏布江缝合带</td></tr>
<tr><td rowspan="2">萨嘎—昌务场</td><td rowspan="6">拉萨地体GB</td><td rowspan="2">南冈底斯块体(SGB)</td></tr>
<tr><td rowspan="2">N30.5°断裂构造带</td></tr>
<tr><td rowspan="2">昌务场—达雄</td><td rowspan="2">措勤块体(CB)</td><td rowspan="6">拉萨地体可分为 3 个次一级块体</td></tr>
<tr><td rowspan="2">森格藏布(狮泉河)-申扎断裂带</td></tr>
<tr><td rowspan="2">达雄—改则</td><td rowspan="2">北冈底斯块体(NGB)</td></tr>
<tr><td rowspan="2">班公错-怒江断裂带</td></tr>
<tr><td rowspan="2">改则—鲁谷北</td><td colspan="2" rowspan="2">羌塘地体(QTB)</td></tr>
<tr><td></td></tr>
</table>

二、测区及邻区磁结构分析

1. 班公错-怒江结合带磁场标志

班公错-怒江结合带高磁异常反映也很明显，洞错—改则北东西向高值异常可以证实这一点。与雅鲁藏布江结合带相比，该带总体规模要小些，宽度也不及雅鲁藏布江的宽；若从东、西两段比较，也存在磁场差异，西段两者相当，而东段班公错-怒江结合带要比雅鲁藏布江带弱得多。班公错-怒江结合带与雅鲁藏布江结合带的磁场差异可能起因于班公错-怒江结合带上没有完整而连续剖面层序的蛇绿岩套。而班公错-怒江结合带本身东、西两段的磁场差异，可能与班公错-怒江构造带上各段蛇绿岩套的规模及蛇绿岩套各成员的磁性有关(中国地质科学院成都地质研究所，1988)。

2. 磁结构与热结构关系

以班公错-怒江结合带为界，实测热流出现南北剧变：南部喜马拉雅山和拉萨地体的热流以大幅度变化为主,这显示了明显的年轻活动热地体的特征;北部羌塘、巴颜喀拉,昆仑地体以稳定而极低的热流为主,显示出前中生代完全固化的冷地体特征,这与该结合带两侧磁异常显示较大差异也是吻合的。反之,从高原西部的磁异常特征推断拉萨西部处于热结构状态。同样可以从雅鲁藏布江以南,喜马拉雅山东、西两段区域性的磁场差异,推断喜马拉雅山东段也处于热结构状态。

3. 测区内磁场特征

1) 羌塘盆地的磁场特征

羌塘、巴颜喀拉热流值低于地壳平均值及磁性体上界面变深等,说明羌塘、巴颜喀拉不但沉积层厚度较大,又处于冷结构状态,加之构造运动微弱,岩浆活动也相应减弱,所以又处于相对稳定阶段。羌塘与巴颜喀拉磁场反演结果虽有相似之处,但羌塘又具有独特的磁结构。羌塘部分地区不但具有磁性体上界面凹陷的沉积盆地特征,又具有弱正异常背景,推断这个地区磁结构与独特的深部构造有关,它可能具备"无花岗岩型"盆地的特殊条件。

2) 洞错、措勤盆地的磁场特征

从区域(平面)磁异常中圈闭的洞错、措勤负异常,及剖面磁性上界面凹陷和低磁性的反演结果,不难看出,洞错与措勤盆地有可能是一个处于热状态下的统一盆地。

三、其他地球物理特征

测区地球物理资料显示,羌塘地区内部具有明显的地壳和地幔结构特殊性,其内部结构构造不均一性特点较鲜明。

国家重点基础研究发展规划项目和中国油气集团公司青藏"九五"科技工程项目对该地区深部作了比较详细的工作,其总体结论如下。

(1) 表 5-3 列出了测区由南向北典型地质地球物理特征。

表 5-3　西部综合剖面典型地质地球物理特征

构造单元	南羌塘断陷	西部隆起区	中部隆起带	北羌塘坳陷区
出露地层岩性	T_3r 碳酸盐岩;J_2 灰岩	$AnDJt$ 变质岩①;P_1l 灰岩、火山岩	$T_{1-2}l$ 碎屑岩	T_3r 灰岩;J_2—J_3 灰岩、碎屑岩
构造类型	褶皱+断裂	褶皱+断裂+变质+岩体	断裂+褶皱	褶皱+断裂+隐伏岩体
MT194 线点位②	23—36	36—65	65—87	87—115
视电阻率	中部低两端高	南倾低阻带	低阻+高阻	高阻+低阻
电性分层	8层:Q,N—Q,J_2,T_3r,P—T,拆离带,高阻块,壳内低阻	7层:Q,N—Q,P_1l,$AnDJt$,拆离带,基底,壳内低阻层	5层:Q,N—Q,P—T,AnD,壳内低阻层	7层:N—Q,J_3s,J_{1-2},T,AnT 壳内低阻层
侏罗系底界面埋深	<1km	0(缺失)	<0.5km	1.5~4km
上三叠统底界面埋深	<3km	0(缺失)	<3km	1.8~5km
壳内低阻层分布和顶界埋深	有两层,第一层 6~12km,第二层 40~45km	20~50km	20~35km	20~45km
深部作用信息	浅中部结构与西部隆起区相似	浅中部与深部结构有差别	存在有壳内热异常柱	深部有垂向极低的电阻率值区,构成低阻异常柱

注:970204-02 项目研究汇总,①李才等(1995)认为主体是晚石炭世地层;②主要按 MT194 线点位并参考 MT148 线划分各单元并统计其电性特征。

(2) 南羌塘坳陷区下伏层出现两个壳内低阻层(图 5-25)，第一层电阻率仅 10～60Ω・m，在剖面中南段均有分布，为一深度 6～12km 南倾拆离构造带(图 5-25)。下部第二层低阻层顶界面埋深 40～45km，比北羌塘坳陷区埋深大(图 5-25)。

(3) 隆起区前人研究称为中央隆起带，近年来部分研究者认为其存在古老基底或元古宙地层系统(黄断钧，2001a，2001b；王国芝等，2001；Wang Guozhi et al，2001；李永铁等，2001；叶和飞等，2001)，目前多认为主要出露前泥盆系吉塘岩群变质岩和下二叠统龙格组灰岩、砂页岩及火山岩，但李才(2003)对此提出质疑，根据野外产状和同位素测年认为其主体时代为晚石炭世。该区 MT 等最新资料显示，依布茶卡之下存在一明显的极低阻带，电阻率仅 2～20Ω・m(图 5-25、图 5-26 中 LR_1)，推断为基底破碎含水的拆离构造带。深部相对高阻基底块体电性层(>1100Ω・m)之下，为第二层壳内低阻层(LR_2)，更深部，除壳幔混合层(过渡带 CMB)外，可能存在有规模不大的壳内拆沉块体(图 5-26 中 DB)。壳内低阻层的发育及双层(或多层)低阻层的出现，表明该地段存在多层次壳内拆离、滑脱(或推覆)构造。

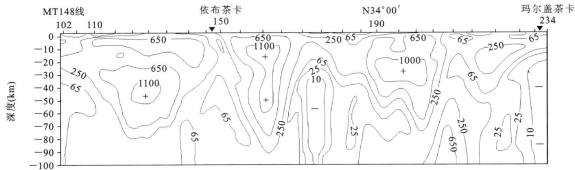

图 5-25　羌塘地区 MT 一维连续介质反演剖面图(100km)

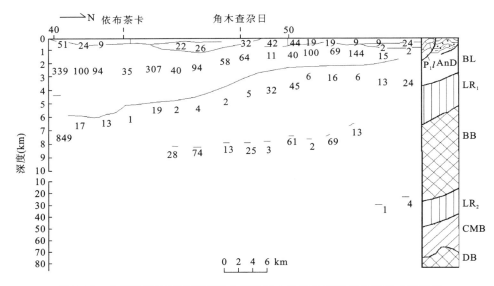

图 5-26　羌塘地区西部隆起区壳内低阻层电阻率值和结构分析综合解释图

综上所述，结构不均一表现在垂向上可分层块，但又明显表现出各层块顶界面深浅不一，纵横向不连续，尤其是在北羌塘中下地壳和上地幔内发现有电阻率极低的垂向高导异常柱，显示出该区深部可能存在一类范围较大的热异常柱。上升热异常柱与壳下拆沉块体组成的壳幔混合层(过渡带)很可能是羌塘沿莫霍面传播的地震折射横波(Sn)缺失(Barazangi et al，1982；史大年等，1996)的重要原因。

MT 测量提示北羌塘深部可能存在较明显的地下构造-热异常活动，存在一定规模的壳下拆沉和上升热地幔柱构成的壳幔混合层，此为地幔热柱活动的上部显示，同时表现出该段岩石圈厚度较薄。现今热流值较高，地震波速度低，新生代火山岩发育，且存在新生代同碰撞花岗岩侵位活动等，这些现象无疑其蕴涵着丰富的深部热动力构造信息。

四、班公错-怒江地区地球物理特征

TNDEPH-3 阶段 MT 提供的电性剖面见图 5-27。剖面上显示了上地壳为一高阻层,下地壳为低阻的电性层,高、低电性层界线分明。在班公错-怒江缝合带两侧,即相当于伦坡拉盆地处也出现一低阻体,上宽约 100km,下窄为几十千米,延深也达 20~25km,与广角地震得到的低速体基本一致。高阻电性层和下部低阻电性层之间应存在有断裂。在深部低阻电内出现一相对导电层,从德庆南向北缓倾斜延伸出去直达龙尾错,总长度达到 400km。这一电性层以 BNS 为界分成南北两段:南带由德庆下的 15km 深,延伸到班戈花岗岩体下面为 30km 深,倾角较陡,并与其下面更深处一近直立的高导层相连;北带则是在班公错-怒江结合带下面为 30km 深,双湖下面深 40km,并向北俯冲下去,倾角较缓;在班公错-怒江缝合带南所作的深反射地震共中点剖面上的反射同相轴也呈现北倾。高导层与哪一地质层相当还需要进一步研究。南北两带水平向有一些错动。

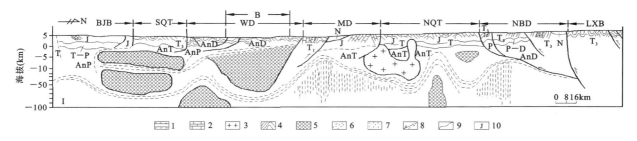

图 5-27 西藏德庆区-羌塘地区地壳结构电性剖面图

1.砂页岩;2.灰岩;3.花岗岩;4.沉积地层及褶皱;5.基底高阻块体;6.壳内低阻层;7.壳内低阻异常柱;8.断裂与运动方向及推测断裂;9.地质界线;10.地质地层代号;BJB:班公错-丁青带;SQT:北羌塘坳陷;WD:西部隆起区;MD:中部隆起区;NQT:北羌塘坳陷;NBD:北缘盆地隆起带;LXB:拉竹龙-西金乌兰带

这一结构可能表明了班公错-怒江洋是向南俯冲的,蛇绿岩向南仰冲,班戈岩带的出现(年龄为 100~60Ma)是其派生的产物。怒江洋闭合后,拉萨地块与羌塘地块碰撞,并进一步发生陆内俯冲,拉萨地块的下地壳则反而向羌塘地块下俯冲,形成更新的岩浆岩火山岩弧,即尹安(2001)所指出的羌中火山岩浆带,时间为 40~20Ma 或 29~20Ma。后一结论得到了地球物理反演结果证明:在藏南及雅鲁藏布江结合带附近均没有出现莫霍面台阶,而在班公错-怒江结合带两侧莫霍面存在一个 10km 的台阶,表现为南边深,北边浅。这个事实说明,在高原西部印度地壳挤入青藏高原后,没有在雅鲁藏布江结合带南侧形成巨厚地壳而堆积起来,而是沿滑脱层继续挤入拉萨地体,一直到班公错-怒江结合带,受阻于该结合带和北边羌塘地体冷而厚的岩石圈。在这个受阻过程中,一部分物质堆积在班公错-怒江结合带南侧形成巨厚地壳,一部分沿结合带向东、西两侧运移,还有一部分俯冲入羌塘地体的上地幔参与深部物质循环。

第五节 主要构造事件及其特征

依据区内及邻区地表地质长期演化、多期叠加改造的现今综合地质面貌,按照构造层、沉积建造特征,残余构造的由新到老筛分,同构造期变形变质定年和岩浆活动定年的综合分析,可建立本区主要构造事件。

一、泛非事件(邻区)

该事件发生于罗迪尼亚超大陆的裂解至冈瓦纳大陆的形成,是前奥陶系古陆块伸展、裂解、增生的重要事件。虽因后期多期不同方式构造作用的改造,伸展构造形迹已不存在,但可从陆壳基底及其活动增生带所形成的沉积建造、岩浆作用的综合分析来确定。

该事件控制了测区北缘古大洋的形成,与之相关的陆缘沉积体系的发育,地层中记录的奥陶系至泥盆系早期的稳定沉积,即是其古大洋的边缘沉积的表现,其中奥陶系可能是大洋化最发育时期。

二、加里东期挤压事件(邻区)

发生于早古生代晚期(500~384Ma),是古大洋盆俯冲消减,华夏与冈瓦纳古陆块汇聚碰撞的挤压构造事件,造成碰撞型深成岩浆侵入作用(384Ma)和中深层的变形变质作用,造成了早古生代(O—D)大部分地层的缺失或消减(掩覆或被剥蚀)。随之,在其南部产生了另一个伸展事件。

三、海西期伸展事件(邻区)

该事件发生于晚古生代:突出表现为石炭纪、二叠纪的大规模暗色岩活动,导致整个冈瓦纳北侧大陆边缘的大规模破裂与扩张作用,形成了一系列离散地体,即晚古生代的碎片或岛状体,包括喜马拉雅带上的仲巴岛状体、冈底斯带上拉萨地体、申扎地体、羌南地体。而在靠近前俯冲带边缘,形成了羌南的弧后盆地,弧后盆地南缘(后缘)则是离散的晚古生代多岛洋。其沉积体系均为类复理石—基性火山岩—碳酸盐岩建造,局部为蛇绿岩组合建造。

四、印支期挤压事件

该事件发生于晚二叠世至三叠纪期间,以挤压作用为突出特征,但区域构造作用因受不同构造域控制,东西部表现出一些差异特征。

西部印支期早期构造作用主要是羌南有限洋盆(弧后盆地)的闭合作用为特色,主要表现:①发育以晚三叠世类复理石前陆盆地和残余海盆,以巫嘎组、确哈拉群、嘎加组、孟阿雄组和瓦浦组为代表;②以晚古生代地层向南逆冲推覆为主的冲断和次级断层发育及与之相伴的褶皱作用。

东部印支期早期构造作用则主要表现加玉桥以南的碧土一带,属岛海特点,并具板块结合带性质,具双向俯冲,北边向北消减形成竹卡火山弧,南边向南消减,形成沟-弧-盆体系,对应谢巴组(火山弧)弧前盆地(日本组)以及消减混杂岩瓦浦组。

五、印支—燕山早期的左行走滑事件和班公错-怒江洋的扩张

古地磁和地质学的证据认为,侏罗纪时,地壳发生了逆时针的转动,这种转动,导致了地壳间的滑移作用。这种左行走滑作用在班公错-怒江结合带一线有明显的标志,并显示从晚三叠世开始,持续到中侏罗世,同时班公错-怒江结合带沿线在侏罗纪伸展背景下扩张成洋。

证据之一:该结合带两侧残留有左行走滑韧性剪切带外,同时造成该两侧的古生界及晚三叠世地层的变形变质,北侧地层变形(前文已分析)显示向左迁移,南侧地层显示向右滑移。而且其地层展布格架显示左行拉分斜列式。

证据之二:班公错-怒江结合带加玉桥段,其南北两侧展布的斜列式,蛇绿岩地体,两者大致构成右行斜列关系,不难发现也是短期的拉分伸展所致。

证据之三:加玉桥地段的主期变形矿物 ^{40}Ar-^{39}Ar 年龄为 166.27Ma,此数值显示与杂岩沉积盖层时代(T_3—J_2)及班公错-怒江洋盆扩张时代(T_3—J_2)大体相当。

证据之四:班公错-怒江洋盆蛇绿岩形成时代为早侏罗世,辉长岩同位素年龄为191Ma。而且木嘎岗日岩组呈菱形格子状展布。

证据之五:羌南地体基底及中间层次的伸展剥露及其右行斜列展布格局与班公错-怒江洋的扩张大体同时,且相互呼应。

六、燕山中晚期的挤压与伸展事件

该时期的构造作用，主要由于班公错-怒江结合带向北消减，造成了羌南地区展布的岩浆作用、结合带内的残余盆地沉积(沙木罗组)及去申拉组火山岩的形成。

与此同时，在其后(南)缘产生次级扩张，形成了拉果错有限洋盆。推波助澜该有限洋盆形成的另一动力来自雅鲁藏布江，此时也向北消减，形成了以则弄群为代表的岛弧及弧后裂谷沉积体系。

七、燕山晚期—第三纪的挤压与侧向走滑作用

该时期的挤压与侧向走滑构造作用，造成了晚白垩世竞柱山组与古近纪美苏组的形成，并沿造山带边缘地带侧向斜列分布，形成右行走滑格局。

正是上述不同时期、不同方式的区域构造作用，构成了测区及邻区现今的综合地质面貌。

第六节　区域地质发展历史

以板块构造理论和大陆动力学研究的新认识为指导，在广泛学习、深入理解测区及邻区现有成果的基础上，对区内板块运动学、逆冲、走滑所产生的地质效应作理性思考的基础上，作如下分析探讨。

一、泛非历史

就目前所知，西藏高原大部陆壳基底是在奥陶纪以前形成的，即是泛非事件的产物。羌南地区的吉塘岩群变形-变质杂岩也不例外。从元古宙晚期至奥陶纪初期，Rodinia 超大陆解体，开始创建了羌塘南北两侧一种持续很久的被动陆缘历史，北侧大陆相当于昌都-开心岭地体、北喀喇昆仑地体；南侧大陆大致为南喀喇昆仑、羌南地体、安多地体、他念他翁山地体、昌宁-孟连地体。在这种背景下，由于冈瓦纳大陆通过泛非事件的汇聚，导致了南侧大陆沿线的增生，形成了前奥陶系结晶基底岩系。

二、早古生代古洋盆及两侧大陆边缘形成(奥陶纪—泥盆纪)

由于构造变形的叠加置换，此阶段的构造变形证据甚少。从区域构造分析方面可知：早古生代古洋盆是 Rodinia 超大陆解体的产物，并在奥陶纪是大洋化最大发育时期。北缘早古生代扬子古陆已增生成范围更大的扬子-华南古陆块，昌都、甜水海一带下古生界沉积可能代表新生的大陆边缘。与此同时，南缘冈瓦纳大陆北缘地壳也得到显著增加，形成较广阔的陆棚浅海区，即在羌南地体、他念他翁山地体之上继续增生，地层中所记录的奥陶纪至泥盆纪早期的沉积(塔石山组至未分泥盆纪)即是其增生的载体。

三、弧后盆地到前陆盆地的转换(石炭纪—晚三叠世)

发展时期为石炭纪至晚三叠世，相当于晚古生代至印支期，按目前对现今残留地质体及其构造环境分析，不同的研究者对区内的地质现象与特点有显著的不同理解，按照新的资料和新的思考，有必要在合理分析现今残留地质体的地质意义之后，再来恢复其过程构造和特点。

羌南残留地质体是多期复杂构造作用的构造岩片岩块组合带，不仅以构造关系包裹了早古生代和晚古生代的沉积岩块岩片，而且卷入了由超基性岩、堆晶辉长岩、枕状玄武岩，不同类型的火山岩和花岗岩、硅质岩组成的构造岩块岩片。

晚古生代石炭系、二叠系比较研究表明,北至羌南,南至冈底斯、喜马拉雅,其生物组合和建造特点基本一致,石炭系均表现为成熟度较低的碎屑岩类、基性火山岩特点。碎屑岩具活动型沉积的巨厚类复理石建造,且其沉积中夹有多层冰海杂砾岩。基性火山岩的地球化学具有大陆裂谷型特点。二叠系总体以碳酸盐岩建造为主,局部表现为基性火山岩(枕状、块状玄武岩)与复理石的特征。总之,晚古生代地层以产冷水型生物和夹有冰海杂砾岩、基性火山岩为显著特点。显然不能视其为早古生代稳定地块上的台型盖层,而是代表了一个扩张裂陷活动的构造阶段,并导致了羌南地体、冈底斯地体从南侧喜马拉雅大陆边缘的撕裂、分离出去,呈多岛洋格局,即晚古生代宽阔的边缘海。

羌南地区的超基性岩(变质辉橄岩)、堆晶辉长岩、枕状玄武岩和岩墙群单元均显示MORB的地球化学特征,具蛇绿混杂岩性质。其中岩墙群同位素年龄为314~299Ma(Sm-Nd、U-Pb),由此表明,在羌南地区于早二叠世发展为有限洋盆。

羌南变质岩是由高变质的复理石沉积,镁铁质和超镁铁火山岩体和含蓝片岩的变质岩组成。是低级到高级变质相的混杂体,与上面的晚古生代—晚三叠世沉积之间的接触不是沉积的,而是拆离断层,其运动时代限制在晚三叠世和早侏罗世之间。在拆离断裂作用带上来的过程中,必定伸展剥露出一系列不同层次的杂岩:表层次的是石炭系、二叠系,甚至早古生代一些具层序的岩块岩片;中层次的也是这些时代的集合体,构成片理化,局部片岩中还能确定时代;而深层次的则可能伸展剥离出基底。

改则县都古尔主峰地区的花岗质片麻岩则获得了U-Pb混合线法384Ma的年龄,显示了中泥盆世的一次构造事件。

晚三叠世巫嘎组、日干配错组、确哈拉群、瓦浦组显示了复理石相浊流沉积,物源成分特点为中酸性火山熔岩、安山质、火山角砾岩、岩屑晶屑凝灰岩、硅质岩岩屑、变质岩岩屑(石英岩、片岩、变砂岩)微晶、泥晶灰岩、粘土岩等。暗示活动造山带提供物源。

上述表明,羌南地区是一个岛弧、边缘盆地和洋底高原序列,它暗示了两个大陆之间宽阔的碰撞带。现今尽管出露残缺不全,但仍可依据残留结构构造恢复构造演化。

1. 对接碰撞构造事件

由于早古生代古洋盆于泥盆纪末期的向南消减,或滞后的碰撞,形成都古尔地区的花岗岩。

2. 弧后增生形成弧后盆地

在北侧大陆向南消减的背景下,南侧冈瓦纳大陆北缘产生大面积的扩张,或是由于大火山成岩省与地幔柱共同作用,使晚古生代形成多岛洋格局,而在靠近消减带附近(羌南地区)则形成弧后盆地(由同时代蛇绿岩与浊积岩盆地组成)(图5-28)。需要说明的是,目前这种弧与盆地的格局已被后期构造完成融合。

3. 弧后盆地向前陆盆地转换——蓝片岩、前陆盆地与岛弧火山岩

从空间上看,晚三叠世巫嘎组、日干配错组、确哈拉群、孟阿雄组、瓦浦组均分布在羌塘-他念他翁链南侧前缘地带,其物源均来自北侧山链,沉积发育典型的复理石相浊流沉积(含碳酸盐岩建造)——浅海相碎屑岩、碳酸盐岩沉积,局部见磨拉石砾岩沉积。反映了弧后盆地的向北消减,其南缘冲断载荷,地壳挠曲凹陷形成山链前缘盆地,即前陆盆地(图5-28)。

新的资料证实,羌南地区沿线发现了大量的蓝片岩,其蓝片岩^{40}Ar-^{39}Ar同位素年龄分别为287~275Ma,222.5Ma,其时代为P—T,介于弧后盆地消减与前陆盆地形成之间,正好验证了弧后盆地向前陆盆地转换的持续过程,并非瞬时完成。需要说明的是,所发现蓝片岩并非线型展布,与山链一样,呈斜列式,实际上是后期改造结果。在这个转换过程中,北侧大陆形成了与之相应的岛弧火山岩带,竹卡-开心岭火山岩带(P—T)。

综上所述,羌南地区经历了Rodinia超大陆裂解至奥陶纪大洋盆地、活动大陆边缘盆地(石炭纪—二叠纪)、前陆盆地(三叠纪)的演化历程,形成了从大陆边缘裂陷—大洋盆地—活动大陆边缘—前陆盆地的威尔逊旋回和构造转换过程(图5-28)。

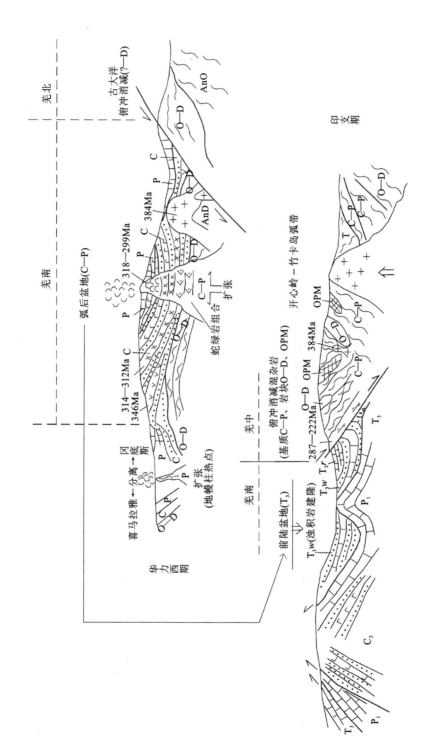

图5-28 羌塘古特提斯南域沉积盆地与构造演化示意图

四、班公错-怒江结合带复式演替(晚三叠世—晚白垩世)

西藏中部班公错-怒江沿线的地质发展是在晚三叠世背景上发生的。经历了北侧的班公错-怒江有限洋盆与南侧拉果错-阿索有限洋盆的形成→俯冲→消失的复合过程,两者具前后相继的复式叠加演替。

(一)班公错-怒江结合带的形成与发展

1. 洋盆的扩张(T_3—J_2)

基于古地磁和地质学的证据认为,中国大陆在侏罗纪时期发生显著的逆时针转动,这种逆时针转动的地质效应表现在测区则造就了班公错—怒江一线的有限洋盆。

1)蛇绿岩证据

在该结合带圈出了大量的蛇绿岩体,不同地段蛇绿岩的共同特征是缺少完整的蛇绿岩组合,多数出露的是蛇绿岩组合的下部单元呈构造岩片产出。在区内洞错地区,蛇绿岩套各单元组分能在不同地段找到,地球化学特征显示,地幔橄榄岩代表了具较高熔融程度的地幔熔融产物,是产于消减带之上的SSZ型蛇绿岩,测区内舍拉玛沟蛇绿岩中"层状"辉长岩是岩浆房堆晶体,其时代191±22Ma可代表岩石圈伸展,洋壳形成的岩浆活动时间,同时,蛇绿岩中硅质岩的放射虫时代为侏罗纪。因此,该结合带形成时间应是早侏罗世。

2)结合带南北两侧地质体的变形与发展证据

该结合带在测区表现左行走滑拉分特点。班公错-怒江洋盆扩张的鼎盛时期为早侏罗世,由于洋盆的扩张,洋盆北侧羌南地体表现向北西方向裂离的斜向运动,造成其发生了具一定规模的右行平移走滑造山,产生了强烈变形,形成以走滑剪切带为主干断裂和弱应变带的褶皱系列组成的构造组合。前文所述的羌南地区晚古生代南缘边界断裂呈"Z"型展布,整个岛链呈右行斜列展布,绒玛拆离断层发生在中羌塘区域性早中生代伸展等均与班公错-怒江洋盆扩张事件有关(Kapp等,2003;Kapp,2001);弱应变带的褶皱系列则表现在日干配错组底部,其灰岩褶皱轴与剪切面北西向斜交,枢纽近于直立,也反应了其右行剪切走滑所致。结合带南侧松多群早期变形也显示向右滑移所形成的区域性剪切面理。

在日干配错上部则形成了由于其右行走滑产生的陆内伸展、断陷盆地的发育和相应同沉积断层控制的滑塌(大量块状角砾岩),重力流沉积(碳酸盐浊积岩),并造成了日干配错组沉积在区域统一伸展背景下,形成该盆地南北分带,东西成盆的宏观格局。其内部褶皱变形也与日干配错所形成的方位不同(前述),有鉴于此,将结合带伸展扩张时限推至晚三叠世。

3)来自木嘎岗日岩组的证据

木嘎岗日岩组指结合带中复理石浊积相沉积,虽然在结合带中普遍存在,但从几个较好的露头来看,它们在空间上呈菱形格子状分布,显示其受左行走滑断裂控制。同时,沿断裂边部形成以粗砾岩为主的重力流沉积,其沉积体呈左行斜列式延伸。

4)来自羌南侏罗纪沉积体系的证据

结合带北侧的T_3—J_2沉积体系是从T_3晚期的扩张裂陷沉积演化转入侏罗纪被动陆缘沉积,从J_1—J_2显示了从半深水细碎屑岩至灰岩沉积特点,自北而南加深的侏罗纪沉积,表现出典型的被动大陆边缘沉积体系的特征,暗(指)示其南侧存在洋盆。

2. 洋盆俯冲消减(J_3—K_1)

洋壳通过俯冲作用消失,蛇绿岩与火成岩组合显示成对分布是确认俯冲作用存在的重要地质学标志,其空间的配置又可显示出俯冲极性,从区域来看,该结合带的俯冲极性不甚明显,但从一些宏观地质证据及同位素年龄还是可以判断出其俯冲方向。在洞错、东巧地区,地幔橄榄岩底部的变质角闪岩,具有区域性向南倾的面理,且角闪石179Ma K-Ar年龄代表蛇绿岩的一次构造侵位,说明其早期向南的俯冲。

测区分布的去申拉火山岩K-Ar年龄141～167Ma,舍拉玛沟辉长岩K-Ar年龄140±4.07Ma和

152.3±3.6Ma，尕苍见安山岩141Ma(K-Ar)均大体相当，并分布在蛇绿岩北侧，暗示其晚期向北俯冲，南缘局部形成前陆盆地，如多尼组K_1d，两者俯冲消减，形成班公错-怒江结合带SSZ型蛇绿岩与大洋俯冲/碰撞有关的火成岩组合。

在该带还大量展布残余洋盆沉积组合，以沙木罗组浅海碎屑岩与碳酸盐岩组合，时代为J_3—K_1。

由此看来，班公错-怒江洋盆的发育时间是短暂的，从晚三叠世初始拉张，到早、中侏罗世扩张形成洋壳并很快发生推覆侵位，晚侏罗世至早白垩世发育浅海沉积，反映其消减、碰撞基本结束，与羌南地体成为一个整体。

（二）拉果错-阿索带的形成与发展

1. 有限洋盆的扩张(J_3—K_1)（弧后盆地形成）

新的资料证实，拉果错地区存在比较完整的蛇绿岩组合，其中堆晶辉长岩出露宽近200m，偶见枕状玄武岩，大量出露的斜长花岗岩，以英云闪长岩为主。目前已知其放射虫硅质岩的时代为J_3，斜长花岗岩K-Ar年龄为124Ma，暗示其洋盆扩张形成时代为J_3—K_1。

关于它的扩张原因可能来自两个方面：一是北侧班公错-怒江洋盆向北消减过程中，在其后缘产生次级扩张造成；二是在J_3—K_1期间，南缘的雅鲁藏布江结合带是此时(J_3—K_1)的主俯冲事件（班公错-怒江洋盆此时接受残余盆地沉积)，并形成北缘的桑日群、则弄群弧火山岩，两者时代一致，在西部汇合。在弧后缘产生裂谷，形成岛弧上裂谷火山岩，即则弄群双峰式火山岩及大量火山角砾岩、火山碎屑岩，由此形成了拉果错有限洋盆，或弧后盆地。

2. 洋盆的消减(K_1—K_2)

早白垩世晚期，小洋盆封闭后，区内保留残余海盆，其中郎山组为台地相灰岩。晚白垩世，在弧-陆碰撞后续的陆内俯冲挤压构造环境下，残余海盆消失，进入陆内造山阶段，竞柱山组磨拉石沉积建造不整合于早白垩世地层之上，即是陆内造山运动的沉积效应。造山运动伴随一系列构造变形组合：逆冲断层、叠加褶皱、剪切褶皱十分发育，并出现局部混杂岩，如石炭纪、二叠纪、外来岩块（片）的混入。同时，伴有造山后期S型花岗岩侵位，主要是一些小型岩株。

五、陆缘火山岩浆弧及陆-陆碰撞阶段(K_2—E)

晚白垩世末至古近纪受雅鲁藏布江向北继续俯冲和可能拉果错一线陆内继续消减的影响，本区演化为陆缘火山岩浆弧大面积产生，以美苏组Em火山岩为典型，岩石为安山岩—英安岩—流纹岩组合，除不整合于郎山组灰岩之上外，还广泛分布于班公错-怒江结合带内，并不整合其上。同期还有一些小型石英闪长斑岩、花岗岩等小型侵入体。

此后，本区地壳组成一个相对封闭的板内变形系统，开始了陆内汇聚构造变形和高原均衡隆升的阶段。

其空间剖面展布格局见图5-29，其演化过程及模式见图5-30。

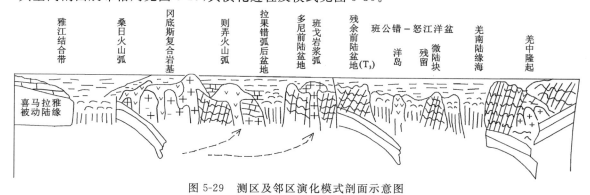

图5-29 测区及邻区演化模式剖面示意图

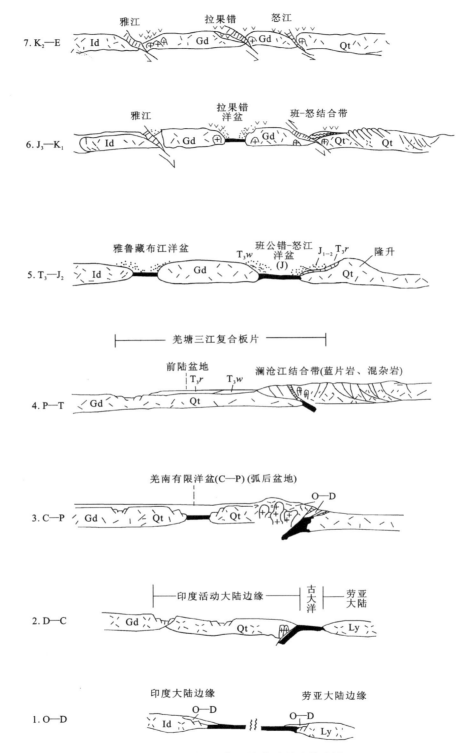

图 5-30 测区和邻区演化过程及模式图

第六章　主要成果和存在的问题

通过三年的野外调查、观测、测试分析和综合研究,本项目按计划高质量地完成了1∶25万改则县幅、日干配错幅区域地质调查任务。项目执行期间,始终在中国地质调查局、成都地质矿产研究所、西藏自治区地质调查院及一分院(西藏区调队)的直接领导和关怀下,项目人员团结奋战、栉风沐雨,克服重重困难,全面完成了项目任务书的各项要求,获得了丰富的地质资料,并在区域地层、蛇绿岩、侵入岩、火山岩、区域构造等诸多方面取得了实质性的进展。

第一节　主要调查成果

一、地层古生物调查研究重要进展

1. 建立完善测区新的岩石地层序列

对测区岩石地层或构造地层,分别实测了剖面,并进行了详细的研究工作。查明了其地质界线、地层厚度、岩石及其组合、变形—变质特征、古生物特征。建立并完善了测区各分区的地层系统,统一了全区地层划分与对比。区内新填绘出11个填图单位:塔石山组$O_{2-3}t$、拉嘎组C_2lg、下拉组P_1x、巫嘎组T_3w、色哇组$J_{1-2}s$、莎巧木组J_2sq、捷布曲组J_2j、则弄群J_3K_1Z、沙木罗组J_3K_1s、去申拉组K_1q、美苏组Em。

2. 发现重要的早古生代地层,揭示了羌南地体早期古大陆边缘特征

新发现奥陶纪地层,采集大量角石类化石,时代鉴定为中晚奥陶世,引用"塔石山组"。化学分析结果揭示其物源来源于被动大陆边缘与大洋岛弧,构造环境显示为安第斯大陆边缘,说明了泛非运动在羌南地区影响或存在。

3. 三叠系地层研究新进展

1) 巫嘎组的建立及意义

在班公错-怒江结合带中新发现三叠纪地层,恢复使用"巫嘎组T_3w",并系统识别沉积记录中岩相变化、物源特点及沉积转化界面。沉积相表现为浊积岩建隆,以类复理石建造为主,夹薄层灰岩,仅见一层。从岩石组合来看,有来源于稳定区的石英砂,更多来源于活动区的岩屑及钾长石。其物源复杂,主要来源于再循环造山带物源区。火山弧物源区、碰撞缝合线及褶皱-逆掩带物源区,部分来源于稳定克拉通,少数为裂谷和断陷盆地区。该地层的精细研究,提供了印支运动在西藏高原存在的重要线索,也为探讨班公错-怒江结合带的时空演化提供了重要的基础资料。

2) 日干配错新进展

日干配错组前人称为日干配错群。现特指羌南地区晚三叠世一套碳酸盐岩地层体。通过精细的剖面测制与区域填图对比研究,揭示出其复杂性:由下至上,可划分为稳定建造,次稳定建造和活动型建造。对应沉积为滨—浅海台地相碳酸盐岩、杂礁碳酸盐岩和碳酸盐浊积岩。空间上由北向南显示出稳定台地—断裂斜坡带—裂陷海盆的阶梯状展布样式,表现出明显地南北分带、东西成盆的特点。

4. 羌南侏罗纪沉积体系新认识

该沉积体系从下至上分别称色哇组、莎巧木组、捷布曲组,时代集中于早中侏罗世。色哇组为半深海细屑岩,主要分布于靠近结合带北侧,另外与晚三叠世日干配错组中浊积碳酸盐岩伴生。莎巧木组为碎屑岩与碳酸盐岩组合,下部碎屑岩多于碳酸盐岩,上部碳酸盐岩为主夹碎屑岩。捷布曲组为厚层灰岩,稳定延伸,地貌上为近东西或北东东西向灰岩山脉,特征明显。因此,该盆地显示了从下至上、从南至北由深变浅的准稳定建造。通过对该建造体系微观成分分析,结果显示了活动造山带提供物源特点,物源成分大多为石英片岩、火山岩、玄武岩、辉长岩、安山岩、硅质岩等,暗示了物源来自北侧大陆边缘。且该盆地发育时间大致与班公错-怒江结合带扩张同步。鉴于此,可以这样解译:由于班公错-怒江结合带的扩张,羌塘-三江复合板片则成为活动的陆缘区,其南缘则发育班公错-怒江洋盆,由此构成由南至北对应的大洋至大陆的特殊背景,即加青错陆缘海。从侏罗纪沉积体系来看,也显示了与扩张活动有关的陆缘沉降盆地沉积建造。

5. 重新厘定班公错-怒江结合带中的地层体系

班公错-怒江结合带中表现为复杂的沉积体系:重新划分为木嘎岗日岩组、仲岗洋岛岩组、洞错蛇绿混杂岩组,统称为改则岩群。木嘎岗日岩组综合前人成果及测区实际,其实是指一套浊积岩,整体无序,局部有序的构造岩片。通过沉积学分析,表现为初始裂陷快速粗砾屑堆积(碎屑流)→冲积扇系—扇三角洲(深水浊积岩)—深水盆地相(硅质岩、枕状玄武岩、蛇绿岩组合)等。仲岗洋岛岩组表现为洋岛玄武岩(角砾状、杏仁状、块状等)组成山体及在山体上部形成的灰岩及山体周围形成裙裾沉积物,共同构成"海山"。洞错蛇绿岩组表现为蛇绿岩组合、硅质岩和木嘎岗日岩组的岩片。根据上述三个岩组的形成时代,厘定改则岩群为侏罗纪—早白垩世。除此之外,证实沙木罗组的形成时代为J_3K_1s,并不整合于木嘎岗日岩组之上。

6. 去申拉组与美苏组的建立

恢复使用去申拉组K_1q,修正其原始位置与定义。在去申拉垭口所在地,并非去申拉组,实为仲岗洋岛岩组。而在其南部的一套火山岩组合,拟定为去申拉组,是一套钙碱性岛弧火山岩,其中含较多凝灰岩。

美苏组在测区大面积展布,大量同位素测年结果显示为第三纪。主要为一套基性—中性—酸性的火山岩系,喷发不整合于早白垩世郎山组灰岩和晚白垩世竞柱山组之上。地球化学特征显示为陆缘火山弧特点。

7. 则弄群与纳丁错组新成果

则弄群主要为一套基性—中基性—酸性的火山岩岩石组合。缺乏中性成分,表现为裂谷双峰式火山岩。岩石组合为玄武岩与英安岩、流纹岩。岩石化学表明,玄武岩为幔源物质部分熔融而成。英安岩的源岩来源于壳源物质。玄武岩的构造环境属于岛弧玄武岩。结合区域分布特点,则弄群具双重性质:一是与大洋俯冲有关形成的岛弧火山岩;另一个特点表现为在岛弧背景上形成的裂谷——初始洋盆组合,局部成为弧后盆地。其形成时代为J_3K_1。

纳丁错组时代为第三纪,主要为一套基性—中性—酸性岩并偏碱性的火山岩系,喷发不整合于老地层之上,大多数火山韵律具红顶绿底的特点。地球化学特征揭示出具造山带钙碱性火山岩。其中,中酸性岩类岩石具有较高的Sr/Y比值,在埃达克岩判别图解中,绝大部分样品落入埃达克质岩区,表明其具有埃达克质岩的特征。

二、岩石与构造研究新进展

(一) 蛇绿岩方面

(1) 测区的洞错蛇绿岩带与拉果错蛇绿岩带表现出不同性质、不同时空的两个构造带,存在明显的构造序次关系,分别代表了不同洋盆的残片,并各自拟建为洞错蛇绿岩组与拉果错蛇绿岩组。

（2）对两个蛇绿岩带进行了较大比例尺的填图，分别绘制出两地的蛇绿岩地质草图。精细的填图表明：两地都具有较完整的蛇绿岩套。其中，拉果错地区新发现了宽约300m的堆晶岩（具层状辉长岩和均质辉长岩）及密集展布的岩墙群（23条）和大量斜长花岗岩。

（3）大量的地球化学测试结果表明：洞错玄武岩的岩浆源来自于富集地幔，并具有板内碱性玄武岩的特点。在Hf-Th-Ta图解中，为P-MORB构造环境；在TiO_2-MnO-P_2O_5图解中，几乎全部落入MORB区，属洋中脊玄武岩区。

拉果错蛇绿岩中玄武岩地球化学性质揭示出非大洋中脊玄武岩和洋岛玄武岩，而显示出具有岛弧玄武岩特征。在不同构造环境判别图中，均显示岛弧拉斑玄武岩。而且，其中斜长花岗岩也属火山弧花岗岩，从而揭示出蛇绿岩形成于岛弧环境。

（4）洞错蛇绿岩带中辉长岩的锆石U-Pb年龄为221～173Ma，拉果错地区的辉长岩及斜长花岗岩的锆石U－Pb年龄为183～155Ma。洞错地区放射虫硅质岩年龄为J，而拉果错地区放射虫硅质岩的年龄为J_3。

（5）拉果错地区蛇绿岩的形成与发展，实际上是班公错-怒江结合带发展的延续，也是雅鲁藏布江俯冲消减形成的弧后扩张体系对班公错-怒江结合带的改造与叠加。

（二）火山岩方面

（1）对测区不同时代火山岩进行了岩石学、岩相学、岩石化学与地球化学分析，划分火山喷发韵律及旋回，确定了火山喷发方式，厘定火山机构。

（2）对不同时期火山岩系列与火山活动环境进行了系统分析，阐述了其成因与演化，讨论了演化过程与板块构造关系。

（3）火山岩的时空系统分析。①晚古生代火山岩主要赋存于石炭纪、二叠纪，分布于羌南与冈底斯北缘，显示裂谷沉积组合至初始洋盆组合，与澜沧江-羌南结合带发展及西藏高原大面积地幔柱活动有关。②侏罗纪火山岩主要与班公错-怒江结合带形成有关的洞错蛇绿岩组合中的玄武岩。③晚侏罗世—早白垩世火山岩：一方面是位于班公错-怒江结合带南侧与拉果错-阿索构造岩带有关的玄武岩（拉果错蛇绿岩组）；另一方面是与雅鲁藏布江俯冲消减形成的则弄群弧火山岩；再者是班公错-怒江消减带形成的岛弧火山岩（去申拉组）。④古近纪—新近纪火山岩分别称美苏组和纳丁错组，都是陆缘弧火山岩，前者叠加班公错-怒江结合带及冈底斯北缘，后者叠加在羌南地区，分别代表拉果错-阿索消减带和班公错-怒江滞后消减带形成的岛弧火山岩。

（三）侵入岩方面

（1）根据侵入岩的空间分布特征、构造背景及与大地构造关系，划分出三个构造岩浆岩带，并对各构造岩浆岩带内的不同岩石类型进行了岩石学、岩石化学、地球化学特征的研究。

（2）新发现了羌南地区的早白垩世花岗岩、班-怒结合带内部晚白垩世—古新世花岗岩，并初步论证了它们分别与班公错-怒江结合带拉果错-阿索带的匹配关系。

（3）新发现了拉果错地区的斜长花岗岩，并通过地球化学特征论证了其属大洋斜长花岗岩，其形成时代U－Pb锆石年龄为155Ma。

（四）构造变形、变质方面

（1）将测区划分为“一带二区”的三分构造格局。

（2）厘定了羌塘造山带事件谱系结构与构造系统：泛非基底增生、古洋盆的大陆边缘增生（O—D）以及弧后盆地（C—P）到前陆盆地（T_3）转换等。

（3）确定了测区班公错-怒江结合带南北界线，论证了其发生、发展、形成的地质效应，并结合区域资料，对班公错-怒江结合带的时空结构与构造属性进行了系统分析：拟定出基本时空格架、不同层次的时空格架。①改造：班公错-怒江带对澜沧江-羌南结合带的改造与叠加，导致班公错-怒江结合带中包容了古特提斯遗迹。②被改造：拉果错-阿索结合带对班公错-怒江结合带的改造与叠加，导致了班公错-怒江结合带中前陆盆地 K_2j 和陆缘火山弧 Em 的叠加。

(4) 分析了浅层地壳结构的变形特征，厘定了测区及邻区区域构造事件与构造层次。

(5) 针对构造变形、变质事件，分析区域变质相序及其他变质作用。

三、其他方面

(1) 发现新矿点和新的找矿线索。

(2) 分析了典型矿床的地质特征。

(3) 对旅游资源、草场资源及各种灾害进行调查与评价。

(4) 充分应用遥感技术，建立了区内的各种（类）解译标志，并在野外调研过程中，进行了补充与完善，提高了工作效率，达到了预期的目的。

第二节 存在的主要问题

一、覆盖严重问题

测区中部位于班公错-怒江结合带北缘、羌塘南部，大部分地段被第四系覆盖，对晚三叠世地层与侏罗纪早期地层之间接触关系的研究带来了严重影响。

二、时代问题

(1) 仲岗洋岛形成的年龄依据不足。

(2) 拉嘎拉一带细碎屑岩的形成时代及其与上覆、下伏灰岩之间的接触关系争论较大。

三、其他问题

测区内涉及很多国内外学者十分关注的重大科学问题，而项目工作时间短、任务重，虽发现了一些重要的地质现象并进行了探索性研究工作，但研究深度有待提高。

主要参考文献

布拉特(Blatt H),等.沉积岩成因[M].《沉积岩成因》翻译组,译.北京:科学出版社,1978.
成都地质学院沉积岩研究室.沉积专辑[M].成都地质学院培训处,1981.
陈克强,汤加富.构造地层单位研究[M].武汉:中国地质大学出版社,1995.
崔军文,李朋武,李莉.青藏高原的隆升:青藏高原的岩石圈结构和构造地貌[J].地质论评,2001,47(2):157-164.
单文琅,等.构造变形分析的理论方法和实践[M].武汉:中国地质大学出版社,1991.
迪金森(Dickinson W R).板块构造与沉积作用[M].罗正华,刘铭铨,译.北京:地质出版社,1982.
地质矿产部青藏高原地质文集编委会.青藏高原地质文集(1~17册)[M].北京:地质出版社,1983—1985.
邓万明.青藏高原北部新生代板内火山岩[M].北京:地质出版社,1998.
房立民.变质岩石1:5万区域地质填图方法指南[M].武汉:中国地质大学出版社,1988.
傅昭仁,蔡学林.变质岩区构造地质学[M].北京:地质出版社,1996.
高秉璋,洪大卫,郑基俭,等.花岗岩类1:5万区域地质填图方法指南[M].武汉:中国地质大学出版社,1991.
顾知微,杨遵仪,等.中国标准化石(1~5册)[M].北京:地质出版社,1957.
韩同林.喜马拉雅岩石圈构造演化:西藏活动构造[M].北京:地质出版社,1987.
何绍勋,段嘉瑞,刘继顺,等.韧性剪切带与成矿[M].北京:地质出版社,1996.
贺同兴,卢良,李树勋,等.变质岩石学[M].北京:地质出版社,1980.
侯增谦,曲晓明,周继荣,等.三江地区义敦岛弧碰撞造山过程:花岗岩记录[J].地质学报,2001,75(4):484-497.
科尔曼(Coleman R G).蛇绿岩[M].鲍佩声,译.北京:地质出版社,1977.
昆明地质学校.构造地质及地质力学[M].北京:地质出版社,1978.
李才,等.西藏龙木错-双湖古特提斯缝合带研究[M].北京:地质出版社,1995.
李昌年.火成岩微量元素岩石学[M].武汉:中国地质大学出版社,1992.
刘宝珺.沉积岩石学[M].北京:地质出版社,1980.
刘宝珺,李思田.盆地分析、全球沉积地质学、沉积学[M].北京:地质出版社,1999.
刘宝珺,李文汉.层序地层学研究与应用[M].成都:四川科学技术出版社,1994.
刘宝珺,曾允孚.岩相古地理基础和工作方法[M].北京:地质出版社,1985.
刘德民,李德威.造山带与沉积盆地的耦合——以青藏高原周边造山带与盆地为例[J].西北地质,2002,35(1):15-21.
刘和甫.伸展构造及其反转作用[J].地学前缘,1995,2(1):113-125.
刘和甫.盆地-山岭耦合体系与地球动力学机制[J].地球科学(中国地质大学学报),2001,26(6):581-597.
刘南威.自然地理学[M].北京:科学出版社,2000.
刘培桐.环境学概论[M].北京:高等教育出版社,1985.
刘增乾,李兴振,等.三江地区构造岩浆带的划分与矿产分布规律[M].北京:地质出版社,1993.
孟祥化,等.沉积盆地与建造层序[M].北京:地质出版社,1993.
穆元皋,陈玉禄.班公错-怒江结合带中段早白垩世火山岩的时代确定及意义[J].西藏地质,2001(1):1-7.
潘桂棠,王立全,李兴振,等.青藏高原区域构造格局及其多岛弧盆系的空间配置[J].沉积与特提斯地质,2001,21(3):1-26.
潘桂棠,王培生,徐耀荣,等.青藏高原新生代构造演化[M].北京:地质出版社,1990.
邱家骧.岩浆岩岩石学[M].北京:地质出版社,1985.
王成善,李祥辉.沉积盆地分析原理与方法[M].北京:高等教育出版社,2003.
王成善,等.西藏羌塘盆地地质演化与油气远景评价[M].北京:地质出版社,2001.
王根厚,周详,普布次仁,等.西藏他念他翁山链构造变形及其演化[M].北京:地质出版社,1996.
王涛.花岗岩研究与大陆动力学[J].地学前缘,2000,7(S):137-146.
王希斌,等.喜马拉雅岩石圈构造演化:西藏蛇绿岩[M].北京:地质出版社,1987.
吴根耀.造山带地层学[M].成都:四川科学技术出版社;乌鲁木齐:新疆科技卫生出版社,2000.
吴珍汉,江万,周继荣,等.青藏高原腹地典型岩体热历史与构造-地貌演化过程的热年代学分析[J].地质学报,2001,75

(4):468-476.

吴珍汉,江万,吴中海,等.青藏高原腹地典型盆-山构造形成时代[J].地球学报,2002,23(4):289-294.

魏家庸,卢重明,等.沉积岩区 1:5万区域地质填图方法指南[M].武汉:中国地质大学出版社,1991.

夏斌,王国庆,等.喜马拉雅及邻区蛇绿岩和地体构造图说明书 1:2 500 000[M].兰州:甘肃科学技术出版社,1993.

肖庆辉,邓晋福,马大铨,等.花岗岩研究思维与方法[M].北京:地质出版社,2001.

熊家镛,张志斌,胡建军,等.陆内造山带 1:50 000 区域地质填图方法研究——以衷牢山造山带为例[M].武汉:中国地质大学出版社,1998.

熊家镛,蓝朝华,曾祥文.沉积岩区 1:5万区域地质填图方法研究[M].武汉:中国地质大学出版社,1998.

许效松,等.中国西部大型盆地分析及地球动力学[M].北京:地质出版社,1997.

喜马拉雅地质文集编辑委员会.喜马拉雅地质(Ⅱ)中法合作喜马拉雅地质考察 1981 年成果之一[M].北京:地质出版社,1984.

西藏自治区地质矿产局.西藏自治区区域地质志[M].北京:地质出版社,1993.

西藏自治区地质矿产局.西藏自治区岩石地层[M].武汉:中国地质大学出版社,1997.

杨德明,李才,王天武.西藏冈底斯东段南北向构造特征与成因[J].中国区域地质,2001,20(4):392-397.

尹安.喜马拉雅-青藏高原造山带地质演化——显生宙亚洲大陆生长[J].地球学报,2001,22(3):193-230.

张旗.蛇绿岩与地球动力学研究[M].北京:地质出版社,1996.

张克信,殷鸿福,朱云海,等.造山带混杂区地质填图理论、方法与实践[M].武汉:中国地质大学出版社,2001.

赵希涛,朱大岗,吴中海,等.西藏纳木湖晚更新世以来的湖泊发育[J].地球学报,2002,23(4):329-334.

赵政璋,李永铁,叶和飞,等.青藏高原地层[M].北京:科学出版社,2001.

赵政璋,李永铁,叶和飞,等.青藏高原中生界沉积相及油气储盖层特征[M].北京:科学出版社,2001.

赵政璋,李永铁,叶和飞,等.青藏高原大地构造特征及盆地演化[M].北京:科学出版社,2001.

周详,曹佑功,朱明玉,等.西藏板块构造-建造图说明书 1:1 500 000 [M].北京:地质出版社,1986.

中国科学院青藏高原综合科学考察队.西藏第四纪地质[M].北京:科学出版社, 1983.

朱志澄,宋鸿林.构造地质学[M].武汉:中国地质大学出版社,1990.

Allegre G J, Hirn A,等.喜马拉雅山深部地质与构造地质[M].王休中,译.北京:地质出版社,1987.

图 版

图版 Ⅰ

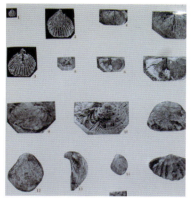
1 拉嘎组化石显微照片

2 日干配错组灰岩浊积岩

3 日干配错组灰岩露头特征

4 日干配错组鲕粒灰岩镜下特征

5 日干配错组化石宏观特征

6 巫嘎组硅质岩宏观特征

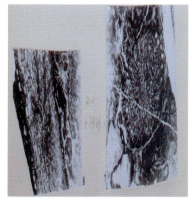
7 巫嘎组化石显微照片

8 木嘎岗日岩组粒序层理

9 木嘎岗日岩组砾岩叠瓦特征

图版 II

1 木嘎岗日岩组槽模构造

2 莎巧木组宏观岩石组合特征

3 沙木罗组化石显微照片

4 则弄群火山岩柱状节理

5 郎山组化石宏观特征

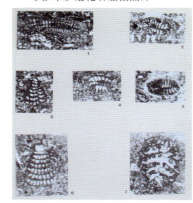
6 郎山组化石显微照片

7 纳丁错组火山岩宏观特征

8 洞错湖积剖面

9 拉果错湖积剖面

图版 III

1 热那错岩体侵入界线

2 洞错纯橄岩及变形特征

3 洞错舍拉玛堆晶岩

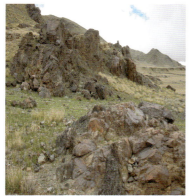
4 洞错辉长岩

5 洞错辉长岩墙群

6 拉果错橄榄岩与斜长花岗岩

7 拉果错辉长岩

8 拉果错辉长岩墙群

9 拉果错橄榄岩镜下特征

图版 Ⅳ

1 拉果错二辉辉石岩镜下特征

2 拉果错异剥辉长岩镜下特征

3 仲岗洋岛岩组宏观特征

4 仲岗洋岛岩组宏观特征

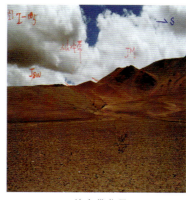

5 结合带北界

6 日干配错组变形特征

7 日干配错组褶皱特征

8 莎巧木组褶皱特征

9 去申拉蓝片岩镜下特征